高等学校试用教材

锅炉习题实验及课程设计

（第二版）

同济大学等院校 编

中国建筑工业出版社

第二版前言

本书和《锅炉及锅炉房设备》是高等学校供热通风与空调工程专业“锅炉及锅炉房设备”课程的两本配套使用的教材。它初版于1984年底，三年里两次印刷，发行了近三万册，较好地满足了日校教学和函授等业余教学的需要，也颇受其它有关专业及工程技术人员的欢迎和使用。

本书初版至今已有五年时间。其间，我国锅炉技术有了新的发展，与锅炉有关的国家标准和规范规程大都作了修订，与本书配套使用的教材《锅炉及锅炉房设备》亦已于1986年修订再版，并改用了法定计量单位。所有这些，都使得有必要对本初版教材进行一次全面的修订，以更好适应和满足当前教学的需要。为此，1988年5月在上海召开了本教材的修订工作会议。

本版教材仍以1983年6月制订的本课程教学大纲为依据，保持原有特色和篇章结构。在总结教学经验的基础上，修订时力求突出主要内容，注意改进教学方法，密切理论与实践的联系，着重培养和提高学生的能力。与初版相比，本修订版主要作了以下变动：

全书采用了我国法定计量单位，书末附录中列出各单位制之间的换算表，以备查用。

书中凡与国家标准和规范规程有关的章节内容，一律以新的标准、规范规程为准进行了全面修订校正，相关计算相应作了校核或重新演算。

修订和部分重写了第二篇“实验指示书”，对其中某些术语和概念作了较为详尽的说明，并注意加强了学生的实验操作技能的训练。

重写了第四篇中的“课程设计（作业）指导书”，更为详细、具体地论述了设计原理、计算方法、方案分析以及设备选择等有关内容，以期学生能较系统、全面地了解和掌握课程设计（作业）的程序和方法。

第五篇中，根据我国目前燃料的实际供应情况和教学需要，删除了燃油锅炉房设计等三个示例，综合增补了一个采暖用的热水锅炉房课程设计示例。

在本版修订过程中，承蒙上海交通大学、中国纺织大学和上海机电设计研究院等兄弟院校及单位给予大力支持，提供了许多宝贵的意见和资料，在此深表感谢。

参加本次修订编写的有同济大学吴味隆（第二篇、第三篇一、第六篇及附录）、蒋君衍（第三篇一），上海城市建设学院邵锡奎（第一篇），太原工业大学胡连祯（第二篇一、二、三、四），重庆建筑工程学院关正安（第三篇二、第五篇二(五)）、马孝聪（第五篇二（一）～（四）及（六）、（七）），西安冶金建筑学院傅裕仁（第四篇），天津大学赵之敏（第五篇一）和哈尔滨建筑工程学院董珊（第五篇三）等同志。

本书仍由吴味隆同志主编，青岛建筑工程学院解鲁生同志主审。

修订时编者竭尽努力，试图本版教材能更符合教学规律和要求，以利提高教学质量。能否获得预想效果，还有待实践检验。对于书中存在的错误和不足之处，恳请读者批评指正，编者将不胜感谢。

编　者

1989年5月于上海

第一版前言

本书为高等学校供热与通风专业《锅炉及锅炉房设备》课程的辅助教材，是以1980年编写的《锅炉及锅炉房设备习题、实验及课程设计汇编》为基础，加以充实修订而成。

《锅炉及锅炉房设备》是一门涉及基础理论面较广而专业实践性又较强的课程。在教学过程中，除了应选配必要的习题及复习思考题外，还需有相应的教学实验和课程设计（作业）等环节相配合。以使学生能更好地理解和掌握本课程的有关知识，本书正是按此需要，同时也兼顾函授等业余学习的迫切需要而编写的。

本书的取材和深度，以紧密配合教学为原则，适当有所扩充。全书分六篇编排，其中第一篇是习题及复习思考题，主要配合课堂教学和满足函授等业余教学的需要。第二篇为实验指示书，除了教学大纲规定的教学实验，还增加了锅炉水质分析和水循环方面的实验。第三篇锅炉的热力计算及通风计算，是课程设计（作业）和毕业设计的重要计算内容；本书以SHL10-13/350-W型锅炉产品为对象，按校核计算的方法和步骤，详细具体地作了示范性演算。第四篇为课程设计（作业）指导书，对设计原则、综合分析、基本方法和步骤等，一一作了具体指导。第五篇是课程设计示例，列举了各种类型的锅炉房设计。此外，为了加深对锅炉房工艺设计的认识，书末专列一篇工业锅炉房设计及布置，选用了四套已投入运转的工业锅炉房工艺设计图。

本书采取各校分工编写、集中汇编的办法，广采各家之长，博收各校之萃。但因各校教学风格及所在地区和习惯的不同，也给全书的贯串统一带来一定困难。由于目前较为完整的综合成册的辅助教材很少，难于借鉴，本书的编写无疑是一种带有尝试性质的工作；加之修订时间紧迫和限于编者水平，难免会存在不少缺点和错误，恳望批评指正。

本书在编写过程中，曾得到上海机电设计院、上海轻工业设计院、上海工业建筑设计院和中国船舶工业总公司第九设计研究院等单位和有关同志的大力协助并提供宝贵资料和意见，特在此表示诚挚的感谢。

参加本书编写工作的有：同济大学吴味隆、蒋君衍（第二篇、第三篇一、第六篇及附录），湖南大学邵锡奎（第一篇），太原工学院胡连祯（第二篇），重庆建筑工程学院关正安、马孝聪（第三篇二、第五篇二），西安冶金建筑学院傅裕仁（第四篇）、天津大学赵之敏（第五篇一），哈尔滨建筑工程学院董珊（第五篇三），北京建筑工程学院卢桂菊（第五篇四）和清华大学蔡启林、陈雨田（第五篇五）等同志。《锅炉及锅炉房设备》教材的主编肖友瑟、奚士光同志和主审解鲁生同志也都曾积极参与并支持过本书的编写。

本书由吴味隆同志主编，解鲁生同志主审。

编　者

1983年12月

目　录

附录

第一篇　习题及复习思考题

一、习　　题

1. 已知煤的分析基成份：$C^f=60.5\%$，$H^f=4.2\%$，$S^f=0.8\%$，$A^f=25.5\%$，$W^f=2.1\%$和风干水分$W^y_f=3.5\%$，试计算上述各种成分的应用基含量。

（$C^y=58.38\%$，$H^y=4.05\%$，$S^y=0.77\%$、$A^y=24.61\%$，$W^y=5.53\%$）

2. 已知煤的分析基成分：$C^f=68.6\%$，$H^f=3.66\%$，$S^f=4.84\%$，$O^f=3.22\%$，$N^f=0.83\%$，$A^f=17.35\%$，$W^f=1.5\%$，$V^f=8.75\%$，分析基发热量$Q^f_{dw}=27528$kJ/kg和应用基水分$W^y=2.67\%$，煤的焦渣特性为3类，求煤的应用基其它成分、可燃基挥发物及应用基低位发热量，并用门捷列夫经验公式和我国煤炭科学研究院由工业分析直接计算煤的低位发热量公式[1]进行校核。

（$C^y=67.79\%$，$H^y=3.62\%$，$S^y=4.78\%$，$O^y=3.18\%$，$N^y=0.82\%$，$A^y=17.14\%$，$V^r=10.78\%$，$Q^y_{dw}=27172$kJ/kg；按门捷列夫经验公式$Q^y_{dw}=26825$kJ/kg，按我国煤炭科学研究院计算公式$Q^y_{dw}=26618$kJ/kg）

3. 下雨前煤的应用基成分为：$C^y_1=34.2\%$，$H^y_1=3.4\%$，$S^y_1=0.5\%$，$O^y_1=5.7\%$，$N^y_1=0.8\%$，$A^y_1=46.8\%$，$W^y_1=8.6\%$，$Q^y_{dw1}=14151$kJ/kg。

下雨后煤的应用基水分变动为$W^y_2=14.3\%$，求雨后应用基其它成分的含量及应用基低位发热量，并用门捷列夫经验公式进行校核。

（$C^y_2=32.07\%$，$H^y_2=3.19\%$，$S^y_2=0.47\%$，$O^y_2=5.34\%$，$N^y_2=0.75\%$，$A^y_2=43.88\%$，$Q^y_{dw2}=13113$kJ/kg，按门捷列夫经验公式$Q^y_{dw2}=13297$kJ/kg）

4. 某工厂贮存有应用基水分$W^y_1=11.34\%$及应用基低位发热量$Q^y_{dw1}=20097$kJ/kg的煤100t，由于存放时间较长，应用基水分减少到$W^y_2=7.18\%$，问这100t煤的质量变为多少？煤的应用基低位发热量将变为多大？

（煤的质量变为95.52t，$Q^y_{dw2}=21157$kJ/kg）

5. 已知煤的成分：$C^r=85.00\%$，$H^r=4.64\%$，$S^r=3.93\%$，$O^r=5.11\%$，$N^r=1.32\%$，$A^g=30.05\%$，$W^y=10.33\%$，求煤的应用基成分，并用门捷列夫经验公式计算煤的应用基低位发热量。

（$C^y=53.31\%$，$H^y=2.91\%$，$S^y=2.46\%$，$O^y=3.21\%$，$N^y=0.83\%$，$A^y=26.95\%$，$Q^y_{dw}=20730$kJ/kg）

6. 用氧弹测热计测得某烟煤的弹筒发热量为26578kJ/kg，并知$W^y=5.3\%$，$H^y=2.6\%$，$W^y_f=3.5\%$，$S^f=1.8\%$，试求其应用基低位发热量。

---

[1] 详见附录表23

（$Q^y_{dw}=24727$kJ/kg）

7.一台4t/h的链条炉，运行中用奥氏烟气分析仪测得炉膛出口处$RO_2=13.8\%$，$O_2=5.9\%$，$CO=0$；省煤器出口处$RO_2=10.0\%$，$O_2=9.8\%$，$CO=0$。如燃料特性系数$\beta=0.1$，试校核烟气分析结果是否准确？炉膛和省煤器出口处的过量空气系数及这一段烟道的漏风系数有多大？

（烟气分析结果准确，炉膛出口$\alpha''_l=1.39$,省煤器出口$\alpha''=1.88$，烟道的漏风系数$\Delta\alpha=0.49$）

8.SZL10-1.3-WⅡ型锅炉所用燃料成分为$C^y=59.6\%$，$H^y=2.0\%$，$S^y=0.5\%$，$O^y=0.8\%$，$N^y=0.8\%$，$A^y=26.3\%$，$W^y=10.0\%$，$V^r=8.2\%$，$Q^y_{dw}=22190$kJ/kg。求燃料的理论空气量V^0_k、理论烟气量V^0_y以及在过量空气系数分别为1.45和1.55时的实际烟气量V_y，并计算$\alpha=1.45$时300℃及400℃烟气的焓和$\alpha=1.55$时200℃及300℃烟气的焓。

（$V^0_k=5.82m^3_N/kg$，$V^0_y=6.16m^3_N/kg$；$\alpha=1.45$时$V_y=8.82m^3_N/kg$；$\alpha=1.55$时$V_y=9.41m^3_N/kg$；$\alpha=1.45$及300℃时$I_y=3688$kJ/kg；$\alpha=1.45$及400℃时$I_y=4983$kJ/kg；$\alpha=1.55$及200℃时$I_y=2581$kJ/kg；$\alpha=1.55$及300℃时$I_y=3922$kJ/kg）

9.一台蒸发量$D=4$t/h的锅炉，过热蒸汽绝对压力$P=1.37$MPa，过热蒸汽温度$t=350$℃及给水温度$t_{gs}=50$℃。在没有装省煤器时测得$q_2=15\%$，$B=950$kg/h，$Q^y_{dw}=18841$kJ/kg；加装省煤器后测得$q_2=8.5\%$，问装省煤器后每小时节煤量为多少？

（节煤量$\Delta B=77$kg/h）

10.由热工试验测得锅炉运行参数如下：饱和蒸汽绝对压力$P=0.93$MPa，给水温度$t_{gs}=45$℃，3.5h内共用煤1325kg，$Q^y_{dw}=21562$kJ/kg，给水量$D=7530$kg；试验期间汽动给水泵共用汽220kg，送引风机等辅机共用电35kWh。若试验期间不排污，试计算锅炉的毛效率及净效率。

（$\eta_{gl}=68.15\%$，$\eta_j=65.53\%$）

11.某厂SZP10-1.3型锅炉燃用应用基灰分为17.74%、低位发热量为25539kJ/kg的煤，每小时耗煤1544kg。在运行中测得灰渣和漏煤总量为213kg/h，其可燃物含量为17.6%；飞灰可燃物含量为50.2%，试求固体不完全燃烧热损失q_4。

（$q_4=11.31\%$）

12.某链条炉热工试验测得数据如下：$C^y=55.5\%$，$H^y=3.72\%$，$S^y=0.99\%$，$O^y=10.38\%$，$N^y=0.98\%$，$A^y=18.43\%$，$W^y=10.0\%$，$Q^y_{dw}=21353$kJ/kg，炉膛出口的烟气成分$RO_2=11.4\%$，$O_2=8.3\%$以及固体不完全燃烧热损失$q_4=9.78\%$，试求气体不完全燃烧热损失q_3。

（$q_3=0.98\%$）

13.已知SHL10-1.3-WⅡ型锅炉燃煤元素成分：$C^y=59.6\%$，$H^y=2.0\%$，$S^y=0.5\%$，$O^y=0.8\%$，$N^y=0.8\%$，$A^y=26.3\%$，$W^y=10.0\%$，$Q^y_{dw}=22190$kJ/kg，$\alpha_{py}=1.65$，$\vartheta_{py}=160$℃，$t_{lk}=30$℃，$q_4=7\%$，试计算该锅炉的排烟热损失q_2。

（$q_2=7.55\%$）

14.某链条锅炉参数和热平衡试验测得的数据列于表1-1，试用正反热平衡方法求该锅炉的毛效率和各项热损失。

锅炉参数及热平衡试验数据 表 1-1

序号	项目		符号	单位	数据	序号	项目		符号	单位	数据
1	蒸发量		D	t/h	36.5	12	漏煤	漏煤量	G_{lm}	t/h	0.248
2	蒸汽绝对压力		P	MPa	2.55			可燃物含量	R_{lm}	%	16.4
3	过热蒸汽温度		t_{rq}	℃	400	13	飞灰中可燃物含量		R_{fh}	%	11.5
4	给水绝对压力		P_{gs}	MPa	2.94	14	燃料消耗量		B	t/h	4.96
5	给水温度		t_{gs}	℃	150	15	应用基低位发热量		Q^y_{dw}	kJ/kg	22391
6	排污量		D_{pw}	t/h	0	16	煤的元素分析成分	碳	C^y	%	58.30
7	排烟温度		ϑ_{py}	℃	150			氢	H^y	%	3.09
8	冷空气温度		t_{lk}	℃	25			硫	S^y	%	4.34
9	灰渣温度		t_{hz}	℃	600			氧	O^y	%	0.74
10	排烟成分	三原子气体	RO_2	%	12.2			氮	N^y	%	0.51
		氧气	O_2	%	6.9			灰分	A^y	%	27.90
		一氧化碳	CO	%	0.2			水分	W^y	%	5.12
11	灰渣	灰渣量	G_{hz}	t/h	1.19						
		可燃物含量	R_{hz}	%	8.8	17	散热损失		q_5	%	1.1

（正平衡$\eta_{gl}=85.57\%$，反平衡$\eta'_{gl}=85.65\%$，$q_2=7.12\%$，$q_3=0.97\%$，$q_4=4.51\%$，$q_6=0.65\%$）

15．某锅炉房有一台QXL200型热水锅炉，无尾部受热面，经正反热平衡试验，在锅炉房现场得到的数据有：循环水量118.9t/h，燃煤量599.5kg/h，进水温度58.6℃，出水温度75.49℃，送风温度16.7℃，灰渣量177kg/h，漏煤量24kg/h，以及排烟温度246.7℃和排烟烟气成分$RO_2=11.2\%$，$O_2=7.7\%$，$CO=0.1\%$。

同时，在实验室又得到如下分析数据：煤的元素成分$W^y=6.0\%$，$A^y=31.2\%$，$V^y=24.8\%$，$Q^y_{dw}=18405$kJ/kg，灰渣可燃物含量$R_{hz}=8.13\%$，漏煤可燃物含量$R_{lm}=45\%$，飞灰可燃物含量$R_{fh}=44.1\%$。

试求该锅炉的产热量、排烟处的过量空气系数、固体不完全燃烧热损失、排烟热损失（用经验公式计算）、气体不完全燃烧热损失（用经验公式计算）、散热损失（查图表）以及锅炉正反热平衡效率。

（$Q=8.418\times10^6$kJ/h，$\alpha_{py}=1.551$，$q_4=10.09\%$，$q_2=12.21\%$，$q_3=0.50\%$，$q_5=2.55\%$，$q_6=0.89\%$，正平衡$\eta_{gl}=76.29\%$，反平衡$\eta'_{gl}=73.76\%$）

16．东北某一采暖锅炉房有三台QXW2.9-1/130-70-A型热水锅炉，在额定供热量$Q=2.9$MW下运行时，每小时耗煤1791kg，经热量计测得燃煤的应用基低位发热量$Q^y_{dw}=21512$kJ/kg，问这三台热水锅炉的平均热效率为多少？

（$\eta_{gl}=81.29\%$）

17．某新建化工厂预订DZD20-1.3-P型锅炉三台，经与制造厂联系，得知它在正常运行时热效率不低于76%，但汽水分离装置的分离效果较差，蒸汽带水率不低于4.5%。锅炉给水温度为55℃，排污率为6%，三台锅炉全年在额定蒸发量和额定蒸汽参数下连续运行，问该厂锅炉房全年最少应计划购买多少吨煤（按标准煤计算）？

（$B=2248.7$kg/h，$G=59095.8$t/a）

18．有一台链条炉，蒸发量为4t/h，饱和蒸汽压力为1.37MPa（绝对压力），给水温度为20℃，当燃用无烟煤块时要求锅炉效率为75%，试确定这台锅炉所需炉排面积及炉膛容积。

（$q_R = 800\text{kW/m}^2$时$R = 5.01\text{m}^2$；$q_V = 300\text{kW/m}^3$时$V = 13.36\text{m}^3$）

19．有一台旧式锅炉，炉排长3m，宽2.5m，炉膛高5m，拟用它作为4t/h风力机械抛煤机炉，每小时燃用应用基低位发热量为21939kJ/kg的烟煤630kg，试判断上述基本尺寸是否合适？若不合适应如何修改？

（$q_R = 512\text{kW/m}^2$，$q_V = 102\text{kW/m}^3$）

20．某厂有一锅筒，直径1m，长3.5m，原用于蒸发量10t/h、蒸汽绝对压力2.55MPa的锅炉，如该锅炉的锅筒汽水容积各占一半，求蒸汽空间容积负荷强度。若蒸发量不变，蒸汽绝对压力变为1.37或0.88MPa，试问此时锅炉的蒸汽空间容积负荷强度是否正常？

（$P = 2.55$MPa时$R_v = 570\text{m}^3/\text{m}^3\cdot\text{h}$。当$P = 1.37$MPa时，$R_v = 1044\text{m}^3/\text{m}^3\cdot\text{h}$，正常；$P = 0.88$MPa时$R_v = 1593\text{m}^3/\text{m}^3\cdot\text{h}$，过高，不正常）

21．SHL6-25-AⅡ型锅炉额定蒸发量$D = 6$t/h，饱和蒸汽绝对压力$P = 2.55$MPa，给水温度$t_{gs} = 20$℃，冷空气温度$t_{lk} = 30$℃，排污率为5%。

设计燃料为山东良庄Ⅱ类烟煤，应用基燃料特性：$C^y = 46.55\%$，$H^y = 3.06\%$，$S^y = 1.94\%$，$O^y = 6.11\%$，$N^y = 0.86\%$，$A^y = 32.48\%$，$W^y = 9.0\%$，$V^r = 38.5\%$，$Q^y_{dw} = 17693$kJ/kg。

炉膛出口过量空气系数$\alpha''_l = 1.40$，炉膛漏风系数$\Delta\alpha = 0.1$。炉膛烟气容积$V_y = 7.17\text{m}^3_N/\text{kg}$，$RO_2$容积分额$r_{RO_2} = 0.123$，水蒸汽容积分额$r_{H_2O} = 0.078$，三原子气体容积总份额$r_q = 0.201$，烟气质量$G_y = 9.47$kg/kg，飞灰浓度$\mu_{fh} = 0.00686$kg/kg。

温度100℃时理论空气的焓$I^0_k = 636$kJ/kg，在过量空气系数$\alpha = 1.4$时烟气的焓I_y如表1-2所示。

$\alpha = 1.4$时烟气的焓I_y　（kJ/kg）　　　　**表 1-2**

烟气温度θ　(℃)	800	900	1000	1500	1600
烟气热焓I_y　(kJ/kg)	8545	9726	10926	17112	18382
ΔI_y　(kJ/kg)	1181	1200		1270	

锅炉排烟热损失$q_2 = 8.61\%$，气体不完全燃烧热损失$q_3 = 1\%$，固体不完全燃烧热损失$q_4 = 13\%$，散热损失$q_5 = 2.3\%$，其它热损失$q_6 = 0.82\%$，锅炉效率$\eta_{gl} = 74.27\%$，保热系数$\varphi = 0.97$，耗煤量$B = 1260$kg/h。

炉膛容积$V = 19.92\text{m}^3$，炉墙面积$F_{bz} = 47.43\text{m}^2$，炉排有效面积$R = 8.27\text{m}^2$，辐射受热面面积$H_f = 30.6\text{m}^2$，水冷壁平均有效角系数$x = 0.6452$，水冷壁平均沾污系数$\zeta = 0.5206$。

锅炉无空气预热器。

试用校核计算方法求炉膛出口烟气温度及炉内辐射传热量，并计算辐射受热面热强度、燃烧室热强度及炉排热强度。

（炉膛出口烟气温度$\vartheta_l''=921$℃，炉内辐射传热量$Q_f=7384$kJ/kg，辐射受热面热强度$q_f=73.5$kW/m²，燃烧室热强度$q_V=310.9$kW/m³，炉排热强度$q_R=748.8$kW/m²）。

22.本题拟分五个小题进行SZS10-1.3-WⅡ型锅炉本体受热面的校核热力计算。现将有关数据给出或列于表1-3～表1-6中。

SZS10-1.3-WⅡ型锅炉额定蒸发量$D=10$t/h，蒸汽绝对压力$P=1.37$MPa，饱和温度，给水温度$t_{gs}=105$℃，冷空气温度$t_{lk}=30$℃，热空气温度$t_{rk}=160$℃，排污率5%，制粉系统采用锤击式磨煤机竖井式直吹系统。

烟道各处漏风系数　　表1-3

名　　称	漏风系数 $\Delta\alpha$	过量空气系数 入口处α'	出口处α''
炉　膛	0.1	1.25	1.35
凝渣管	0	1.35	1.35
对流管束	0.1	1.35	1.45
省煤器	0.1	1.45	1.55
空气预热器	0.1	1.55	1.65

应用基燃料特性：$C^y=59.6\%$，$H^y=2.0\%$，$S^y=0.5\%$，$O^y=0.8\%$，$N^y=0.8\%$，$A^y=26.3\%$，$W^y=10.0\%$，$V^r=8.2\%$，$Q_{dw}^y=22190$kJ/kg；灰的变形温度$t_1=1345$℃，理论空气量$V_k^0=5.82\text{m}_N^3$/kg，理论烟气量$V_y^0=6.16\text{m}_N^3$/kg。

各受热面中烟气平均容积　　表1-4

名　　称	符　号	单　位	炉　膛	防渣管	对流管束	省煤器	空气预热器
烟气容积	V_y	m_N^3/kg	7.93	8.23	8.52	9.12	9.71
RO_2容积分额	r_{RO_2}	—	0.141	0.136	0.131	0.122	0.115
水蒸汽容积份额	r_{H_2O}	—	0.059	0.058	0.056	0.053	0.051
三原子气体容积份额	r_q	—	0.200	0.194	0.187	0.175	0.166
烟气质量	G_y	kg/kg	10.62	11.00	11.38	12.13	12.89
飞灰浓度	μ_{fh}	kg/kg	0.0235	0.0227	0.0220	0.0206	0.0194

锅炉排烟热损失$q_2=7.55\%$，气体不完全燃烧热损失$q_3=0$，固体不完全燃烧热损失$q_4=7\%$，散热损失$q_5=1.75\%$，其它热损失$q_6=0$，锅炉效率$\eta_{gl}=83.70\%$，保热系数$\varphi=0.9795$，耗煤量$B=1274$kg/h。

（1）SZS10-1.3-WⅡ型锅炉炉膛体积$V_l=47.4$m³，炉墙面积$F_{bz}=99.3$m²，辅助炉排面积$R=2.1$m²，辐射受热面面积$H_f=47.8$m²，水冷壁平均有效角系数$x=0.492$，燃烧器高度$h_r=4.15$m，炉膛高度$H_l=9.0$m。试用校核计算方法求炉膛出口烟气温度及炉内辐射传热量。

理论空气的焓　　表1-5

温　度　(℃)	理论空气焓I_k^0 (kJ/kg)
100	770
200	1550

注意：在竖井煤粉炉中最高温度的位置与进入炉膛的燃料—空气混合物的流束方向有关。当没有分流器而将流束的基本部分向下导流时，$X_{max}=\frac{h_r}{H_l}-0.15$，本题即属于这一种情况。

（$\vartheta_l''=1003$℃，$Q_f=10929$kJ/kg）

不同过量空气系数下烟气的焓 表 1-6

烟气温度	烟气焓 I_y(kJ/kg)							
	$\alpha=1.35$		$\alpha=1.45$		$\alpha=1.55$		$\alpha=1.65$	
ϑ (℃)	I_y	ΔI_y	I_y	ΔI_y	I_y	ΔI_y	I_y	ΔI_y
100							1354	
200					2582		2737	1383
300			3686		3921	1339	4155	1418
400			4981	1295	5296	1375		
500			6311	1330				
900	11183							
1000	12561	1378						
1100	13953	1392						
1200	15350	1397						
1700	22583							
1800	24048	1465						
1900	25542	1494						

(2)SZS10-1.3-WⅡ型锅炉凝渣管外径为51mm，横向管距 $s_1=190$mm，纵向管距$s_2=210$mm，横向管排数$n_1=9.5$，纵向管排数$n_2=2$，受热面面积$H=6.45\text{m}^2$，烟气流通截面积$F=1.749\text{m}^2$，管子为错排，冲刷系数$\omega=1.0$，凝渣管入口烟温为1003℃，试用校核计算方法校核凝渣管出口烟气温度及凝渣管对流传热量。

($\vartheta''=950$℃，$Q_{nz}=716$kJ/kg)

(3)SZS10-1.3-WⅡ型锅炉对流管束外径为51mm，横向管距 $s_1=120$mm，纵向管距$s_2=110$mm，平均纵向管子排数$z_2=12$,受热面面积$H=189.2\text{m}^2$,烟气流通截面$F=1.362\text{m}^2$，对流管束前烟气空间深度为0.33mm，对流管束深度为2.52m，对流管束为顺排，冲刷系数$\omega=1.0$，入口烟温为950℃。试用校核计算方法求对流管束出口烟气温度及对流管束传热量。

($\vartheta''=324$℃，$Q_{gs}=7736$kJ/kg)

(4)SZS10-1.3-WⅡ型锅炉采用方型鳍片铸铁省煤器，受热面面积$H=70.8\text{m}^2$，烟气流通截面积$F=0.72\text{m}^2$，水流通截面积$f=0.005655\text{m}^2$，给水绝对压力$P=1.52$MPa，入口烟温为324℃，试校核计算铸铁省煤器出口烟气温度及吸热量。

($\vartheta''=246$℃，$Q_{sm}=805$kJ/kg)

(5)SZS10-1.3-WⅡ型锅炉管式空气预热器管子外径为40mm，内径为37mm，管长$l=2.265$m，横向管距$s_1=73$mm，纵向管距$s_2=44$mm，空气行程数为3，每个行程中沿空气流动方向管子排数$n_2=41$，受热面面积$H=202.7\text{m}^2$，烟气流通截面积$F_y=0.5075\text{m}^2$，空气流通截面积$F_k=0.497\text{m}^2$，入口烟气温度为246℃，入口冷空气温度为30℃。试用校核计算方法决定排烟温度、空气预热温度和空气预热器吸热量。

($\vartheta_{py}=152$℃，$t_{rk}=151$℃，$Q_{ky}=1168$kJ/kg)

23.一台蒸发量为10t/h的抛煤机锅炉，炉排面积$R=9.9\text{m}^2$，炉膛四周炉墙面积$F_{bz}=72\text{m}^2$，各墙水冷壁结构特性如表1-7所示，试求此锅炉炉膛的总有效辐射受热面面积及炉膛平均热有效系数。

水冷壁结构特性 表 1-7

名称	符号	单位	前墙	两侧墙	后墙	炉膛出口烟窗
管子外径	d_w	mm	51	51	51	51
管子节距	S	mm	130	80	80	130
管子中心与墙距离	e	mm	100	40	40	—
炉墙面积	F	m²	7.6	39.5	13.4	1.6

（$H_f = 56.77\text{m}^2$，$\psi_l = 0.473$）

24.有一台SZP6.5-1.3-A型锅炉，其燃烬室容积$V_{rj} = 3.64\text{m}^2$，包复面积$F_l = 18.69\text{m}^2$，有效辐射受热面面积$H_f = 8.3\text{m}^2$，漏风系数$\Delta\alpha_{rj} = 0$。由炉膛热力计算得知：炉膛出口烟气温度$\vartheta''_l = 930$℃，出口烟焓$I''_l = 9948\text{kJ/kg}$；在炉膛出口过量空气系数$\alpha''_l = 1.5$时，水蒸汽容积分额$r_{H_2O} = 0.082$，三原子气体容积分额$r_q = 0.123$；烟温为850℃时的烟气焓$I_y = 8870\text{kJ/kg}$，计算燃料消耗量$B_j = 1149\text{kg/h}$，由炉膛投射到燃烬室的辐射热量$Q_l^f = 81.6\text{kJ/kg}$，保热系数$\varphi = 0.969$，试计算燃烬室辐射受热面所吸收的热量和烟气出口温度。

（$Q_{cr} = 1091\text{kJ/kg}$，$\vartheta'' = 846$℃）

25.在SHL20-1.3/350-A型锅炉的尾部烟道中装有管式空气预热器，其管径为40/37mm，管长3.5m，由中间管板分成两节，受热面面积为400m²；管子呈错排，横向管距为78mm，纵向管距为43mm，纵向管排为19，烟气流通截面积$F_y = 1.01\text{m}^2$，空气流通截面积$F_k = 1.34\text{m}^2$。计算燃料消耗量$B_j = 2990\text{kg/h}$，理论空气量$V_k^0 = 5.61\text{m}_\text{N}^3/\text{kg}$，炉膛出口过量空气系数$\alpha''_l = 1.4$，炉膛漏风系数$\Delta\alpha = 0.1$；流经空气预热器的平均烟气容积$V_y = 9.66\text{m}_\text{N}^3/\text{kg}$，水蒸汽容积分额$r_{H_2O} = 0.071$；烟气进口温度为265℃，烟焓$I_y = 3496\text{kJ/kg}$；在排烟过量空气系数下对应烟温175℃和155℃的烟焓为2349kJ/kg和2081kJ/kg。若冷空气温度为30℃，要求出口热空气温度为160℃，保热系数$\varphi = 0.9836$，试对此空气预热器作校核热力计算。

（$\vartheta'' = 170$℃，$Q_{ky} = 1265\text{kJ/kg}$）

26.烟气横向冲刷顺排光管锅炉管束，管子外径51mm，横向管距120mm，纵向管距110mm，纵向管子总排数为48，烟气平均流速6.2m/s，烟气平均温度550℃，试求烟气横向冲刷对流管束的阻力（不必对烟气密度、大气压力及烟气含尘浓度进行修正）。

（$\Delta h = 87.7\text{Pa}$）

27.烟气横向冲刷错排光管组成的凝渣管，管子外径51mm，横向管距190mm，纵向管距210mm，纵向管排数为2排，烟气平均流速7.08m/s，烟气平均温度977℃，试求烟气横向冲刷凝渣管的阻力（不必对烟气密度、大气压力及烟气含尘浓度进行修正）。

（$\Delta h = 10.3\text{Pa}$）

28.管式空气预热器管子外径40mm，内径37mm，管壁绝对粗糙度0.2mm，管长2.265m，烟气在管内流动，烟气平均流速10.9m/s，烟气平均温度199℃，求管式空气预热器烟气侧的沿程摩擦阻力（不必对烟气密度、大气压力及烟气含尘浓度进行修正）。

（$\Delta h = 43.6\text{Pa}$）

29.方形鳍片铸铁省煤器管子外径76mm，横向管距150mm，纵向管距 150mm，纵向管排数为4排，鳍片节距25mm，鳍片平均厚度4.5mm，鳍片高度37mm，每根管子有鳍片75片，每根管子受热面面积为2.95m²，烟气平均流速8.51m/s，烟气平均温度285℃，求烟气横向冲刷铸铁省煤器的阻力（不必对烟气密度、大气压力及烟气含尘浓度进行修正）。

（$\Delta h = 29.2$Pa）

30.某锅炉房装有三台4t/h锅炉，每台锅炉计算耗煤量$B_j = 717$kg/h，排烟温度$\vartheta_{py} = 200$℃，排烟处烟气容积$V_y = 10.33$m^3_N/kg，锅炉本体及烟道总阻力约为343Pa，冷空气温度25℃，当地大气压为1.025bar。若此锅炉房已有一个高度为35m、上口直径为1.5m的砖烟囱（$i = 0.02$），试核算此烟囱能否满足锅炉克服烟气侧阻力的需要,计算时不考虑烟气在烟道及烟囱中的温度降，也不考虑烟道及烟囱的漏风。并按锅炉房总蒸发量来核算此烟囱高度是否符合环保要求。

（$h_{zs}^{yz} = 143$Pa，$1.2\Delta H_y' + \Delta h_{yz} = 431$Pa，故烟囱不能满足克服烟气侧阻力的需要，需装置引风机。$D = 12$t/h，环保要求烟囱高度为40m，故烟囱高度不能满足环保要求）

31.某工厂有三台2t/h蒸汽锅炉，锅炉本体及烟道总阻力为127Pa，每台锅炉计算耗煤量为291kg/h，排烟温度为180℃，排烟处烟气容积为11.40m^3_N/kg，冷空气温度25℃，当地大气压为1.0106bar。若三台锅炉合用一个砖烟囱进行自然通风，试确定烟囱高度及上下口直径大小。计算时不考虑烟气在烟道及烟囱中的温度降，也不考虑在烟道及烟囱中的漏风，且烟囱坡度$i = 0.02$，烟囱出口烟气流速6m/s左右。

（$d_2 = 1$m，$d_1 = 3$m，$H_{yz} = 50$m）

32.锅炉房装有三台4t/h锅炉，它的分汽缸开孔如图1-1所示。分汽缸工作压力为0.785MPa（表压力），考虑锅筒安全阀开启压力后分汽缸强度计算压力为0.863MPa，分汽缸外径为412mm，材料为10号碳钢，壁厚为6mm，试进行分汽缸筒体的强度校核计算。

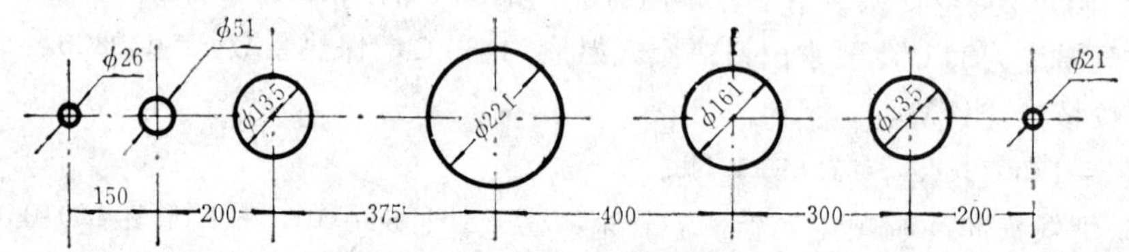

图 1-1 分汽缸开孔图

分汽缸上自左至右开孔尺寸、所焊管接头用途、管接头内径及管接头壁厚如表1-8所示，焊缝高度均为5mm，问上述管孔在分汽缸上是否需要加强？如何加强？

分汽缸平端盖材料为20g钢板，采用Ⅵ型平端盖，开有直径为108.5mm手孔，壁厚为25mm，试计算该平端盖强度。

（分汽缸最小需要壁厚$s_{\min} = 2.9$mm＜6mm。分汽缸最大允许开孔直径$[d] = 89$mm，故1#锅炉出汽管、采暖用汽管、2#及3#锅炉出汽管、生产用汽管等管孔需要加强，采用单面管接头加强。平端盖$s_{1\min} = 24.7$mm＜25mm，该平端盖已满足强度要求）

33.SZL10-1.3-WⅡ型锅炉上锅筒开孔见图1-2。锅筒和SZS10-2.5-WⅡ型锅炉通用，故锅筒工作压力为2.75MPa绝对压力，锅筒内径900mm，锅筒置于炉膛内不绝热，锅筒材料为12Mng，管子胀接于锅筒上，锅筒采用熔剂层下的自动焊，双面焊接有坡口对接缝，冷卷冷校，试校核采用壁厚21mm是否符合强度要求，并校核最大开孔处是否要加强。

上锅筒封头内径900mm，封头凸出部分内高度225mm，封头上最大开孔直径400mm，当封头材料采用16Mng，壁厚为18mm，且封头上无焊缝时，试校核其强度。

分汽缸上开孔尺寸表　　　　表 1-8

管接头用途	分汽缸孔径（mm）	管接头内径（mm）	管接头壁厚（mm）	管接头用途	分汽缸孔径（mm）	管接头内径（mm）	管接头壁厚（mm）
蒸汽泵供汽管	26	19	3	2"及3"锅炉出汽管	161	150	4.5
安全阀管	51	44	3	生产用汽管	135	124	4.5
1"锅炉出汽管	135	124	4.5	压力表管	21	16	2
采暖用汽管	221	209	6				

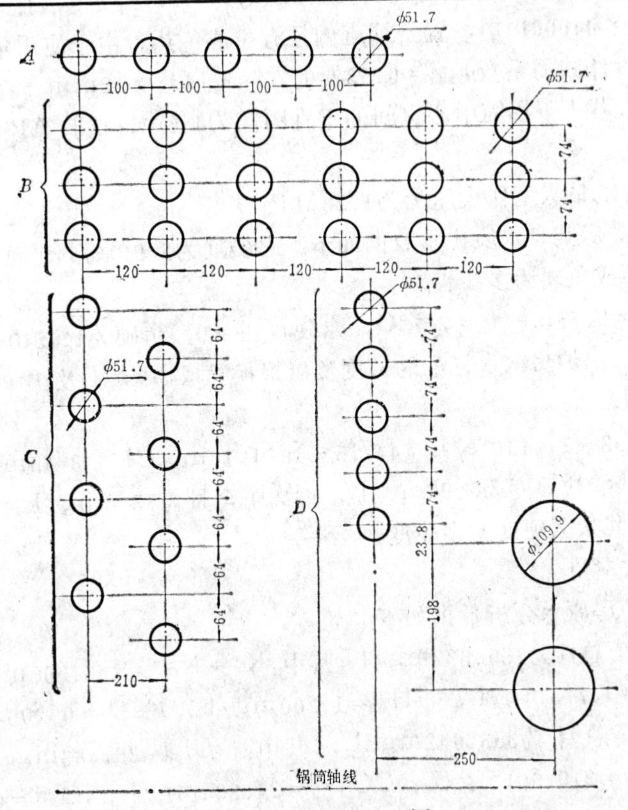

图 1-2　上锅筒开孔图

（锅筒 $s_{min}=20.9$mm＜21mm，封头 $s_{min}=17.6$mm＜18mm，$[d]=174$mm＞109.9mm，故锅筒及封头强度均满足要求，锅筒最大开孔处也不需加强）

34.SZL10-1.3-WⅡ型锅炉后墙下集箱开孔如图1-3所示，工作压力2.82MPa（绝对压力），集箱外径219mm，材料为20号碳钢，壁厚10mm，试校核强度是否满足要求。

集箱上下降管内径100mm，管子壁厚4mm，焊缝高度5mm，问下降管孔是否需要加强？

集箱平端盖采用Ⅵ型，开有直径为108.5mm手孔，采用壁厚23mm，试校核其强度。

（集箱$s_{min}=6.3$mm<10mm，集箱最大允许开孔直径$[d]=88$mm<100mm，平端盖$s_{1min}=21.8$mm<23mm，故集箱及端盖强度满足要求，但下降管孔需要加强）

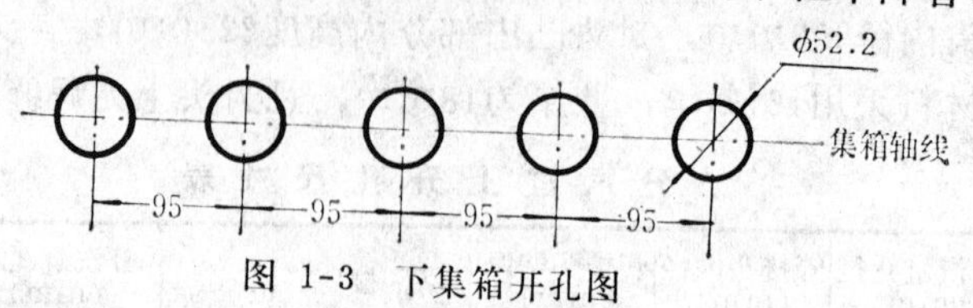

图 1-3 下集箱开孔图

35.椭球体凸形封头的工作压力为1.27MPa（表压），内径1600mm，内高度600mm，用15g整块钢板压制而成，不受热，其中心部位开一椭圆形人孔，长轴为400mm，求封头所用钢板的厚度。

（封头$s_{min}=9.2$mm，钢板厚度取用10mm）

36.SZP6.5-1.3-A型锅炉原设计工作压力为1.27MPa（表压），下锅筒由20g钢板焊制，锅筒内径为1000mm，置于烟道内且有可靠绝热。由于使用年久，严重腐蚀，经大修检验测得原设计减弱系数$\varphi_{min}=0.53$处的实际壁厚$s_1=12$mm，在$\varphi=0.56$处的实际壁厚$s_2=10$mm。若上下锅筒中心之间的垂直距离为4.6m，试验算该锅炉继续投入运行时的最大允许压力。

（实际允许的最大工作表压力为1.23MPa）

37.某厂锅炉房某日水质化验数据如下：总碱度为3.9me/L，总硬度为7.7°G，求此水的暂硬、永硬或负硬为多少？

（暂硬$H_T=2.75$me/L=7.7°G，永硬$H_{FT}=0$，负硬为1.15me/L=3.2°G）

38.试将某厂锅炉房锅水标准的碱度及氯根换算成mge/L及ppm，碱度为25～60°G，氯根为300mg/L。

（碱度=8.93～21.43me/L=447.5～1074ppm，$Cl^-=8.45$me/L=423ppm）

39.原水的碳酸盐硬度为5.97me/L，钙离子含量为73.8mg/L，镁离子含量为38.9mg/L，试计算其永久硬度为多少度？

（$H_{FT}=2.55$°G）

40.某厂锅炉房原水分析数据如下：

（1）阳离子总计为155.332mg/L，其中：$K^++Na^+=146.906$mg/L，$Ca^{2+}=5.251$mg/L，$Mg^{2+}=1.775$mg/L，$NH_4^+=1.200$mg/L，$Fe^{3+}=0.200$mg/L。

（2）阴离子总计为353.042mg/L，其中：$Cl^-=26.483$mg/L，$SO_4^{2-}=82.133$mg/L，$HCO_3^-=219.661$mg/L，$CO_3^{2-}=24.364$mg/L，$NO_2^-=0.001$mg/L，$NO_3^-=0.400$mg/L。

总硬度为1.142°G，总碱度为4.412me/L，溶解氧为8.894mg/L，可溶性二氧化碳为14.000mg/L，pH=8.85，试求其相对碱度，并说明是否需要除碱。

（相对碱度为0.347>0.2，需要除碱）

41.若锅水碱度基本保持14me/L，软水碱度为1.6me/L，凝结水回收率为40%，求此锅炉的排污率为多少？

（$P=7.74\%$）

42.SHL10-1.3/350型锅炉采用连续排污，锅水标准碱度为701.4ppm以下。生水软化不除碱，软水碱度为4.56me/L；生水软化除碱，软水碱度为1.17me/L，若此厂给水中软水占50%，问生水除碱与不除碱时，锅炉排污率各为多少？

（生水不除碱，$P=19.45\%$；生水除碱，$P=4.36\%$）

43.某厂SZD10-1.3型锅炉的给水水质化验得$HCO_3^-=195mg/L$，$CO_3^{2-}=11.2mg/L$，阴阳离子总和为400mg/L，试判断给水是否需要除碱。

（按含盐量计算$P=12.9\%$，按碱度计算$P=21.73\%$，故需要除碱）

44.某厂锅炉房具有两台SZS10-1.3-WⅡ型锅炉，凝结水回收率为40%，锅炉排污率为5%，生水总硬度为10.0me/L，锅炉给水的允许硬度为0.03me/L，选用顺流再生单级钠离子变换软化设备，采用732#树脂作为交换剂，试计算连续工作时间、还原一次盐耗量及用水量。

（连续工作时间$t=7.5h$；再生时食盐单耗量b取130g/ge时，还原一次盐耗量$B=172kg$；每一周期用水量$G=11.3t$；采用$\phi1000$交换器，交换剂层高度$h=1.6m$）

45.某厂锅炉房设置两台SHL20-1.3/350型锅炉，凝结水回收率20%。生水水质分析如下：$Ca^{2+}=72mg/L$，$Mg^{2+}=24.0mg/L$，$Na^+=27.6mg/L$，$Cl^-=49.7mg/L$，$SO_4^{2-}=96mg/L$，酚酞碱度$P=0.2me/L$，甲基橙碱度（总碱度）$A=3.4me/L$，含盐量$S=464.3mg/L$。

试求：（1）生水中OH^-、CO_3^{2-}、HCO_3^-的碱度A_{OH^-}、$A_{CO_3^{2-}}$、$A_{HCO_3^-}$的大小，分别以me/L、°G、mg/L为单位表示之。

（2）生水中暂硬H_T、永硬H_{FT}和负硬的大小，分别以me/L、°G、ppm为单位表示之。

（3）用并联氢-钠离子交换软化，控制残余碱度$A_c=0.5me/L$，试求分别进氢、钠离子交换器水量的分额α_{H^+}、α_{Na^+}。

（4）假定并联氢-钠离子交换软化后残余碱度全部为HCO_3^-，锅水允许含盐量$S_g=3000mg/L$，锅水允许碱度$A_g=14me/L$，求锅炉排污率。

（5）若改用单级钠离子交换软化，求锅炉排污率，以排污率说明是否允许采用单级钠离子交换软化。

（$A_{OH^-}=0$，$A_{CO_3^{2-}}=0.4me/L=1.12°G=12mg/L$，$A_{HCO_3^-}=3me/L=8.4°G=183mg/L$；$H=5.6me/L=15.68°G=281ppm$，$H_T=3.4me/L=9.52°G=170ppm$，$H_{FT}=2.2me/L=6.16°G=111ppm$，负硬$=0$；$\alpha_{H^+}=0.518$，$\alpha_{Na^+}=0.482$；并联氢-钠离子交换软化，按碱度计算$P=2.94\%$，按含盐量计算$P=7.63\%$；单级钠离子交换软化，按碱度计算$P=24.11\%$，按含盐量计算$P=15.28\%$，排污率偏高，不宜采用单级钠离子交换软化）

46.如42题中所示的锅炉有三台，在生水除碱情况下运行。三台锅炉为了回收连续排污水热量及减少工质损失，合用一个连续排污扩容器，排污扩容器在0.1MPa表压下工作，锅炉连续排污水进排污扩容器的绝对压力为1.47MPa，排污管道热损失系数为0.98，排污扩容器出口二次蒸汽干度为97%，排污扩容器容积富裕系数取1.5，单位容积蒸汽分离强度取500m³/m³·h，问排污扩容器能回收多少工质及热量，并选择一个合适的排污扩容器。

（回收二次蒸汽量$D_q=196.9kg/h$，回收热量$Q=0.519\times10^6kJ/h$，选用容积$V=0.75m^3$的$\phi670$型连续排污扩容器一台）

二、复习思考题

1.锅炉的任务是什么？它在发展国民经济中的重要性如何？

2.锅炉与锅炉（房）设备有何区别？它们各自起着什么作用？又是怎样进行工作的？

3.为什么表示蒸汽锅炉容量大小的指标——额定蒸发量，要用在额定参数下长时期连续安全可靠运行的蒸发量来表示？能不能用短时间达到的最大蒸发量来作为它的额定蒸发量？能不能用在非额定参数下达到的最大蒸发量来作为它的额定蒸发量？

4.受热面蒸发率、受热面发热率、锅炉的热效率、煤汽比、煤水比、锅炉的金属耗率、锅炉的耗电率中哪几个指标用以衡量锅炉的总的经济性？为什么？

5.工业锅炉的型号是怎样表示的？各组字码代表什么意思？

6.为什么燃料成分要用应用基、分析基、干燥基及可燃基这四种基来表示？一般各用在什么情况下？

7.什么是煤的元素分析和工业分析？各分析成分在燃烧过程中所起的作用如何？

8.固定碳、焦炭和煤的含碳量是不是一回事？为什么？

9.什么是煤的焦渣特性？共分几类？它对锅炉工作有何影响？

10.为什么要测定灰的熔点？同一种煤的灰熔点是否完全相同？决定和影响灰熔点的因素有哪些？灰熔点的高低，对锅炉运行将产生什么影响？

11.外在水分、内在水分、风干水分、分析基水分、全水分有什么差别？它们之间有什么关系？风干水分是否就是外在水分？分析基水分是否相当于内在水分？全水分怎样测定？

12.为什么各种基的煤的挥发物及高位发热量之间的换算可用教材表2-1中的换算系数？而各种基的低位发热量之间的换算则不能用表2-1中的换算系数，而要用表2-2中的换算公式？

13.已知分析基含碳量C^f，求应用基含碳量C^y，通过干燥基含碳量C^g求出它们的换算系数为$\frac{100-W^y}{100-W^f}$。若通过可燃基含碳量C^r来求，则

$$C^r=\frac{C^y}{C^y+H^y+S^y+O^y+N^y}=\frac{C^y}{100-W^y-A^y}\times 100\%$$

$$C^r=\frac{C^f}{C^f+H^f+S^f+O^f+N^f}=\frac{C^f}{100-W^f-A^f}\times 100\%$$

$$C^y=C^f\times\frac{100-W^y-A^y}{100-W^f-A^f}\%$$

它们的换算系数为$\frac{100-W^y-A^y}{100-W^f-A^f}$，两个换算系数是否相同？两种推导方法原理相同，形式为什么不同？

14.在由风干水分和分析基水分计算全水分的公式（2-5）中，从分析基到应用基的换算系数为$\frac{100-W_f^y}{100}$；而在教材[1]表2-1中查得的换算系数为$\frac{100-W^y}{100-W^f}$，两者有无矛

---

[1] 系指：《锅炉及锅炉房设备》（第二版）同济大学、湖南大学、重庆建筑工程学院编　中国建筑工业出版社1986年7月，下同。

盾？为什么？

15.已知某种煤雨前应用基的元素分析及水分，雨后又分析了它的应用基水分，能否求出该煤在雨后应用基的元素分析？换算系数是什么？

16.煤下雨前元素分析、挥发物、低位发热量分别用下角码1表示，下雨后用下角码2表示，请指出下列换算式中哪些是准确的，哪些是错误的，并改正之。

（1）$\frac{C_1^y}{C_2^y}=\frac{100-W_1^y}{100-W_2^y}$

（2）$\frac{Q_{dw1}^y}{Q_{dw2}^y}=\frac{100-W_1^y}{100-W_2^y}$

（3）$\frac{W_1^y}{W_2^y}=\frac{100-W_1^y}{100-W_2^y}$

（4）$\frac{Q_{gw1}^y}{Q_{gw2}^y}=\frac{100-W_1^y}{100-W_2^y}$

（5）$\frac{V_1^r}{V_2^r}=\frac{100-W_1^y}{100-W_2^y}$

（6）$\frac{G_1}{G_2}=\frac{100-W_1^y}{100-W_2^y}$（$G_1$、$G_2$分别为煤下雨前及下雨后的质量）

（7）$\frac{H_1^y}{H_2^y}=\frac{100-W_1^y-A_1^y}{100-W_2^y-A_2^y}$

（8）$\frac{V_1^y}{V_2^y}=\frac{100-W_1^y}{100-W_2^y}$

（9）$\frac{A_1^g}{A_2^g}=\frac{100-W_1^y}{100-W_2^y}$

17.有人说在无烟煤、烟煤和褐煤三者中，因前者成煤年代最为久远，炭化程度最高，所以它的发热量最大，烟煤次之，褐煤最小。这种说法对不对？为什么？

18.煤的发热量怎样测定？氧弹热量计是根据什么原理把发热量测出来的？

19.为什么同一种基的燃料的弹筒发热量最大，其次才是高位发热量，再其次才是低位发热量？为什么在锅炉热力计算中只能用低位发热量作为计算的依据？

20.燃料燃烧的理论空气量怎样计算？过量空气系数怎样计算？各计算公式的应用条件怎样？

21.用以计算固、液体燃料燃烧时的过量空气系数的公式，是否也适用于气体燃料燃烧的计算？为什么？

22.燃料燃烧生成的烟气中包含有哪些成分？它们的容积怎样计算？

23.同样1 kg煤，在供应等量空气的条件下，在有气体不完全燃烧产物时，烟气中氧的体积比完全燃烧时是多了还是少了？相差多少？不完全燃烧与完全燃烧所生成的烟气容积是否相等？为什么？

24.每公斤燃料完全燃烧时所需理论空气量和生成的理论烟气量，二者哪个数值大？为什么？

25.当一台锅炉改烧多水多灰的煤后，如能保持蒸发量．蒸汽参数和热效率不变，那么它配用的送、引风机的负荷会否发生变化？后果如何？

26.为什么燃料燃烧计算中空气量按干空气来计算，而烟气量则要按湿空气来计算？

27.为什么发热量较高的煤所需的理论空气量及所产生的理论烟气量也较大？

28.奥氏烟气分析仪为什么分析所得的为干烟气成分，而不是湿烟气成分？为什么分析时顺序不能颠倒？为什么测定CO一般测不准？

29.为什么干烟气中各气体成分不论在完全燃烧或不完全燃烧时要满足一定的关系(即燃烧方程式)？为什么在锅炉正常运行时，烟气分析中RO_2、O_2和CO之和比21%要小？

30.烟道中烟气随着过量空气系数的增加，干烟气成分中RO_2及O_2的数值是增加还是减小？为什么？为什么β值越大，RO_2^{max}的数值则越小？

31.一个锅炉燃用两种不同燃料，在锅炉出口用奥氏烟气分析仪测得RO_2值不相同，问RO_2值大的那种燃料的燃烧工况是否一定好些？

32.燃料的特性系数β的物理意义是什么？为什么β值越大，烟气分析中当CO含量较小时，RO_2、O_2、和CO之和与21%之差就越大？

33.怎样计算烟气的焓？当$\alpha>1$时，烟焓中包含过量空气的焓，其值$\Delta I=(\alpha-1)\cdot I_k^0=(\alpha-1)V_k^0(c\vartheta)_k$ kJ/kg，但从教材的式（2-39b）看，这部分过量空气的焓应为$1.0161(\alpha-1)V_k^0(c\vartheta)_k$，这到底是怎么一回事？

34.绘制温焓表有什么用处？怎样绘制？

35.什么叫锅炉热平衡？它是在什么条件下建立的？建立锅炉热平衡有何意义？

36.锅炉的输入热量有哪些？支出热量有哪些？怎样计算？

37.为什么大容量供热锅炉一般用反平衡方法测定锅炉热效率，而且比较准确？而小容量供热锅炉为什么一般使用正平衡方法测定锅炉的热效率？

38.锅炉的毛效率和净效率有什么区别？哪种燃烧设备的锅炉毛效率和净效率的差值比较大？锅炉在什么情况下运行时锅炉的毛效率和净效率的差值比较大？锅炉使用汽动给水泵与电动给水泵给水时毛效率和净效率的差值哪一个大？

39.为什么炉膛出口过量空气系数α_l''有一最佳值？如何决定？

40.为什么在计算q_2及q_3的公式中要乘上$\left(1-\frac{q_4}{100}\right)$？它的物理意义是什么？

41.设计和改造锅炉时排烟温度如何选择？为什么小型供热锅炉排烟温度取得比大中型供热锅炉要高一些？

42.在运行中减小锅炉炉墙漏风有什么意义？减小炉墙漏风对哪些热损失有影响？

43.锅炉蒸发量改变对效率有什么影响？如何变化？

44.用正平衡法测定锅炉热效率时，用容量法测定锅炉蒸发量，为什么在试验开始和结束时汽包中的水位和压力要保持一致？在层燃炉中为什么试验前后炉排上煤层厚度和燃烧工况应基本一致？

45.层燃炉燃用较干的煤末时，司炉往往在煤末中掺入适量的水分，试分析对锅炉热效率及锅炉各项热损失会有什么影响？

46.层燃炉漏煤及炉渣中含碳量较高，可以考虑回炉再烧，因而认为不应计入锅炉热损失，这种看法对不对？

47.在锅炉运行中，如发现排烟温度增高，试分析其原因？怎样改进？

48.锅炉烟道各处的过量空气系数不同，为了改善燃料燃烧，应监测、调节和控制何处的过量空气系数？为什么？

49.何谓灰平衡？建立灰平衡的意义何在？

50.从教材的图3-2和表3-5中可以看到，散热损失q_5随锅炉容量的增大而变小，应怎样理解？

51.锅炉的燃料消耗量和计算燃料消耗量有何区别？引用“计算燃料消耗量”的意义何在？

52.为什么在计算锅炉热效率时不计入空气预热器的吸热量，而在计算保热系数时反而要计入空气预热器的吸热量？

53.用正、反平衡测定锅炉热效率时，在什么情况下哪些量的测定误差较大？为了减小它们的误差，在测试中应注意些什么？

54.一般情况下供热锅炉热平衡中哪些热损失数值较大？如何减小这些热损失？

55.按组织燃烧过程的基本原理和特点，燃烧设备可分几类？几种不同燃烧方式的主要特点是什么？

56.燃料的燃烧过程分哪几个阶段？为加速、改善燃烧，在不同的燃烧阶段应创造和保持些什么条件？

57.煤在手烧炉中燃烧的主要特性有哪些？为什么它经常要冒黑烟？采取哪些措施可基本消除黑烟？

58.在链条炉中，炉排上燃烧区域的划分及气体成分的变化规律如何？对这些问题的研究有何实际意义？

59.对于链条炉、振动炉排炉和往复推饲炉排炉为什么要分段送风？而一般的固定炉排炉子为什么不采取分段送风？

60.层燃炉为什么既要保证足够的炉排面积，又要保证一定的炉膛容积？

61.在链条炉和往复推饲炉排炉中，炉拱起什么作用？为什么煤种不同对炉拱的形状有不同的要求？

62.燃用Ⅲ类烟煤的链条炉改烧Ⅱ类烟煤时，应在燃烧设备上采取哪些措施以保证燃烧较好？

63.为什么往复推饲炉排可使劣质烟煤及褐煤得到比较好的燃烧？在上返烟时，正常运行情况下为什么往复推饲炉排可以比较好地消除烟囱冒黑烟？

64.为什么配备双层炉排手烧炉、抽板顶升明火反烧、下饲式燃烧机等燃烧设备的锅炉出口烟尘排放浓度比较低？为什么往复推饲炉排炉的锅炉出口烟尘排放浓度较链条炉稍低？

65.煤矸石在一般层燃炉中总是不易烧好？为什么在沸腾炉里可以烧得比较好？

66.烧烟煤的手烧炉改烧无烟煤后，为什么出力往往降低或甚至于烧不起来？

67.为什么煤粉炉对煤种的通用性比较广？但为什么煤粉炉对负荷调节波动幅度较大时适应性又很差？

68.为什么机械-风力抛煤机炉宜于配倒转炉排？一般采取什么措施来解决机械-风力抛煤机炉的消烟除尘问题？

69.燃料层中的氧化层厚度与哪些因素有关？为什么即使加大风量（风速），其氧化层厚度仍保持不变？

70.燃料层的厚度如何决定？根据什么因素来调节？

71.当锅炉负荷有急剧变化时，应如何进行燃烧调节？

72.什么叫一次风和二次风？层燃炉和室燃炉中一、二次风的作用有何不同？

73.怎样根据燃料特性、锅炉容量、锅炉运行时负荷变化和环境保护要求等来选用合适的燃烧设备？

74.为什么锅炉在低负荷和超负荷运行时，都会使气体和固体不完全燃烧热损失增大，热效率降低？

75.炉子的工作强度指标有哪几个？对层燃炉为什么在炉排、炉膛容积热强度前面要冠以“可见”两字？对于室燃炉，又为什么要引出“炉膛断面热强度”这一指标？

76.在设计或运行过程中，炉子的工作强度为什么不宜过高或过低？

77.从锅炉型式的发展上来看，为什么要用水管锅炉来代替火管或烟管锅炉？但是为什么现在有些小型锅炉中仍采用了烟管或烟水管组合形式？

78.从锅炉型式的发展上来看，为什么要从单火筒锅炉演变为烟火管锅炉？为什么要从多锅筒水管锅炉演变为单锅筒或双锅筒水管锅炉？

79.锅筒、集箱和管束在汽锅中各自起着什么作用？

80.立式火管锅炉采用手烧炉排，为什么只宜燃用好的烟煤？

81.具有双锅筒的水管锅炉，锅筒的横放与纵放各有什么优缺点？

82.水管锅炉O型、D型及A型布置中，燃烧室及对流受热面布置的相对位置有什么区别？

83.从传热效果来看，对蒸汽过热器、锅炉管束、省煤器和空气预热器，应尽可能使烟气与工质呈逆向流动，但蒸汽过热器却很少采用纯逆流的布置型式，为什么？

84.为什么组成蒸汽过热器的各组并联的蛇形管平面，都采取与烟气流向相平行的布置型式？

85.水冷壁、凝渣管及对流管束的结构、作用和传热方式有何异同？

86.为什么锅炉受热面希望尽可能用小管径代替大管径？

87.为什么将未饱和水预热的任务希望尽可能在省煤器中完成，而不希望在对流管束中完成？

88.一般说来，装置省煤器来降低排烟温度是比较经济有效的，但在哪些情况下采用省煤器并不合适？怎么办？

89.省煤器的进、出口集箱上应装置哪些必不可少的仪表、附件？各自起着什么作用？

90.在布置省煤器时，通常采用什么办法来调整水速和烟速，使之符合规范？进出水温有何限制？为什么？

91.为什么在锅炉启动及停炉过程中要对过热器及省煤器进行保护？如何保护？对其它受热面为什么不需要采取保护？

92.蒸汽锅炉改烧热水应注意些什么问题？相应应采取些什么措施？

93.影响尾部受热面烟气侧腐蚀的主要因素有哪些？为什么燃油炉要采用低氧燃烧？

94.什么叫锅炉的水循环？通常分几种？水循环的良好与否为什么对锅炉安全运行有重大意义？

95.自然水循环的流动压头是怎么产生的？水循环的流动压头与循环回路的有效流动压头有无区别？怎样计算？

96.什么是水循环的循环倍率和循环流速？它们的大小决定于什么？对锅炉工作有何影响？

97.自然循环蒸汽锅炉哪些受热面中的工质作自然循环流动？哪些受热面中的工质作强制循环流动？

98.单锅筒或双锅筒的自然循环蒸汽锅炉中锅筒起什么作用？为什么上锅筒直径一般不小于900mm？

99.自然循环蒸汽锅炉中水冷壁及对流管束中哪些管子是上升管？哪些管子是下降管？为保证水循环的可靠，下降管与上升管的截面比一般控制在什么范围？

100.常见的水循环故障有哪些？自然循环蒸汽锅炉中水循环发生故障时，为什么一般是受热弱的上升管而不是受热强的上升管容易烧坏或过热？

101.每个水循环回路要有数根单独的下降管，而不是若干个水循环回路共用数根下降管；而且下降管一般不宜受热，却必须保温，这是为什么？

102.具有过热器的蒸汽锅炉可以在过热器中将由锅筒里出来的含有水分的湿蒸汽烘干过热，为什么还要在锅筒中装置汽水分离器，汽水分离的要求反而比生产饱和蒸汽的锅炉更严更高？

103.蒸汽带水的原因是什么？带水的多少主要受哪些因素影响？

104.供热锅炉中常用的汽水分离装置有哪几种？它们的结构和分离原理怎样？有无办法进一步提高它们的汽水分离效果呢？

105.允许蒸汽空间容积负荷为什么随蒸汽压力的升高而下降，而允许蒸汽空间质量负荷却随蒸汽压力的升高而升高呢？锅炉蒸发量不变而降压运行时，锅筒出口蒸汽湿度是增高还是减小？为什么？

106.锅炉本体的热力计算分设计计算和校核计算两种，它们各自的目的、已知条件和计算方法有何不同？

107.在锅炉本体的热力计算中，锅炉热平衡中的各项热损失在热量平衡中是如何扣除的？（提示：如固体不完全燃烧热损失q_4在热量平衡中是将实际燃料消耗量变为计算燃料消耗量来扣除的）

108.炉内有效放热量为什么要对每公斤计算燃料而言？有人认为理论燃烧温度是指每公斤燃料完全燃烧时所能达到的绝热温度（即每公斤燃料完全燃烧时所能放出的热量，用来加热它所产生的烟气而能达到的最高温度），因系完全燃烧，故称理论燃烧温度，这种看法对不对？为什么？

109.既然在计算燃料消耗量中已经扣除了固体不完全燃烧热损失q_4，为什么在炉内有效放热量的计算式中又出现扣除q_4的现象呢？这里表示的意思到底是什么？

110.燃料应用基低位发热量Q_{dw}^{y}、每公斤燃料带入锅炉的热量Q_r和炉内有效放热量三者的区别何在？又有何内在联系？

111.在其它条件相同时：（1）为什么使用相同燃料，有预热空气的比没有预热空气的理论燃烧温度要高？（2）同一燃料应用基水分不同，问什么情况下理论燃烧温度要高？（3）可燃基成分相同的燃料，因干燥基灰分及应用基水分不同，问在什么情况下理论燃烧温度要高？（4）是否应用基低位发热量低的燃料理论燃烧温度一定低？（5）炉膛出口过量空气系数对理论燃烧温度有什么影响？

112.辐射角系数φ，有效角系数x，沾污系数ζ，热有效系数ψ各有什么物理意义？它们之间各有什么关系？

113.火焰黑度及炉子黑度各有什么物理意义？它们之间有什么关系？

114.炉膛出口烟气温度如何选择？它的上下限各受什么因素所制约？

115.什么叫火焰平均有效温度？它的物理意义是什么？它与炉膛出口烟气温度有什么关系？

116.炉内传热计算中炉膛出口烟气温度的假定值与计算值允许相差不超过100℃，这时不必重算，为什么？相差超过100℃时，主要对计算中什么数值的决定会有影响？

117.炉内传热计算的原理和基本方程式是什么？校核热力计算的步骤怎样？

118.灰污系数ε，有效系数ψ'，利用系数ξ各有什么物理意义？各使用在什么场合？

119.为什么液体燃料的有效系数ψ随烟气流速的增加反而有所减小呢？

120.对流受热面的计算中为什么空气预热器按平均管径计算受热面？而凝渣管、过热器、对流管束及省煤器则按外径计算受热面？烟管则按烟气侧管径计算受热面？

121.横向及纵向混合冲刷管束时的平均传热系数$K_{pj}=\dfrac{K_hH_h+K_zH_z}{H_h+H_z}$，烟道宽度或深度方向上管子节距不同时的平均节距$S=\dfrac{S'H'+S''H''+\cdots}{H'+H''+\cdots}$，上述两个式子均是加权平均值的计算公式，能否说明为什么采用这种加权平均的计算方法？

通道截面不同的平均通道截面积$F_{pj}=\dfrac{H_1+H_2+\cdots}{H_1/F_1+H_2/F_2+\cdots}$，管束各部分管径不同的平均管径$d_{pj}=\dfrac{H'+H''+\cdots}{H'/d_1+H''/d_2+\cdots}$，上述两个式子也是加权平均值的计算公式，能否说明为什么采用这种加权平均值的计算方法？

122.在烟温不同的烟道中，对流平均传热温差的计算方法是否相同？怎样计算？

123.怎样计算烟气到管壁和管壁到受热工质的放热系数？计算管间辐射放热系数时，为什么要采用灰壁温度？

124.灰污对传热的影响是怎样加以修正的？处于不同烟道中的受热面为什么要采用不同的修正系数？

125.烟气辐射和火焰辐射在概念上有没有差别？各用在什么场合？

126.对流受热面热力计算的基本方程式有哪几个？式中各项的意义是什么？怎样进行对流受热面的热力计算（计算步骤）？

127.校验锅炉本体的热力计算时，有哪些相关的允许误差值的规定？当计算误差超过规定的允许值时，怎样进行简化重算？计算结果如何取用？

128.在锅炉校核热力计算完成后，可以从两个方面检查锅炉热平衡是否准确：（1）计算所得排烟温度和热平衡计算中所预定的排烟温度相差不应大于±10℃；（2）省煤器烟气侧热平衡式所得烟气经省煤器的放热量为Q^y_{sm}，水侧热平衡式所得工质在省煤器中的吸热量为Q^s_{sm}，两者之差应符合$\dfrac{Q^y_{sm}-Q^s_{sm}}{Q_r}\times100\leqslant\pm0.5\%$。问这两方面的检验有无矛盾？

129.锅炉通风的任务是什么？通风方式有哪几种？它们各有什么优缺点？适用于什么

场合？

130.为什么在平衡通风中既需要又可能保持炉膛负压为20～50Pa？除平衡通风外，什么样的通风系统也有可能使炉膛负压接近上述合适的数值？

131.什么是烟、风道的摩擦阻力？什么是局部阻力？什么是管束阻力？它们又是怎样计算的？

132.什么叫自生风？自生风的正负号如何决定？在水平烟道中有没有自生风？

133.在机械通风及自然通风的锅炉中烟囱各起什么作用？烟囱的高度是根据什么原则来确定的？

134.为什么在计算烟风道阻力及烟囱阻力后要对大气压、烟气密度及烟气含尘量进行修正？为什么在计算烟囱自生通风力中要对大气压力进行修正？为什么将烟风道总阻力作为选择送引风机的风压时要对大气压力、风温及介质密度进行修正？

135.管式空气预热器连接风道的两个转弯什么情况下按两个90°转弯来计算？什么情况下只能按一个180°转弯来计算？为什么？而计算流速所取用的截面为什么按调和数列的中项来计算？

136.在计算出烟风道的全压降后，如何确定选择送引风机的流量和压头？怎样选用送引风机和配用的电动机？

137.进行锅炉受压元件强度计算的意义何在？强度计算的理论基础是什么？

138.为什么材料的许用应力要由抗拉强度、屈服限及持久强度三者中考虑安全系数后，取其中最小值作为许用应力？

139.为什么在锅炉受压元件强度计算中用元件温度最高部位的内外壁温度的算术平均值作为计算壁温？为什么不用内外壁温度中的最高温度作为计算壁温？

140.按第三强度理论计算承受内压力的薄壁圆筒形元件的壁厚时，推导计算公式中只考虑切向应力σ_1及径向应力σ_3，没有考虑轴向应力σ_2，为什么在计算减弱系数时还要考虑横向减弱系数φ'呢？

141.为什么要进行孔的加强计算？什么情况下需要对单孔或孔排进行加强？加强后的单孔为什么可以按无孔处理？

142.当锅筒筒体和集箱开孔直径超过未加强孔的最大允许直径时，为什么锅筒筒体和集箱的最小减弱系数$\varphi_{min}\leqslant 0.4$时可不必进行加强计算？

143.水中含有哪些杂质？如果这种水用作锅炉给水，将对锅炉工作带来什么危害？

144.常用水质指标有哪几个？它们的含义及单位是什么？

145.锅炉水处理的任务是什么？供热锅炉房中常用的水处理方法有哪些？它们各自有何特点？各适用于什么水质的处理？

146.水中钠盐碱度和永久硬度能否同时存在？为什么总碱度大于或等于总硬度时水中必无永久硬度？为什么总硬度大于或等于总碱度时水中必无钠盐碱度？

147.为什么水中氢氧根碱度及重碳酸根碱度不能同时存在？

148.溶解固形物、灼烧余量及含盐量有无区别？它们之间有什么内在联系？

149.为什么锅炉给水要求pH值大于7，而锅水的pH值则控制得更高，通常控制在10～12呢？

150.为什么氢离子交换软化或铵离子交换软化不能单独使用，而必须与钠离子交换软化联合使用？

151.在并联的氢-钠离子交换系统中，流经氢、钠离子交换器的水量分配怎样计算？

152.为什么氢离子交换软化设备要防腐？为什么铵离子交换软化设备不要防腐？为什么混合式氢钠离子交换软化水中残留碱度最大？

153.为什么采用双级钠离子交换或逆流再生单级钠离子交换既可以降低盐耗，又可以提高软化质量？

154.石灰处理以后水的碱度是否发生变化？发生什么变化？石灰处理是否可以降低锅水相对碱度？为什么？

155.哪些水处理系统可以降低含盐量？

156.固定床、移动床、流动床及浮动床离子交换设备的本质区别是什么？

157.苛性脆化产生的条件有哪些？供热锅炉防止苛性脆化的主要措施是什么？锅炉排污能否防止苛性脆化？

158.为什么水处理设备中溶盐箱及盐溶液管道最容易腐蚀？

159.锅炉连续排污及定期排污的作用是什么？在什么地方进行？为什么？

160.锅炉排污量怎样计算？怎样选定？如果计算出来的排污量超过10%，这说明些什么问题？怎样才能降低排污量？

161.供热锅炉房中常用的除氧方法有哪些？它们各有什么特点？适用于什么场合？

162.热水锅炉对给水水质的要求与蒸汽锅炉是否相同？结合自己的特点，热水锅炉的水处理应着重解决什么问题？有哪些行之有效的方法？

163.为什么说运煤和除灰系统是燃煤锅炉房的一个重要组成部分？它设计的良好与否为什么也将直接关系到锅炉能否安全运行？

164.供热锅炉房常见的机械化运煤系统有哪几种？各自有什么特点？适用范围如何？

165.供热锅炉房目前常用的机械化除灰系统有哪几种？各有什么优缺点？

166.平常所说的锅炉消烟除尘的含义是什么？怎样才能有效地减轻锅炉烟尘造成的危害？

167.锅炉常用的除尘装置从基本原理上分有几类？为什么在实际运行中除尘效率都达不到设计要求？

168.一般说来，湿式除尘装置的除尘效果比较好，但为什么不能随便采用？

169.我国对供热锅炉性能（热经济性、环保、蒸汽品质等）的考核有哪些国家标准？

170.从哪三方面采取措施以确保供热锅炉符合国家环保法的要求？每一方面的作用是什么？

171.一个锅炉房装有数台锅炉，每台锅炉有单独的烟囱，为什么每个烟囱高度要按整个锅炉房经除尘器后总的每小时烟尘排放量来决定，而不是按每台锅炉经除尘器后的每小时烟尘排放量来选择？

172.选择锅炉型号及台数的基本原则是什么？如何才能进行正确的选择？

173.选择锅炉房位置时，应综合考虑哪些基本因素？

174.锅炉房建筑有些什么特殊要求？怎样更好地与建筑专业协调、配合？

175.锅炉房的热力系统图有什么用处？它是怎样绘制而成的？

176.给水管道设计为什么有单、双母管之分？各适用于什么场合？

177.锅炉房中装置有几台同容量、同型号的锅炉，怎样确定给水泵的台数和容量？给水泵的扬程又根据什么来选择？

178.锅炉房中给水箱的容积大小怎样确定？主要依据是什么？

179.怎样利用排污水的热量？

180.锅炉房设备布置的基本原则有哪些？主要根据是什么？

181.为什么锅炉房的外门必须向外开？而锅炉房内的生活间、水处理间和其他内部房间的门又为什么必须向锅炉间开启呢？

第二篇　实验指示书

一、煤的工业分析

煤的工业分析，也叫煤的技术分析或实用分析，是煤质分析中最基本的也是最为重要的一种定量分析。具体地说，它是用实验的方法来测定煤的水分、灰分、挥发分和固定碳的质量百分数含量。从广义上讲，煤的工业分析还包括煤的发热量、硫分、焦渣特性以及灰的熔点的测定，它为锅炉的设计、改造、运行和试验研究提供必要的原始数据。

（一）煤样的采集和制备

煤的取样（亦叫采样）、制样和分析化验是获得正确、可靠结果的三个重要环节。因此，必须严格按规定的取样方法采集，使之得到与大量煤样的平均质量相近似的分析化验煤样。

炉前应用煤的煤样通常可在称量前的推煤小车上、炉前煤堆中或胶带输煤机上直接采集。取样方法，一般在小车四角距离5cm处和中心部位五点采集；在炉前煤堆中取样时，取样点不得少于5个，且需高出煤堆四周地面10cm以上。若在输煤胶带上采样，应用铁锹横截煤流，不可只取上层或某侧煤流。上述方法取样每点或每次取样量不得少于0.5kg，取好后煤样应放入带盖容器中，以防煤样中水分蒸发。需要特别强调的是采样时煤中所包含的煤矸石、石块等杂质也要相应取入，不得随意剔除，要尽可能地保证所取煤样具有代表性。

原始煤样一般数量为总燃煤量的1%，但总量不应小于10kg。混合缩分时，必须迅速把大块破碎，然后进行锥体四分法缩制❶。缩分制备的操作过程是：煤样倒在洁净的铁板或水泥地上，先将大的煤块和煤矸石砸碎至粒度小于13mm，而后掺混搅匀，用铁锹一锹一锹地堆聚成塔，每锹量要少，自上而下逐渐撒落，并且锹头方向要变化，以使锥堆周围的粒度分布情况尽量接近。如此反复堆掺3次，最后用铁锹将圆锥体煤样向下均匀压平成圆饼形，划“十”字分为四个相等扇形，按图2-1(a)进行四分法缩分。四分法缩样可以连续进行几次，如有较大煤块应随时破碎至粒径小于13mm。最终一次缩样采用如图2-1(b)所示的选择办法，缩分出不少于2kg煤样，分为两份严封于镀锌铁皮取样筒中，贴上标签，注明煤样名称、重量和采集日期，一份送化验室测定全水分和制备分析煤样，一份保存备查。

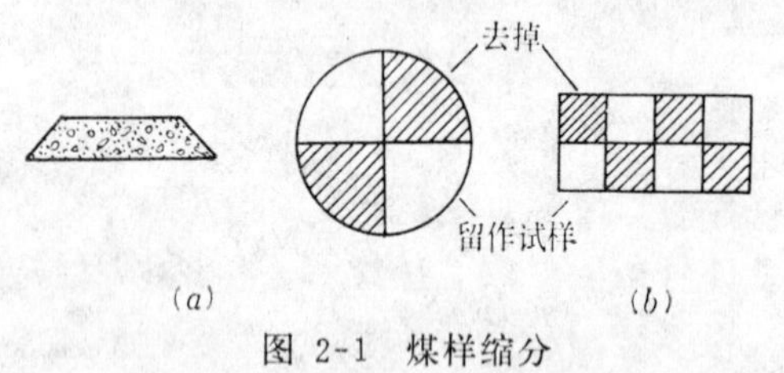

图 2-1　煤样缩分

整个四分缩样的操作，要果断迅速，尽量减少煤样中水分蒸发而造成的误差。

❶ 详见《煤样的制备方法》GB474-83

（二）实验设备和仪器

1.干燥箱　又名烘箱或恒温箱，供测定水分和干燥器皿等使用。干燥箱带有自动调温装置，内附风机，其顶部由水银温度计指示箱内温度，温度能保持在105～110℃或145±5℃范围内。

2.箱形电炉　供测定挥发分、灰分和灼烧其他试样之用。它带有调温装置，最高温度能保持在1000℃左右，炉膛中具有相应的恒温区，并附有测温热电偶和高温表。

3.分析天平　感量为1mg。

4.托盘天平　感量为1g和5g各一台。

5.干燥器　下部置有带孔瓷板，板下装有变色硅胶或未潮解的块状无水氯化钙一类的干燥剂。

6.玻璃称量瓶或瓷皿　玻璃称量瓶的直径为40mm，高25mm，并带有严密的磨口的盖（图2-2）。瓷皿的直径为40mm，高16.5mm，壁厚为1.5mm，它也附有密合的盖（图2-3）。

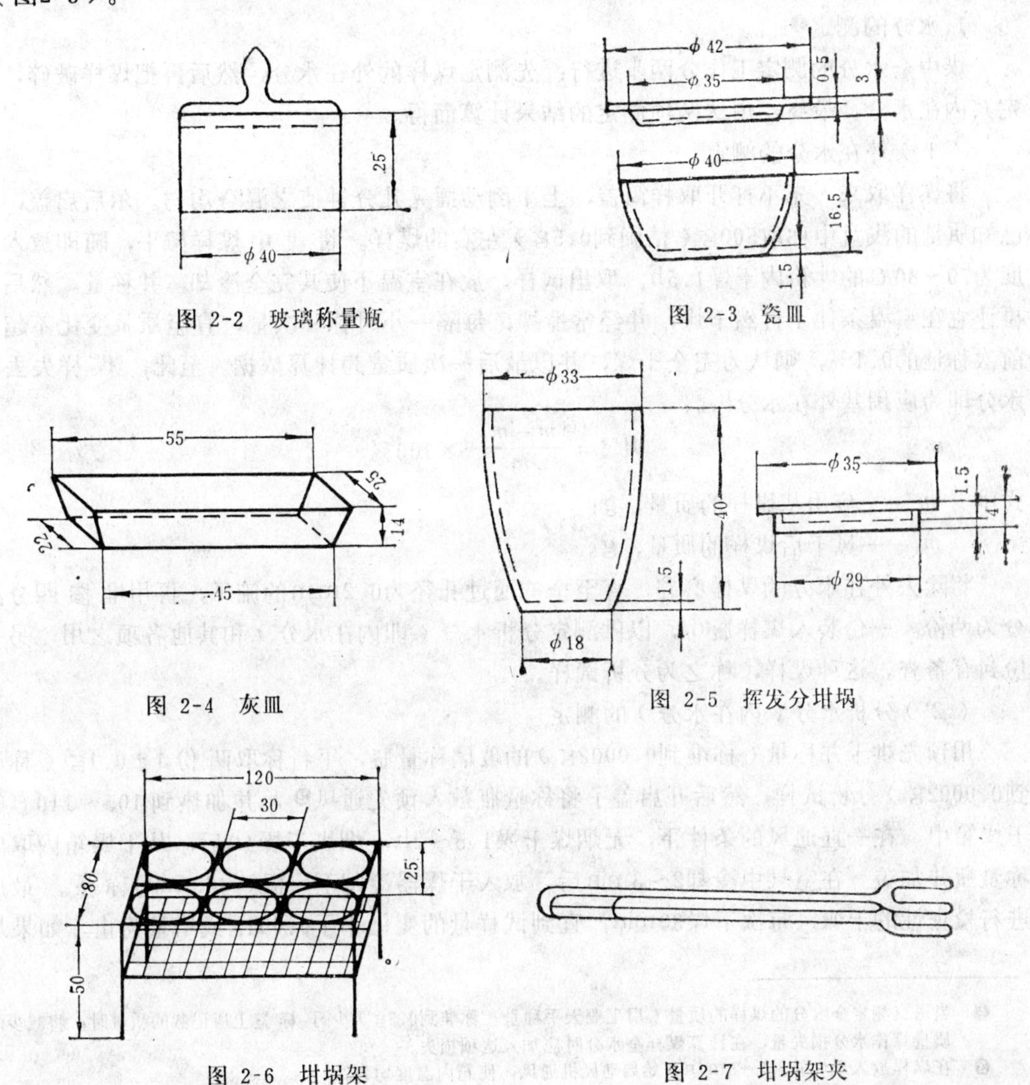

图 2-2　玻璃称量瓶

图 2-3　瓷皿

图 2-4　灰皿

图 2-5　挥发分坩埚

图 2-6　坩埚架

图 2-7　坩埚架夹

7.灰皿　长方形灰皿的底面为长45mm、宽22mm，其高度为14mm（图2-4）。

8.挥发分坩埚、坩埚架、坩埚架夹（图2-7）以及耐热金属板、瓷板或石棉板　测定挥发分用的坩埚是高为40mm、上口外径为33mm、底径为18mm、壁厚1.5mm的瓷坩埚，它的盖子外径为35mm、盖槽外径为29mm，外槽深为4mm（图2-5）。坩埚架是由镍铬丝制成的架子，其大小以能放入箱形电炉中的坩埚不超过恒温区为限，并要求放在架上的坩埚底部距炉底20～30mm（图2-6）。耐热金属板、瓷板或石棉板，其宽度略小于炉膛，规格与炉膛相适应。

（三）测定条件及技术要求

为了保证分析结果的精确可靠，除外在水分W_w^y外，工业分析的其他各个测定项目均需平行称取两个试样；两个平行试样测定结果的误差不得超过国家标准规定的允许值。如超过允许误差，须进行第三次测定。分析结果取两个在允许误差范围内数据的平均值。如第三次测得结果与前两次结果相比均在允许误差范围内时，则取三次测定结果的算术平均值。

1.水分的测定❶

煤中全水分的测定工作分两步进行：先测定煤样的外在水分，然后再把煤样破碎，测定其内在水分。最终，由这两项测定的结果计算而得。

（1）外在水分的测定

将煤样取来，先不打开取样筒盖，上下倒动摇晃几分钟使之混合均匀。尔后启盖，在已知质量的浅盘中称取500g（精确到0.5g）左右的煤样。将盘中煤样摊平，随即放入温度为70～80℃的烘箱内干燥1.5h。取出试样，放在室温下使其完全冷却，并称量。然后，再让它在室温条件下自然干燥，并经常搅拌，每隔一小时称一次量，直至质量变化不超出前次称量的0.1%，则认为完全干燥，并以最后一次质量为计算依据。至此，煤样失去的水分即为应用基外在水分W_w^y：

$$W_w^y = \frac{m - m_1}{m} \times 100\%$$

式中　m——应用基煤样的质量，g；

m_1——风干后煤样的质量，g。

将除去外在水分的煤样磨碎，直至全部通过孔径为0.2mm的筛子，再用堆掺四分法分为两份。一份装入煤样瓶中，以供测定分析水分（即内在水分）和其他各项之用；另一份封存备查。这种煤样，称之为分析试样。

（2）分析水分（内在水分）的测定

用预先烘干并称量（称准到0.0002g）的玻璃称量瓶，平行称取两份1±0.1g（称准到0.0002g）分析试样，然后开启盖子将称量瓶放入预先通风❷，并加热到105～110℃的干燥箱中。在一直通风的条件下，无烟煤干燥1.5～2h，烟煤干燥1h后，从干燥箱内取出称量瓶并加盖。在空气中冷却2～3min后，放入干燥器冷却至室温（约25min）称量。最后进行检查性的干燥，每次干燥30min，直到试样量的变化小于0.001g或增量为止。如果是

---

❶ 当送交测定全水分的煤样的质量（用工业天平称量，称准到0.5g）少于标签上所记载的质量时，将减少的质量算作水分损失量，在计算煤样全水分时应加入这项损失。

❷ 在煤样放入干燥箱前3～5min开始启动风机通风，使箱内温度均匀。

后一种情况，要采用增量前一次质量为计算依据。对于水分在2%以下的试样，不进行检查性干燥。至此，试样失去的质量占试样原量的百分数，即为分析试样的分析水分：

$$W^f=\frac{m-m_1}{m}\times 100\%$$

式中 m——分析煤样的原有质量，g；

m_1——烘干后的煤样质量，g。

如此，煤的应用基水分即可由下式求得：

$$W^y=W^y_w+W^f\left(\frac{100-W^y_w}{100}\right)\%$$

上述两个平行试样测定的结果，其误差不超过表2-1所列的数值时，可取两个试样的平均值作为测定结果；超过表中的规定值时，试验应重做。

水分测定的允许误差 表2-1

水分 W^f（%）	同一化验室的允许误差（%）	水分 W^y（%）	平行测定结果的允许误差（%）
<5	0.20	<20	0.40
5～10	0.30	≥20	0.50
>10	0.40		

（3）注意事项与查找误差根源：

称取试样应迅速准确，不应有外界水汽的干扰，称量试样时不能将嘴对准瓶口或试样，以免呼气影响称量的结果。取样时应将试样瓶半卧放，进行旋转1～2min，然后再用玻璃棒搅拌均匀，应在瓶内各个不同位置分2～3次取样。当水分相差较大时，应在不同的干燥箱内进行干燥。水分含量较高时，放入干燥箱的试样量要相应减少。正常情况下，将试样放入干燥箱后，温度应有所下降，待升到所需温度后，再开始记时，中途不允许随意增加或减少试样。要求环境温度保持稳定，并以干凉为宜，避免一切水汽来源。

2.灰分的测定[1]

在经预先灼烧和称量（称准到0.0002g）的灰皿中，平行称取两份1±0.1g分析煤样（称准到0.0002g），且铺平摊匀。把灰皿放在耐热瓷板上，然后打开已被加热到850℃的箱形电炉炉门，将瓷板放进炉口加热，缓慢灰化。待煤样不再冒烟，微微发红后，缓慢小心地把它推入炉中高温区（若煤样着火发生爆燃，试验作废）。关闭炉门，让其在815±10℃的温度下，灼烧40min。取出瓷板和灰皿，先放在空气中冷却5min，再放到干燥器中冷却至室温（约20min），称量。最后，再进行每次为20min的检查性灼烧，直至量的变化小于0.001g为止。采用最后一次质量作为测定结果的计算值。灰分小于15%时，不进行检查性灼热。如此，残留物质量占试样原量的百分数，即为分析煤样的灰分A^f。

$$A^f=\frac{m_1}{m}\times 100\%$$

式中 m_1——灼烧后瓷皿中残留物的质量，g；

m——灼烧前分析试样的质量，g。

[1] 此法为快速灰化法，不适用于仲裁分析。缓慢灰化法详见《煤的工业分析方法》GB212—77。

如此，煤的应用基灰分为

$$A^y = A^f\left(\frac{100 - W_w^y}{100}\right)\%$$

两份平行试样测定的结果，其误差不超过表2-2所列的允许值时，取两者的平均值；超出允许值时，则应重做。

依据灰分的颜色，可以粗略地判断它的熔化特性，如灰为白色，则表示难熔，柑黄色或灰色表示可熔；褐色或浅红色表示易熔。

锅炉热效率试验时，灰渣、漏煤和飞灰中的可燃物含量的分析，具体方法和试验条件与灰分测定相同。

3.挥发分的测定

先将带调温装置的箱形电炉加热到920℃，再用预先在900℃的箱形电炉中烧至恒重的带盖坩埚称取1±0.1g分析试样❶平行两份（精确到0.0002g），轻轻振动使其煤样摊开，然后加盖，放在坩埚架上。打开炉门，迅速将摆有坩埚的架子推入炉内的恒温区，关好炉门，在900±10℃的高温下加热7min后取出。在空气中冷却5～6min后，放入干燥器中冷却至室温（约20min），称量。其中失去的量占试样原量的百分数，减去该试样的分析水分W^f，即为分析试样的挥发分V^f：

$$V^f = \frac{m - m_1}{m} \times 100 - W^f\%$$

式中 m——分析试样的质量，g；

m_1——分析试样灼烧后的质量，g。

显然，煤的可燃基挥发分就可按下式求得：

$$V^r = V^f\left(\frac{100}{100 - W^f - A^f}\right)\%$$

应该指出，试验开始时炉温会有所下降，但3min内炉温必须恢复正常（900±10℃），并继续保持此温度直至试验完毕。否则，这次试验即予作废。两份平行试样测定结果误差，不得超过表2-3规定的允许值，其测定数据同样以两者平均值为准。

灰分测定的允许误差　　表 2-2

灰分范围（%）	同一化验室A^f（%）	不同化验室A^g（%）
<15	0.20	0.30
15～30	0.30	0.50
>30	0.50	0.70

挥发分测定的允许误差　　表 2-3

挥发分范围（%）	同一化验室V^f（%）	不同化验室V^g（%）
<20	0.30	0.50
20～40	0.50	1.00
>40	0.80	1.50

在挥发分测定的同时，可以观察坩埚中的焦渣特征，以初步鉴定煤的粘结性能。根据国家标准，焦渣特征区分有八类（通常即把下列序号作为焦渣特征的代号）：

（1）粉状——全部粉状，没有互相粘着的颗粒。

（2）粘着——以手指轻压即碎成粉状，或基本上呈粉状，其中有较大的团块或团粒；轻碰即成粉状。

❶ 对于褐煤和长焰煤，则应预先压饼，并切成3mm的小块再用。

（3）弱粘结——以手指轻压即碎成小块。

（4）不熔融粘结——以手指用力压才裂成小块，焦渣的上表面无光泽，下表面稍有银白色光泽。

（5）不膨胀熔融粘结——焦渣是扁平的饼状，煤粒的界限不易分清，表面有明显银白色金属光泽，下表面银白色光泽更明显。

（6）微膨胀熔融粘结——用手指压不碎，在焦渣的上、下表面均有银白色光泽，但在焦渣的表面上，具有较小的膨胀泡（或小气泡）。

（7）膨胀熔融粘结——焦渣的上、下表面有银白色金属光泽，明显膨胀，但高度不超过15mm。

（8）强膨胀熔融粘结——焦渣的上、下表面有银白色金属光泽，焦渣膨胀高度大于15mm。

这里需要注意的是，测定时分析煤样的水分不宜过高（<1%），若超过2%时则要进行干燥处理。不然，在进行挥发分测定时，由于水分强烈蒸发汽化而产生较大压力，可能会将坩埚盖崩开，导致测定结果的不准确。

4.固定碳的计算

利用水分、灰分以及挥发分的测定结果，分析煤样的固定碳含量就可方便地由下式求得：

$$C^f_{gd} = 100 - (W^f + A^f + V^f)\%$$

乘以换算系数$\frac{100-W^y}{100-W^f}$，即得应用基的固定碳含量：

$$C^y_{gd} = C^f_{gd}\left(\frac{100-W^y}{100-W^f}\right)\%$$

事实上，挥发分测定后留剩于坩埚中的即为焦炭，只要去掉其中的灰分便是固定碳

表 2-4

煤样来源______煤种______外在水分W^y_w______%试验者（签名）______试验日期______

名称	单位	测定项目							
		水分 W^f		灰分 A^f		挥发分 V^f		固定碳 C^f_{gd}	
		试样1	试样2	试样1	试样2	试样1	试样2	试样1	试样2
器皿(连盖)及试样总量	g								
器皿(连盖)质量	g								
试样质量m	g								
灼烧(烘)后总量	g								
灼烧(烘)后试样量m_1	g								
计算公式	%	$\frac{m-m_1}{m}\times 100$		$\frac{m_1}{m}\times 100$		$\frac{m-m_1}{m}\times 100-W^f$		$100-(W^f+A^f+V^f)$	
分析结果	%								
平行误差	%								
分析结果平均值	%								

C^f_{gd}。

（四）实验要求

1.熟悉了解并初步掌握各实验设备及仪器的操作方法。

2.箱形电炉和干燥箱在试验前2～3h加热升温；箱形电炉的炉温：对于灰分测定，控制调节在815±10℃；对于挥发分测定，则控制调节在900±10℃。干燥箱恒温在105～110℃。

3.试验所用的玻璃称量瓶或瓷皿、灰皿及挥发分坩埚，都应事先洗净、干燥或灼烧；每只器皿（包括盖子）都要进行编号，以免试验中搞乱弄错。

4.试验中要细心操作，精确称量并审慎详细记录于表格中。

（五）实验记录及计算表格（见表2-4）

思考·讨论

1.为什么要用分析试样？分析试样与炉前应用煤之间差别在哪里？

2.煤的风干水分与外在水分是一回事吗？为什么？

3.测定灰分时，为什么不能把盛试样的灰皿一下子推入高温炉中？

4.从干燥箱、箱形电炉中取出的试样，为什么一定要冷却至室温称量？

5.试鉴别所测煤样灰熔点的高低及其焦渣的粘结特性。

二、煤的发热量测定

发热量是煤的重要特性之一。在锅炉设计和锅炉改造工作中，发热量是组织锅炉热平衡、计算燃烧物料平衡等各种参数和设备选择的重要依据。在锅炉运行管理中，发热量也是指导合理配煤，掌握燃烧，计算煤耗量等的重要指标。

测定煤的发热量的通用热量计有恒温式和绝热式两种。恒温式热量计配置恒温式外筒，外筒夹层中装水以保持测试过程中温度的基本稳定。绝热式热量计配置绝热式外筒，外筒中装有电加热器，通过所附自动控制装置能使外筒中的水温跟踪内筒的温度，其中的水还能在双层上盖中循环，因此后者要比前者先进。在测定结果的计算上，恒温式热量计的内筒，在试验过程中因与外筒始终发生热交换，对此热量应予校正（即所谓冷却校正或热交换校正）；而绝热式热量计的这种热量得失，可以忽略不计，即无需冷却或换热校正。

考虑到目前各校实验设备条件的限制，本实验采用恒温式热量计测定其发热量。

（一）测定原理

让已知质量的煤样在氧气充足的特定条件下完全燃烧，燃烧放出的热量被一定量的水和热量计筒体吸收。待系统热平衡后，测出温度的升高值，并计及水和热量计筒体的热容量以及周围环境温度等等的影响，即可计算出该煤的发热量。

因为它是煤样在有过量氧气（充进的氧气压力在2.7～3.5MPa）的氧弹中完全燃烧、燃烧产物的终了温度为实验室环境温度（约20～25℃）的特定条件下测得的，称为煤的分析基弹筒发热量Q^f_{dt}。它包含煤中的硫S^f和氮N^f在弹筒的高压氧气中形成液态硫酸和硝酸时放出的酸的生成热以及煤中水分W^f和氢H^f完全燃烧时生成的水的凝结热，而煤在炉子中燃烧时是不会生成这类酸和水的。因此，实验室里测得的弹筒发热量Q^f_{dt}比其高位发热量Q^f_{gw}还要大一些，这样可借它们之间的关系，由计算得到煤样的应用基低位发热量Q^y_{dw}。

（二）仪器设备、试剂和材料

1.恒温式热量计

如图2-8所示，主要由外筒、内筒、氧弹、搅拌器、量热温度计等几部分所组成。

（1）外筒　为金属制成的双壁容器，并有上盖。外壁为圆形，内壁形状则依内筒的形状而定，原则上要保持两者之间有10～12mm的间距，外筒底部有绝缘支架，以便放置内筒。

恒温式热量计配置恒温式外筒的夹套中盛满水，其热容量应不小于热量计热容量的5倍，以便保持试验过程中外筒温度基本恒定。外筒外面可加绝缘保护层，以减少室温波动的影响。

（2）内筒　用紫铜、黄铜或不锈钢制成，断面可为圆形、菱形或其它适当形状。把氧弹放入内筒中后，装水2000～3000mL，应能浸没氧弹（氧气阀和电极除外）。内筒外面经过电镀抛光，以减少与外筒间的辐射作用。

（3）氧弹　由耐热、耐腐蚀的镍铬或镍铬钼合金钢制成，它具备三个主要性能：

①不受燃烧过程中出现的高温和腐蚀性产物的影响而产生热效应；

②能耐受充氧压力和燃烧过程中产生的瞬时高压；

③试验过程中能保持完全气密。

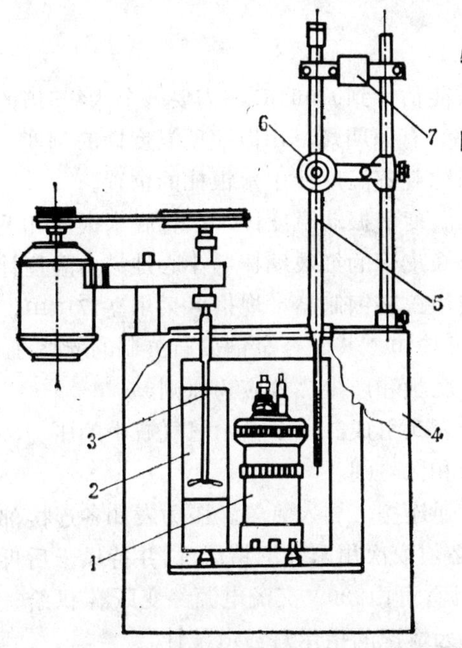

图 2-8　恒温式热量计筒图

1—氧弹（弹筒）；2—内筒；3—搅拌器；4—外筒；5—贝克曼温度计；6—放大镜；7—振荡器

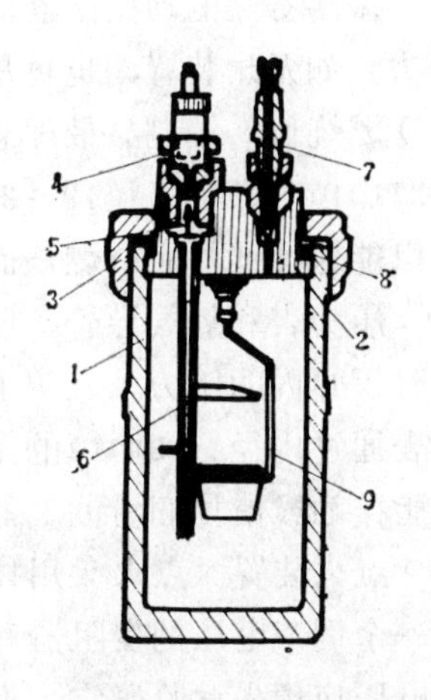

图 2-9　氧弹示意图

1—弹筒；2—弹头；3—螺帽；4—进气阀；5—止回阀；6—进气导管；7—放气阀；8—密封橡皮圈；9—皿环

氧弹——也叫弹筒，如图2-9所示。弹筒1是一个圆筒，容积为250～350mL，弹头2由螺帽3压在弹筒上；燃烧皿放在皿环9上，皿环与弹头之间系绝缘连接，进气导管与皿环构成两个电极，点火丝连接其间。弹头与弹筒之间由耐酸橡皮圈8密封，氧气进行降压之后从进气阀4进入氧弹；进气导管6的上方有止回阀5，氧气不会倒流。废气则从放气阀7排出。

在进气导管或电极柱上还装有安放燃烧皿的皿环9以及防止烧毁电极的绝缘遮火罩。氧弹放入内筒时置于内筒底部的固定支柱上，以保证氧弹底部有水流通，利于氧弹放热冷却。

（4）搅拌器　搅拌器装在外套的支座上，由专用电动机带动，叶桨转速为400～600r/min，内筒中水绕着氧弹流动，使温度均匀。搅拌效率应能使由点火到终点的时间不超过10min，同时又要避免产生过多的搅拌热（当内、外筒温度和室温一致时，连续搅拌10min所产生的热量不应超过125.6J）。

（5）量热温度计　常用的量热温度计有两种：一是固定测温范围的精密温度计，一是可变测温范围的贝克曼温度计。两者的最小分度值应为0.01℃，使用时应根据计量机关检定证书中的修正值做必要的校正。两种温度计都应每隔0.5℃检定一点，以得出刻度修正值（贝克曼温度计则称为毛细孔径修正值）。贝克曼温度计除这个修正值外还有一个称为"平均分度值"的修正值。

贝克曼温度计是一种精密的温度计，通过放大镜放大，读值可估读到0.001℃。整个温度计的刻度范围仅5～6℃，温度计的顶部有水银贮存泡，作为调整温度计之用。

（6）普通温度计　分度0.2℃，量程0～50℃的温度计，供测定外筒水温和量热温度计的露出柱温度。

2.附属设备

（1）放大镜和照明灯　为了使温度读数能估计到0.001℃，需要一个大约5倍的放大镜。通常把放大镜装在一个镜筒中，筒的后部装有照明灯，用以照明温度计的刻度。镜筒借适当装置可沿垂直方向上、下移动，以便跟踪观察温度计中水银柱的位置。

（2）振荡器　电动振荡器，用以在读取温度前振动温度计，以克服水银柱和毛细管间的附着力。如无此装置，也可用铅笔或套有橡皮管的细玻璃棒等小心地敲击温度计。

（3）燃烧皿　铂制品最理想，一般可使用镍铬钢制品。规格可采用高17mm，上部直径26～27mm，底部直径19～20mm，厚0.5mm。其它合金钢或石英制的燃烧皿也可使用，但以能保证试样完全燃烧而本身又不受腐蚀和产生热效应为原则。

（4）压力表和氧气导管　压力表由两个表头组成：一个指示氧气瓶中的压力，一个指示充氧时氧弹内的压力。表头上装有减压阀和保险阀。

压力表通过内径1～2mm的无缝铜管与氧弹连接，导入氧气。压力表和各连接部分，禁止与油脂接触或使用润滑油。如不慎沾污，必须依次用苯和酒精清洗，并待风干后再用。

（5）点火装置　点火采用12～24V的电源，可由220V交流电源经变压器供给。线路中应串连一个调节电压的变阻器和一个指示点火情况的指示灯或电流计。

点火电压应预先试验确定，方法是：接好点火丝，在空气中通电试验。在熔断式点火的情况，调节电压使点火丝在1～2s内达到亮红；在棉线点火的情况，调节电压使点火丝在4～5s内达到暗红。电压和时间确定后，应准确测出电压、电流和通电时间，以便据以计算电能产生的热量。

如采用棉线点火，则在遮火罩以上的两电极柱间连接一段直径约0.2mm的镍铬丝，丝的中部预先绕成螺旋数圈，以便发热集中。把棉线一端夹紧在螺旋中，另一端通过遮火罩中心的小孔（直径1～2mm）搭接在试样上。根据试样点火的难易，调节棉线搭接的多少。

（6）压饼机　螺旋式或杠杆式压饼机，能压制直径约10mm的煤饼或苯甲酸饼。模具及压杆应用硬质钢制成，表面光洁，易于擦拭。

（7）秒表或其它能指示1min的计时器。

3.分析天平　精确到0.0002g。

4.工业天平　可称量4～5kg，精确到1g，用于称量内筒水量。

5.试剂

（1）氧气　不含可燃成分，因此不许使用电解氧。

（2）苯甲酸　经计量机关检定并标明热值的苯甲酸。

（3）0.1N氢氧化钠溶液。

（4）甲基红指示剂。

6.材料

（1）点火丝　直径0.1mm左右的铂、铜、镍铬丝或其它已知热值的金属丝。如使用棉线，则应选用粗细均匀、不涂蜡的白棉线。

（2）石棉纸或石棉绒　使用前在800℃灼烧0.5h。

（3）擦镜纸　使用前先测出燃烧热：抽取约1g样品，称准质量，用手团紧，放入燃烧皿中，然后按常规方法测定发热量。取两次结果的平均值做为标定值。

（三）试验室条件

1.热量计应放在单独房间内，不得在同一房间内进行其他试验项目。

2.测热室应不受阳光的直接照射，室内温度和湿度变化应尽可能减到最小，每次测定室内温度变化不得超过1℃，冬、夏季室温以不超出15～35℃为宜。

3.室内不得使用电炉等强烈放热设备；不准启用电扇，试验过程中应避免开启门、窗，以保证室内无强烈的空气对流。

（四）测定方法和步骤

1.在燃烧皿中称取分析试样（粒径小于0.2mm）1～1.2g（精确至0.0002g）；对发热量高的煤，采用低值，发热量低或水当量大的热量计，可采用高值。试样也可在表面皿上直接称量，然后仔细移入清洁干燥的燃烧皿中。

对于燃烧时易于飞溅的试样，可先用已知质量的擦镜纸❶包紧，或先压成煤饼再切成2～4mm的小块使用。对无烟煤、一般烟煤和高灰分煤一类不易燃烧完全的试样，最好以粉状形式燃烧，此时，在燃烧皿底部铺一层石棉纸或石棉绒，并用手指压紧。石英燃烧皿不需任何衬垫。如加衬垫仍燃烧不完全，则用已知重量和发热量的擦镜纸包裹称好的试样并用手压紧，然后放入燃烧皿中。

2.往氧弹中加入10mL蒸馏水，以溶解氮和硫所形成的硝酸和硫酸。

3.将燃烧皿固定在皿环上，把已量过长度的点火丝（100mm左右）的两端固定在电极上，中间垂下稍与煤样接触（对难燃的煤样，如无烟煤、贫煤），或保持微小距离（对易燃和易飞溅的煤样），并注意点火丝切勿与燃烧皿接触，以免短路而导致点火失败，甚至烧毁燃烧皿。同时，还应注意防止两电极间以及燃烧皿同另一电极之间的短路。小心拧紧弹盖，注意避免燃烧皿和点火丝的位置因受震而改变。

4.接上氧气导管，往氧弹中缓缓充入氧气，直到压力达到2.7～2.8MPa。对燃烧不

---

❶ 用一张擦镜纸（一般质量约0.1～0.15g，面积10×15cm）折为两层，把试样放在纸上摊平，然后包严压紧。对特别难燃的试样，也可用两张擦镜纸，并把充氧压力提高到3.5MPa，充氧时间不得小于0.5min。

易完全的试样，应把充氧压力提高到3.5MPa，且充氧时间不得少于0.5min。当钢瓶中氧气压力降到5.0MPa以下时，充氧时间应酌量延长。

5.把一定量（与标定热容量时所用的水量相等）的蒸馏水注入内筒。水量最好用称量法测定，精确到1g以内。注入内筒的水温，宜事先调节，估计使终点时内筒水温比外筒温度约高0.6～1℃，以使试验至终点时内筒温度出现明显下降。外筒温度应尽量接近室温，相差不得超过1℃。

6.将内筒放到热量计外筒内的绝热架上，然后把氧弹小心放入内筒，水位一般在进气阀螺帽高度的三分之二处。如氧弹中无气泡漏出，则将导线接在氧弹头的电极上，装上搅拌器和贝克曼温度计，并不得与内筒筒壁或氧弹接触，温度计的水银球应在水位的二分之一处，并盖上外筒的盖子。

7.在靠近贝克曼温度计的露出水银柱的部位，另悬一支普通温度计，用以测定露出柱的温度。

8.开动搅拌器，使内筒水温搅拌均匀。5min后开始计时和读取内筒温度——点火温度t_0，同时立即按下点火器的按钮，指示灯应一闪即灭，表示电流已通过点火丝并将煤样引燃❶。否则，需仔细检查点火电路，无误后重做。

随后记下外筒温度t_w和露出柱温度t_l。外筒温度的读值精确到0.1℃，内筒温度借助放大镜读到0.001℃。读数时，应使视线，放大镜中线和水银柱顶端在同一水平面内。每次读数前应开启振荡器振动3～5s，关闭振荡器后立即读数，但在点火后的最初几次急速升温阶段，无须振动。

9.观察内筒温度，如在半分钟内温度急剧上升，则点火成功；经过1min后再读取一次内筒温度t_1（读值精确到0.01℃）。

10.临近试验终点时，（一般热量计由点火到终点的时间为7～10min），开始按1min的时间间隔读取内筒温度。读前开动振荡器，读值要求精确到0.001℃。以第1个下降温度作为终点温度t_n，试验阶段至此结束。

11.停止搅拌，小心取出温度计、搅拌器、氧弹和内筒。打开氧弹的放气阀，让其缓缓泄气放尽（不小于1min）。拧开氧弹盖，仔细观察弹筒和燃烧皿内部，如有试样燃烧不完全的迹象或碳黑存在，此试验应作废。

12.找出未燃完的点火丝，并量其长度，以计算出实际耗量。

13.如需要用弹筒洗液测定试样的含硫量时，则再用蒸馏水洗涤弹筒内所有部分，以及放气阀、盖子、燃烧皿和燃烧残渣。把全部洗液（约10mL）收集在洁净的烧杯中，供硫的测定使用。

（五）测定结果的计算

根据所测数据，可运用相应公式进行计算，求出分析试样的弹筒发热量、高位发热量和低位发热量。

1.温度校正

测试过程中内筒水温上升的度数（温升）是发热量测定结果准确与否的关键性数据，

❶ 接好点火丝后，预先在空气中作通电试验。对熔断式点火法，调节电压使点火丝在1～2s内达到暗红。对棉线点火法，调节电压使点火丝在3～5s内达到暗红。电压和时间确定后，应准确测出电压、电流和通电时间，以便据以计算电能产生的热量。

也即测量温升的误差是发热量测定中误差的主要来源。因此，对量热温度计的选择和使用，务须十分重视，以保证测定结果的可靠性。

温度校正，包括温度计的刻度校正、露出柱温度变化校正和露出柱温度校正。对贝克曼温度计和精密温度计的这几项校正，当对总温升的影响小于0.001℃时，可以省略不计。

（1）温度计刻度的校正

由于制造技术的原因，贝克曼温度计的毛细管内径和刻度都不可能十分均匀，为此要作必要修正，称为毛细管孔径修正。温度计出厂时检定证书中给出了毛细管修正值，实验室也可按盖吕萨克法自行检定。表2-5所示，即为某一贝克曼温度计毛细孔径修正值实例。

毛 细 孔 径 修 正 值 **表 2-5**

温度计读数 t	0	1	2	3	3	5	6
修正值 h	0	+0.004	+0.002	-0.001	+0.001	-0.003	0

根据检定证书中给出的修正值，校正点火温度t_0和试验终点温度t_n，内筒的温升即可由下式求出：

$$\Delta t=(t_n+h_n)-(t_0+h_0)℃$$

式中 h_n——终点温度的温度计刻度修正值，℃；

h_0——点火温度的温度计刻度修正值，℃。

对于精密温度计，其刻度也不可能制作得十分准确，它是与标准温度计对照而得出各读数的修正值的。使用时，它的温度读数，加上修正值后才代表真实温度（℃）。由此求出的温升，才是真正的温升（℃）。

（2）露出柱温度变化的校正

测读内筒水温的温度计，总有一段水银柱露出水面，露于水面以上的这段水银柱，通常称为露出柱。不难看出，露出柱处于室内空气中，它所处的温度近于室温，而不同于水温。如果测试过程（由点火到终点）中，室温有显著变化，将会引起温度计露出柱的胀、缩，影响温度读数以及由此算出的温升。为消除这个影响，在进行温度读值修正后的温升上应再加上一个露出柱温度变化修正值Δt：

$$\Delta t=0.00016(t'_0-t'_n)L \quad ℃$$

式中 0.00016——水银对玻璃的相对膨胀系数；

t'_0——点火时的露出柱温度，℃；

t'_n——终点时的露出柱温度，℃；

L——终点时的露出柱长度❶，℃。

---

❶ 露出柱长度L的确定方法：当露出柱部分的毛细管内径与刻度部分的内径一致时（如棒式温度计），可直接量出露出柱的长度相当于温度计刻度部分的几度，即以“度”计露出柱的长度L（℃）。当露出部分的毛细管内径和刻度部分内径不完全相同时（如内标式温度计），则用冷却法或切去一段水银的方法（仅适用于贝克曼温度计）使水银柱顶面降至温度计的浸没线，测出此时水银球所处的温度t_1。然后加热使之升温，使水银柱上升到温度计的最低刻度线，再测得此时水银球所处的温度t_2。如此，即可求得在最低刻度线以下这部分露出柱的长度为t_2-t_1(℃)。最低刻度线以上的那部分露出柱的长度，则可直接由温度计的刻度读出，两者相加即为露出柱的总长度L（℃）

（3）露出柱温度的校正

经计量机关检定后提供的温度计分度值❶，只适用于在与检定条件相同的情况下使用。影响分度值的因素有三个：基点温度❷、浸没深度和露出柱所处的环境温度。前两个因素，在量热计的热容量标定和在发热量测定中，可以人为地控制保持一致。但露出柱所处环境温度（室温）一般的实验室难以保持固定不变，故而对此影响需要进行校正，其校正系数H可由下式求出：

$$H = h + 0.00016(t_{da} - t'_0)$$

式中 h——贝克曼温度计在实测时的露出柱温度的平均分度值，可由该贝克曼温度计的检定证书中查得；

t_{da}——热容量标定时露出柱所处环境的平均温度，℃；

t'_0——发热量测定中点火时露出柱所处环境的温度，℃。

计算发热量时，应对已经过温度计刻度校正、露出柱温度变化校正和冷却校正后得出的温升乘以校正系数H。

2.冷却校正

恒温式热量计的内筒与外筒之间存在温差，在试验过程中始终有着热量的交换，应予以校正，其校正值称为冷却校正值C，即在温升Δt中加上一个C值。

冷却校正值C的计算，可按下式进行：

$$C = (n-a)V_n + aV_0 \quad ℃$$

式中 n——由点火到终点的时间，min；

a——参数，min。可根据$\Delta t_n = t_n - t_0$和$\Delta t_1 = t_1 - t_0$由表2-6查出；

参数 a 值 **表 2-6**

$\frac{\Delta t_n}{\Delta t_1}$	1.00～1.60	1.61～2.40	2.41～3.20	3.21～4.00	4.01～6.00	6.01～8.00	8.01～10.00	>10.00
a	1.0	1.25	1.5	1.75	2.0	2.25	3.2	4.0

V_0、V_n——分别为点火和终点时在内、外筒温差的影响下造成的内筒降温速度，℃/min；它按下式计算：

$$V_0 = B(t_0 - t_w) - A$$

$$V_n = B(t_n - t_w) - A$$

其中，B为热量计的冷却常数，1/min；A为热量计的综合常数，℃/min。它们均可由实验室预先标定给出❸。

t_0、t_n——分别为点火、终点时的内筒温度，℃；

t_w——外筒温度，℃。当用贝克曼温度计测量内筒温度、用普通温度计测量外

❶ 分度值是温度计平均分度值的简称，指的是温度计上指示的、经毛细孔径修正后的1°温度变化相当的真正温度（℃）。

❷ 贝克曼温度计因水银球中的水银量是可变的，可以测量－10℃至120℃范围内的任何温度。如测温范围在21～24℃之间，则可调节水银量使温度计浸于20℃的水浴中时，水银柱顶点恰好指在温度计的最低刻度（通常为0℃）上。贝克曼温度计的这个最低刻度所代表的温度称为基点温度。基点温度实质上是表示水银球中水银量的一种方法，如上调定的温度计的基点温度为20℃。

❸ 按《煤的发热量测定方法》GB213—79第30～33条标定。

筒温度时，应从实测的外筒温度（见本实验的“测定方法和步骤”中的第7条）中减掉贝克曼温度计的基点温度后再当作外筒温度t_w，用以计算点火和终点时内、外筒的温差：(t_0-t_w)和(t_n-t_w)。如内、外筒温度都使用贝克曼温度计测量，则应对实测的外筒温度校正内、外筒温度计基点温度之差，以求得内、外筒的真正温差。

3.引燃物放热量的校正

在点火时，用于引燃的点火丝、棉线和擦镜纸等燃烧放出的热量，应逐一予以扣除。其值由下式计算：

$$\Sigma bq = b_1q_1 + b_2q_2 + b_3q_3 \quad \text{J}$$

式中 b_1、b_2、b_3——分别为引燃烧掉的点火丝、棉线和擦镜纸的质量，g；

q_1、q_2、q_3——分别为点火丝、棉线和擦镜纸的燃烧放热量，J/g；对于铁丝、铜丝、镍铬丝、棉线和擦镜纸的燃烧放热量，分别为6699、2512、1403、17501和15818J/g。

4.发热量的计算

（1）分析试样的弹筒发热量Q^f_{dt}

$$Q^f_{dt} = \frac{KH[(t_n+h_n)-(t_0+h_0)+\Delta t+C]-\Sigma bq}{m} \quad \text{J/g}$$

式中 K——热量计测热系统的热容量[1]，J/℃；

m——分析试样的质量，g。

其余符号的意义同前。

前述系数中，不同的热量计的热容量K是不同的，可用经国家计量机关检定，注明发热量的基准物质在该热量计中代替试样燃烧而求出。基准物质通常用标准苯甲酸，其发热量为26502±4J/g。

（2）高位发热量Q^f_{gw}

$$Q^f_{gw} = Q^f_{dt} - (94.2S^f_{dt} + aQ^f_{dt}) \quad \text{J/g}$$

式中 94.2——煤中每1％硫的校正值，J/g；

S^f_{dt}——由弹筒洗液测得的煤的含硫量，％；

a——硝酸校正系数，对于贫烟和无烟煤为0.001，其他煤取0.0015。

当煤中全硫含量低于4％时，或发热量大于14654J/g时，可用全硫或可燃硫代替S^f_{dt}。

在需要用弹筒洗液测定S^f_{dt}时，其方法是：把洗液加热到约60℃，然后以甲基红（或以相应混合物指示剂）为指示剂，用0.1N的NaOH溶液滴定，以求出洗液中的总酸量，最终以相当于1g试样的0.1N的NaOH溶液的体积V（mL）表示。如此，高位发热量的计算式就有如下形式：

$$Q^f_{gw} = Q^f_{dt} - (15.1V - 6.3aQ^f_{dt}) \quad \text{J/g}$$

式中硝酸校正系数a，取值同前。

折算为相同水分的煤样高位发热量Q^f_{gw}，在同一化验室和不同化验室的误差分别不应超出167.5和418.7J/g。

---

[1] 按《煤的发热量测定方法》GB213—79中第36、37条计算、标定和复查重测。

（3）应用基低位发热量Q_{dw}^{y}

试样的应用基高位发热量Q_{gw}^{y}可由下式求出：

$$Q_{gw}^{y}=Q_{gw}^{f}\frac{100-W^{y}}{100}\quad \mathrm{J/g}$$

扣除试样中水分和氢燃烧成水的凝结放热，即为应用基低位发热量：

$$Q_{dw}^{y}=Q_{gw}^{y}-226\mathrm{H}^{y}-25W^{y}\quad \mathrm{J/g}$$

式中　W^{y}——燃料的应用基水分，%；

H^{y}——燃料中氢的百分含量，%；可由元素分析或根据挥发分含量大小在图2-10中查得。

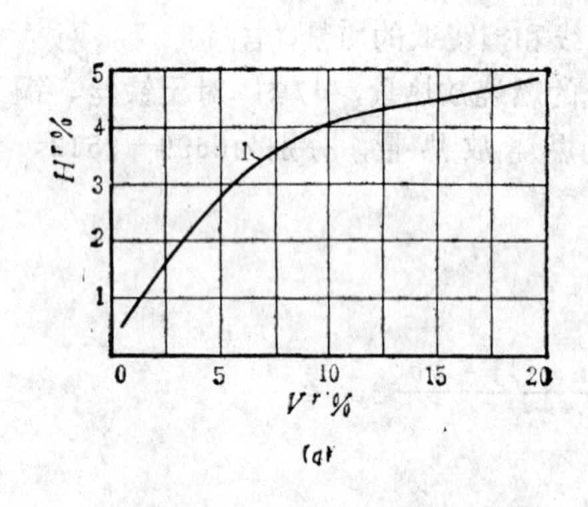

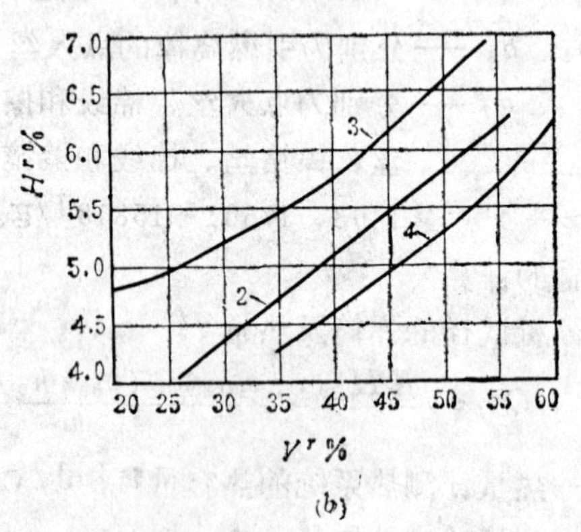

图 2-10　煤的挥发分与氢含量的关系

1—适用于$V^r\leqslant20\%$的无烟煤和烟煤的曲线；2—适用于$V^r>20\%$的烟煤（坩埚焦渣特性1～2号）的曲线；3—适用于$V^r>20\%$的烟煤（坩埚焦渣特性3～8号）的曲线；4—适用于褐煤的曲线

（六）测定数据与结果计算示例

下面以一个煤样的发热量测定作为实例，简要说明用恒温式热量计测定发热量的记录形式以及测定数据的整理和结果计算。

1.给定数据

热量计的热容量K　14150J/℃；

标定的热量计冷却常数B　0.0020min⁻¹；

标定的热量计综合常数A　0.0004℃/min；

热容量标定中贝克曼温度计露出柱的平均温度t_{bd}　19℃；

试样的应用基外在水分W_{w}^{y}　7.89%；

试样的分析基水分W^{f}　2.18%；

试样的分析基全硫含量S^{f}　1.34%；

试样的分析基氢的含量H^{f}　3.62%；

试样的可燃基挥发分V^{r}　29.85%；

2.测定数据

试样质量m　1.0412g；

贝克曼温度计标定和实测时的基点温度　18℃；

贝克曼温度计实测点火时露出柱温度t_{0}'　21℃；

贝克曼温度计实测终点时露出柱温度t_{n}'　21.5℃；

贝克曼温度计实测终点时露出柱长度 L　3.846℃；

点火丝（镍铬）质量　0.214克；

点火丝残留质量　0.101克；

棉线质量　0.0436克；

棉线残留质量　0克；

擦镜纸质量　0.1105克；

擦镜纸残留质量　0克；

读温记录（如表2-7）；

表 2-7

序　号	时　间(min)	内筒温度(℃)	外筒温度(℃)
0	0	1.245(t_0)	20.45
1	1	2.62(t_1)	
2	2	⋮	
⋮	⋮		
6	6	3.261	
7	7	3.263	
8	8	3.261(t_n)	$n=8$

3.发热量计算

（1）温度校正

①温度计刻度校正

由温度计检定证书查得：　$h_0=0.003$，$h_n=-0.001$。

②露出柱温度变化校正

根据实测时点火、终点贝克曼温度计露出柱温度t'_0、t'_n和终点时露出柱长度L，露出柱温度变化修正值为

$$\Delta t=0.00016(t'_0-t'_n)L$$
$$=0.00016(21-21.5)\times 3.846=-0.00031℃。$$

③贝克曼温度计的平均分度值校正

据实测时露出柱温度，在检定证书中查得分度值

$$h=1.006$$

∴　$H=h+0.00016(t_{bd}-t'_0)=1.006+0.00016(19-21)=1.00568℃$

（2）冷却校正

校正后的外筒温度$t_w=20.45-18=2.45℃$，

∴　$V_0=B(t_0-t_w)-A=0.0020(1.245-2.45)-0.0004=-0.00281℃/min$；

　　$V_n=B(t_n-t_w)-A=0.0020(3.261-2.45)-0.0004=-0.00122℃/min$；

而　$\Delta t_n=t_n-t_0=3.261-1.245=2.016℃$，

　　$\Delta t_1=t_1-t_0=2.62-1.245=1.375℃$；

∴　$\Delta t_n/\Delta t_1=2.016/1.375=1.466$

据此比值查表2-6得$a=1.0$，

$\therefore \quad C=(n-a)V_n+aV_0$

$=(8-1.0)(-0.00122)+1.0(-0.00281)=-0.01135℃$。

（3）引燃物燃烧放热量的校正

$\Sigma bq=b_1q_1+b_2q_2+b_3q_3$

$=(0.214-0.101)\times1403+(0.0436-0)\times17501+(0.1105-0)\times15818$

$=2669.5J$。

（4）分析试样的弹筒发热量

$$Q^f_{dt}=\frac{KH[(t_n+h_n)-(t_0+h_0)+\Delta t+C]-\Sigma bq}{m}$$

$$=\frac{14150\times1.00568[(3.261-0.001)-(1.245+0.003)-0.00031-0.01135]-2669.5}{1.0412}$$

$=24775J/g$

（5）分析基高位发热量

已知分析煤样的全硫含量$S^f=1.34\%<4\%$，则可用全硫含量代替弹筒洗液测得的煤的含硫量，即$S^f_{dt}=S^f$；又因煤样的挥发分$V^r=29.85\%$为烟煤，所以系数a为0.0015，如此

$Q^f_{gw}=Q^f_{dt}-(94.2S^f_{dt}+aQ^f_{dt})$

$=24775-(94.2\times1.34+0.0015\times24775)$

$=24612J/g$。

（6）应用基低位发热量

已知煤样$W^y_w=7.89\%$，$W^f=2.18\%$；$H^f=3.62\%$，

$$\therefore \quad W^y=W^y_w+W^f\left(\frac{100-W^y_w}{100}\right)=7.89+2.18\times\left(\frac{100-7.89}{100}\right)$$

$=9.90\%$；

$$H^y=H^f\left(\frac{100-W^y_w}{100}\right)=3.62\times\left(\frac{100-7.89}{100}\right)=3.33\%$$

于是 $$Q^y_{dw}=Q^f_{gw}\left(\frac{100-W^y}{100}\right)-226H^y-25W^y$$

$$=24612\times\left(\frac{100-7.89}{100}\right)-226\times3.33-25\times9.90$$

$=21670J/g=21670kJ/kg$

思考·讨论

1.氧弹（弹筒）发热量与高低位发热量有何区别？燃料在锅炉炉膛中所能释放出来的热量是哪一种发热量？为什么？

2.测定发热量的试验室应具备什么条件？

3.常用的热量计有哪几种类型？它们的差别是什么？

4.贝克曼温度计的量程仅5～6°C，为什么可以用于燃料发热量的温度测量呢？

5.什么叫贝克曼温度计的基点温度？如何调整确定？

6.什么是露出柱温度变化校正？什么是露出柱温度校正，两者的区别何在？各自又如何校正？

7.热量计的热容量是什么意思？如何确定？

8.对于燃烧时易于飞溅的试样或不易燃烧完全的试样（如高灰分的无烟煤），或发热量过低但却能燃烧完全的试样，在发热量测定时应相应采取些什么技术措施？

9.如何减少周围环境温度对发热量测定结果的影响？你能设计（设想）一种较为理想的热量计吗？

三、烟 气 分 析

烟气分析，指的是对烟气中各主要组成成分——三原子气体RO_2（CO_2及SO_2）、氧气O_2、一氧化碳CO和氮气N_2的分析测定。根据烟气成分的分析结果，可以鉴别燃料在炉内的燃烧完全程度和炉膛、烟道各部位的漏风情况，进而采取有效技术措施以提高锅炉运行的经济性；同时根据分析结果还可以求定空气过量系数，为计算排烟热损失和气体不完全燃烧热损失提供重要的数据。

烟气成分分析，国家标准"工业锅炉热工试验规范"规定：RO_2和O_2应用奥氏烟气分析器测定；CO可采用比色、比长检测管及烟气全分析仪等测定；当燃用气体燃料时，烟气成分则采用气体分析仪测定。根据教学的基本要求，本实验采用奥氏烟气分析器测定烟气中的RO_2、O_2和CO的体积百分数含量。

（一）烟气分析原理与试剂的配制

奥氏烟气分析器（图2-11）是利用化学吸收法，按体积测定气体成分的一种仪器。它的分析原理是利用具有选择性吸收气体特性的化学溶液，在同温同压下分别吸收烟气中相关气体成分，从而根据吸收前后体积的变化求出各气体成分的体积百分数。

烟气分析所用的选择性吸收气体的化学溶液和封闭液，按下列方法和步骤配制：

1.氢氧化钾溶液　1份化学纯固体氢氧化钾KOH溶于2份水中，配制时将75g氢氧化钾溶于150mL蒸馏水即成。1mL该溶液能吸收三原子气体RO_2约40mL；若每次试验用的烟气试样的体积为100mL，其中RO_2含量平均为13%，那么200mL该化学溶液约可使用600次，其吸收化学反应式为

$$2KOH + CO_2 = K_2CO_3 + H_2O$$

$$2KOH + SO_2 = K_2SO_3 + H_2O$$

氢氧化钾溶解时放热，所以配制时宜用耐热玻璃器皿，且要不时地用玻璃棒搅拌均匀，待冷却后上部澄清无色溶液用作试验吸收液。

2.焦性没食子酸碱溶液　1份焦性没食子酸溶于2份水中，即取20g焦性没食子酸$C_6H_3(OH)_3$溶于40mL蒸馏水中；55g氢氧化钾溶于110mL水中，将二者混合后立即将容器封闭并存放在避光处，或把配制的焦性没食子酸溶液先倒入吸收瓶，并在缓冲瓶内注入少许液体石蜡密封，然后再将氢氧化钾溶液经插于缓冲瓶密封石蜡层下的玻璃管缓缓注入，以防止空气氧化。

所配制的这种吸收液1mL能吸收4mL的氧气；如每次试验的烟气试样体积为100mL，试样中O_2含量平均为6.5%，则200mL吸收液可使用120次左右。此溶液吸收氧气的化学反应式为

$$4C_6H_3(OH)_3 + O_2 = 2[(OH)_3C_6H_2 - C_6H_2(OH)_3] + 2H_2O$$

3.氯化亚铜氨溶液　它可由50g氯化铵NH_4Cl溶于150mL水中，再加40g氯化亚铜Cu_2Cl_2，经充分搅拌，最后加入密度为0.91、体积等于1/8此溶液体积的氨水配制而成。氯化亚铜氨溶液吸收一氧化碳的化学反应式为

$$Cu(NH_3)_2Cl + 2CO = Cu(CO)_2Cl + 2NH_3\uparrow$$

因一价铜Cu^+很容易被空气中的氧所氧化，所以在盛装氯化亚铜氨溶液的瓶中应加入铜屑或螺旋状的铜丝，使之进行如下的还原反应：

$$CuCl_2 + Cu = Cu_2Cl_2$$

Cu^{2+}离子被还原成Cu^{+}离子。此外，液面上注以一层液体石蜡，使溶液不与空气接触。

4.封闭液　5%的硫酸H_2SO_4加食盐NaCl（或硫酸钠Na_2SO_4）制成饱和溶液，再加数滴甲基橙指示剂使溶液呈微红色。水准（平衡）瓶和取样瓶中用此酸性封闭液，可防止吸收烟气试样中部分气体成分，以减小测定误差。

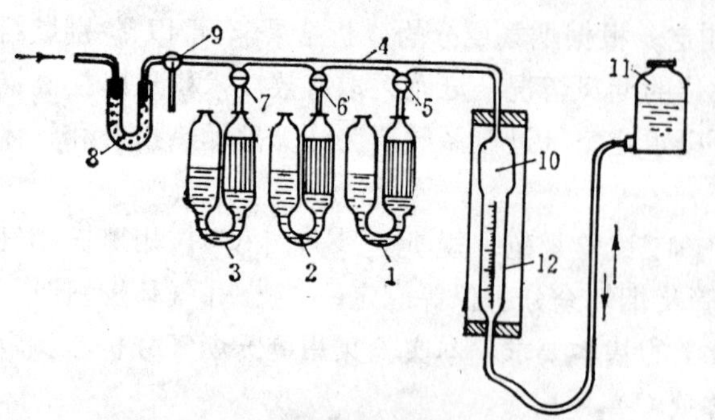

图 2-11　奥氏烟气分析器

1、2、3—烟气吸收瓶；4—梳形连接管；5、6、7—旋塞；8—U形过滤器；9—三通旋塞；10—量筒；11—水准(平衡)瓶；12—盛水套筒

（二）实验设备

1.奥氏烟气分析器

结构如图2-11所示，量筒10用以量取待分析的烟气，其上有刻度（0～100mL）可以直接读出烟气容积。量筒外侧套有盛水套筒12，此水套保证烟气容积不受或少受外界气温影响。水准瓶（平衡瓶）11由橡皮软管与量筒相连，内装微红色的封闭液；当水准瓶降低或提高位置，即可进行吸气取样或排气工作。

吸收瓶1、2、3中，依次灌有氢氧化钾、焦性没食子酸和氯化亚铜吸收液，分别用以吸收烟气中的RO_2、O_2和CO气体成分。

2.烟气取样装置

烟气取样装置由两个2500～5000mL玻璃溶液瓶和橡皮连接管组成（图2-12），或用薄膜抽气泵和塑料气球组成。前者适用正压和常压下大量气体试样的采取，后者可用于较大负压的烟气试样采取。

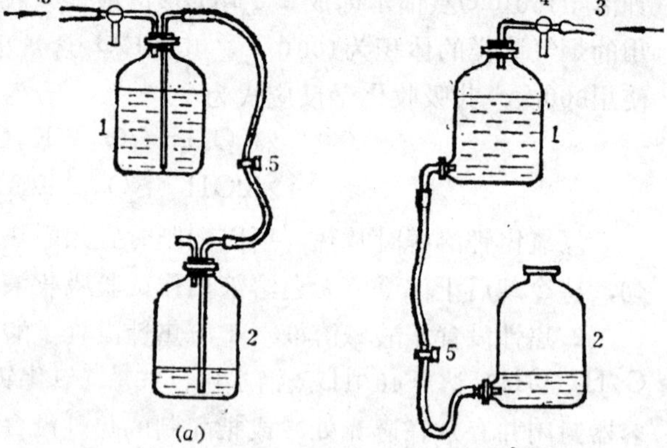

图 2-12　烟气取样装置

(a)瓶中插有玻璃管的取样装置；(b)瓶中没有插玻璃管的取样装置

1—取样瓶；2—盛流出溶液的瓶；3—与气体通道相连的管；4—三通旋塞；5—夹子

3.烟气取样管

插入烟道的烟气取样管，当烟温在600℃以下时，可使用不经冷却的ϕ8～12mm不锈钢或碳钢管，管壁上开有ϕ3～5mm的小孔若干（图2-13），呈笛形。长度以能插入烟道深度的三分之二处为宜；一端封口，一端接烟气取样装置。

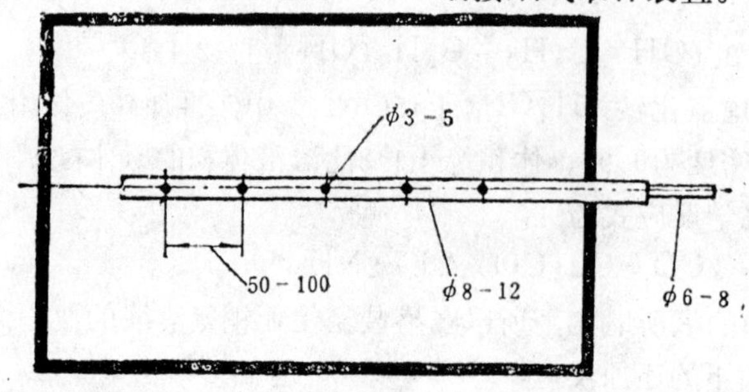

图 2-13　烟气取样管

（三）实验准备

1.仪器的洗涤

在安装以前，仪器的全部玻璃部分应洗涤干净。新仪器先用热碱液洗，然后用水洗，再用洗液（重铬酸钾-浓硫酸H_2SO_4溶液）洗，用水冲净，最后用蒸馏水冲洗，且玻璃壁上应不粘附有水珠。干燥时宜通空气吹干，切不可用加热方法，以防玻璃炸裂损坏。

2.仪器的安装

（1）按图2-11所示排列安装，用橡皮管小心地将有关各部分依次连接，连接时玻璃管端应尽量对紧、并在每个旋塞上涂以润滑剂，使之转动灵活自如。

（2）在各个吸收瓶中分别注入相应的吸收液：吸收瓶1中注入氢氧化钾溶液，吸收瓶2中灌注焦性没食子酸碱溶液，吸收瓶3中注以氯化亚铜氨溶液；如有第四个吸收瓶，则可注入10%浓度的硫酸溶液，用以吸收测定CO时释放出来的氨气NH_3。最后，在各瓶吸收液上倒入5～8mL液体石蜡，以免试剂与空气接触，影响吸收效果。

（3）水准（平衡）瓶11中注入封闭液；量筒外的盛水套筒12中灌满蒸馏水。

（4）在过滤器8内装上细粒的无水氯化钙，再用脱脂棉花轻轻塞好，但不可塞得太紧。

3.气密性检查

（1）排除量筒10中的废气　将三通旋塞9打开与大气相通，提高水准瓶，排除气体至量筒内液面上升到顶端标线时为止。

（2）排除吸收瓶1、2、3中的废气　关闭三通旋塞使梳形连接管4与大气隔绝.然后打开吸收瓶1的旋塞5，放低水准瓶使吸收瓶中液面上升，至顶端颈口标线时关闭旋塞。依次用同法使各吸收瓶中的液面均升至顶端颈口标线。

（3）再次排出量筒中的废气　打开三通旋塞，提高水准瓶把量筒中废气排尽。然后，关闭三通旋塞，把水准瓶放于底板上。

（4）检查气密性　此时,如量筒内液面稍稍下降后即保持不变,且各吸收瓶的液面也不下降，甚至时隔5～10min后各瓶液面仍然保持原位，那么表示烟气分析器严密可靠，没有漏气。如若液面下降，则必有漏气的地方，应仔细逐一检查，找出渗漏之处。

（四）实验方法和步骤

1.烟气取样

（1）排除取样管路和取样瓶中的废气　将与烟气取样管3（图2-12）接通的取样瓶1置于高位，盛存溶液的空瓶2放在低位，打开夹子5，使溶液流入瓶2，烟气引入瓶1。瓶1充满烟气后，先提升瓶2，再旋转三通旋塞4使之与大气相通，将瓶1中烟气排尽，关闭三通旋塞。如此重复操作2～3次，即可准备正式取样。

（2）烟气取样　旋转三通旋塞使瓶1与取样管接通，置瓶2于低位，烟气随封闭液的流出而引入瓶1。取样速度可借调节夹子的松紧加以控制，一般以数分钟至半小时采集一瓶烟气试样。

取样完毕，关闭三通旋塞和夹紧夹子，将封闭的取样瓶1取下，送实验室或供现场作烟气分析之用。

2.烟气分析

（1）排除废气　奥氏烟气分析器与烟气取样瓶(或锅炉烟道)连接后,放低水准瓶的同时打开三通旋塞9，吸入烟气试样；继而旋转三通旋塞，升高水准瓶将这部分烟气与管径中空气的混合气体排于大气。如此重复操作数次，以冲洗整个系统，使之不残留非试样气体。

（2）烟气取样　放低水准瓶，将烟气试样吸入量筒，待量筒中液面降到最低标线——"100"（mL）刻度线以下少许，并保持水准瓶和量筒的液面处在同一水平时，关闭三通旋塞。稍等片刻，待烟气试样冷却再对零位，使之恰好取样100mL烟气为止。

（3）烟气分析　先抬高水准瓶，后打开旋塞5，将烟气试样通入吸收瓶1吸收其中的三原子气体RO_2。往复抽送4～5次后，将吸收瓶内吸收液的液面恢复至原位，关闭旋塞5。对齐量筒和水准瓶的液位在同一水平后，读记烟气试样减少的体积。然后再次进行吸收操作，直到烟气体积不再减少时为止。至此所减少的烟气体积，即为二氧化碳和二氧化硫的体积之和——RO_2（%）。

在RO_2被吸收以后，依次打开第二、第三个吸收瓶，用同样方法即可测出烟气试样中氧气和一氧化碳的体积——O_2和CO（%），最后剩留的容积数便是氮气的体积百分数N_2（%）。

由于焦性没食子酸碱溶液既能吸收O_2，也能吸收CO_2和SO_2；氯化亚铜氨溶液吸收CO的同时，也能吸收O_2。所以，烟气分析的顺序必须是RO_2、O_2和CO，不可颠倒。

（五）烟气分析结果的计算及记录表格

因为含有水蒸汽的烟气在奥氏烟气分析器中一直与水接触，始终处于饱和状态，因此测得的体积百分数就是干烟气各成分的体积百分数，即

$$RO_2+O_2+CO+N_2=100\%$$

如烟气试样的体积为VmL，吸收RO_2后的读数为V_1mL，则

$$RO_2=\frac{V-V_1}{V}\times 100\quad\%$$

烟气试样再顺序通过吸收瓶2和3，吸收O_2和CO后的体积分别为V_2、V_3mL，那么

$$O_2=\frac{V_1-V_2}{V}\times 100\quad\%,$$

$$CO=\frac{V_2-V_3}{V}\times 100\quad\%。$$

由于烟气中一氧化碳含量一般不多，且吸收液氯化亚铜氨溶液又不甚稳定，较难用此化学吸收法精确测出。因此在锅炉热工试验中，有时仅测定RO_2和O_2的含量，而CO

烟气分析记录表　　表 2-8

项	目		时	间			平均
烟气试样体积V		mL					
RO_2	吸收后读数V_1	mL					
	分析值	%					
O_2	吸收后读数V_2	mL					
	分析值	%					
CO	吸收后读数V_3	mL					
	分析值	%					

燃用煤种　　　　取样点名称　　　　试验日期

含量则通过计算或采用比色、比长检测管测定而得。

烟气分析时可采用如表2-8所示的记录表格，便于计算出结果。

（六）注意事项

1.测试前，必须认真做好烟气分析器的气密性检查，确保分析器和取样装置的严密可靠。

2.各种化学吸收溶液，最好在使用前临时配制，以保证药液的灵敏度。

3.烟气试样的采集要有代表性，因此不能在炉门或拨火门开启时抽吸取样，以免发生错误的分析结果。实践表明，如采用取样瓶或抽气泵连续取样，其烟气试样的代表性最好。

4.烟气取样管不得装于烟道死角、转弯及变径等部位，而且取样管壁上的小孔应迎着烟气流。

5.在烟气分析过程中，水准瓶的提升和下降操作要缓慢进行，严防吸收液或水准瓶中液体冲入连通管。水准瓶提升时，要密切注意量筒中水位的上升，以达到上标线（零线位置）为度；下降水准瓶时，则要注视吸收瓶中液位的上升，上升高度以瓶内玻璃管束的顶端为上限，切不可粗心大意。如若让水或药液冲进连接管中，则必须进行彻底清洗，包括水准瓶以及更换封闭液。

6.在排除量筒中的废气时，应先抬高水准瓶，再旋转三通旋塞通往大气；排尽后，则必须先关闭三通旋塞，才可放低水准瓶，以避免吸入空气。

7.实验室或烟气分析现场的环境温度要求保持相对稳定（温度在10～25℃范围内，温度每改变1℃，气体体积平均改变0.37％）；读值时，务必使水准瓶液面和量筒液面保持在同一水平，保证内外压力相同，以减少对分析结果的影响。

思考·讨论

1.烟气分析时，要求烟气试样顺序进入RO_2、O_2及CO的吸收瓶进行吸收，其中是否可能作适当的调动？为什么？

2.烟气试样中或多或少都含有水蒸汽，为什么可以把烟气分析结果认为是干烟气成分的容积百分数呢？

3.烟气分析可能产生误差的因素有哪些？

4.有一组烟气分析结果：$RO_2+O_2+CO>21\%$，试判断其可靠性，并分析、寻找原因。

5.如果锅炉炉膛出口的烟气分析得$RO_2<10\%$，$O_2>10\%$，这说明什么？对一运行的锅炉来说，可能存在着哪些问题？怎样改进？

四、锅炉的热工试验

锅炉的热工试验、是了解和掌握锅炉及锅炉房设备的性能、完善程度、运行工况和运行管理水平的重要手段。它可为最佳运行工况的确定、新装锅炉的验收、锅炉改造的鉴定、科学研究以及与此有关的节能工作等提供必需的技术数据。

（一）试验目的

1.了解和熟悉锅炉运行时热量的收、支平衡关系，即锅炉热平衡的组成。

2.测定锅炉的蒸发量、蒸汽参数、蒸汽湿度、燃料消耗量以及相应的热效率。

3.测定锅炉的各项热损失，并分析研究减少热损失的途径。

（二）试验原理

锅炉热工试验，也可称热效率试验。它必须在锅炉的运行工况调整到正常和热力工况稳定的条件下进行，建立锅炉热量的收．支平衡关系，从而求出锅炉的热效率。

锅炉热效率可以通过正平衡试验和反平衡试验得出，前者称为正平衡效率，后者称为反平衡效率。

1.正平衡试验

这是直接测量锅炉输入热量和有效输出热量而求得锅炉效率的一种方法，叫正平衡法，也称直接测量法。正平衡效率η_z的计算式为

$$\eta_z = \frac{Q_1}{Q_r} \times 100 \qquad \%$$

式中 Q_1——锅炉有效输出热量，kJ/h；

Q_r——锅炉输入热量，kJ/h。

锅炉正平衡试验计算效率所需测量的项目有：

（1）燃料消耗量B，kg/h；

（2）燃料应用基低位发热量Q_{dw}^y，kJ/kg；

（3）锅炉蒸发量或给水流量D（或热水锅炉的循环水流量G），t/h或kg/h；

（4）锅炉给水温度t_{gs}（或热水锅炉的进水温度t_1），℃；

（5）锅炉蒸汽压力（或热水锅炉的出水压力）P，MPa；

（6）过热蒸汽温度t_{gq}（或热水锅炉的出水温度t_2），℃；

（7）饱和蒸汽的湿度W，%；

（8）锅炉排污率P_{pw}，%。

2.反平衡试验

这种方法是通过测定锅炉的各项热损失然后间接求出锅炉效率，称为反平衡法，也叫间接测量法或热损失法。反平衡效率η_f的计算式为

$$\eta_f = 100 - (q_2 + q_3 + q_4 + q_5 + q_6) \qquad \%$$

式中 q_2——排烟热损失，%；

q_3——气体不完全燃烧热损失，%；

q_4——固体不完全燃烧热损失，%；

q_5——散热损失，%；

q_6——灰渣物理热损失，%。

反平衡试验效率计算，必须测出下列数据：

（1）燃料的元素分析；

（2）排烟温度ϑ_{py}，℃；

（3）排烟处的烟气成分RO_2、O_2及CO，%；

（4）各种灰渣（炉渣、漏煤、烟道灰、溢流灰、冷灰和飞灰）的量G，kg/h；

（5）各种灰渣的可燃物含量R，%；

（6）炉渣排出炉膛时的温度t_{lz}，℃；

（7）环境温度t_{lk}，℃。

测定锅炉效率应同时进行正、反平衡试验，锅炉效率则以正平衡试验的测定值为依据。当锅炉出力大于或等于12MW，燃料消耗量较大，用正平衡法测量有困难时，允许仅用反平衡试验测定锅炉热效率。

（三）试验准备和要求

1.试验准备

（1）确定试验负责人，然后根据试验目的和国家标准《工业锅炉热工试验规范》与有关规程，结合现场的具体条件制定试验大纲。试验大纲的内容应包括：试验的任务和要求、试验程序、测量项目和使用仪表、测点布置．人员组织与分工以及试验时间与进度等。

（2）选择测量仪器仪表及有关设备，试验前都应经过检验合格。

（3）按试验大纲制定的测点布置图的要求安装仪表，并进行操作调整。

（4）全面检查锅炉各部件．炉墙和辅机等，重点检查泄漏现象，如有不正常情况应及时排除或采取补救措施。

（5）必须进行一次预备性试验，以全面检查仪表是否正常工作并熟悉试验操作及人员的相互配合。

作为教学实验，为保证做好热工试验，要求以严肃认真的态度，在教师的指导下，严格要求，坚守岗位，做到既分工负责，又协调配合。为此，试验前要求参加试验人员：

（1）明确试验的目的和要求，弄清试验原理和方法、测量项目和测点布置(图2-14）情况。

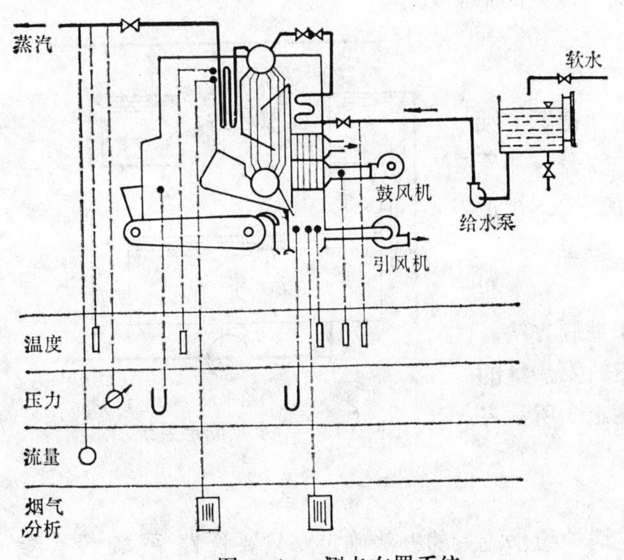

图 2-14　测点布置系统

（2）按所需测定的项目：汽压、温度、蒸汽湿度、烟气分析和煤、灰渣、漏煤．飞灰的称量及取样等分工定岗定位，熟悉各自测量对象和所要使用的仪表、设备，并预先准备好记录表格。

2.试验要求

（1）正式试验应在锅炉热力工况稳定和燃烧调整到试验工况1h后开始进行。自冷态点火开始，热力工况稳定所需时间，对于无砖墙的锅壳式燃油燃气锅炉和燃煤锅炉分别不得少于2和4h；对于轻型和重型炉墙锅炉，分别不得少于8和24h。

（2）如若锅炉鉴定试验，所使用燃料应与设计燃料基本相同。

（3）试验期间锅炉运行工况应保持稳定，并应符合下列规定：

①锅炉出力的波动不宜超过±10%。

②蒸汽锅炉的压力波动范围：对于设计压力小于1.0MPa、1.0～1.6MPa和大于1.6MPa的锅炉，分别为设计压力的－20～0%、－15～0%和－10～0%；对于热水锅炉为设计压力的－30～0%。

③过热蒸汽温度的波动范围：设计温度为350℃和400℃时，试验温度应分别控制在330～370℃和380～410℃之间。

④蒸汽锅炉的给水温度，应控制在设计给水温度的－20～＋30℃之间。

⑤热水锅炉的进水温度和出水温度，与设计值之差不得大于±5℃。

（4）试验期间安全阀不得起跳，不得吹灰，一般情况下不得排污。

（5）试验开始和结束时锅筒中的水位和煤斗的煤位均应一致，否则应进行修正。试验期间过量空气系数、给煤、给水、炉排速度、煤层（或沸腾炉的料层）高度应基本相同。

对于手烧炉，在试验开始前和结束前均应进行一次清炉，并注意结束时的煤层厚度和燃烧情况应与开始时基本保持一致。

（6）整个试验要连续进行，每次试验的时间，层燃（火床）炉不少于6h，室燃炉和沸腾炉则不少于4h。

（7）试验次数：额定出力不少于两次，每次试验的平均出力应为额定出力的97～105%；超负荷（大于110%额定出力）一次，允许只测定正平均效率，试验时间为2h。对于室燃炉和沸腾炉，还应进行一次低负荷（70%额定出力）试验，也允许只测定正平衡效率，时间为4h。

（8）每次试验所测得的正、反平衡效率，其差值不得大于5%。两次试验测得正平衡效率之差不得大于4%，两个反平衡效率之差则不得大于6%。不然，要补做试验，直到合格为止。然后取其算术平均值作为整个试验的锅炉效率。

（四）测试方法

1.燃料消耗量

试验期间的燃料耗量，固体燃料可用衡器（如台秤）称重，衡器必须事先进行校验，误差应小于0.1%。对气体、液体燃料，通过测量流量及密度得出。

2.燃料的应用基低位发热量

对于固体燃料，入炉原煤的取样和缩制方法，详见本篇实验一（煤的工业分析）。燃料发热量的测定，则按本篇实验二（煤的发热量测定）所示方法进行。

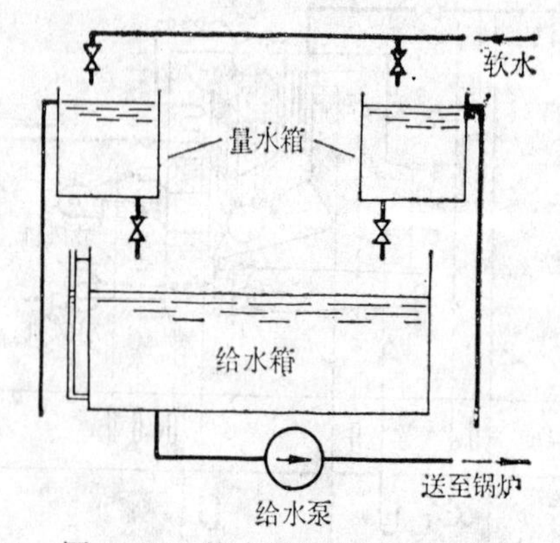

图 2-15 给水量测定系统示意图

3.蒸发量和循环水量

锅炉的蒸发量，一般可以通过测定锅炉给水流量的办法确定。只要管路系统没有渗漏，不排污，试验开始和结束时保持汽包汽压和水位一致，给水流量就是蒸发量。

给水流量可用水箱、涡轮流量计（精度0.5%）等仪表测量，也可用孔板流量计测定锅炉的供出蒸汽量。水表误差较大，不能采用。

测量给水流量最简单、最可靠的方法是采用量水箱法（图2-15）。量水箱法是在给水箱上部装置两只固定容量的水箱，轮流一箱一箱地将水放入给水箱，最后累计放水量，除以试验延续时间即可得每小时的给水量。量水箱的进水管和排水管要尽量放大口径，以使放满和排空量水箱所需时间缩短，保证试验供水。如利用给水箱中水位变化（只适用于间歇给水）来测定时，给水箱的断面形状应当规则，方可按截面积和水位差来计算总的锅炉给水量。

为了保证测定数据的可靠，水箱（或量水箱）应事前将称量过的水倒入水箱进行标定，标定应进行两次，两次间的误差不得大于±0.2%；给水温度也不宜过高，以减少水的自然蒸发。

热水锅炉的循环水量应在进水管道上安装涡轮流量计进行测定。涡轮流量计由涡流流量变送器、前置放大器、接收电脉冲信号的显示仪表等组成。它属于速度式流量仪表，被测流体的流量大，则通过既定管道截面的流速大，螺旋式叶轮转动快，涡轮转数转换成电信号输出即可反映出流量。涡流流量计的特点是反应快、耐高压，信号能远距离输送，而且精度高，可以达到0.5级以上。

4.蒸汽和锅炉给水的压力

干饱和蒸汽的焓和汽化潜热都是指试验期间平均蒸汽压力下的数值。它可按测得的蒸汽压力平均值由水蒸汽特性表查出。由于压力变化对汽、水的焓影响甚微，蒸汽压力和给水压力一般可直接使用锅炉上的运行监督压力表读值，但其精度不应低于1.5级。

5.蒸汽、水、空气和烟气的温度

这些介质的温度，可使用热电偶温度计、热电阻温度计和实验玻璃温度计测量。对热水锅炉进、出口水温应用铂电阻温度计、实验玻璃温度计和温差电偶测量。

测温点应布置在管道或烟道截面上介质温度较均匀的位置。对于出力大于或等于6.5 MW的锅炉，排烟温度应进行多点测量，取其算术平均值作为锅炉排烟温度。空气温度通常在送风机入口处用实验玻璃温度计测量。

6.饱和蒸汽的湿度

对于供热锅炉，蒸汽湿度一般采用蒸汽及锅水氯根（Cl^-）含量（或碱度）对比的间接方法求定。

蒸汽取样管装在蒸汽母管的垂直管段上，等速取样。取冷却后的锅水和蒸汽冷凝水进行化验。蒸汽湿度的测定方法，详见本篇实验五（蒸汽湿度的测定）。

7.烟气成分分析

烟气分析的取样、使用仪器和操作方法等详见本篇实验三（烟气分析）。

8.灰渣的测量

灰渣的测量指的是各种灰渣（灰渣、漏煤、烟道灰、溢流灰、冷灰和飞灰）的重量、温度和可燃物含量的测定。它是锅炉反平衡试验的重要内容，直接关系到锅炉的固体不完全燃烧热损失q_4和灰渣物理热损失q_6。

各种灰渣要分别收集并称量。对于层燃炉，试验开始前应出清灰渣和漏煤；在试验结束时，收集试验期间的灰渣和漏煤，用衡器（台秤）分别称量。为了获得较为精确的灰渣量G_{hz}、漏煤量G_{lm}，宜采用干式出渣，如果湿式出渣，则应把湿渣铺开流尽滴水后称量，再扣除其中所含水分。

飞灰无法全部收集称量，采用灰平衡的方法计算而求得。

灰渣、漏煤的可燃物含量，则在收集的灰渣、漏煤中取样，并用四分法缩样，送化验室化验而得。装有机械除灰设备的锅炉，可在灰渣出口处定期取样，一般每15min取样一次。取样时，要注意试样的均匀性和代表性。

每次试验采集的原始灰渣试样数量不少于总灰渣量的2%；当煤的干燥基灰分$A' \geqslant$ 40%时，原始灰渣试样数量不少于总灰渣量的1%，但总量不得少于20kg。当总灰渣量少于20kg时，则应全部取作灰渣试样。灰渣样经缩分后的数量不得少于1kg，以备化验分析。当湿式除渣时，应将湿渣在地上铺开，待稍干后再行取样和称量。

飞灰的取样较难具有代表性，一般在锅炉烟道中抽取烟气，经旋风分离器而获得灰样（图2-16）；也可采用除尘器除下的飞灰作为飞灰试样。飞灰试样同样需经缩分后送化验室分析。

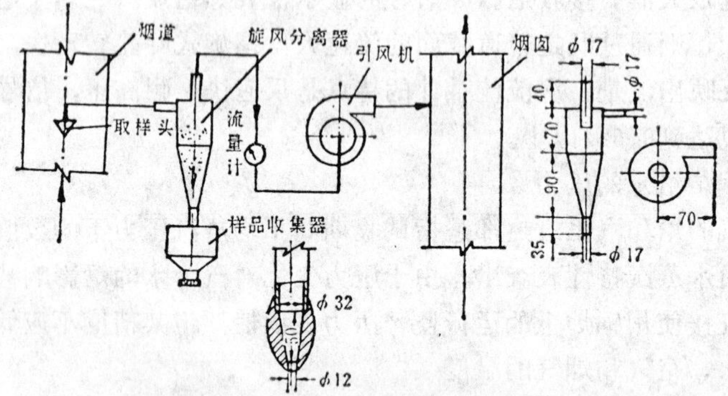

图 2-16 飞灰取样设备和系统

灰渣的温度，可用热电高温计、电阻温度计等测量。在一般情况下，层燃（火床）炉和固态排渣的煤粉炉，灰渣温度取值600℃；沸腾炉的灰渣温度取值800℃。

9.散热损失

锅炉的散热损灰用热流计法实测，或者按给定的表（表2-9、表2-10)和公式求得。在条件许可的情况下，尽量用热流计进行实测，以便积累数据将来制定出我国工业锅炉的散热损失曲线。

饱和蒸汽锅炉和热水锅炉的散热损失q_5 表 2-9

锅炉出力（MW）	≤3	4.5	7.5	10	13	23	42
散热损失(%)	2.9	2.4	1.7	1.5	1.3	1.1	0.8

过热蒸汽锅炉的散热损失q_5 表 2-10

锅炉出力(MW)	4.5	7.5	12	15	27
散热损失(%)	2.4	1.7	1.5	1.3	1.1

用热流计法实测散热损失，首先按温度水平和结构特点将锅炉本体及部件外表面划分成若干近似等温区段，并量出各区段的面积F_1、F_2、……F_n，各个区段的面积一般不得大于2m²。然后把热流计探头按该热流计规定的方式固定于各等温区段的中值点，待热流计显示读数将近稳定后，连续读取10个数据，并用算术平均值法求出各个区段的散热强度q_1、q_2、……、q_n。

10.风机风压、沸腾燃烧锅炉风室的风压和各段烟道的烟气压力，一般用U形玻璃管压力计等测压仪表测量。

（五）试验数据的记录、整理与计算

1.记录间隔时间

除需要化验分析以外的有关测试项目，要求每隔10～15min读数记录一次，其中蒸汽压力和热水锅炉的进．出口水温及循环水量，则要求每隔5min记读一次。

为了更好地了解试验过程中各项参数的变化情况，对于压力．温度、流量和水位等参数应尽量设法采用连续记录仪表记读。

2.试验记录表格（表2-11～表2-18）

①锅炉设计参数

表 2-11

锅炉型式		给水温度	
额定蒸发量		给水方法	
额定工作压力		通风方式	
过热蒸汽温度		燃烧方式	

②试验日期、时间　年＿＿＿＿月＿＿＿＿日＿＿＿＿试验负责人＿＿＿＿

试验开始时刻		试验结束时刻		试验小时数	

③燃料量、炉渣量、漏灰量

表 2-12

项　目	车				数		
	1	2	3	4	5	6	累　计
毛　重(kg)							
车　重(kg)							
净　重(kg)							

④给水量

水箱面积F=＿＿×＿＿

表 2-13

项　目		时							间	结　果
水位读值(mm)	初水位H_1									
	终水位H_2									
	水位差ΔH									$\Sigma\Delta H$ =
水　温（℃）										平　均

$\Delta H = H_1 - H_2$　　　　总给水量$G = \Sigma\Delta H \times F$

⑤蒸汽参数

表 2-14

项　　目	时						间						平均
压力(MPa)													
温　度(℃)													

⑥排烟温度及室温

表 2-15

项　　目		时			间			平　均
排烟温度	(mV)							
	(℃)							
室内空气温度　(℃)								

⑦烟气分析

表 2-16

项　　目		时			间		平　均
烟气试样体积(mL)							
RO_2	吸收后读数(mL)						
	分 析 值　(%)						
O_2	吸收后读数(mL)						
	分 析 值　(%)						
CO	吸收后读数(mL)						
	分 析 值　(%)						
N_2　(%)							

⑧炉膛、排烟负压

表 2-17

项　　目	时				间		平　均
炉膛负压　(Pa)							
排烟负压　(Pa)							
炉排下风压　(Pa)							

⑨燃料和灰渣的分析

表 2-18

项目		单位	数值	项目		单位	数值
燃料消耗量 B		kg/h		灰渣	G_{hz}	kg/h	
燃料发热量 Q^y_{dw}		kJ/kg			R_{hz}	%	
元素分析	C^y	%		漏煤	G_{lm}	kg/h	
	H^y	%			R_{lm}	%	
	S^y	%		飞灰	R_{fh}	%	
	O^y	%					
	N^y	%		灰熔点	t_1	°C	
	A^y	%			t_2	°C	
	W^y	%			t_3	°C	
	V^r	%		焦渣特征			

3.试验数据的整理

(1)平均值的计算，要忠实于原始记录，个别离群太远、又有足够理由的数据方可删去。

(2)各项计算过程和所有计算结果都须逐项仔细校对正确。

(3)根据分析，若有理由怀疑化验结果时，可要求对煤、渣、灰等试样进行复验（一般各分析样品在化验报告提交后尚应保存一周备查）。

4.试验结果的计算

锅炉热工试验结果的计算，实质上就是锅炉效率的计算。为了简化和节约篇幅，下面仅就燃煤的层燃（火床）锅炉的热工试验，以表格形式列出计算锅炉正、反平衡效率的程序和相关的计算公式（表2-19）。

5.试验结果汇总表（表2-20）

以上计算出来的锅炉效率，为不扣除自用蒸汽量和辅机设备耗用动力折算热量的效率值，也即平常说的锅炉毛效率。在试验时，自用蒸汽量和辅机设备耗用动力应予记录，当必要时可进行净效率的计算。

思考·讨论

1.为什么锅炉效率试验要在热力工况稳定的情况下进行？从哪几方面来保证热力工况的稳定？

2.指挥下令试验正式开始，此刻应做些什么标记，记下些什么数据？

3.影响正平衡热效率的关键数据是什么？如何精确测定？

4.有一台链条炉和一台抛煤机炉，在效率测定中分别测得飞灰的灰分比为20%和40%，试分析、比较这两个数据的可靠性？

5.试分析下列几种情况的毛病，并提出有效的改进措施：

（1）α_{py}偏大；

（2）α''_l正常，α_{py}偏大；

（3）α''_l正常，而烟气中O_2和CO含量又偏大；

（4）$\vartheta_{py}=240\sim260$°C；

（5）$\vartheta''_l=680\sim750$°C；

（6）层燃炉的灰渣可燃物含量$R_{hz}=30\sim35\%$。

锅 炉 效 率 计 算 **表 2-19**

序号	名　称	符　号	单　位	计算公式或数据来源	试验数据
	（1）燃料特性				
1	燃料应用基元素碳	C^y	%	化验数据	
2	燃料应用基元素氢	H^y	%	化验数据	
3	燃料应用基元素氧	O^y	%	化验数据	
4	燃料应用基元素硫	S^y	%	化验数据	
5	燃料应用基元素氮	N^y	%	化验数据	
6	燃料应用基灰分	A^y	%	化验数据	
7	燃料应用基水分	W^y	%	化验数据	
8	煤的可燃基挥发物	V^r	%	化验数据	
9	煤的应用基低位发热值	Q^y_{dw}	kJ/kg	化验数据	
		t_1		化验数据	
10	煤的灰熔点	t_2	℃	化验数据	
		t_3		化验数据	
11	煤的焦渣特征分类			化验数据	
	（2）锅炉正平衡效率				
12	给水流量	D_{gs}	kg/h	试验数据	
13	自用蒸汽量	D_{zy}	kg/h	试验数据	
14	蒸发量（供出蒸汽量）	D	kg/h	$D_{gs}-D_{zy}$或试验数据	
15	蒸汽取样量	G_q	kg/h	试验数据	
16	锅水取样量（计入排污量）	G_s	kg/h	试验数据	
17	蒸汽压力	P	MPa	试验数据	
18	过热蒸汽温度	t_{gq}	℃	试验数据	
19	过热蒸汽焓	i_{gq}	kJ/kg	查水蒸汽特性表	
20	饱和蒸汽焓	i_{bq}	kJ/kg	查水蒸汽特性表	
21	自用蒸汽焓	i_{zy}	kJ/kg	查水蒸汽特性表	
22	汽化潜热	r	kJ/kg	查水蒸汽特性表	
23	蒸汽湿度	W	%	试验数据	
24	给水温度	t_{gs}	℃	试验数据	
25	给水压力	P_{gs}	MPa	试验数据	
26	给 水 焓	i_{gs}	kJ/kg	查特性表或$\approx t_{gs}\times 4.1868$	
27	蒸汽锅炉出力	Q	MW	饱和蒸汽锅炉 $\frac{D}{36}(i_{bq}-i_{gs})\times 10^{-5}$ 过热蒸汽锅炉 $\frac{D}{36}(i_{gq}-i_{gs})\times 10^{-5}$	
28	热水锅炉循环水量	G	kg/h	试验数据	
29	热水锅炉进水温度	t_{js}	℃	试验数据	
30	热水锅炉出水温度	t_{cs}	℃	试验数据	
31	热水锅炉进水压力	P_{js}	MPa	试验数据	
32	热水锅炉出水压力	P_{cs}	MPa	试验数据	
33	热水锅炉进水焓	i_{js}	kJ/kg	查特性表	
34	热水锅炉出水焓	i_{cs}	kJ/kg	查特性表	
35	热水锅炉出力	Q	MW	$\frac{G}{36}(i_{cs}-i_{js})\times 10^{-5}$	

续表

序号	名　　　称	符号	单　位	计算公式或数据来源	试验数据
36	燃料消耗量	B	kg/h	试验数据	
37	输入热量	Q_r	kJ/kg	一般$Q_r \approx Q_{dw}^y$	
38	锅炉正平衡效率	η_z	%	饱和蒸汽锅炉 $\frac{D_{gs}(i_{bq}-i_{gs}-rW/100)+G_s r}{BQ_r}\times 100$ 或 $\frac{(D+D_{zy}+G_q)(i_{bq}-i_{gs}-rW/100)+G_s(i_{bq}-r-i_{gs})}{BQ_r}\times 100$ 过热蒸汽锅炉 $\frac{(D+G_q)(i_{gq}-i_{gs})+D_{zy}(i_{zy}-i_{gs}-rW/100)+G_s(i_{bq}-r-i_{gs})}{BQ_r}\times 100$ 热水锅炉 $\frac{G(i_{cs}-i_{js})}{BQ_r}\times 100$	

（3）锅炉反平衡热效率

39	湿灰渣量	G_{hz}^s	kg/h	试验数据	
40	灰渣淋水后含水率	W_{hz}	%	化验数据	
41	灰 渣 量	G_{hz}	kg/h	$G_{hz}^s\left(1-\frac{W_{hz}}{100}\right)$	
42	灰渣可燃物含量	R_{hz}	%	化验数据	
43	漏 煤 量	G_{lm}	kg/h	试验数据	
44	漏煤可燃物含量	R_{lm}	%	化验数据	
45	烟道灰量	G_{yh}	kg/h	试验数据	
46	烟道灰可燃物含量	R_{yh}	%	化验数据	
47	飞灰可燃物含量	R_{fh}	%	化验数据	
48	灰渣灰分比	a_{hz}	%	$\frac{G_{hz}(100-R_{hz})}{BA^y}\times 100$	
49	漏煤灰分比	a_{lm}	%	$\frac{G_{lm}(100-R_{lm})}{BA^y}\times 100$	
50	烟道灰分比	a_{yh}	%	$\frac{G_{yh}(100-R_{yh})}{BA^y}\times 100$	
51	飞灰灰分比	a_{fh}	%	$100-a_{hz}-a_{lm}-a_{yh}$	

续表

序号	名　　称	符号	单位	计算公式或数据来源	试验数据
52	固体不完全燃烧热损失	q_4	%	$\left(\frac{a_{hz}R_{hz}}{100-R_{hz}}+\frac{a_{lm}R_{lh}}{100-R_{lm}}+\frac{a_{yh}R_{yh}}{100-R_{yh}}+\frac{a_{fh}R_{fh}}{100-R_{fh}}\right)+\frac{328.66A^y}{Q_r}$	
53	理论空气量	V_k^0	m_N^3/kg	$0.0889C^y+0.265H^y-0.0333(Q^y-S^y)$	
54	RO_2容积	V_{RO_2}	m_N^3/kg	$0.01866(C^y+0.375S^y)$	
55	理论氮气容积	$V_{N_2}^0$	m_N^3/kg	$0.79V_k^0+0.008N^y$	
56	理论水蒸汽容积	$V_{H_2O}^0$	m_N^3/kg	$0.111H^y+0.0124W^y+0.0161V_k^0$	
57	排烟处RO_2容积百分数	RO_2	%	试验数据	
58	排烟处过量氧气容积百分数	O_2	%	试验数据	
59	燃料特性系数	β		$2.35\frac{H^y-0.126O^y+0.038N^y}{C^y+0.375S^y}$	
60	排烟处CO容积百分比	CO	%	试验数据或$\frac{21-\beta RO_2-(RO_2+O_2)}{0.605+\beta}$	
61	排烟处过量空气系数	a_{py}		$\frac{1}{1-3.76\frac{O_2-0.5CO}{100-(RO_2+O_2+CO)}}$	
62	排烟处干烟气容积	V_{gy}	m_N^3/kg	$V_{RO_2}+V_{N_2}^0+(a_{py}-1)V_k^0$	
63	气体不完全燃烧热损失	q_3	%	$\frac{126.44COV_{gy}(100-q_4)}{Q_r}$	
64	排烟温度	ϑ_{py}	℃	试验数据	
65	排烟处RO_2气体焓	$(c\vartheta_{py})_{RO_2}$	kJ/m_N^3	查　表	
66	排烟处氮气焓	$(c\vartheta_{py})_{N_2}$	kJ/m_N^3	查　表	
67	排烟处水蒸汽焓	$(c\vartheta_{py})_{H_2O}$	kJ/m_N^3	查　表	
68	排烟处过量空气焓	$(c\vartheta_{py})_k$	kJ/m_N^3	查　表	
69	排　烟　焓	I_{py}	kJ/kg	$V_{RO_2}(c\vartheta_{py})_{RO_2}+V_{N_2}^0(c\vartheta_{py})_{N_2}+V_{H_2O}^0(c\vartheta_{py})_{H_2O}+(a_{py}-1)V_k^0(c\vartheta_{py})_k$	
70	冷空气温度	t_{lk}	℃	试验数据	
71	冷空气焓	$(ct)_{lk}$	kJ/m_N^3	查　表	
72	理论冷空气焓	I_{lk}^0	kJ/kg	$V_k^0(ct)_{lk}$	
73	排烟热损失	q_2	%	$\frac{(I_{py}-a_{py}I_{lk}^0)(100-q_4)}{Q_r}$	
74	散热损失	q_5	%	$\frac{q_1F_1+q_2F_2+\cdots\cdots+q_nF_n{}^*}{BQ_r}\times100$或查表2-9、表2-10	
75	灰渣温度	t_{hz}	℃	试验数据或经验数据	
76	灰渣焓	$(ct)_{hz}$	kJ/kg	查　表	
77	灰渣物理热损失	q_6	%	$\frac{(ct)_{hz}(G_{hz}+G_{lm})}{BQ_r}\times100$	
78	热损失之和	Σq	%	$q_2+q_3+q_4+q_5+q_6$	
79	锅炉反平衡效率	η_f	%	$100-\Sigma q$	
80	正反平衡效率之差	$\Delta\eta$	%	$\|\eta_z-\eta_f\|$	

* 此式中的q_1、q_2……q_n为锅炉外表面所划分各个区段测得的散热强度，$kJ/m^2\cdot h$。

锅炉热工试验结果汇总表 **表 2-20**

试验次数	锅炉出力 Q(MW)	正平衡效率 η_z(%)	反平衡效率 η_f(%)	排烟温度 ϑ_{py}(℃)	排烟处过量空气系数 α_{py}	灰渣可燃物含量 R_{hz}(%)
1						
2						
3						
4						

锅炉平均出力 Q_{pj}(MW)		锅炉效率η(%)	
饱和蒸汽湿度W(%)		过热蒸汽含盐量S(mg/kg)	

五、蒸汽湿度的测定

供热锅炉大多生产饱和蒸汽，蒸汽中或多或少带有水分。蒸汽中的带水率，即为蒸汽湿度。当锅炉出力提高时，或由于蒸汽空间小或汽水分离装置分离效果差，或锅水含盐量过高，蒸汽湿度都将会增大。这不仅可能引起蒸汽管路系统水击，影响工艺生产质量；蒸汽湿度的变化也会明显地影响锅炉热效率的计算结果。因此，在运行过程中，须有严格的化学监督，以保证蒸汽品质符合国家有关规定；进行锅炉热平衡时，则必须测定饱和蒸汽的湿度。

（一）测定目的

1.学会蒸汽的等速取样和锅水试样采集的基本操作。

2.掌握蒸汽冷凝水和锅水中氯离子测定的基本原理和操作方法。

3.了解硝酸银标准溶液的配制和标定。

（二）测定原理

蒸汽湿度，一般采用蒸汽和锅水中氯离子(Cl^-)含量对比的间接方法——氯根法来测量❶。当锅水中含氯离子一定时，蒸汽中携带的锅水量(湿度)越多，则蒸汽中的氯离子也越多；若蒸汽完全不带锅水，蒸汽中的氯离子含量为零。所以，通过测定蒸汽及锅水的氯离子含量，即可由下式求出蒸汽湿度：

$$W=\frac{Cl^-_q}{Cl^-_{gs}}\times 100\%$$

式中，Cl^-_q、Cl^-_{gs}分别为蒸汽冷凝水和锅水中氯离子含量，mg/L。

可见，本实验——蒸汽湿度的测定，实质上就是氯化物的测定，其原理是：

在中性或弱碱性的水样中，用铬酸钾K_2CrO_4作指示剂，水中氯离子与加入的硝酸银$AgNO_3$溶液作用，能定量地析出溶解度较小的白色氯化银AgCl沉淀（AgCl溶解度小于Ag_2CrO_4的溶解度）：

$$Cl^- + Ag^+ = AgCl\downarrow \text{（白色）}$$

待试样中氯离子完全作用沉淀后，再加入微过量的标准硝酸银溶液与指示剂铬酸钾作

---

❶ 工业锅炉饱和蒸汽湿度测定方法可以采用氯根法（硝酸银容量法）、钠度计或电导率法，详见国家标准《工业锅炉热工试验规范》（1987年报批稿）。

用，生成铬酸银红褐色沉淀：

$$2Ag^+ + CrO_4^{--} = Ag_2CrO_4 \downarrow （红褐色）$$

如此，当溶液从黄色（K_2CrO_4指示剂呈黄色）转变为橙色时即为滴定终点。根据滴定消耗的标准硝酸银溶液浓度和体积，即可计算出试样中氯离子含量。

测定时，需要同时取所用蒸馏水作空白试验，以校正和减小误差。

（三）蒸汽和锅水试样的采集

1.蒸汽取样

饱和蒸汽取样器的结构如图2-17*a*所示，取样点一般选择在蒸汽引出管的垂直管段上。如若蒸汽引出管管径大于100mm，饱和蒸汽取样器也可采用图2-17*b*所示的结构。

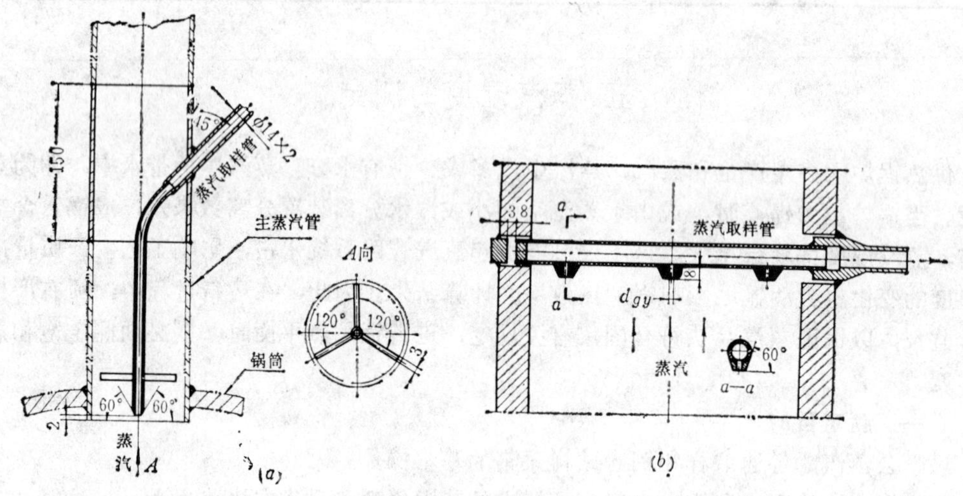

图 2-17 蒸汽取样器

（*a*）饱和蒸汽取样器；（*b*）过热蒸汽取样器

为保证蒸汽试样具有代表性，必须保持蒸汽取样管（孔）入口的蒸汽流速与锅炉蒸汽引出管中的流速相等，即等速取样，使蒸汽取样管取出的蒸汽含水量与蒸汽引出管中的蒸汽含水量一致。等速取样时蒸汽试样流量D_{qi}可按下式决定：

$$D_{qi} = \frac{n d_{qi} D}{d} \quad kg/h$$

式中 n ——取样管的取样孔数；

d_{qi}、d——分别为蒸汽取样管孔和蒸汽引出管内径，mm；

D——锅炉测定时实际供出的蒸汽量，kg/h。

2.锅水取样

锅水的取样点应从具有代表锅水浓度的管道上引出。教学试验通常可选在水位表的水容积连接管上或连续排污管上，取样系统如图2-18所示。

（四）试剂及其配制

1.氯化钠标准溶液（1mL含1mg氯离子❶）

❶ 在1mL溶液中所含相当于待测成分的重量，称为滴定度，常用符号T，单位为mg/mL。滴定度是溶液浓度的一种表示方法。

取基准试剂或优级纯的氯化钠NaCl3～4g置于瓷坩埚内，放入500℃的高温炉中灼烧10min。然后，置于干燥器内冷却至室温，精确称取1.649g氯化钠，先用少量蒸馏水溶解，再用蒸馏水准确稀释至1000mL。

2.硝酸银标准溶液（1mL相当于1mg氯离子）称取5.0g硝酸银溶于1000mL蒸馏水中，以氯化钠标准溶液标定：

在三个锥形瓶中，用移液管分别注入10mL氯化钠标准溶液，再各加入90mL蒸馏水及1mL的1%的铬酸钾指示剂，均用硝酸银标准溶液滴定至橙色为终点，分别记录硝酸银标准溶液的消耗量（mL），计算其平均值V。三个平行试验数据间的相对误差应小于0.25%。

另取100mL蒸馏水作空白试验，除不加氯化钠标准溶液外，其它步骤同上。记录硝酸银标准溶液的消耗量V_1。

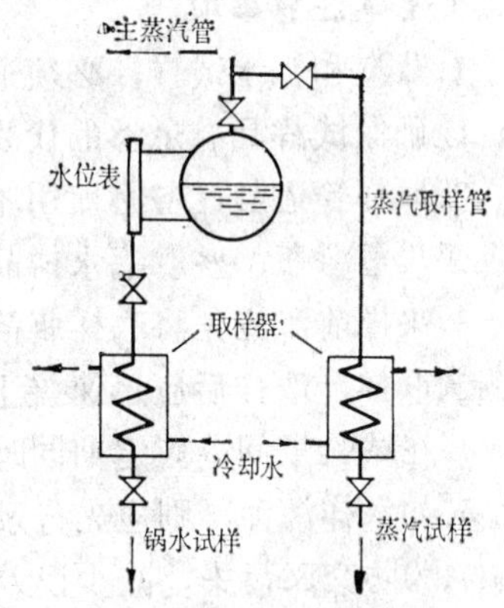

图 2-18 蒸汽和锅水的取样系统

如此，配制成的硝酸银溶液浓度T为

$$T=\frac{10\times1}{V-V_1}\quad mg/mL$$

式中 10——氯化钠标准溶液的体积，mL；

1——氯化钠标准溶液的浓度，mg/mL；

V——氯化钠标准溶液所消耗的硝酸银标准溶液的平均体积，mL；

V_1——空白试验中消耗的硝酸银标准溶液的体积，mL。

最后调整硝酸银溶液，使之成为1mL相当于1mg氯离子的标准溶液。

3.10%铬酸钾指示剂。

1%酚酞指示剂（以乙醇为溶剂）。

0.1N氢氧化钠溶液。

0.1N硫酸溶液。

（五）测定方法和步骤

1.量取100mL水样于锥形瓶中，加2～3滴1%酚酞指示剂。若显红色，即用硫酸溶液中和至无色；如不显红色，则用氢氧化钠溶液中和至微红色，然后用硫酸溶液滴回至无色。

2.在锥形瓶中再加入1mL10%铬酸钾指示剂，然后用硝酸银标准溶液滴定至呈浑浊并带橙色，记录硝酸银标准溶液的消耗体积V_1。

3.取100mL蒸馏水作空白试验，记录硝酸银标准溶液的消耗体积V_2。

（六）测定结果的计算

1.氯离子含量的计算

$$Cl^-=\frac{(V_1-V_2)\times1.0}{V}\times1000\quad mg/L$$

式中 V_1——滴定锅水或蒸汽冷凝水试样所消耗的硝酸银标准溶液的体积，mL；

V_2——空白试验消耗的硝酸银标准溶液的体积，mL；

1.0——硝酸银标准溶液的滴定度，1mL相当于1mg氯离子（Cl^-）；

V——锅水或蒸汽冷凝水试样的体积，mL。

2.蒸汽湿度的计算

在锅水和蒸汽冷凝水中氯离子含量$Cl^-_{g.}$、Cl^-_q求得后，按下式即可方便地计算出蒸汽湿度：

$$W=\frac{Cl^-_q}{Cl^-_{g.}}\times100\%$$

（七）注意事项

1.蒸汽和锅水试样，必须通过冷却器冷却至30～40℃以下。蒸汽和锅水试样应保持常流，以确保试样具有足够的代表性。

2.取样管道与设备必须用不影响分析结果的耐蚀材料制作。盛取蒸汽凝结水样品的容器应采用塑料瓶；盛取锅水样品的容器也可采用硬质玻璃瓶。

3.采样前，应先将取样瓶彻底清洗干净；采样时再用水样冲洗三次，然后按计算的试样流量取样，取样后应迅速盖上瓶塞。

4.在试验期间，应定期同时对锅水和蒸汽进行取样和测定。

5.如水样浑浊，则应先行过滤，再滴定分析。

6.为防交叉污染，减少误差，保证所测数据的可靠性，测定锅水与蒸汽冷凝水氯离子含量所用的取样盛器、量筒和锥形瓶等器物，均需严格分开使用。

7.当试样中氯离子含量大于100mg/L时，则需按表2-21规定的体积取水样，并用蒸馏水稀释至100mL后测定。

水样氯离子含量与测定取样体积 表 2-21

水样中氯离子含量(mg/L)	5～100	101～200	201～400	401～1000
测定取样容积(mL)	100	50	25	10

8.当水样中氯离子含量小于5mg/L时，可将硝酸银溶液稀释成滴定度为0.5mg/mL后使用；所用铬酸钾指示剂浓度也应减半，即5%浓度（重/容）。

9.为了便于正确观察滴定终点，可另取100mL水样加1mL铬酸钾指示剂（黄色）作对照。

思考·讨论

1.用铬酸钾指示剂测定氯离子含量时，为什么要用蒸馏水作空白试验？

2.用作标定硝酸银溶液浓度的基准物质是什么？试写出标定的化学反应式。

3.本实验配制的硝酸银标准溶液的当量浓度是多少？1mL此硝酸银标准溶液相当于1mg氯离子（Cl^-）是如何算得的？

4.蒸汽和锅水样品，为什么必须进行冷却至30～40°C以下？对蒸汽和锅水样品的盛器材料为什么也要有所规定？

六、硬度的测定（EDTA滴定法）

将含有较高硬度（Ca^{++}、Mg^{++}）的水送入锅炉时，由于水不断受热蒸发和蒸汽的连续引出，锅水中的硬度盐——钙、镁盐类将在汽锅受热面上结成水垢。这种导热性能甚差的水垢，不仅恶化传热效果而导致耗煤量的增大，还会使汽锅受热面的金属壁温增高，甚至烧损，引起爆管等事故。因此，对锅炉用水以及在软化过程中，均需进行硬度测定，以鉴别水质、监督软化效果和谋求进一步提高给水水质的措施。

（一）实验目的

1.学会应用铬黑T作指示剂，以EDTA标准溶液滴定至纯兰色为终点的判断。

2.熟悉EDTA二钠盐测定水的总硬度的基本原理，并初步掌握其操作。

3.加深认识锅炉给水中硬度盐类对安全、经济运行的危害作用和给水软化处理的意义。

（二）实验原理

在待测水样的pH值被调节到10.0±0.1的条件下，用乙二胺四乙酸二钠盐（$C_{10}H_{14}N_2O_8Na_2$，简称EDTA）的络合滴定钙和镁离子。铬黑T（$C_{20}H_{12}O_7N_3SNa$）作指示剂，与钙、镁离子生成紫红（或紫色）络合物：$MgIn^-$、$CaIn^-$（HIn^{2-}代表指示剂离子），其反应式为

$$\underset{\text{蓝色}}{HIn^{2-}} + \frac{Mg^{2+}}{Ca^{2+}} \xrightarrow{pH=10} \underset{\text{紫红色}}{\frac{MgIn^-}{CaIn^-}} + H^+$$

在用EDTA标准溶液滴定水样时，游离的钙、镁离子首先与EDTA反应，生成无色的络合物Na_2CaY、Na_2MgY（Y^{4-}代表乙二胺四乙酸离子）；与指示剂铬黑T络合的钙、镁离子（$CaIn^-$、$MgIn^-$）随后与EDTA反应，使铬黑T游离出来，水样呈现出指示剂的颜色，即由紫红色变为蓝色，滴定达到终点：

$$Na_2H_2Y^{4-} + \frac{Ca^{2+}}{Mg^{2+}} \xrightarrow{pH=10} \underset{\text{无色络合物}}{Na_2\frac{CaY^{4-}}{MgY^{4-}}} + 2H^+$$

$$Na_2H_2Y^{4-} + \underset{\text{紫红色}}{\frac{Ca}{Mg}In^-} \xrightarrow{pH=10} \underset{\text{无色络合物}}{Na_2\frac{CaY^{4-}}{MgY^{4-}}} + \underset{\text{蓝色}}{HIn^{2-}} + H^+$$

根据滴定消耗的EDTA容积，即可计算出水中的钙、镁离子的含量——总硬度A_0。

（三）试剂及配制

分析中使用公认的化学纯试剂和蒸馏水，或纯度与之相当的水。

1.EDTA标准溶液

（1）0.02M　EDTA标准溶液的配制和标定

称取8g乙二胺四乙酸二钠溶于1000mL高纯水中，摇匀；待用氧化锌作为基准物质来标定其准确浓度。

称取于800℃灼烧至恒重的基准氧化锌0.4g（精确到0.0002g），用少许水湿润，加盐酸溶液（1:1）使氧化锌溶解，移入250mL容量瓶中，稀释至刻度，摇匀。取上述溶液20.00mL，再加80mL高纯水，用10%氨水中和至pH为7～8；然后，先加5mL氨-氯化铵缓冲溶液（pH=10），再滴加5滴0.5%铬黑T指示剂，用0.02M乙二胺四乙酸二钠溶液滴定至溶液由紫色变为纯蓝色。

如此，EDTA标准溶液的摩尔浓度M，可按下式计算：

$$M=\frac{G}{81.38V}\times10^3$$

式中　G——所取20mL氧化锌溶液中含有的氧化锌质量，g；

81.38——每一mol氧化锌（ZnO）的质量，g；

V——滴定时，消耗EDTA标准溶液的体积，mL。

（2）0.001M EDTA标准溶液的配制和标定

取0.02MEDTA标准溶液，准确地稀释20倍。如此配制的0.001M EDTA标准溶液，其浓度可不标定，由计算得出。

2.氨-氯化铵缓冲溶液

称取20g氯化铵溶于500mL除盐水中，加入150mL比重为0.90的浓氨水和5.0g乙二胺四乙酸镁二钠盐（简写为Na_2MgY❶），用除盐水稀释至1000mL，混匀。取出此溶液50.00mL，按本实验（四）实验步骤2（不加缓冲溶液）测定其硬度。根据测定结果，往其余950mL缓冲溶液中加所需EDTA标准溶液，以抵消其硬度。

3.硼酸缓冲溶液

称取硼砂（$Na_2B_4O_7 \cdot 10H_2O$）40g溶于80mL高纯水中，加入氢氧化钠（NaOH）10g，溶解后用高纯水稀释至100mL，混匀。取出50.00mL该溶液，加0.1N盐酸溶液40mL，然后测其硬度，并按上法往其余950mL缓冲溶液加入所需EDTA标准溶液，以抵消其硬度。

4.0.5%铬黑T指示剂

称取0.5g铬黑T（$C_{20}H_{12}O_7N_3SNa$）与4.5g盐酸羟胺，在研钵中磨匀,混合后溶于100mL95%的乙醇中。为避免分解变质，此指示剂盛于棕色瓶中备用。

5.10%浓度的氨水。

6.氧化锌（基准试剂）。

7.盐酸溶液（1：1）。

8.乙二胺四乙酸二钠（EDTA）。

（四）实验步骤

1.水样硬度大于0.5me/L❷的测定

据水样的硬度范围，按表2-22量取适量透明水样，注入250mL锥形瓶，再用除盐水稀释至100mL。

加5mL氨-氯化铵缓冲溶液和2滴0.5%铬黑T指示剂，在不断摇动下，用0.02M EDTA标准溶液滴定至溶液由紫红色变为蓝色即为终点，记录用去的EDTA标准溶液的体积V_1（mL）。

2.水样硬度在0.001～0.5me/L的测定

取100mL透明水样注入250mL锥形瓶，加入3mL氨-氯化铵缓冲溶液（或1mL硼砂缓冲溶液）及2滴0.5%铬黑T指示剂。在不断摇动下，用0.001M的EDTA标准溶液滴定至颜色变为蓝色即为终点，记录所用去的EDTA标准溶液的体积V_1（mL）。

---

❶ 测定前，必须对所用乙二胺四乙酸镁二钠盐（Na_2MgY）进行鉴定,以免对分析结果产生误差。鉴定方法：取一定量的Na_2MgY溶于高纯水中，按硬度测定其Mg^{2+}或EDTA是否有过剩量，根据分析结果精确地加入EDTA或Mg^{2+},使溶液中EDTA和Mg^{2+}均无过剩量。如无Na_2MgY或Na_2MgY的质量不符合要求，可用4.716g乙二胺四乙酸二钠盐（EDTA）和3.120g$MgSO_4 \cdot 7H_2O$来代替5.0gNa_2MgY,配制好的缓冲溶液，按上述手续进行鉴定，并使EDTA和Mg^{2+}均无过剩量。

❷ epm或me/L是硬度单位毫克当量/升的国际单位制符号，详见《低压锅炉水质标准》GB1576-85表$A1$；此硬度单位在教材第十章“供热锅炉水处理”中用的符号是mge/L。

不同硬度的水样与需取水样容积 表 2-22

水样硬度范围(me/L)	0.5～5.0	5.0～10.0	10.0～20.0
需取水样体积(mL)	100	50	25

（五）结果计算

用上述方法滴定的水样总硬度A_0按下式计算：

$$A_0=\frac{2MV_1}{V}\times 10^3 \quad me/L$$

式中 2——钙、镁离子的化合价；

M——EDTA标准溶液的摩尔浓度；

V_1——滴定时所用去EDTA标准溶液的体积，mL；

V——水样的体积，mL。

（六）注意事项

1.测定总硬度，必须将水样的pH值调节到10.0±0.1，使终点颜色变化明显，而且Ca^{2+}、Mg^{2+}所生成的络合物稳定。当水样的酸性或碱性较高时，则应先用0.1N氢氧化钠或0.1N盐酸中和后，再加缓冲溶液进行测定。

2.水样温度较低时，络合反应速度缓慢，易造成滴定过量而产生误差。因此，如冬季水温较低时，宜预先将水样加热至30～40℃后进行测定。

3.对于碳酸盐硬度较高的水样，在加缓冲溶液之前，应先稀释或先加入滴定所需EDTA标准溶液量的80～90%（记在消耗的体积内）。不然，在加入缓冲溶液后可能析出碳酸盐沉淀，使滴定终点延长，影响观察。

4.若在滴定中发现滴不到终点色，或在指示液加入后呈现灰紫色时，可能是水样中某些金属离子（Fe、Al、Cu或Mn）含量过高所引起的干扰。此时，可在滴加指示剂前用2mL1%的L-半胱胺酸盐和2mL三乙醇胺（1：4）进行联合掩蔽，或先加所需EDTA标准溶液量的80～90%（记于所消耗的体积内），即可消除干扰。

5.pH10.0±0.1的缓冲溶液，除使用氨-氯化铵缓冲溶液外，还可用氨基乙醇配制的缓冲溶液，其优点是：无味，pH稳定，不受室温变化的影响。配制方法：取400mL除盐水，加入55mL浓盐酸，然后将此溶液慢慢加入于310mL氨基乙醇中，并同时搅拌，最后加入5.0g分析纯Na_2MgY，用除盐水稀释至1000mL。在100mL水样中加入此缓冲溶液1.0mL，即可使pH值维持在10.0±0.1的范围内。

6.指示剂除用铬黑T外，还可选用酸性铬蓝K、酸性铬深蓝等其他指示剂[1]。

7.硼砂缓冲溶液和氨-氯化铵缓冲溶液，在玻璃瓶中贮存会腐蚀玻璃，增加硬度。所以，宜贮存在塑料瓶中。

思考·讨论

1.表示硬度的单位有几种？怎样相互换算？试将本实验所得测定结果用不同单位表示之。

2.配制0.02MEDTA标准溶液500mL，需称取多少克乙二胺四乙酸二钠盐？用一般天平（或台秤），

[1] 指示剂名称与配制方法，详见《低压锅炉水质标准》GB1576-85中的表A10。

还是用分析天平称量？为什么？

3.配制0.02M的基准氧化锌溶液500mL，需称取氧化锌多少克？用一般天平还是用分析天平称量？为什么？

4.用EDTA标准溶液来滴定水的硬度时，若以铬黑T作为指示剂，怎样判别滴定终点？为什么？并写出其反应式。

5.某一实验室将一瓶严格按标准配制的贮存在玻璃瓶中的硼砂缓冲溶液用于测定水样硬度，测得该水样硬度等于0.085me/L，试判断此分析结果的可靠性。

七、碱度的测定（容量法）

水的碱度是指水中含有能接受氢离子的物质的量。一般说来，具有一定碱度的水，可以提高锅炉金属抵抗腐蚀的能力；但碱度过大，则将会引起某些局部应力较高处金属的苛性脆化。因此，需经常测定给水和锅水的碱度，监督、调整使其保持在允许范围之内。

（一）实验目的

1.掌握水样的碱度测定原理和方法。

2.学会观察、辨别酚酞、甲基橙指示剂在试验过程中的变化情况。

3.学习用测定方法来判断组成水样碱度的物质，并计算出水中所含各种碱度的大小。

（二）实验原理

由于水中所含的碱性物质不同，碱度分氢氧化物碱度、碳酸盐碱度和重碳酸盐碱度三类。通常，利用酸碱中和原理，采用酚酞和甲基橙两种指示剂以硫酸标准液滴定，根据滴定时用去的硫酸标准溶液mL数求出碱度。

以酚酞作为指示剂时所测得的碱度，称为酚酞碱度，其滴定终点的pH约为8.3；以甲基橙作指示剂测得的碱度是水样的全碱度（总碱度），滴定终点的pH约为4.2；如若水样中的碱度很小，全碱度宜用甲基橙—亚甲基蓝作指示剂，滴定终点的pH约为5.0。

碱度与硫酸标准溶液所起的反应如下：

			滴定终点的pH值	
OH^-		$OH^- + H^+ \rightarrow H_2O$	7	酚酞指示剂
CO_3^{--}	$\frac{1}{2}CO_3^{--}$	$CO_3^{--} + H^+ \rightarrow HCO_3^-$	≈8.3	酚酞指示剂
	$\frac{1}{2}CO_3^{--}$	$HCO_3^- + H^+ \rightarrow H_2CO_3$	≈4.2	甲基橙指示剂
HCO_3^-		$HCO_3^- + H^+ \rightarrow H_2CO_3$	≈4.2	甲基橙指示剂

若以P表示用酚酞指示剂滴定时所消耗的硫酸标准溶液（mL），以M表示用甲基橙为指示剂滴定时消耗的硫酸标准溶液（mL），则滴定用去的硫酸标准溶液总量T为两者之和，即

$$T = P + M \quad \text{mL}$$

从化学的角度来分析，碳酸盐碱度与氢氧化物碱度可以共存，碳酸盐碱度与重碳酸盐碱度也可共存；而氢氧化物碱度与重碳酸盐碱度要相互作用，不能共存于一个水样中：

$$OH^- + HCO_3^- = CO_3^{--} + H_2O$$

由此可见，水样中的碱度可能有以下五种组合情况。根据测定结果，由P和M数值大小关系来判断，即可求出水样中各种碱度的含量。

1.重碳酸盐碱度单独存在

水样中加入酚酞指示剂时，不显红色，表示不需要用H_2SO_4溶液滴定。再加入甲基橙指示剂时，水呈黄色，用硫酸溶液滴定至橙红色为终点，硫酸溶液的消耗量M(mL)。

这种情况，$P=0$表示水样中没有OH^-及CO_3^{2-}，而M即表示为HCO_3^-的含量。

2.碳酸盐与重碳酸盐同时存在

以酚酞作指示剂时，如滴定用去的硫酸溶液小于以甲基橙作指示剂时滴定所消耗的酸液量，即$P<M$。那么，此时P代表CO_3^{2-}的一半，而M除了代表CO_3^{2-}的另一半外，所余的部分（$M-P$）表示HCO_3^-的含量，即

$$CO_3^{2-}=2P \quad HCO_3^-=M-P$$

3.碳酸盐碱度单独存在

酚酞作指示剂时滴定用去的硫酸溶液与以甲基橙为指示剂时滴定用去酸液量相等，即$P=M$。此种情况，$M=\frac{1}{2}CO_3^{2-}$，而现在$P=M$，所以P也只能是代表另一半CO_3^{2-}，不可能再存在OH^-或HCO_3^-，水中只有CO_3^{2-}，且$CO_3^{2-}=2P$。

4.氢氧化物碱度与碳酸盐碱度共存

酚酞作指示剂用硫酸溶液滴定，水样从红色变为无色；再加入甲基橙指示剂，继续用硫酸溶液滴定至终点（橙红色）。滴定结果是$P>M$，M表示$\frac{1}{2}CO_3^{2-}$，($P-M$)则表示水样中的OH^-。如此

$$OH^-=P-M \quad CO_3^{2-}=2M$$

5.氢氧化物单独存在

酚酞作指示剂，用硫酸溶液滴定时水样从红色变为无色；当再加入甲基橙指示剂，水样即呈橙红色，显然此时不需再用硫酸溶液滴定，$M=0$。此结果表明，该水样中既无HCO_3^-，也无CO_3^{2-}，水样中只能含有单一的OH^-，且$OH^-=P$。

据上分析，其测定结果可列表（表2-23）表达，水中的各种碱度含量一目了然。

水中各种碱度的含量 表 2-23

滴定结果	硫酸标准溶液消耗量 (mL)		
	OH^-	CO_3^{2-}	(HCO_3^-)
$P=0$	0	0	M
$P<M$	0	$2P$	$M-P$
$P=M$	0	$2P$	0
$P>M$	$P-M$	$2M$	0
$M=0$	P	0	0

（三）试剂及配制

1.1%酚酞指示剂（以乙醇为溶剂）。

2.0.1%甲基橙指示剂。

3.甲基红-亚甲基兰指示剂——

准确称取0.125g甲基红和0.085g亚甲基兰，在研钵中研磨均匀后，溶于100mL的95%

乙醇而成。

4.0.1N、0.05N、0.01N硫酸标准溶液

（1）0.1N硫酸标准溶液的配制与标定

量取3mL浓硫酸（比重1.84），缓缓注入1000mL蒸馏水中，冷却后摇匀即成。

称取0.2g（精确到0.0002g）经270～300℃灼烧至恒重的基准无水碳酸钠，溶于50mL水中，加2滴甲基红-亚甲基蓝指示剂，用待标定的0.1N硫酸标准溶液滴定至溶液由绿色变为紫色。同时，进行空白试验。

硫酸标准溶液的当量浓度N按下式计算：

$$N=\frac{G}{52.99(V_1-V_2)}\times 10^3$$

式中　G——无水碳酸钠的质量，g；

52.99——每克当量碳酸钠的质量，g；

V_1——滴定碳酸钠消耗硫酸溶液的体积，mL；

V_2——空白试验消耗硫酸溶液的体积，mL。

（2）0.05N、0.01N硫酸标准溶液的配制与标定

0.05N、0.01N硫酸标准溶液，由0.1N硫酸标准溶液分别准确地稀释至2、10倍而制得，其当量浓度可不标定，用计算得出。如要标定，可用相近当量浓度的氢氧化钠标准溶液进行标定。

（四）测定方法

1.对于碱度较大的水样（如锅水、化学净水、冷却水、生水等）的测定

（1）量取100mL透明水样注入250mL锥形瓶中。

（2）加入2～3滴1%酚酞指示剂，若水样呈现红色，则用0.05N或0.1N硫酸标准溶液滴定至无色，记录酸液消耗量P（mL）。

（3）继而在锥形瓶中加入2滴甲基橙指示剂，再用硫酸标准溶液滴定至溶液呈橙红色为终点，记下第二次酸液消耗量M（mL）。

2.对于碱度较小的水样（如给水凝结水、高纯水等）的测定

（1）量取100mL透明水样，注于250mL的锥形瓶中。

（2）加入2～3滴1%酚酞指示剂，此时若溶液呈现红色，则用微量滴定管以0.01N硫酸标准溶液滴定至溶液颜色刚褪去（无色），记录酸液消耗量P（mL）。

（3）再加入2滴甲基红-亚甲基兰指示剂，用硫酸标准溶液滴定，溶液由绿色变为紫色，记录酸液消耗量M（mL）。

以上两种方法，若加酚酞指示剂后溶液不显色，则可直接加甲基橙或甲基红-亚甲基兰指示剂，用硫酸标准溶液滴定，记录酸液消耗量M（mL），而$P=0$。

根据P和M值的大小关系，可以按表2-23分析判断水样的碱度为五种组合中的哪一种，且按F、M值计算出水中各种碱度的含量。

（五）结果计算

以酚酞作指示剂时所测出的酚酞碱度A_{ft}，按下式计算：

$$A_{ft}=\frac{NP\times 1000}{100}=10\,NP\quad \text{me/L}$$

水样的总碱度，则可由下式决定：

$$A_0=\frac{N(P+M)\times 1000}{100}=10N(P+M)\quad \text{me/L}$$

式中 N——硫酸标准溶液的当量浓度；

P、M——滴定碱度所消耗的硫酸标准溶液的体积，mL。

思考·讨论

1.什么叫碱度？水中常见的碱性物质有哪些？

2.单用甲基橙指示剂测出的碱度，为什么是水的全碱度？

3.现有三个水样，经碱度测定其结果分别为：

（1）用酚酞指示剂比用甲基橙作指示剂时滴定所消耗的硫酸标准溶液少一半；

（2）用酚酞和甲基橙作指示剂滴定时，消耗的酸液量相等；

（3）用酚酞作指示剂时，水样不显红色，但可用甲基橙指示剂继续用硫酸标准溶液滴定。试分析、判断这三个水样中各含有哪种或哪几种碱度？

八、溶解氧的测定（两瓶法）

给水中的溶解氧，是引起锅炉金属腐蚀的主要根源。《低压锅炉水质标准》规定，凡额定蒸发量大于2t/h的锅炉，给水均需要进行除氧处理。为此，必须经常进行给水溶解氧的测定，更好地监督除氧设备的工作，以便给水符合锅炉给水的水质标准，确保锅炉运行安全和延长使用寿命。

（一）实验目的

1.掌握置换滴定法测定水中溶解氧的基本原理。

2.学会采样和溶解氧测定的操作。

（二）实验原理

水中溶解氧的测定是基于在碱性溶液中，二价锰离子（Mn^{2+}）被水中的溶解氧氧化成三价和四价锰离子（Mn^{3+}、Mn^{4+}）；在酸性溶液中，三价和四价锰离子又能将碘离子氧化成游离碘。这游离出来的碘以淀粉作指示剂，用硫代硫酸钠溶液滴定，根据消耗的硫代硫酸钠溶液量，即可计算出水中溶解氧的含量。

整个测定过程的化学反应，按如下几步进行：

1.锰盐在碱性溶液中生成氢氧化锰

$$Mn^{2+}+2KOH=\underset{\text{白色}}{Mn(OH)_2}\downarrow+2K^+$$

2.水中的溶解氧与氢氧化锰作用

$$O_2+2Mn(OH)_2\longrightarrow \underset{\text{棕色}}{2H_2MnO_3}\downarrow$$

$$4Mn(OH)_2+O_2+2H_2O\longrightarrow 4Mn(OH)_3\downarrow$$

3.在酸性溶液中，碘的游离析出

$$H_2MnO_3+2H_2SO_4+2KI\longrightarrow MnSO_4+K_2SO_4+3H_2O+I_2$$

$$2Mn(OH)_3+3H_2SO_4+2KI\longrightarrow 2MnSO_4+K_2SO_4+6H_2O+I_2$$

水中溶解氧含量愈多，游离出来的碘愈多，溶液红棕色愈深。

4.用硫代硫酸钠滴定游离碘

$$2Na_2S_2O_3 + I_2 \longrightarrow Na_2S_4O_6 + 2NaI$$

此处需要指出的是，当水中含有SO_3^-、S^{2-}、Fe^{2+}、有机悬浮物和氨等一类还原剂时，水中溶解氧将被消耗一部分，使测定结果偏低。同理，当水中含有象NO_2^-、铬酸盐类以及游离氯和次氯酸盐等氧化剂时，使氢氧化锰氧化的将不仅是溶解氧，因此导致测定结果偏高。

此外，在配制碘化钾溶液时加入的碘酸钾，也会产生游离碘，使测定结果偏高。

$$IO_3^- + 5I^- + 6H^+ \longrightarrow 3I_2 + 3H_2O$$

为了消除这两种因素的影响，所以本实验采用"两瓶法"，即同时采用两份水样：一瓶水样的试剂是按锰盐、碱性碘化钾混合液和酸溶液这样的顺序加入；而另一瓶水样的试剂加入顺序则与前恰恰相反。如此，第二瓶水样在加入酸溶液和碱性碘化钾后，此溶液呈酸性，碘酸根仍有产生游离碘的作用：

$$H_2SO_4 + 2NaOH \longrightarrow Na_2SO_4 + 2H_2O$$

$$KIO_3 + 5KI + 3H_2SO_4 \longrightarrow 3I_2 + 3K_2SO_4 + 3H_2O$$

当最后加入锰盐，因溶液呈酸性，Mn^{2+}（未变化）不与溶解氧作用。这样，第二瓶水样所测得的结果仅是水中氧化剂、还原剂及碘酸根IO_3^-影响的数值。

显而易见，只要将第一瓶水样的测定结果减去第二瓶水样测定结果（即扣除影响的数值），即可测得水中溶解氧的真实含量。

测定溶解氧的两瓶法适用于测定溶解氧含量大于0.02ppm的水样。

（三）实验仪器

1.采样桶　木制或铁制，桶高比取样瓶高出150mm以上，其大小以里面能放置两个取样瓶为宜。

2.取样瓶　500mL具有磨口塞的无色玻璃瓶。

3.滴定管　25mL，下部接一细长玻璃管。

（四）试剂及配制

1.0.01N硫代硫酸钠标准溶液

（1）0.1N硫代硫酸钠标准溶液的配制与标定

称取26g硫代硫酸钠（或16g无水硫代硫酸钠），溶于100mL经煮沸并已冷却的蒸馏水中，将溶液保存于具有磨口塞的棕色瓶中，放置数日后，过滤备用。

此溶液的标定，可以重铬酸钾作为基准（也可用0.1N碘标准溶液❶）。称取于120℃烘至恒重的基准重铬酸钾0.15g（精确到0.0002g），置于碘容量瓶中，加入25mL蒸馏水溶解，加2g碘化钾及20mL浓度为4N的硫酸，待碘化钾溶解后放于暗处10min。继而加入蒸馏水150mL，再用0.1N硫代硫酸钠溶液滴定。临近终点时，加1.0%淀粉指示液1mL，继续进行滴定至溶液颜色由蓝色转变成亮绿色。同时，进行空白试验。

硫代硫酸钠标准溶液的当量浓度N，可按下式计算：

$$N = \frac{G}{49.03(V - V_1)} \times 10^3$$

---

❶ 详见《低压锅炉水质标准》GB1576—85中$A.22.2.2.b$

式中　G——重铬酸钾的质量，g；

49.03——每克当量重铬酸钾的质量，g；

V——滴定至终点时硫代硫酸钠溶液所消耗的体积，mL；

V_1——空白试验中所消耗的硫代硫酸钠溶液的体积，mL。

（2）0.01N硫代硫酸钠标准溶液的配制

可采取0.1N硫代硫酸钠标准溶液，用经煮沸冷却的蒸馏水精确稀释10倍配制而成，其浓度不需再标定，由计算得出。

2.1%淀粉指示液

在玛瑙研钵中将10g可溶性淀粉和0.05g碘化汞研磨，将此混合物贮于干燥处。称取1.0g混合物置于研钵中，加少许蒸馏水研磨成糊状物，将其徐徐注入100mL煮沸的蒸馏水中，再继续煮沸5～10min，过滤后使用。

3.氯化锰或硫酸锰溶液

称取45g氯化锰（$MnCl_2 \cdot 4H_2O$）或55g硫酸锰（$MnSO_4 \cdot 5H_2O$），溶于100mL蒸馏水中。过滤，在滤液中加1mL浓硫酸，贮存于磨口塞的试剂瓶中待用（此液应澄清透明，无沉淀物）。

4.碱性碘化钾混合液

称取36g氢氧化钠、20g碘化钾和0.05g碘酸钾，共溶于100mL蒸馏水中，摇动混匀。

5.磷酸溶液（1:1）或硫酸溶液（1:1）。

（五）测定步骤及方法

1.在采集水样前，用待分析测定的水冲洗所有的管路系统，以免管中存留有空气；并将采样桶和取样瓶一一洗净。

2.采样——将两个容积为500mL的取样瓶置于采样桶内，连接取样管三通的两根胶管分别插入瓶底（如图2-19所示），调整水样流速约在700mL/min。当取样瓶充满水以后，还应让其溢流一定时间，使瓶内空气驱尽。待溢流至采样桶中水位高出取样瓶口约150mm后，将取样胶管缓缓地由瓶中抽出，并立即按规定加入试剂开始测定。

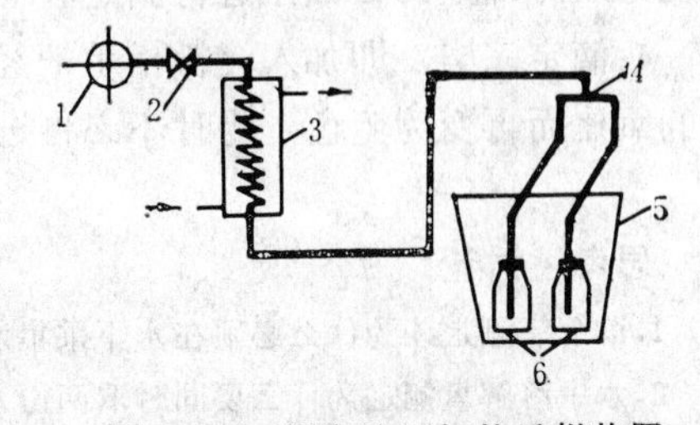

图 2-19　测定溶解氧的采样装置

1—给水管；2—阀门；3—冷却器；4—采样三通管；5—采样桶；6—取样瓶

3.在水下，用移液管往第一瓶水样中顺序地加入1mL氯化锰或硫酸锰溶液、3mL碱性碘化钾混合液，将瓶塞盖好。

4.同样在水下，往第二瓶水样中加入5mL1:1磷酸溶液或1:1硫酸溶液，再用移液管加入3mL碱性碘化钾混合液，然后将瓶塞盖好。

5.由采样桶中同时取出两瓶水样，摇匀后再放入水层下。

6.待沉淀物下沉后，仍在水下打开瓶塞，第一瓶中加入5mL1:1磷酸溶液或1:1硫酸溶液，第二瓶中加入1mL氯化锰或硫酸锰溶液。再次将两个瓶塞盖严，立即摇匀。

7.将试样溶液冷却到15℃以下，两瓶各自取出相同的200～250mL溶液，分别注于两个500mL的锥形瓶中。

8.分别用0.01N硫代硫酸钠标准溶液滴定，滴至呈浅黄色时，迅即加入1%淀粉指示液1mL，再继续滴定，直至蓝色消失为终点。

（六）测定结果的计算

水样中溶解氧含量（O_2），按下式计算：

$$O_2=\frac{8(V_1-V_2)N-0.005}{V}\times10^3$$

式中　8——氧的当量；

V_1——第一瓶水样在滴定中所消耗的硫代硫酸钠标准溶液的体积，相当于水样中所含有的溶解氧、氧化剂、还原剂和加入的碘化钾混合液所生成的碘量以及所有试剂中带入的含氧总量所生成的碘量，mL；

V_2——第二瓶水样在滴定中所消耗的硫代硫酸钠标准溶液的体积，相当于水样中所含有的氧化剂、还原剂和加入的碘化钾混合液所生成的碘量，mL；

N——用于滴定的硫代硫酸钠标准溶液的当量浓度；

0.005——由试剂带入的溶解氧的校正系数（用容积约500mL的取样瓶取样，并取出200～250mL试样进行滴定时所采用的校正值）；

V——滴定溶液的体积，mL。

（七）注意事项

1.测定溶解氧时，水样的采集和试剂的加入均须在采样桶的水下进行，严防与空气接触。从取样到滴定，要操作熟练，动作迅速，尽量缩短滴定时间。

2.淀粉指示液要在接近终点时加入。加得太早，游离碘会与淀粉结合，使测定结果偏低。

3.碘和淀粉的反应灵敏度和温度有一定关系，温度过高时滴定终点的灵敏度会降低，因此必须冷却至15℃以下进行滴定。

4.滴定完毕，即加入淀粉指示液经滴定至蓝色消失后，锥形瓶在空气中还会受空气中氧的氧化而再变为蓝色，此时不必再进行滴定。

思考·讨论

1.溶解氧测定，为什么必须在水下采集水样和加入试剂？

2.水中溶解氧测定为什么要同时取两份水样？是为了求得测定结果的平均值吗？

3.在测定溶解氧时，当加入锰盐和碱性碘化钾混合液后，如果发现有白色沉淀，是什么原因？

4.用硫代硫酸钠标准溶液来滴定碘时，为什么淀粉指示液不能添加过早，而以临近终点时加入为最好呢？

九、锅炉水循环实验

要使锅炉安全可靠地运行，必须保证所有受热面都得到工质的良好冷却。对于自然循环锅炉的蒸发受热面，应保持正常的水循环，使之在受热面——管子内壁有连续的水膜流动以冷却金属壁面。当正常水循环发生故障，连续水膜冷却管壁的条件将遭破坏，可能导致金属壁面因超温或热疲劳而烧损和爆裂事故。实践证明，锅炉水循环的可靠性是保证锅炉安全运行的重要条件之一。

（一）实验目的

1.了解、熟悉自然循环锅炉中水循环的形成过程和在循环回路中正常的水循环流动状况。

2.观察上升管中汽水双相流的各种结构（流型）。

3.通过对停滞、倒流、自由水面、气塞以及下降管带汽等常见水循环故障的观察，学会分析并掌握其产生的原因，进而学习在锅炉结构设计、燃烧工况以及操作运行诸方面寻求避免发生水循环故障的对策。

4.提高和加深水循环对锅炉安全运行重要性的认识。

（二）实验原理与设备

在自然循环锅炉中，蒸发受热面（水冷壁或锅炉管束）中水的循环流动，是由于水在循环回路的上升管中受热产生了蒸汽，汽水混合物的密度比下降管中水的密度小，受两者密度差产生的推动力作用而形成自然循环：工质在上升管中向上流动，在下降管中向下流动，如此循环流动不已。

蒸发管内汽水混合物的流动情况，与热负荷、压力、蒸汽在混合物中的容积比率和水流速度等多种因素有关。本实验将以改变上升管受热强弱，试验、观察汽水混合物在垂直圆管中的流动结构——主要有泡状、弹状、柱状（或名环状）和雾状四种（图2-20）。调节电加热器，人为造成各上升管之间受热的不均匀性，试验、观察水循环的停滞、自由水面的形成、倒流以及下降带汽等几种常见的水循环故障。

自然水循环实验的玻璃锅炉模拟试验台，其基本结构和组成系统如图2-21所示。

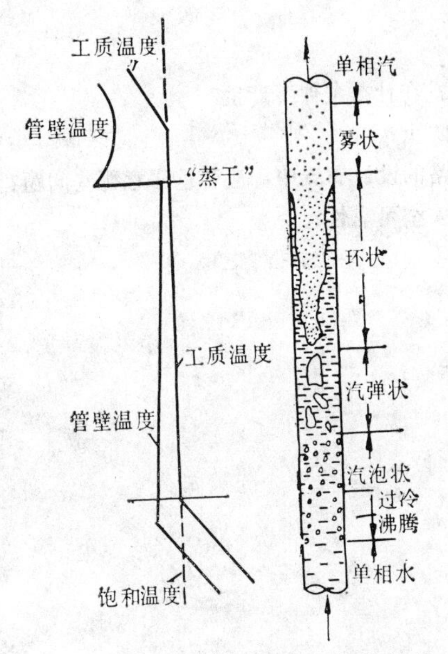

图 2-20　上升管中汽水双相流的流型

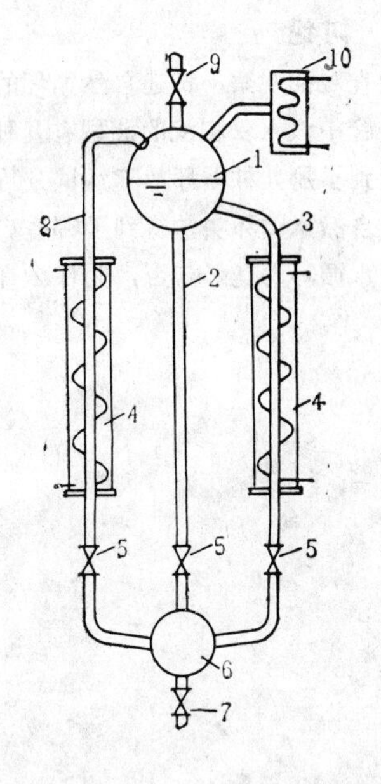

图 2-21　自然水循环试验装置简图

1—锅筒；2—下降管；3—接入水容积的上升管；4—电加热器；5—调节阀；6—下集箱；7—排污阀；8—接入汽容积的上升管；9—注水阀；10—冷凝器

（三）实验步骤与方法

1.准备工作

通过注水阀加入蒸馏水至锅筒正常水位线（锅筒中线），检查并保证各管道、阀门及接头处无渗水漏水现象。

检查并保证电源可靠、电加热器阻值正常和绝缘完好。

2.水循环形成过程的观察

接通电源，上升管受热并逐步升温。开始，上升管上端先汽化沸腾，随后可观察到开始沸腾点的高度，随循环回路中水温的升高而逐渐下降和整个水循环建立的过程。

3.汽水双相流流型的观察

通过调节电加热器功率，在上升管中可以清晰地观察到汽水双相流的几种主要流型：泡状、弹状和柱状（环状）流动。

4.循环停滞和自由水面现象的观察

调节电加热器的输入功率，使接入汽容积的上升管的加热减弱，可以观察到水循环流动速度减慢直至停滞，继而出现自由水面。用同样方法减弱接入水容积的上升管的加热，虽也会产生循环的停滞现象，但却不见有自由水面形成。

5.循环倒转现象的观察

调节电加热器的输入功率，可使接入水容积的上升管产生循环停滞和倒转现象。

6.下降管带汽的观察

通过关小下降管调节阀以增加下降管阻力，或加强各上升管的加热程度以增加下降管中的水速，可观察到下降管带汽的循环流动。

思考·讨论

1.通过直观的观察，试述自然循环的原理和建立的过程。

2.上升管中汽水双相流的流型有几种？它们各有什么特点？在什么条件下产生？

3.观察到了哪几种循环故障？试分析其产生的原因，如何防止？

4.通过自然水循环实验得到了哪些启发？在今后水循环回路的设计布置中，应着重注意哪些问题？

5.锅炉水循环的良好与否，为什么直接关系着锅炉运行的安全可靠性？

第三篇　锅炉的热力计算及通风计算

一、SHL10-1.3/350-WI型锅炉的热力计算[1]

（一）锅炉参数

1.额定蒸发量D　10t/h；　2.蒸汽压力P　1.3MPa；

3.蒸汽温度t_{gr}　350℃；　4.给水温度t_{gs}　105℃；

5.冷空气温度t_{lk}　30℃；　6.预热空气温度t_r　150℃

7.排烟温度ϑ_{py}　180℃；　8.锅炉排污率P_{pw}　5%。

（二）锅炉燃料与燃烧计算

1.锅炉燃料

本锅炉的设计燃料为Ⅰ类无烟煤（京西安家滩），其元素成分与特性列于表3-1。

表 3-1

应用基成分	C^y	H^y	O^y	S^y	N^y	A^y	W^y
（%）	54.70	0.78	2.23	0.89	0.28	33.12	8.00
可燃基挥发份V^r = 6.18%			应用基低位发热值Q_{dw}^y = 18187kJ/kg				

2.燃料燃烧计算

（1）锅炉受热面的过量空气系数及漏风系数（表3-2）

表 3-2

序　号	锅炉受热面	入口过量空气系数 α'	漏风系数 $\Delta\alpha$	出口过量空气系数 α''
1	炉　膛	1.40	0.10	1.50
2	凝渣管	1.50	0	1.50
3	蒸汽过热器	1.50	0.05	1.55
4	锅炉管束	1.55	0.10	1.65
5	省煤器	1.65	0.10	1.75
6	空气预热器	1.75	0.10	1.85

[1] 本篇进行的热力及通风计算，均以上海四方锅炉厂生产的此型锅炉为对象。

（2）理论空气量、理论烟气容积的计算（表3-3）

表 3-3

序号	名称	符号	单位	计算公式	结果
1	理论空气量	V_k^0	m_N^3/kg	$0.0889(C^y+0.375S^y)+0.265H^y-0.0333O^y=0.0889\times(54.7+0.375\times0.89)+0.265\times0.78-0.0333\times2.23$	5.025
2	三原子气体容积	V_{RO_2}	m_N^3/kg	$0.01866(C^y+0.375S^y)=0.01866(54.7+0.375\times0.89)$	1.027
3	理论氮气容积	$V_{N_2}^0$	m_N^3/kg	$0.79V_k^0+0.8\times\frac{N^y}{100}=0.79\times5.025+0.008\times0.28$	3.972
4	理论水蒸汽容积	$V_{H_2O}^0$	m_N^3/kg	$0.111H^y+0.0124W^y+0.0161V_k^0=0.111\times0.78+0.0124\times8.0+0.0161\times5.025$	0.267

（3）各受热面烟道中烟气特性表（表3-4）

表 3-4

序号	名称	符号	单位	计算公式	炉膛与凝渣管	蒸汽过热器	锅炉管束	省煤器	空气预热器
1	平均过量空气系数	α_{pj}		$\frac{\alpha'+\alpha''}{2}$	1.50	1.525	1.60	1.70	1.80
2	实际水蒸汽容积	V_{H_2O}	m_N^3/kg	$V_{H_2O}^0+0.0161(\alpha_{pj}-1)V_k^0$	0.307	0.309	0.316	0.324	0.332
3	烟气总容积	V_y	m_N^3/kg	$V_{RO_2}+V_{N_2}^0+V_{HO_2}+(\alpha_{pj}-1)V_k^0$	7.819	7.946	8.330	8.841	9.351
4	RO_2容积份额	r_{RO_2}		V_{RO_2}/V_y	0.1313	0.1292	0.1233	0.1162	0.1098
5	H_2O容积份额	r_{H_2O}		V_{H_2O}/V_y	0.0393	0.0389	0.0379	0.0366	0.0355
6	三原子气体总容积份额	r_q		$r_{RO_2}+r_{H_2O}$	0.1706	0.1681	0.1612	0.1528	0.1453

（4）烟气温焓表（表3-5）

表 3-5

ϑ°C	I_{RO_2}	$I^0_{N_2}$	$I^0_{H_2O}$	I^0_h	I^0_y	I^0_k	$I_y=I^0_y+(\alpha-1)I^0_k$ kJ/kg				
	$V_{RO_2}=1.027$ m^3_N/kg $V_{RO_2}(c\theta)_{CO_2}$	$V^0_{N_2}=3.972$ m^3_N/kg $V^0_{N_2}(c\theta)_{N_2}$	$V^0_{H_2O}=0.267$ m^3_N/kg $V^0_{H_2O}(c\theta)_{H_2O}$	*	$I_{RO_2}+I^0_{N_2}+I^0_{H_2O}$	$V^0_k=5.025$ m^3_N/kg $V^0_k(c\theta)_{sk}$	$\alpha=1.50$	$\alpha=1.55$	$\alpha=1.65$	$\alpha=1.75$	$\alpha=1.85$
1	2	3	4	5	6	7	8	9	10	11	12
30	50.2	154.3	12.0		216.5	199.0					385.7
100	174.6	515.5	40.2		730.3	664.8					1295.4
200	367.2	1032.7	81.3		1481.2	1338.1				2484.7	2618.6
300	574.0	1566.6	123.5		2254.1	2023.9			3569.6	3772.1	3974.4
400	792.9	2092.1	167.2		3052.2	2722.4			4821.8	5094.0	
500	1023.4	2637.5	212.2		3873.1	3437.7			6107.6		
600	1255.5	3192.9	258.2		4706.7	4169.9					
700	1500.6	3758.4	306.3		5565.3	4923.0		8273.0			
800	1750.0	4340.4	356.6		644.70	5680.4	9287.3	9571.3			
900	2003.7	4939.1	406.9		7349.7	6437.8	10568.7	10890.5			
1000	2261.7	5537.8	460.5		8260.1	7216.3	11868.2	12229.0			
1100	2524.0	6136.5	514.2		9174.7	8015.8	13182.6				
1200	2790.6	6735.1	569.0		10094.7	8815.2	14502.3				
1300	3057.2	7350.4	626.0		11033.6	9614.7	15841.0				
1400	3328.1	7982.4	683.0		11993.5	10435.2	17211.1				
1500	3599.0	8597.7	742.3		12938.9	11172.0	18524.9				
1600	3869.9	9229.6	801.5		13901.0	12076.2	19939.1				
1700	4145.1	9861.6	861.9		14868.5	12896.7	21316.9				
1800	4420.3	10493.5	923.4		15837.1	13717.2	22695.7				

* 因$a_{fh}A^y_{zs}<6$，所以此项略而不计。

（三）锅炉热平衡及燃料消耗量计算（表3-6）

表 3-6

序号	名　　称	符　号	单　位	计　算　公　式　或　依　据	数　值
1	燃料低位发热值	Q^y_{dw}	kJ/kg	给　　定	18187
2	冷空气温度	t_{lk}	°C	设计给定	30
3	冷空气理论热焓	I^0_{lk}	kJ/kg	$V^0_k(ct)_{lk}=5.025\times39.6$	199
4	排烟温度	ϑ_{py}	°C	设计给定	180
5	排烟的焓	I_{py}	kJ/kg	根据$a_{py}=1.85$查烟气温焓表(表3-5)	2354
6	固体不完全燃烧热损失	q_4	%	按教材表 4-2 ①选取	14
7	气体不完全燃烧热损失	q_3	%	按教材表 4-2 ①选取	1
8	排烟热损失	q_2	%	$\frac{I_{py}-a_{py}I^0_{lk}}{Q^y_{dw}}(100-q_4)$ $=\frac{2354-1.85\times199}{18187}(100-14)$	9.39
9	散热损失	q_5	%	查教材表3-5	1.70
10	灰渣漏煤比	a_{hz+lm}		按教材表4-2取用	0.80
11	灰渣的焓	$(ct)_{hz}$	kJ/kg	$t_{hz}=600°C$查教材表2-10	560
12	灰渣物理热损失	q_6	%	$\frac{a_{hz+lm}(ct)_{hz}A^y}{Q^y_{dw}}=\frac{0.80\times560\times33.12}{18187}$	0.82
13	锅炉总热损失	Σq	%	$q_2+q_3+q_4+q_5+q_6=9.39+1+14+1.70+0.82$	26.91
14	锅炉热效率	η	%	$100-\Sigma q=100-26.91$	73.09
15	过热蒸汽焓	i_{gq}	kJ/kg	按$P=1.3$MPa查水蒸汽表(附录表3)	3151
16	饱和水焓	i_{pw}	kJ/kg	按$P=1.4$MPa查水蒸汽表(附录表2)	845
17	给 水 焓	i_{gs}	kJ/kg	按$t_{gs}=105°C$查附录表 4	441
18	锅炉排污率	P_{pw}	%	取　　值	5
19	锅炉有效利用热	Q_{gl}	kJ/h	$D\times10^3((i_{gq}-i_{gs})+P_{pw}D\times10^3(i_{pw}-i_{gs})$ $=10\times10^3(3151-441)+0.05\times10\times10^3$ $\times(845-441)$	2730200
20	燃料消耗量	B	kg/h	$\frac{Q_{gl}}{Q^y_{dw}\eta}\times100=\frac{2730200}{18187\times73.09}\times100$	2054
21	计算燃料消耗量	B_j	kg/h	$B\left(1-\frac{q_4}{100}\right)=2054\left(1-\frac{14}{100}\right)$	1766
22	保热系数	φ		$1-\frac{q_5}{\eta+q_5}=1-\frac{1.70}{73.09+1.70}$	0.977

① 在以后的计算中，除指明者外，计算所查用的图、表均见教材“锅炉及锅炉房设备”（第二版）同济大学、湖南大学、重庆建筑工程学院编，中国建筑工业出版社，1986.7。

（四）炉膛的热力计算

1.炉膛结构特性

（1）标高计算（图3-1、表3-7）

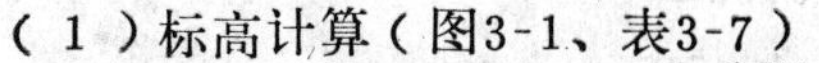

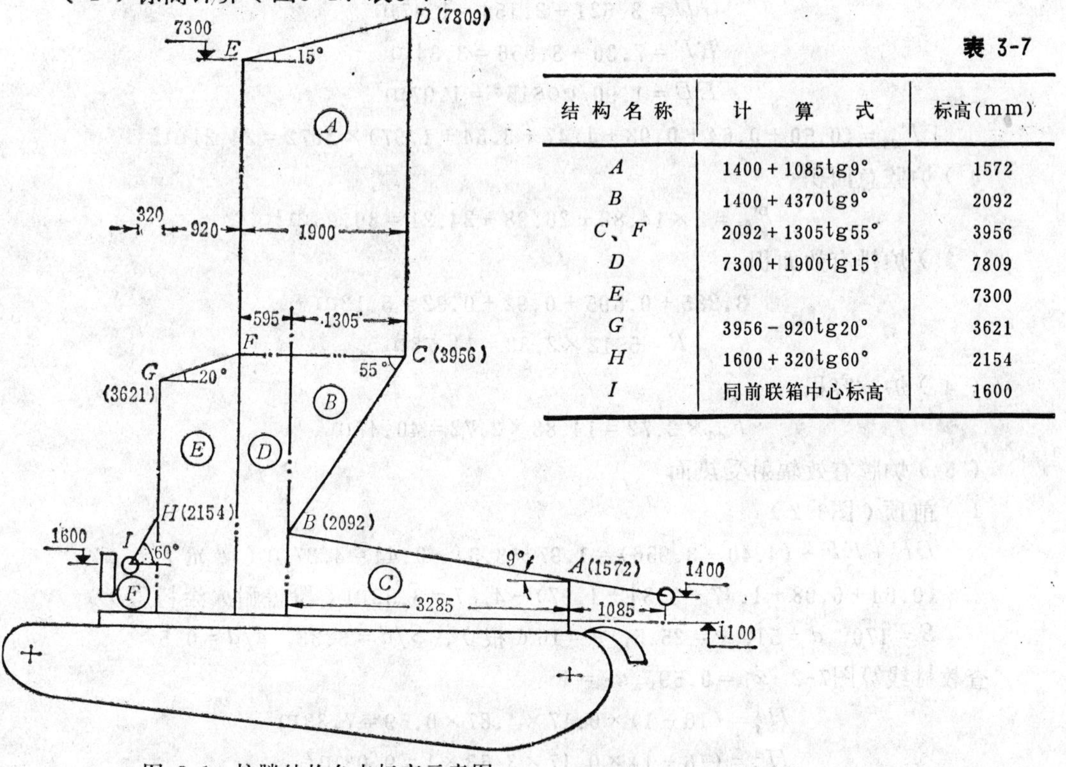

表 3-7

结构名称	计　算　式	标高(mm)
A	$1400+1085\mathrm{tg}9°$	1572
B	$1400+4370\mathrm{tg}9°$	2092
C、F	$2092+1305\mathrm{tg}55°$	3956
D	$7300+1900\mathrm{tg}15°$	7809
E		7300
G	$3956-920\mathrm{tg}20°$	3621
H	$1600+320\mathrm{tg}60°$	2154
I	同前联箱中心标高	1600

图 3-1　炉膛结构各点标高示意图

（2）炉膛包覆面积（图3-1）

1）侧墙

Ⓐ $=[(7.300-3.956)+(7.809-3.956)]\times0.5\times1.900=6.84\mathrm{m}^2$

Ⓑ $=[1.305\times(3.956-2.092)]\times0.5=1.22\mathrm{m}^2$

Ⓒ $=[(1.572-1.100)+(2.092-1.100)]\times0.5\times3.285=2.40\mathrm{m}^2$

Ⓓ $=0.595\times(3.956-1.100)=1.70\mathrm{m}^2$

Ⓔ $=[(3.956-1.100)+(3.621-1.100)]\times0.5\times0.920=2.47\mathrm{m}^2$

Ⓕ $=[2.154-1.100)+(1.600-1.100)]\times0.5\times0.320=0.25\mathrm{m}^2$

$$F_{cq}=6.84+1.22+2.40+1.70+2.47+0.25=14.88\mathrm{m}^2$$

2）后墙

$$1.572-1.100=0.472\mathrm{m}$$

$$AB=(2.092-1.572)/\sin9°=3.32\mathrm{m}$$

$$BC=1.305/\sin35°=2.28\mathrm{m}$$

$$CD=7.809-3.956=3.85\mathrm{m}$$

$$F_{hq}=(0.472+3.32+2.28+3.85)\times2.72=26.98\mathrm{m}^2$$

3）前、顶墙

$$1.600-1.100=0.50\mathrm{m}$$

$$HI = 0.32/\cos 60° = 0.64\text{m}$$

$$FG = 0.92/\cos 20° = 0.98\text{m}$$

$$GH = 3.621 - 2.154 = 1.47\text{m}$$

$$EF = 7.30 - 3.956 = 3.34\text{m}$$

$$ED = 1.90/\cos 15° = 1.97\text{m}$$

$$F_{qq} = (0.50 + 0.64 + 0.98 + 1.47 + 3.34 + 1.97) \times 2.72 = 24.21\text{m}^2$$

4）炉壁总面积

$$F_{bz} = 2 \times 14.88 + 26.98 + 24.21 = 80.95\text{m}^2$$

（3）炉排有效面积

$$3.285 + 0.595 + 0.92 + 0.32 = 5.12\text{m}$$

$$R = 5.12 \times 2.30 = 11.78\text{m}^2$$

（4）炉膛容积

$$F_{cq} \times 2.72 = 14.88 \times 2.72 = 40.47\text{m}^3$$

（5）炉膛有效辐射受热面

1）前顶（图3-2）

$DE + EF - (4.40 - 3.956) = 1.97 + 3.34 - 0.44 = 4.87\text{m}$（曝光）

$(0.64 + 0.98 + 1.47 + 3.34 + 1.97) - 4.87 = 3.53\text{m}$（覆盖耐火涂料层）

$S = 170$，$d = 51$，$e = 25.5$，$n = 16$（根），$S/d = 3.33$，$e/d = 0.5$

查教材线算图7-2　$x_1 = 0.59$，$x_2 = 1$

$$H_q^1 = (16 - 1) \times 0.17 \times 4.87 \times 0.59 = 7.33\text{m}^2$$

$$H_q^2 = (16 - 1) \times 0.17 \times 3.53 \times 1 = 9.03\text{m}^2$$

由教材表7-1查得　$\zeta_1 = 0.6$，$\zeta_2 = 0.2$

$$\therefore \quad \zeta H_q = 0.6 \times 7.33 + 0.2 \times 9.03 = 6.2\text{m}^2$$

2）后墙（图3-3）

$DC + CB - 1.5$（烟窗高度）$= 3.85 + 2.28 - 1.5 = 4.63\text{m}$

$$AB = 3.32\text{m}$$

$S = 170$，$d = 51$，$e = 25.5$，$n = 16$（根），$S/d = 3.33$，$e/d = 0.5$

查图7-2　$x_1 = 0.59$，$x_2 = 1$

$$\therefore \quad H_h^1 = (16 - 1) \times 0.17 \times 4.63 \times 0.59 = 6.97\text{m}^2$$

$$H_h^2 = (16 - 1) \times 0.17 \times 3.32 \times 1 = 8.47\text{m}^2$$

由表7-1查得　$\zeta_1 = 0.6$，$\zeta_2 = 0.2$

$$\therefore \quad \zeta H_h = 0.6 \times 6.97 + 0.2 \times 8.47 = 5.88\text{m}^2$$

3）烟窗

$S = 340$，$d = 51$，$l = 1.5\text{m}$，$x = 1$，$n = 8$，$\zeta = 0.6$

$$\therefore \quad H_{ch} = (n - 0.5)Slx = (8 - 0.5) \times 0.34 \times 1.5 \times 1 = 3.83\text{m}^2$$

$$\zeta H_{ch} = 0.6 \times 3.83 = 2.3\text{m}^2$$

4）侧墙水冷壁（图3-4）

Ⓐ$= [(7.300 - 2.300) + (7.587 - 2.300)] \times 0.5 \times 1.050 - 0.08$（后拱遮盖面积）

$= 5.40 - 0.08 = 5.32\text{m}^2$

Ⓑ $=[(7.640-3.956)+(7.809-3.956)]\times 0.5\times 0.630+0.5\times 0.63\times 0.9$

$=2.374+0.284=2.66\text{m}^2$

Ⓒ $=(2.300-1.100)\times 1.05-0.08$（后拱遮盖面积）$=1.18\text{m}^2$

由$S=105$，$d=51$，$e=65$，$S/d=2.06$，$e/d=65/51=1.275$得$x_1=0.87$，$x_2=1$

$$\therefore\quad H_c^1=(5.32+2.66)\times 0.87=6.94\text{m}^2$$

$$H_c^2=1.18\times 1=1.18\text{m}^2$$

$$\zeta H_c=0.6\times 6.94+0.2\times 1.18=4.17+0.24=4.4\text{m}^2$$

$$\Sigma\zeta H=6.20+5.88+2.3+2\times 4.4=23.18\text{m}^2$$

（6）炉膛平均热有效系数

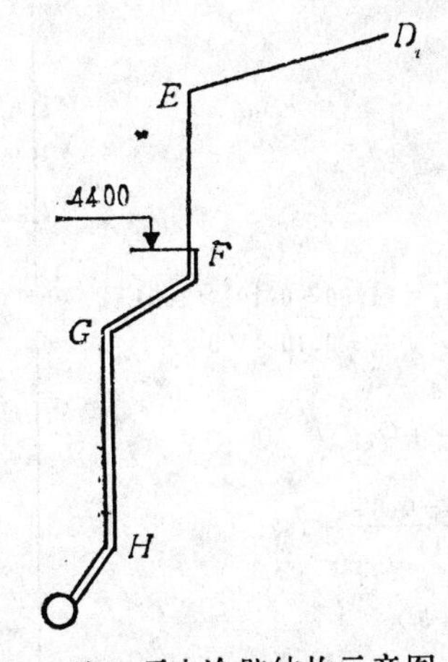

图 3-2　前、顶水冷壁结构示意图

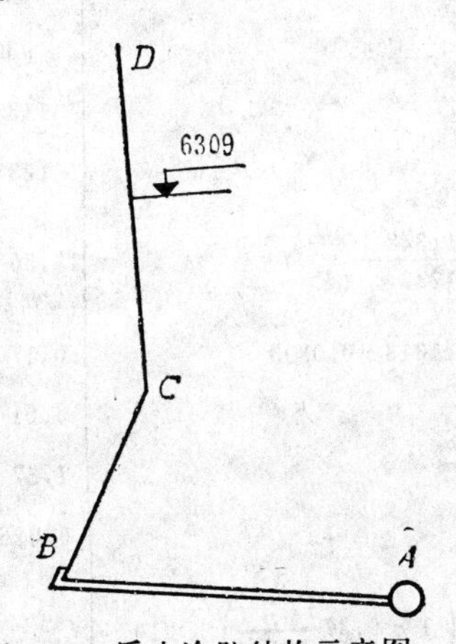

图 3-3　后水冷壁结构示意图

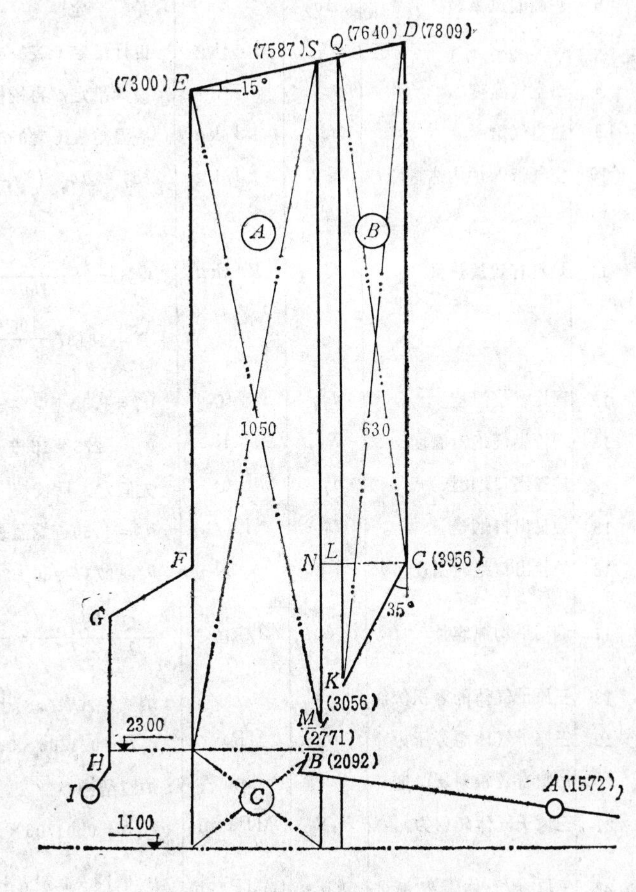

图 3-4　炉膛受热面计算简图

$$\psi_l=\Sigma\zeta H/F_{b3}=23.18/80.95=0.286$$

（7）炉膛有效辐射层厚度

$$S=3.6V_l/F_l=3.6\times 40.47/(80.95+11.78)=1.57\text{m}$$

（8）燃烧面与炉墙面积之比

$$\rho=R/F_{b2}=11.78/80.95=0.146$$

2.炉膛的热力计算（表3-8）

表 3-8

序号	名　　称	符 号	单 位	计 算 公 式 或 依 据	数 值
1	燃料低位发热量	Q_{dw}^{y}	kJ/kg	燃料特性	18187
2	燃料消耗量	B'	kg/s	$B/3600 = 2054/3600$	0.571
3	计算燃料耗量	B_j'	kg/s	$B_j/3600 = 1766/3600$	0.491
4	保热系数	φ		锅炉热平衡计算（表3-6）	0.977
5	炉膛出口过量空气系数	α_l''		给　定	1.50
6	炉膛漏风系数	$\Delta\alpha_l$		给　定	0.10
7	冷空气焓	I_{lk}^{0}	kJ/kg	设计给定（表3-6）	199
8	热空气温度	t_{rk}	℃	设计给定，再校核	150
9	热空气焓	I_{rk}^{0}	kJ/kg	查温焓表（表3-5）	1001
10	空气带入炉内热量	Q_k	kJ/kg	$(\alpha_l''-\Delta\alpha_l)I_{rk}^{0}+\Delta\alpha_l I_{lk}^{0}=(1.50-0.10)\times1001+0.10\times199$	1421
11	炉膛有效放热量	Q_l	kJ/kg	$Q_{dw}^{y}\dfrac{100-q_3-q_4-q_6}{100-q_4}+Q_k = 18187\dfrac{100-1-14-0.82}{100-14}+1421$	19223
12	理论燃烧温度	ϑ_{ll}	℃	$\alpha_l''=1.50$查温焓表（表3-5）	1549
13	理论燃烧绝对温度	T_{ll}	K	$\vartheta_{ll}+273=1549+273$	1822
14	炉膛出口烟温	ϑ_l''	℃	先假定，后校核	960
15	炉膛出口烟焓	I_l''	kJ/kg	$\alpha_l''=1.50$查焓温表（表3-5）	11348
16	炉膛出口绝对温度	T_l''	K	$\vartheta_l''+273=960+273$	1233
17	烟气平均热容量	$(VC)_{pj}$	kJ/kg·℃	$\dfrac{Q_l-I_l''}{T_{ll}-T_l''}=\dfrac{19223-11348}{1822-1233}$	13.36
18	三原子气体的容积份额	r_q		烟气特性表$r_{RO_2}+r_{H_2O}=0.1313+0.0393$	0.1706
19	三原子气体总分压力	P_q	MPa	$r_qP=0.1706\times0.1$	0.01706
20	炉膛有效辐射层厚度	S	m	炉膛结构	1.57
21	三原子气体辐射力	P_qS	MPa·m	$P_qS=0.01706\times1.57$	0.0268
22	三原子气体辐射减弱系数	k_qr_q	1/MPa·m	$\left(\dfrac{0.78+1.6r_{H_2O}}{\sqrt{P_qS\times10}}-0.1\right)\left(1-0.37\dfrac{T_l''}{1000}\right)r_q\times10 =\left(\dfrac{0.78+1.6\times0.0393}{\sqrt{0.0268\times10}}-0.1\right)\left(1-0.37\dfrac{1233}{1000}\right)\times0.1706\times10$	1.42
23	烟气密度	ρ_y	kg/m³N	取 定 值	1.30
24	烟气灰粒平均直径	d_h	μm	取定 值	20

续表

序号	名　　称	符号	单　位	计算公式或依据	数　值
25	每公斤燃料烟气的重量	G_y	kg/kg	$1-\frac{A^y}{100}+1.306a''V_k^0=1-\frac{33.12}{100}+1.306\times1.5\times5.025$	10.51
26	烟气中灰粒无因次浓度	μ_h		$\frac{A^y a_{fh}}{100G_y}=\frac{33.12\times0.2}{100\times10.51}$	0.0063
27	灰粒的减弱系数	k_h	1/MPa·m	$\frac{43000\rho_y}{\sqrt[3]{T_l''^2 d_h^2}}=\frac{43000\times1.30}{\sqrt[3]{1233^2\times20^2}}$	65.98
28	焦炭粒的减弱系数	k_c	1/MPa·m		10
29	无因次数	x_1		对于无烟煤取值	1
30	无因次数	x_2		对于层燃炉取值	0.03
31	气体介质吸收力	k_{PS}		$(k_q r_q+k_h\mu_h+k_c x_1 x_2)PS=(1.42+65.98\times0.0063+10\times1\times0.03)\times0.1\times1.57$	0.335
32	火焰黑度	a_{hy}		$I-e^{-kps}=1-e^{-0.335}$	0.285
33	炉膛黑度	a_1		$\frac{a_{hy}+(1-a_{hy})\rho}{1-(1-a_{hy})(1-\psi_l)(1-\rho)}=\frac{0.285+(1-0.285)\times0.146}{1-(1-0.285)(1-0.286)(1-0.146)}$	0.69
34	系　　数	M		$0.59-0.5X_m=0.59-0.5\times0.14$	0.52
35	炉膛出口的烟气温度	ϑ_l''	℃	$\frac{T_{ll}}{M\left(\frac{5.67\times10^{-11}\psi_l F_{bz}a_l T_{ll}^3}{\varphi B_j'(VC)_{pj}}\right)^{0.6}+1}-273=\frac{1822}{0.52\left(\frac{5.67\times10^{-11}\times0.286\times80.95\times0.69\times1822^3}{0.977\times0.491\times13.36}\right)^{0.6}+1}-273$	963
36	炉膛出口烟焓	I_l''	kJ/kg	按$a_l''=1.5$查焓温表(表3-5)	11387
37	炉膛辐射放热量	Q_f	kJ/kg	$\varphi(Q_l-I_l'')=0.977(19223-11387)$	7656
38	燃烧面热强度	q_R	kW/m²	$\frac{B'Q_{dw}^y}{R}=\frac{0.571\times18187}{11.78}$	882
39	燃烧室热强度	q_V	kW/m³	$\frac{B'Q_{dw}^y}{V_l}=\frac{0.571\times18187}{40.47}$	257
40	辐射受热面热强度	q_f	kW/m²	$\frac{B_j'Q_f}{H_f}=\frac{0.491\times7656}{51.87}$	72.47

（五）凝渣管的热力计算

1.凝渣管结构计算（图3-5）

（1）第1、2排（错列部分）

$S_1'=340$，$d=51$，$n=8$根/排，$S_1'/d=340/51=6.67$，查教材图7-2，$x'=0.2$

1）受热面面积

$$H'=\pi dl\cdot 2n=3.14\times0.051\times1.5\times2\times8=3.84\text{m}^2$$

2）烟气流通截面积

$$F'=2.85\times1.5-8\times1.5\times0.051=3.66\text{m}^2$$

（2）第3、4排（顺列部分）

$S_1''=170$，$d=51$，$n=16$根/排，$S_1''/d=170/51=3.33$，查图7-2，$x''=0.41$

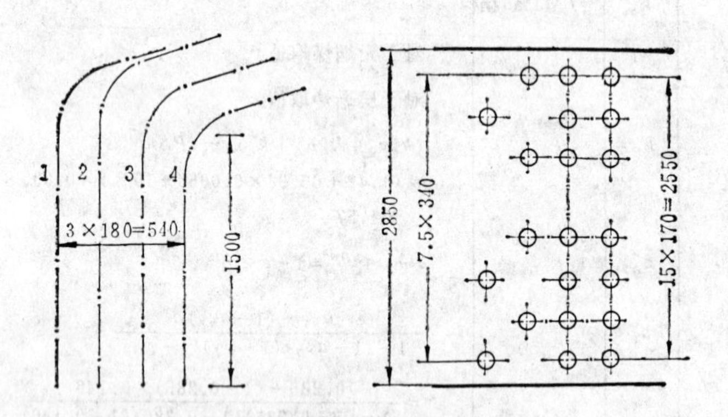

图 3-5 凝渣管结构示意图

1）受热面面积

$$H''=\pi dl\cdot 2n=3.14\times0.051\times1.5\times2\times16=7.68\text{m}^2$$

2）烟气流通截面积

$$F''=2.85\times1.5-16\times1.5\times0.051=3.05\text{m}^2$$

（3）凝渣管

1）总受热面面积

$$H=H'+H''=3.84+7.68=11.52\text{m}^2$$

2）烟气平均流通截面积

$$F_{pj}=(H'+H'')/\left(\frac{H'}{F'}+\frac{H''}{F''}\right)=(3.84+7.68)/\left(\frac{3.84}{3.66}+\frac{7.68}{3.05}\right)=3.23\text{m}^2$$

3）凝渣管受炉膛辐射面积

$$H_{fz}=3.83\text{m}^2$$

4）凝渣管角系数

$$x_{nz}=1-(1-x')^2(1-x'')^2=1-(1-0.2)^2(1-0.41)^2=0.78$$

5）凝渣管有效辐射受热面积

$$H_{nz}^f=x_{nz}H_{fz}=0.78\times3.83=2.99\text{m}^2$$

6）横向平均节距

$$S_1=(S_1'H'+S_1''H'')/H'+H''=(0.34\times3.84+0.17\times7.68)/11.52=0.227\text{m}$$

7）纵向节距

$$S_2 = 0.180\text{m}$$

8）烟气有效辐射层厚度

$$S = 0.9d\left(\frac{S_1 S_2}{d^2} \times \frac{4}{\pi} - 1\right) = 0.9 \times 0.051\left(\frac{0.227 \times 0.18}{0.051^2} \times \frac{4}{3.14} - 1\right) = 0.873\text{m}$$

9）比值

$$\sigma_1 = S_1/d = 0.227/0.051 = 4.45;\quad \sigma_2 = S_2/d = 0.18/0.051 = 3.53$$

2.凝渣管的热力计算（表3-9）

表 3-9

序号	名　　称		符号	单　位	计 算 公 式 或 依 据	数 值
1	进口烟温		ϑ'	℃	炉膛出口烟温	963
2	进口烟焓		I'	kJ/kg	$\alpha' = 1.50$查温焓表（表3-5）	11387
3	出口烟温		ϑ''	℃	先假定，后校核	919
4	出口烟焓		I''	kJ/kg	$\alpha'' = 1.50$查温焓表	10816
5	烟气侧对流放热量		Q_{rp}	kJ/kg	$\varphi(I' - I'') = 0.977(11387 - 10816)$	558
6	平均烟温		ϑ_{pj}	℃	$\frac{1}{2}(\vartheta' + \vartheta'') = \frac{1}{2}(963 + 919)$	941
7	管内工质温度		t	℃	$P = 1.4$MPa查水蒸汽表(附录表2)	197
8	最大温压		Δt_d	℃	$\vartheta' - t = 963 - 197$	766
9	最小温压		Δt_x	℃	$\vartheta'' - t = 919 - 197$	722
10	平均温压		Δt_{pj}	℃	$\frac{\Delta t_d + \Delta t_x}{2} = \frac{766 + 722}{2}$	744
11	烟气流速		w	m/s	$\frac{B_j' V_y(\vartheta_{pj} + 273)}{F_{pj} \times 273} = \frac{0.491 \times 7.819(941 + 273)}{3.23 \times 273}$	5.29
12	烟气中水蒸汽容积份额		r_{H_2O}		烟气特性表(表3-4)	0.0393
13	三原子气体容积份额		r_q		烟气特性表(表3-4)	0.1706
14	错列部分	条件对流放热系数	α_o	kW/m²·℃	查教材线算图7-13	0.054
15		修正系数	c_c		查线算图7-13	0.85
16		修正系数	c_w		查线算图7-13	0.89
17		修正系数	c_s		查线算图7-13	0.99
18	错列部分对流放热系数		α_{cl}	kW/m²·℃	$\alpha_o c_c c_w c_s = 0.054 \times 0.85 \times 0.89 \times 0.99$	0.040
19	顺列部分	条件对流放热系数	α_o	kW/m²·℃	查教材线算图7-14	0.045
20		修正系数	c_c		查线算图7-14	0.91
21		修正系数	c_w		查线算图7-14	0.92
22		修正系数	c_s		查线算图7-14	1

续表

序号	名称	符号	单位	计算公式或依据	数值
23	顺列部分对流放热系数	a_{sl}	kW/m²·℃	$a_o c_c c_w c_\varepsilon = 0.045\times0.91\times0.92\times1$	0.038
24	对流放热系数	a_d	kW/m²·℃	$\frac{a_{cl}H'+a_{sl}H''}{H'+H''}=\frac{0.040\times3.84+0.038\times7.68}{3.84+7.68}$	0.039
25	管壁积灰层表面温度	t_b	℃	$t+\Delta t=197+80$	277
26	条件辐射放热系数	a_o	kW/m²·℃	查教材线算图7-20	0.163
27	不含灰气流的辐射修正系数	c_y		查线算图7-20	0.98
28	三原子气体总分压力	p_q		$r_q p=0.1706\times0.1$	0.01706
29	三原子气体辐射力	$p_q s$	MPa·m	$p_q s=0.01706\times0.873$	0.0149
30	三原子气体辐射减弱系数	$k_q r_q$	1/MPa·m	$\left(\frac{0.78+1.6r_{H_2O}}{\sqrt{p_q s\times10}}-0.1\right)\left(1-0.37\frac{\vartheta_{pj}+273}{1000}\right)\times r_p\times10=\left(\frac{0.78+1.6\times0.0393}{\sqrt{0.0149\times10}}-0.1\right)\times\left(1-0.37\frac{941+273}{1000}\right)\times0.1706\times10$	1.956
31	气体介质吸收力	kps		$k_q r_q ps=1.956\times0.1\times0.873$	0.1708
32	烟气黑度	a		$1-e^{-kp_s}=1-e^{-0.1708}$	0.1570
33	辐射放热系数	a_j	kW/m²·℃	$a_0 a c_y=0.163\times0.1570\times0.98$	0.0251
34	冲刷系数	ξ		横向冲刷	1
35	烟气对管壁的对流放热系数	a_l	kW/m²·℃	$\xi(a_d+a_j)=1\times(0.039+0.0251)$	0.064
36	烟窗处炉膛辐射热负荷分布系数	y_{ch}		取定	0.7
37	凝渣管吸收炉膛辐射热量	Q_j'	kJ/kg	$\frac{y_{ch}q_j H_{nz}'}{B_j'}=\frac{0.7\times72.47\times2.99}{0.491}$	309
38	有效系数	ψ'		取定	0.6
39	传热系数	K	kW/m²·℃	$\frac{\psi' a_1}{1+\frac{Q_j}{Q_{rp}}(1-\psi')}=\frac{0.6\times0.064}{1+\frac{309}{558}(1-0.6)}$	0.0314
40	传热量	Q_{cr}	kJ/kg	$\frac{KH\Delta t_{pj}}{B_j'}=\frac{0.031\times11.52\times744}{0.491}$	543
41	误差	Δ	%	$\left\|\frac{Q_{rp}-Q_{cr}}{Q_{rp}}\right\|=\left\|\frac{558-543}{558}\right\|<5\%$	2.69

（六）蒸汽过热器的热力计算

1.蒸汽过热器的结构计算（图3-6）

（1）结构尺寸

管径　　$d=0.038/0.031$

横向平均节距　　$S_1=(S_1'+S_1'')/2=(0.068+0.102)/2=0.085$m

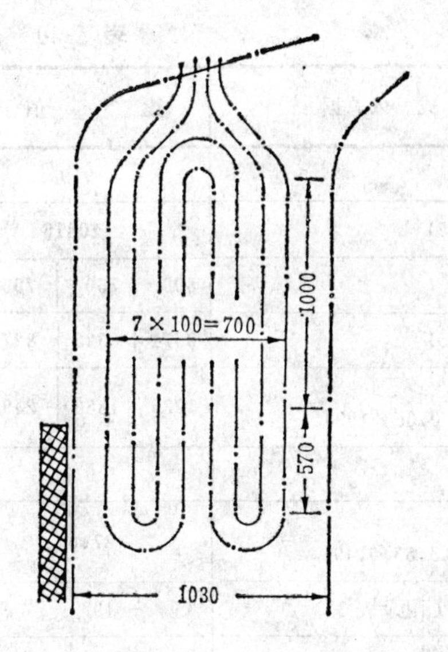

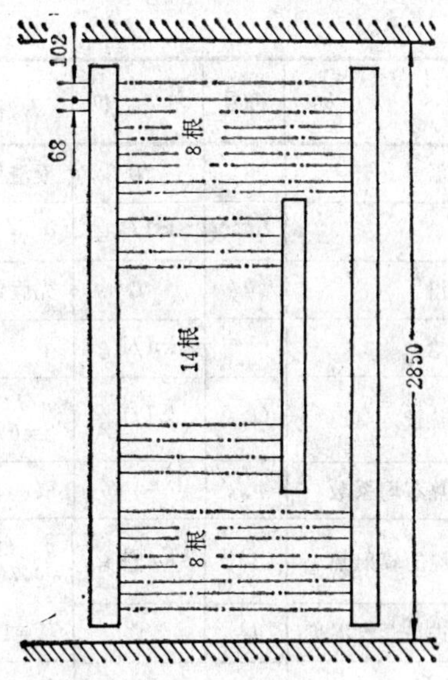

图 3-6　蒸汽过热器结构简图

纵向节距$S_2=0.1$m；横向排数$z_1=30$排；纵向排数$z_2=8$排

（2）烟气流通截面积

横向冲刷　　$F_{hx}=(b-z_1d)l=(2.85-30\times0.038)\times1=1.71\text{m}^2$

纵向冲刷　　$F_{zx}=ab-z_1z_2\pi\dfrac{d^2}{4}$

$$=(1.03-0.051)\times2.85-30\times8\pi\times0.038^2/4=2.52\text{m}^2$$

（3）受热面面积

横向冲刷　　$H_{hx}=z_1z_2\pi dl=30\times8\times3.14\times0.038\times1=28.64\text{m}^2$

纵向冲刷　　$H_{zx}=z_1z_2\pi dl=30\times8\times3.14\times0.038\times0.57=16.32\text{m}^2$

总受热面面积　　$H=H_{hx}+H_{zx}=28.64+16.32=44.96\text{m}^2$

（4）蒸汽流通截面积

逆流部分　　$f_{nl}=32\times\dfrac{\pi}{4}\times0.031^2=0.0241\text{m}^2$

顺流部分　　$f_{sl}=28\times\dfrac{\pi}{4}\times0.031^2=0.0211\text{m}^2$

蒸汽平均流通截面积　　$f=\dfrac{1}{2}(f_{nl}+f_{sl})=\dfrac{1}{2}(0.0241+0.0211)=0.0226\text{m}^2$

（5）管间有效辐射层厚度

$S=0.9d(4S_1S_2/\pi d^2-1)=0.9\times0.038(4\times0.085\times0.1/\pi\times0.038^2-1)=0.222\text{m}$

（6）纵向冲刷当量直径

$$d_{dl}=4F/U=\frac{4(2.85\times0.979-8\times30\times\frac{\pi}{4}\times0.038^2)}{2(2.85+0.979)+8\times30\times\pi\times0.038}=0.277\text{m}$$

（7）比值

$\sigma_1=S_1/d=0.085/0.038=2.24$；$\sigma_2=S_2/d=0.1/0.038=2.63$

2.蒸汽过热器的热力计算（表3-10）

表 3-10

序号	名　称	符号	单　位	计算公式或依据	数		值
1	进口烟温	ϑ'	℃	凝渣管出口烟温	919		
2	进口烟焓	I'	kJ/kg	$\alpha'=1.50$查温焓表(表3-5)	10816		
3	出口烟温	ϑ''	℃	先假定，后校核	800	750	700
4	出口烟焓	I''	kJ/kg	$\alpha''=1.55$查温焓表(表3-5)	9571	8922	8273
5	烟气放热量	Q_{rp}	kJ/kg	$\varphi(I'-I''+\Delta\alpha I^0_{lk})$ $=0.977(10816-9571+0.05\times199)$	1226	1860	2494
6	辐射吸热不均系数	y_{ch}		取　用	0.7		
7	接受炉膛的辐射热	Q'_f	kJ/kg	$y_{ch}(1-x_{nz})q_fF_{nz}/B'_j$ $=0.7(1-0.78)\times72.47\times3.83/0.491$	87.0		
8	过热器进口蒸汽温度	t'	℃	$P=1.4$MPa查水蒸汽表（附录表3）	197		
9	过热器进口蒸汽焓	i'	kJ/kg	$P=1.4$MPa查水蒸汽表（附录表3）	2789		
10	过热器出口焓	i''	kJ/kg	$i'+\dfrac{Q_{rp}+Q'_f}{D}B_j=2789+\dfrac{1226+87.0}{104}\times1766$	3021	3133	3245
11	过热蒸汽出口温度	t''	℃	$P=1.3$MPa查水蒸汽表（附录表3）	290	342	394
12	过热蒸汽平均温度	t	℃	$\dfrac{t'+t''}{2}=\dfrac{197+290}{2}$	244	270	296
13	蒸汽进口比容	v'	m³/kg	$P=1.4$MPa查水蒸汽表（附录表2）	0.1342		
14	蒸汽出口比容	v''	m³/kg	$P=1.3$MPa查水蒸汽表（附录表3）	0.1846	0.2032	0.2217
15	蒸汽平均比容	v_{pj}	m³/kg	$\dfrac{v'+v''}{2}=\dfrac{0.1342+0.1846}{2}$	0.1594	0.1687	0.1780
16	蒸汽流速	w	m/s	$\dfrac{Dv_{pj}}{3600f}=\dfrac{10^4\times0.1594}{3600\times0.0226}$	19.59	20.74	21.88
17	蒸汽侧条件对流放热系数	α_0	kW/m²·℃	查教材线算图7-16	0.535	0.512	0.488
18	管径修正系数	c_d		查线算图7-16	0.99		
19	蒸汽侧对流放热系数	α_2	kW/m²·℃	$c_d\cdot\alpha_0=0.535\times0.99$	0.530	0.507	0.483
20	烟气中水蒸汽容积分额	r_{H_2O}		烟气特性表（表3-4）	0.0389		
21	三原子气体容积分额	r_q		烟气特性表(表3-4)	0.1681		
22	平均烟温	ϑ_{pj}	℃	$\dfrac{\vartheta'+\vartheta''}{2}=\dfrac{919+800}{2}$	860	835	810
23	积灰系数	ε		取　值	4.3		
24	灰壁温度	t_b	℃	$t+\dfrac{B'_j(Q_{rp}+Q'_f)}{H}\left(\varepsilon+\dfrac{1}{\alpha_2}\right)$ $=244+\dfrac{0.491(1226+87.0)}{44.96}\left(4.3+\dfrac{1}{0.53}\right)$	337	383	429
25	三原子气体总分压力	p_q	MPa	$r_qp=0.1681\times0.1$	0.01681		

续表

序号	名称	符号	单位	计算公式或依据	数值		
26	三原子气体辐射力	p_qs	MPa·m	$p_qs=0.01681\times0.222$	0.00373		
27	三原子气体辐射减弱系数	k_qr_q	$\frac{1}{\text{MPa}\cdot\text{m}}$	$\left(\frac{0.78+1.6r_{H_2O}}{\sqrt{p_qs\times10}}-0.1\right)\left(1-0.37\frac{\vartheta_{pj}+273}{1000}\right)\times r_q\times10=\left(\frac{0.78+1.6\times0.0389}{\sqrt{0.0373}}-0.1\right)\times\left(1-0.37\frac{860\times273}{1000}\right)\times0.1681\times10$	4.16	4.23	4.29
28	气体介质吸收力	kps		$k_qr_qps=4.16\times0.1\times0.222$	0.0924	0.0939	0.0950
29	烟气黑度	a		$1-e^{-kps}=1-e^{-0.0924}$	0.0883	0.0896	0.0906
30	条件辐射放热系数	a_0	kW/m²·℃	查教材线算图7-20	0.150	0.159	0.169
31	辐射修正系数	c_y		不含灰气流	0.975	0.970	0.965
32	辐射放热系数	a_f	kW/m²·℃	$a_0ac_y=0.150\times0.0883\times0.975$	0.0129	0.0138	0.0148
33	利用系数	ξ		混合冲刷，取用	0.95		
34 横向冲刷（顺列管束）	烟气流速	w_{hx}	m/s	$\frac{B_j'V_y(\vartheta_{pj}+273)}{F_{hx}\times273}=\frac{0.491\times7.946(860+273)}{1.71\times273}$	9.47	9.26	9.05
	条件对流放热系数	a_0^{hx}	kW/m²·℃	查教材线算图7-14	0.073	0.072	0.071
	修正系数	c_s		查线算图7-14	1		
	修正系数	c_c		查线算图7-14	0.983		
	修正系数	c_w		查线算图7-14	0.910	0.915	0.920
	对流放热系数	a_d^{hx}	kW/m²·℃	$c_sc_cc_wa_0^{hx}=1\times0.983\times0.910\times0.073$	0.0653	0.0648	0.0642
	烟气侧对流放热系数	a_l^{hx}	kW/m²·℃	$\xi(a_d^{hx}+a_f)=0.95(0.0653+0.0129)$	0.074	0.075	0.075
35	热有效系数	ψ'		取　用	0.6		
36	横向冲刷传热系数	K_{hx}	kW/m²·℃	$\frac{\psi'a_l^{hx}}{\left(1+\frac{a_l^{hx}}{a_2}\right)\left(1+\frac{Q_f'}{Q_{rp}}\right)-\frac{Q_f'}{Q_{rp}}\psi'}=\frac{0.6\times0.074}{\left(1+\frac{0.074}{0.53}\right)\left(1+\frac{87.0}{1226}\right)-\frac{87.0}{1226}\times0.6}$	0.0377	0.0383	0.0382
37 纵向冲刷（顺列管束）	烟气流速	w_{zx}	m/s	$\frac{B_j'V_y(\vartheta_{pj}+273)}{F_{zx}\times273}=\frac{0.491\times7.946(860+273)}{2.52\times273}$	6.43	6.28	6.14
	条件对流放热系数	a_0^{zx}	kW/m²·℃	$d_{dl}=277$，查教材线算图7-15	0.0157	0.0153	0.0152
	修正系数	c_w		$d_{dl}=277$，查线算图7-15	0.75		
	修正系数	c_l		当$l/d_{dl}=0.57/0.277=2.1$，查线算图7-15	2.1		
	对流放热系数	a_d^{zx}	kW/m²·℃	$c_wc_la_0^{zx}=0.75\times2.1\times0.0157$	0.0247	0.0244	0.0239
	烟气侧对流放热系数	a_l^{zx}	kW/m²·℃	$\xi(a_d^{zx}+a_f)=0.95(0.0247+0.0129)$	0.0357	0.0363	0.0368

续表

序号	名　　称	符号	单　位	计 算 公 式 或 依 据	数	值	
38	纵向冲刷传热系数	K_{zx}	kW/m²·℃	$\frac{\psi' a_l^{zx}}{\left(1+\frac{a_l^{zx}}{d_2}\right)\left(1+\frac{Q'_j}{Q_{rp}}\right)-\frac{Q'_j}{Q_{rp}}\psi'}$ $=\frac{0.6\times0.0357}{\left(1+\frac{0.0357}{0.53}\right)\left(1+\frac{87.0}{1226}\right)-\frac{87.0}{1226}\times0.6}$	0.0195	0.0200	0.0203
39	平均传热系数	K	kW/m²·℃	$\frac{K_{hx}H_{hx}+K_{zx}H_{zx}}{H_{hx}+H_{zx}}$ $=\frac{0.0377\times28.64+0.0195\times16.32}{28.64+16.32}$	0.0312	0.0317	0.0318
40	最大温压	Δt_{max}	℃	$\vartheta'-t''=919-290$	629	577	525
41	最小温压	Δt_{min}	℃	$\vartheta''-t'=800-197$	603	553	503
42	平均温压	$\Delta t'$	℃	$\frac{\Delta t'_{max}+\Delta t_{min}}{2}=\frac{629+603}{2}$	616	565	514
43	无因次计算参数	P		$\frac{\tau_x}{\vartheta'-t'}=\frac{t''-t'}{\vartheta'-t'}=\frac{290-197}{919-197}$	0.129	0.201	0.273
		R		$\frac{\tau_d}{\tau_x}=\frac{\vartheta'-\vartheta''}{t''-t'}=\frac{919-800}{290-197}$	1.280	1.166	1.112
44	计算辅助参数	A		$\frac{H_{sl}}{H}=\frac{0.5H}{H}$	0.5		
45	温差修正系数	ψ_t		查教材线算图7-22	0.998	0.995	0.992
46	平均温压	Δt	℃	$\psi_t\Delta t'=0.998\times616$	615	562	510
47	传 热 量	Q_{cr}	kJ/kg	$\frac{KH\Delta t}{B'_j}=\frac{0.0312\times44.96\times615}{0.491}$	1757	1632	1485
48	出口烟温（计算值）	ϑ''	℃	由作图法求得（图3-7）	766		
49	出口烟焓	I''	kJ/kg	$\alpha''=1.55$查温焓表（表3-5）	9130		
50	过热器吸热量	Q_{gr}	kJ/kg	$\varphi(I'-I''+\Delta\alpha I^0_{lk})$ $=0.977(10816-9130+0.05\times199)$	1657		
51	过热器出口蒸汽热焓	i''	kJ/kg	$i'+\frac{(Q_{gr}+Q'_j)B_j}{D}=2789+\frac{(1657+87.0)\times1766}{10^4}$	3097		
52	过热器出口蒸汽温度	t''	℃	$P=1.3$MPa查水蒸汽表	325		
53	最大温压	Δt_{max}	℃	$\vartheta'-t''=919-325$	594		
54	最小温压	Δt_{min}	℃	$\vartheta''-t'=766-197$	569		
55	平均温压	$\Delta t'$	℃	$(\Delta t_{max}+\Delta t_{min})/2=(594+569)/2$	582		
56	无因次计算参数	P		$\frac{\tau_x}{\vartheta'-t'}=\frac{t''-t'}{\vartheta'-t'}=\frac{325-197}{919-197}$	0.18		
		R		$\frac{\tau_d}{\tau_x}=\frac{\vartheta'-\vartheta''}{t''-t'}=\frac{919-766}{325-197}$	1.195		
57	计算辅助参数	A		$\frac{H_{sl}}{H}=\frac{0.5H}{H}$	0.5		

续表

序号	名　　称	符号	单　位	计 算 公 式 或 依 据	数　值
58	温差修正系数	ψ_t		查教材图7-22	0.996
59	平均温压	Δt	℃	$\psi_t \Delta t' = 0.996 \times 582$	580
60	平均烟温	ϑ_{pj}	℃	$\frac{1}{2}(\vartheta' + \vartheta'') = \frac{1}{2}(919 + 766)$	843
61	横向烟速	w_{hx}	m/s	$\frac{B'_j V_y(\vartheta_{pj} + 273)}{F_{hx} \times 273} = \frac{0.491 \times 7.946(843 + 273)}{1.71 \times 273}$	9.33
62	纵向烟速	w_{zx}	m/s	$\frac{B'_j V_y(\vartheta_{pj} + 273)}{F_{zx} \times 273} = \frac{0.491 \times 7.946(843 + 273)}{2.52 \times 273}$	6.33
63	传热系数	K	kW/m²·℃	$\frac{B'_j Q_{gr}}{H \Delta t} = \frac{0.491 \times 1657}{44.96 \times 580}$	0.0312
64	蒸汽出口比容	v''	m³/kg	$t'' = 325$℃，查水蒸汽表（附录表3）	0.1952
65	蒸汽平均比容	v_{pj}	m³/kg	$\frac{1}{2}(v' + v'') = \frac{1}{2}(0.1342 + 0.1952)$	0.1647
66	蒸汽流速	w	m/s	$\frac{D v_{pj}}{3600 f} = \frac{10^4 \times 0.1647}{3600 \times 0.0227}$	20.15
67	管内工质平均温度	t_{pj}	℃	$\frac{1}{2}(t' + t'') = \frac{1}{2}(197 + 325)$	261

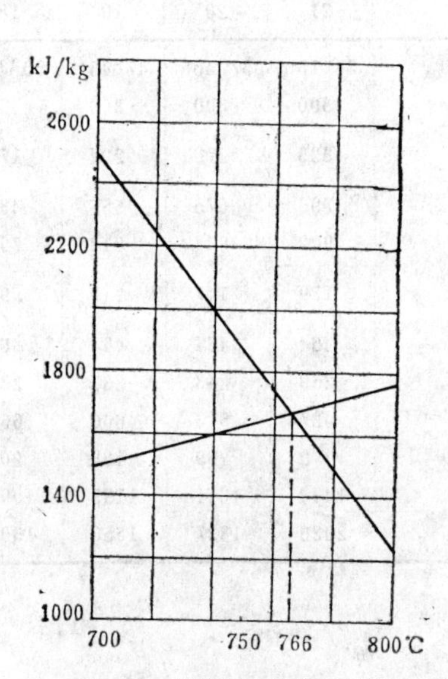

图 3-7　蒸汽过热器出口烟温计算图

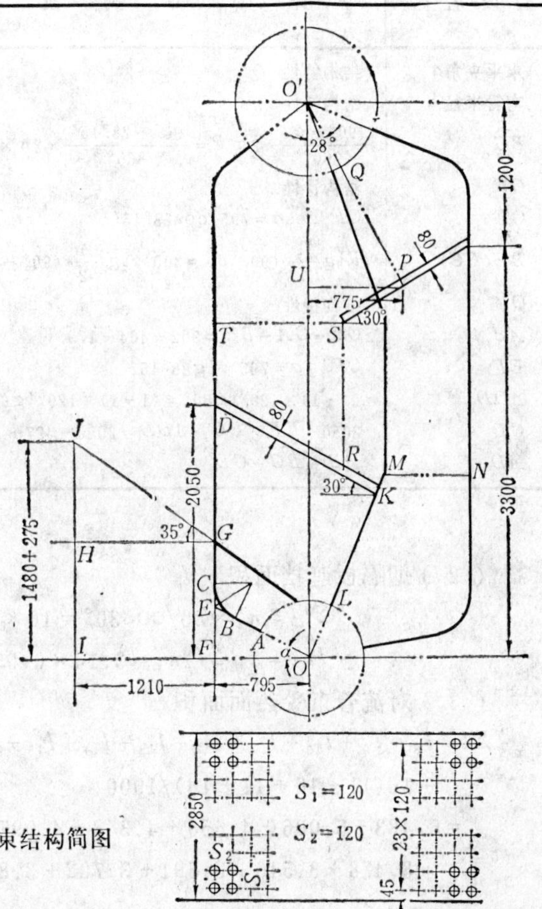

图 3-8　锅炉管束结构简图

（七）锅炉管束的热力计算

1.锅炉管束的结构计算（图3-8）

（1）左下角耐火材料覆盖面积

DG管段的长度

$$JH = GH\text{tg}35° = 1210\times\text{tg}35° = 847\text{mm}$$

$$JI = 1755\text{mm}$$

$$HI = JI - JH = 1755 - 847 = 908\text{mm}$$

$$DG = DF - GF(HI) = 2050 - 908 = 1142\text{mm},$$

AD管段的长度计算示于表3-11；

耐火材料覆盖面积

$$\Sigma l_1 = AD_{21} + AD_{20} + AD_{19} + AD_{18} - 4\times DG$$

$$= 2.026 + 1.827 + 1.656 + 1.503 - 4\times 1.142 = 2.444\text{m}$$

$$H_1 = \pi d\Sigma l_1 n_1 = 3.14\times 0.051\times 2.444\times 24 = 9.4\text{m}^2$$

AD管段长度计算 表3-11

管段名称	计算公式或依据	管子编号			
		21	20	19	18
水平夹角α	结构特性	28°15′	37°45′	47°45′	56°45′
弯管半径R	结构特性	300	300	300	400
$\widehat{BC}$	$\frac{90°-\alpha}{360°}\times 2\pi R = \frac{90°-28°15'}{360°}\times 2\pi\times 300$	323	273	224	171
OF	结构特性	795	675	555	435
OE	$OF/\cos\alpha = 795/\cos 28°15'$	902	854	818	793
$BE(EC)$	$R\text{tg}\frac{1}{2}(90-\alpha) = 300\times\text{tg}\frac{1}{2}(90°-28°15')$	179	147	117	90
OA	结构特性	464	464	464	464
AB	$OE-OA-BE = 902-464-179$	259	243	237	239
EF	$OF\text{tg}\alpha = 795\times\text{tg}28°15'$	427	523	600	663
ΔDD	$(n-1)\times 120/\text{tg}60° = (1-1)\times 120/\text{tg}60°$	0	69	138	207
CD	$2050-EF-EC-\Delta DD = 2050-427-179-0$	1444	1311	1195	1090
AD	$AB+\widehat{BC}+CD$	2026	1827	1656	1503

（2）烟隔板遮挡面积

$$\Sigma l_2 = n_2'\times 80/\cos 30° = 16\times 0.08/\cos 30° = 1.478\text{m}$$

$$H_2 = \pi d\Sigma l_2 n_1 = 3.14\times 0.051\times 1.478\times 24 = 5.7\text{m}^2$$

（3）对流管束受热面面积

$$\Sigma l = l_8 + l_9 + l_{10} + l_{11} + l_{12} + l_{13} + l_{14} + l_{15} + l_{16} + l_{16} + l_{15} + l_{17} + l_{18} + l_{19} + l_{20} + l_{21}$$
$$- 16(11 + 16 + 11 + 14)/1000$$
$$= 5.433 + 5.006 + 4.650 + 4.348 + 4.097 + 3.887 + 3.720 + 3.516 + 3.478$$
$$+ 3.478 + 3.516 + 3.591 + 3.702 + 3.885 + 4.044 + 4.280 - 16\times 0.052$$

$=63.799\text{m}$

$H=\pi d\Sigma ln_2-H_1-H_2=3.14\times0.051\times63.799\times24-9.4-5.7=230.1\text{m}^2$

（ 4 ）烟气流通截面积

$F_{DG}=DG(2.85-0.051\times24)=1.142\times1.626=1.86\text{m}^2$

$F_{KL}=KL(2.85-0.051\times24)=0.876\times1.626=1.42\text{m}^2$

$F_{MN}=0.82\times2.85-3.14\times0.051^2/4\times6.5\times24=2.02\text{m}^2$

$F_{SR}=SR(2.85-0.051\times24)=1.48\times1.626=2.41\text{m}^2$

$F_{ST}=(1.22-0.040)\times2.85-3.14\times0.051^2/4\times8\times24=2.97\text{m}^2$

$F_{QP}=(O'P-O'Q-0.08)(2.85-0.051\times24)=(0.775/\sin28^\circ-0.616-0.08)$
$\times1.626=1.55\text{m}^2$

烟气的平均流通截面积

$F_{pj}=(F_{DG}+F_{KL}+F_{MN}+F_{SR}+F_{ST}+F_{QP})/6$
$=(1.86+1.42+2.02+2.41+2.97+1.55)/6=2.04\text{m}^2$

（ 5 ）管间有效辐射层厚度

$S=0.9d(4S_1S_2/\pi d^2-1)=0.9\times0.051(4\times0.12\times0.12/\pi\times0.051^2-1)=0.278\text{m}$

（ 6 ）比值

$$\sigma_1=\sigma_2=S_1/d=0.12/0.051=2.35$$

2.锅炉管束热力计算（表3-12）

表 3-12

序号	名　　称	符号	单　位	计算公式或依据	数　　值		
1	锅炉管束进口烟温	ϑ'	℃	过热器出口烟温	766		
2	锅炉管束进口烟焓	I'	kJ/kg	$\alpha'=1.55$	9130		
3	出口烟温	ϑ''	℃	先假定，后校核	400	350	300
4	出口烟焓	I''	kJ/kg	$\alpha''=1.65$查温焓表(表3-5)	4822	4196	3570
5	烟气侧放热量	Q_{rp}	kJ/kg	$\varphi(I'-I''+\Delta\alpha I^{0}_{lk})$ $=0.977(9130-4822+0.1\times199)$	4228	4840	5452
6	管内工质温度	t	℃	$P=1.4\text{MPa}$，饱和温度	197		
7	最大温压	Δ'_{max}	℃	$\theta'-t=766-197$	569		
8	最小温压	Δt_{mim}	℃	$\theta''-t=400-197$	203	153	103
9	平均温压	Δt	℃	$\dfrac{\Delta t_{max}-\Delta t_{min}}{\ln\dfrac{\Delta t_{max}}{\Delta t_{min}}}=\dfrac{569-203}{\ln\dfrac{569}{203}}$	355	317	273
10	平均烟温	ϑ_{pj}	℃	$t+\Delta t=197+355$	552	514	470
11	烟气流速	w	m/s	$w=\dfrac{B_j'V_y(\vartheta_{pj}+273)}{F_{pj}\times273}$ $=\dfrac{0.491\times8.33(552+273)}{2.04\times273}$	6.06	5.78	5.46

续表

序号	名　　称	符号	单　位	计算公式或依据	数　　值		
12	水蒸汽容积份额	r_{H_2O}		查烟气特性表(表3-4)	0.0379		
13	三原子气体容积份额	r_q		查烟气特性表(表3-4)	0.1233		
14	条件对流放热系数	α_0^{hx}	kW/m²·℃	查教材线算图7-14	0.0483	0.0485	0.0442
15	修正系数	c_s		$\sigma_1=\sigma_2=2.35$	1		
		c_z		$z_2>10$	1		
		c_w			0.950	0.955	0.960
16	对流放热系数	α_d^{hx}	kW/m²·℃	$c_s c_z c_w \alpha_0^{hx}=1\times1\times0.95\times0.0483$	0.0459	0.0444	0.0424
17	管壁积灰层表面温度	t_b	℃	$t+60=197+60$	257		
18	条件辐射放热系数	α_0	kW/m²·℃	查教材线算图7-20	0.0698	0.0628	0.0548
19	修正系数	c_y		查线算图7-20	0.970	0.965	0.960
20	三原子气体总分压力	p_q	MPa	$pr_q=0.1\times0.1233$	0.01233		
21	三原子气体辐射力	$p_q s$	MPa·m	0.01233×0.278	0.00343		
22	三原子气体辐射减弱系数	$k_q r_q$	$\frac{1}{\text{MPa}\cdot\text{m}}$	$\left(\frac{0.78+1.6r_{H_2O}}{\sqrt{p_q s\times10}}-0.1\right)\times\left(1-0.37\times\frac{\vartheta_{pj}+273}{1000}\right)r_q\times10=[(0.78+1.6\times0.0379/\sqrt{0.00343\times10})-0.1]\times\left(1-0.37\times\frac{552+273}{1000}\right)\times0.1233\times10$	3.80	3.88	3.97
23	气体介质吸收力	kps		$k_q r_q ps=3.80\times0.1\times0.278$	0.106	0.108	0.110
24	烟气黑度	a		$1-e^{-kps}=1-e^{-0.106}$	0.101	0.102	0.104
25	辐射放热系数	α_f	kW/m²·℃	$ac_y\alpha_0=0.101\times0.97\times0.0698$	6.84×10^{-3}	6.18×10^{-3}	5.57×10^{-3}
26	利用系数	ξ		横向冲刷	1		
27	烟气对管壁放热系数	α_1	kW/m²·℃	$\xi(\alpha_d^{hx}+\alpha_f)=1\times(0.0459+6.84\times10^{-3})$	0.053	0.051	0.048
28	有效系数	ψ'		取　用	0.6		
29	传热系数	K	kW/m²·℃	$\psi'\alpha_1=0.6\times0.053$	0.032	0.031	0.029
30	传热量	Q_{cr}	kJ/kg	$\frac{K\Delta tH}{B_j'}=\frac{0.032\times355\times230.1}{0.491}$	5324	4605	3710
31	出口烟温	ϑ''	℃	作图法(图3-9)	358		
32	出口烟焓	I''	kJ/kg	$\alpha=1.65$查温焓表(表3-5)	4296		
33	管束吸热量	Q_{gs}	kJ/kg	$\varphi(I'-I''+\Delta\alpha I_{lk}^0)=0.977(9130-4296+0.1\times199)$	4742		

续表

序号	名　　称	符号	单　位	计算公式或依据	数　　值
34	最大温压	Δt_{max}	℃	$\vartheta' - t = 766 - 197$	569
35	最小温压	Δt_{min}	℃	$\vartheta'' - t = 358 - 197$	161
36	平均温压	Δt	℃	$\dfrac{\Delta t_{max} - \Delta t_{min}}{\ln \dfrac{\Delta t_{max}}{\Delta t_{min}}} = \dfrac{569 - 161}{\ln \dfrac{569}{161}}$	323
37	平均烟温	ϑ_{pj}	℃	$t + \Delta t = 197 + 323$	520
38	烟气流速	w_{hx}	m/s	$B'_j V_y(\vartheta_{pj} + 273)/F_{pj} \times 273 = 0.491 \times 8.33(520 + 273)/2.04 \times 273$	5.82
39	传热系数	K	kW/m²·℃	$B'_j Q_{gs}/H\Delta t = 0.491 \times 4742/230.1 \times 323$	0.0313

（八）省煤器的热力计算

1.省煤器的结构计算（图3-10）

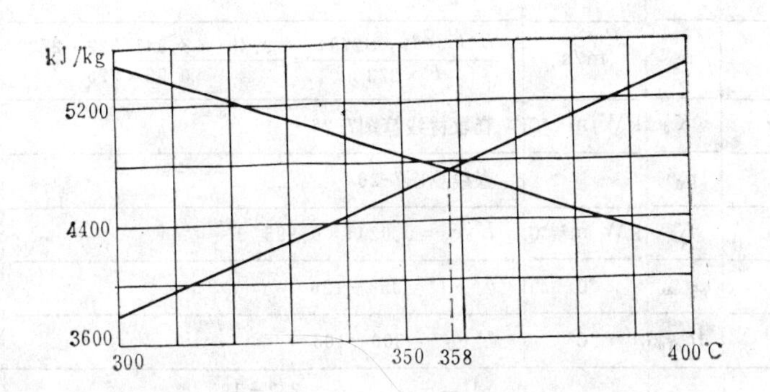

图 3-9　锅炉管束出口烟温计算图

（1）方型铸铁省煤器规格　每根管子：长度　$l = 2\text{m}$；

宽度　$b = 0.15\text{m}$；

受热面面积　$H_{sm} = 2.95\text{m}^2$；

烟气流通截面　$F_{sm} = 0.12\text{m}^2$。

（2）横向排数　$z_1 = 8$；

纵向排数　$z_2 = 4$。

（3）烟气流通截面

$F = z_1 F_{sm} = 8 \times 0.12 = 0.96\text{m}^2$

（4）省煤器受热面面积

$H = z_1 z_2 H_{sm} = 8 \times 4 \times 2.95 = 94.4\text{m}^2$

（5）水的流通截面积

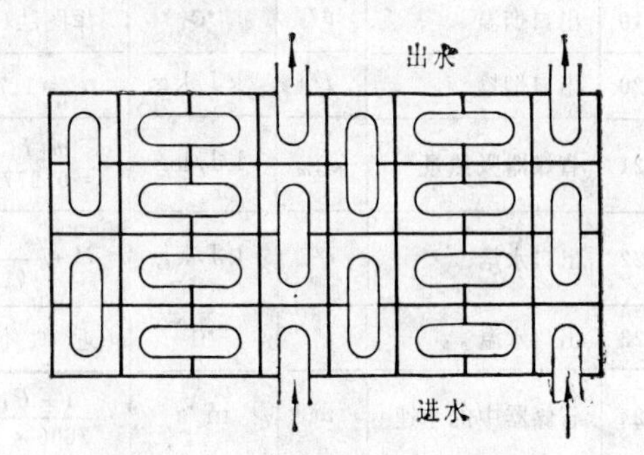

图 3-10　省煤器组装结构示意图

$$f = 2 \times \frac{\pi}{4} d_n^2 = 2 \times \frac{\pi}{4} \times 0.06^2 = 0.00565\text{m}^2$$

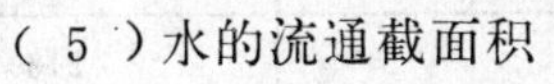

2.省煤器的热力计算（见表3-13）

表 3-13

序号	名称	符号	单位	计算公式或依据	数值		
1	进口烟温	ϑ'	℃	锅炉管束出口烟温	358		
2	进口烟焓	I'	kJ/kg	$\alpha'=1.65$	4296		
3	出口烟温	ϑ''	℃	先假定，后校核	300	250	200
4	出口烟焓	I''	kJ/kg	$\alpha''=1.75$查温焓表（表3-5）	3772	3128	2485
5	烟气侧放热量	Q_{rp}	kJ/kg	$\varphi(I'-I''+\Delta\alpha I^o_{lk})$ $=0.977(4296-3772+0.1\times199)$	531	1161	1789
6	进口水温	t'	℃	给水热力除氧	105		
7	进口水焓	i'	kJ/kg	查　表	440		
8	出口水焓	i''	kJ/kg	$i'+\frac{Q_{rp}B_j}{(1+P_{pw})D}=440+\frac{531\times1766}{(1+0.05)\times10^4}$	529	635	739
9	出口水温	t''	℃	近似值	126	152	177
10	平均烟温	ϑ_{pj}	℃	$\frac{\vartheta'+\vartheta''}{2}=\frac{358+300}{2}$	329	304	279
11	烟气流速	w	m/s	$\frac{B'_jV_y(\vartheta_{pj}+273)}{F\times273}=\frac{0.491\times8.841(329+273)}{0.96\times273}$	9.97	9.56	9.14
12	条件传热系数	K_0	kW/m²·℃	查教材线算图7-26	0.0244	0.0236	0.0230
13	修正系数	c_ϑ		查线算图7-26	0.995	1.000	1.005
14	传热系数	K	kW/m²·℃	$K_0c_\vartheta=0.0244\times0.995$	0.0243	0.0236	0.0231
15	最大温压	Δt_{max}	℃	$\vartheta'-t''=358-126$	232	206	181
16	最小温压	Δt_{min}	℃	$\vartheta''-t'=300-105$	195	145	95
17	平均温压	Δt_{pj}	℃	$\frac{\Delta t_{max}-\Delta t_{min}}{\ln\frac{\Delta t_{max}}{\Delta t_{min}}}=\frac{232-195}{\ln\frac{232}{195}}$	213	174	133
18	传热量	Q_{cr}	kJ/kg	$\frac{KH\Delta t_{pj}}{B'_j}=\frac{0.0243\times94.4\times213}{0.491}$	995	789	591
19	出口烟温	ϑ''	℃	作图法（图3-11）	274		
20	出口烟焓	I''	kJ/kg	$\alpha''=1.75$查温焓表（表3-5）	3437		
21	省煤器吸热量	Q_{sm}	kJ/kg	$\varphi(I'-I''+\Delta\alpha I^o_{lk})$ $=0.977(4296-3437+0.1\times199)$	859		
22	出口水焓	i''	kJ/kg	$i'+\frac{Q_{sm}B_j}{(1+P_{pw})D}=440+\frac{859\times1766}{(1+0.05)\times10^4}$	584		
23	出口水温	t''	℃	近似值	140		
24	省煤器中的水速	w	m/s	$\frac{(1+P_{pw})D}{3600\times1000f}=\frac{(1+0.05)\times10^4}{3600\times1000\times0.00565}$	0.52		
25	最大温压	Δt_{max}	℃	$\vartheta'-t''=358-140$	218		
26	最小温压	Δt_{min}	℃	$\vartheta''-t'=274-105$	169		

续表

序号	名　称	符号	单　位	计算公式或依据	数　值
27	平均温压	Δt_{pj}	℃	$\dfrac{\Delta t_{max}-\Delta t_{min}}{\ln\dfrac{\Delta t_{max}}{\Delta t_{min}}}=\dfrac{218-169}{\ln\dfrac{218}{169}}$	192
28	平均烟温	ϑ_{pj}	℃	$\frac{1}{2}(\vartheta'+\vartheta'')=\frac{1}{2}(358+274)$	316
29	烟气流速	w_{hx}	m/s	$\dfrac{B_j'V_y(\vartheta_{pj}+273)}{F\times 273}=\dfrac{0.491\times 8.841(316+273)}{0.96\times 273}$	9.76
30	传热系数	K	kW/m²·℃	$\dfrac{Q_{sm}B_j'}{H\Delta t_{pj}}=\dfrac{859\times 0.491}{94.4\times 192}$	0.0233
31	计算总偏差	ΔQ	kJ/kg	$Q_{dw}^y\eta-(Q_j+Q_{nz}+Q_{gr}+Q_{gs}+Q_{sm})\times(1-\frac{q_4}{100})=18187\times 0.7309-(7656+558+1657+4742+859)(1-\frac{14}{100})$	−13.04
32	误差校验	△	%	$\left\lvert\dfrac{\Delta Q}{Q_{dw}^y}\right\rvert\times 100=\left\lvert\dfrac{-13.04}{18187}\right\rvert\times 100<0.5$	0.07　计算精度符合要求

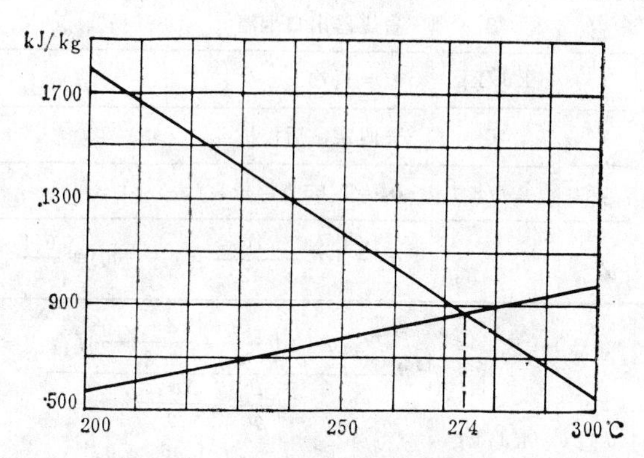

图 3-11　省煤器出口烟温计算图

（九）空气预热器的热力计算

1.空气预热器的结构计算（图3-12）

（1）结构特性

管子直径　$d=0.04/0.037$m，管子长度　$l=2.4$m；

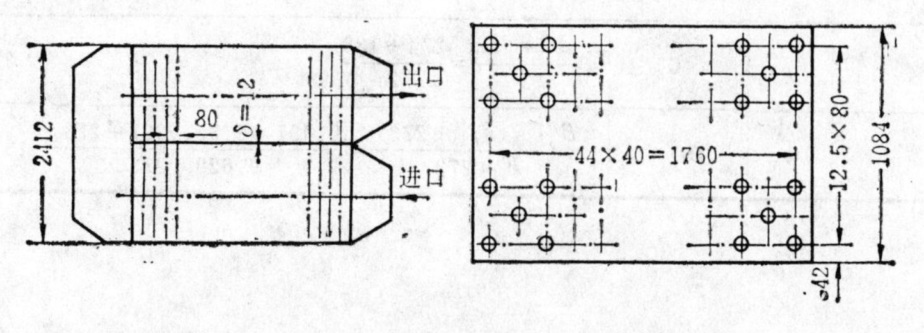

图 3-12　空气预热器结构简图

横向节距 $S_1 = 0.08\text{m}$，纵向节距 $S_2 = 0.04\text{m}$；

管子根数 $23 \times 13 + 22 \times 13 = 585$。

（2）受热面面积

$$H = n\pi d_{pj} l = 585 \times \pi \times 0.0385 \times 2.4 = 169.8\text{m}^2;$$

（3）烟气流通截面积

$$F = n\frac{\pi}{4}d^2 = 585 \times \frac{\pi}{4} \times 0.037^2 = 0.629\text{m}^2;$$

（4）空气流通截面积

$$f = \frac{l}{2}(a - dn') = 1.2(1.084 - 0.04 \times 13) = 0.677\text{m}^2;$$

（5）比值

$$\sigma_1 = S_1/d = 80/40 = 2;\ \sigma_2 = S_2/d = 40/40 = 1$$

2.空气预热器热力计算（表3-14）

表 3-14

序号	名称	符号	单位	计算公式或依据	数值		
1	进口烟温	ϑ'	℃	省煤器出口烟温	274		
2	进口烟焓	I'	kJ/kg	$\alpha' = 1.75$	3437		
3	出口烟温	ϑ''	℃	先假定，后校核	180	170	160
4	出口烟焓	I''	kJ/kg	$\alpha'' = 1.85$查温焓表（表3-5）	2354	2222	2089
5	平均空气量与理论空气量之比	β		$\alpha''_l - \Delta\alpha_l + \frac{\Delta\alpha_{ky}}{2} = 1.5 - 0.1 + \frac{0.1}{2}$	1.45		
6	热空气出口焓	I^0_{rk}	kJ/kg	$\frac{I' - I'' + \left(\frac{\beta}{\varphi} + \frac{\Delta\alpha_{ky}}{2}\right)I^0_{lk}}{\frac{\beta}{\varphi} - \frac{\Delta\alpha_{ky}}{2}} = \frac{3437 - 2354 + \left(\frac{1.45}{0.977} + \frac{0.1}{2}\right) \times 199}{\frac{1.45}{0.977} - \frac{0.1}{2}}$	968	1060	1153
7	热空气出口温度	t_{rk}	℃	查温焓表（表3-5）	145	159	173
8	烟气放热量	Q_{rp}	kJ/kg	$\varphi(I' - I'' + \Delta\alpha_{ky}\frac{I^0_{rk} + I^0_{lk}}{2}) = 0.977(3437 - 2354 + 0.1 \times \frac{968 + 199}{2})$	1115	1249	1383
9	平均烟温	ϑ_{pj}	℃	$\frac{\vartheta' + \vartheta''}{2} = \frac{274 + 180}{2}$	227	222	217
10	烟气流速	w	m/s	$\frac{B'_j V_y(\vartheta_{pj} + 273)}{F \times 273} = \frac{0.491 \times 9.351(227 + 273)}{0.629 \times 273}$	13.37	13.24	13.10

表续

序号	名　称	符号	单　位	计算公式或依据	数		值
11	水蒸汽容积份额	r_{H_2O}		烟气特性表(表3-4)	0.0355		
12	三原子气体容积份额	r_q		烟气特性表	0.1453		
13	烟气纵向冲刷放热系数	α_0^{zx}	kW/m²·°C	查教材线算图7-15	0.0431	0.0426	0.0423
14	修正系数	c_l		$\frac{l}{d}=\frac{2.4}{0.037}=64.9$，查图7-15	1		
		c_w		$\vartheta_{pj}=227$°C，$r_{H_2O}=0.0355$，查图7-15	1.050	1.055	1.060
15	烟气侧对流放热系数	α_1	kW/m²·°C	$\alpha_0^{zx}c_lc_w=0.0431\times1\times1.05$	0.0453	0.0449	0.0448
16	平均空气温度	t_{pj}	°C	$\frac{t_{rk}+t_{lk}}{2}=\frac{145+30}{2}$	88	95	102
17	空气流速	w_{hx}	m/s	$\frac{B_j^l\beta V_k^o((t_{pj}+273)}{f\times273}$ $=\frac{0.491\times1.45\times5.025(88+273)}{0.677\times273}$	6.99	7.12	7.26
18	空气横向冲刷错列管束放热系数	α_0^{hx}	kW/m²·°C	查教材线算图7-13	0.0710	0.0720	0.0727
19	修正系数	c_c		$z_2>10$,查图7-13	1.0		
		c_s		$\sigma_1=2$，$\sigma_2=1$，查图7-13	1.2		
		c_w		$t_{pj}=97$°C，空气，查图7-13	1.0		
20	空气侧对流放热系数	α_2	kW/m²·°C	$\alpha_0^{hx}c_cc_sc_w=0.0710\times1\times1.2\times1$	0.0852	0.0864	0.0872
21	利用系数	ξ			0.70		
22	传热系数	K	kW/m²·°C	$\xi\frac{\alpha_1\ \ \alpha_2}{\alpha_1+\alpha_2}=\frac{0.7\times0.0453\times0.0852}{0.0453+0.0852}$	0.0207	0.0207	0.0207
23	最大温差	Δt_{max}	°C	$\vartheta''-t_{lk}=180-30$	150	140	130
24	最小温差	Δt_{min}	°C	$\vartheta'-t_{rk}=274-145$	129	115	101
25	逆流平均温压	Δt_{nl}	°C	$\frac{\Delta t_{max}+\Delta t_{min}}{2}=\frac{150+129}{2}$	140	128	116
26	计算参数	P		$\frac{\tau_x}{\vartheta'-t'}=\frac{\vartheta'-\vartheta''}{\vartheta'-t_{lk}}=\frac{274-180}{274-30}$	0.385	0.426	0.467
		R		$\frac{\tau_d}{\tau_x}=\frac{t_{rk}-t_{lk}}{\vartheta'-\vartheta''}=\frac{145-30}{274-180}$	1.22	1.24	1.25
27	系　数	ψ_t		查教材线算图7-23	0.970	0.965	0.955
28	平均温压	Δt	°C	$\psi_t\Delta t_{nl}=0.970\times140$	136	123	111
29	传 热 量	Q_{cr}	kJ/kg	$\frac{KH\Delta t}{B_j'}=\frac{0.0207\times169.8\times136}{0.491}$	974	881	795
30	出口烟温	ϑ''	°C	作图法(图3-13)	186		

续表

序号	名　　称	符号	单　位	计算公式或依据	数　　值
31	出口烟焓	I''	kJ/kg	$a''=1.85$	2433
32	平均烟温	ϑ_{pj}	℃	$\dfrac{\vartheta'+\vartheta''}{2}=\dfrac{274+186}{2}$	230
33	烟气流速	w	m/s	$\dfrac{B'_jV_y(\vartheta_{pj}+273)}{F\times273}=\dfrac{0.491\times9.351(230+273)}{0.629\times273}$	13.45
34	空气出口焓	I^o_{rk}	kJ/kg	$I'-I''+(\dfrac{\beta}{\varphi}+\dfrac{\Delta a_{ky}}{2})I^o_{lk}/\dfrac{\beta}{\varphi}-\dfrac{\Delta a_{ky}}{2}$ $=\dfrac{3437-2433+\left(\dfrac{1.45}{0.977}+\dfrac{0.1}{2}\right)\times199}{\dfrac{1.45}{0.977}-\dfrac{0.1}{2}}$	913
35	热空气温度	t_{rk}	℃	查温焓表(表3-5)	137
36	空气平均温度	t_{pj}	℃	$\dfrac{t_{rk}+t_{lk}}{2}=\dfrac{137+30}{2}$	84
37	空气流速	w_k	m/s	$\dfrac{B'_j\beta V^o_k(t_{pj}+273)}{f\times273}$ $=\dfrac{0.491\times1.45\times5.025(84+273)}{0.677\times273}$	6.91
38	空气预热器吸热量	Q_{ky}	kJ/kg	$\varphi\left(I'-I''+\Delta a\dfrac{I^0_{rk}+I^0_{lk}}{2}\right)=0.977(3734$ $-2433+0.1\times\dfrac{913-199}{2})$	1035
39	最大温压	Δt_{max}	℃	$\vartheta''-t_{lk}=186-30$	156
40	最小温压	Δt_{min}	℃	$\vartheta'-t_{rk}=274-137$	137
41	逆流温压	Δt_{nl}	℃	$\dfrac{\Delta t_{max}+\Delta t_{min}}{2}=\dfrac{156+137}{2}$	147
42	计算参数	P		$\dfrac{\tau_x}{\vartheta'-t'}=\dfrac{\vartheta'-\vartheta''}{\vartheta'-t_{lk}}=\dfrac{274-186}{274-30}$	0.361
		R		$\dfrac{\tau_d}{\tau_x}=\dfrac{t_{rk}-t_{lk}}{\vartheta'-\vartheta''}=\dfrac{137-30}{274-186}$	1.22
43	温压修正系数	ψ		查教材图7-23	0.975
44	平均温压	Δt	℃	$\psi\Delta t_{nl}=0.975\times147$	143
45	传热系数	K	kW/m²·℃	$\dfrac{B'_jQ_{ky}}{H\Delta t}=\dfrac{0.491\times1035}{169.8\times143}$	0.0209
46	热空气温度校验				
	设计值	t^s_{rk}	℃	炉膛热力计算（表3-8）	150
	计算结果	t_{rk}		空气预热器计算(本表)	137
	偏　差	Δ		$t_{rk}-t^s_{rk}=137-150<\pm40$	-13　符合标准要求
47	排烟温度校验				
	设计值	ϑ_{py}	℃	锅炉热平衡计算（表3-6）	180
	计算结果	ϑ''_{ky}		本　表	186
	偏　差	Δ		$\vartheta''_{ky}-\vartheta_{py}=186-180<\pm10$	6　符合标准要求

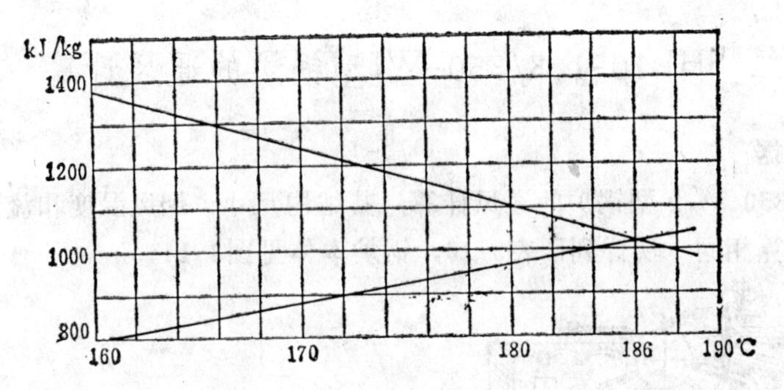

图 3-13 空气预热器出口烟温计算图

（十）锅炉热力计算汇总表（表3-15）

表 3-15

序号	项目	符号	单位	热平衡	烟道名称					
					炉膛	凝渣管	过热器	锅炉管束	省煤器	空气预热器
1	锅炉热效率	η	%	73.09						
2	燃料计算消耗量	B_j	kg/h	1766						
3	炉膛热可见负荷	$B'Q^y_{dw}/V_1$	kW/m³		257					
4	炉排热可见负荷	$B'Q^y_{dw}/R$	kW/m²		882					
5	管径	$d_w\times\delta$	mm		51×3	51×3	38×3.5	51×3	76×8	40×1.5
6	管子布置方式					顺列	顺列	顺列	顺列	错列
7	横向节距	S_1	mm		前、后墙170 左、右墙105	227	85	120	150	80
8	纵向节距	S_2	mm		前、后墙e=25.5 左、右墙e=65	180	100	120	150	40
9	进口烟温	ϑ'	℃		$\vartheta_{ll}=1549$	963	919	766	358	274
10	出口烟温	ϑ''	℃		963	919	766	358	274	186
11	进口介质温度	t'	℃		197	197	197	197	105	30
12	出口介质温度	t''	℃		197	197	325	197	140	137
13	烟气流速	w_y	m/s			5.29	$w_{hx}=9.33$ $w_{zx}=6.33$	5.82	9.76	13.45
14	介质流速	w	m/s				20.15		0.52	6.91
15	受热面积	H	m²		$\Sigma\zeta H=23.18$	11.52	$H_{hx}=28.64$ $H_{zx}=16.32$	230.1	94.4	169.8
16	温压	Δt	℃			744	582	323	192	143
17	传热系数	K	kW/m²·℃			0.0314	0.0312	0.0313	0.0233	0.0209
18	吸热量	Q	kJ/kg		7656	558	1657	4742	859	1035

二、SHL10-1.3/350-WI型锅炉的通风计算

（一）计算依据

SHL10-1.3/350-WⅠ型锅炉的通风计算，其结构尺寸、烟风温度和流速等一些基本数据与前面热力计算相同，现详列于表3-16，锅炉本体见图3-14。

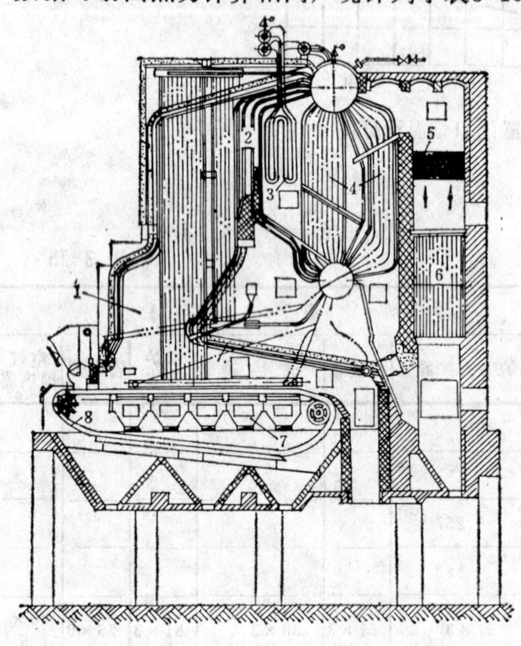

图 3-14 SHL10-1.3/350型锅炉本体结构简图

1—炉膛；2—烟窗及凝渣管；3—蒸汽过热器；4—对流管束；5—省煤器；6—空气预热器；7—风仓；8—链条炉排

表 3-16

序号	名称	符号	单位	凝渣管	过热器	锅炉管束	转向室	省煤器	空气预热器
1	烟气平均容积	V_y	m_N^3/kg	7.819	7.946	8.330	8.581	8.841	9.351
2	烟气有效流通截面积	F	m²	3.23	F_{hx}1.71 F_{zx}2.52	2.04	1.62 2.16	0.96	0.629
3	烟气进口温度	ϑ'	℃	963	919	766	358	358	274
4	烟气出口温度	ϑ''	℃	919	766	358	358	274	186
5	烟气平均温度	ϑ_{pj}	℃	941	843	520	358	316	230
6	空气平均温度	t	℃						137/30
7	烟气平均速度	w_y	m/s	5.29	w_{hx}9.33 w_{zx}6.33	5.82		9.76	13.45
8	空气平均速度	w_k	m/s						6.91
9	管子外径	$d_w\delta$	mm	51×3	38×3.5	51×3		76×8	40×1.5
10	横向节距	s_1	mm	227	85	120		150	80
	横向相对节距	s_1/d		4.45	2.24	2.35			
11	纵向节距	s_2	mm	180	100	120		150	40
	纵向相对节距	s_2/d		3.53	2.63	2.35			
12	比值	$\frac{s_1-d}{s_2-d}$				1			
13	沿烟气流动方向管子排数	z	排	4	4	16		4	23
14	排列方式			顺列	顺列	顺列		顺列	错列
15	管长	l	m					2.0	2.4

（二）锅炉的烟气阻力计算

1.炉膛负压

由设计选定，炉膛负压为20Pa，即

$$\Delta h_l'' = 20 \quad \text{Pa}$$

2.凝渣管的阻力

流经凝渣管的烟速计算，列于表3-17。依照空气动力计算标准方法❶的规定，流经凝渣管的烟速$w_y = 5.29 < 15$m/s故可略而不计，即

$$\Delta h_{nz} \approx 0 \quad \text{Pa}$$

3.蒸汽过热器的阻力（表3-18）

表 3-17

序号	名　　称	符　号	单　位	计算公式或依据	数　值
1	烟气平均体积	V_y	m_N^3/kg	热力计算(表3-16)	7.819
2	烟道有效截面积	F	m^2	热力计算	3.23
3	烟气进口温度	ϑ'	°C	热力计算	963
4	烟气出口温度	ϑ''	°C	热力计算	919
5	烟气平均温度	ϑ_{pj}	°C	$\frac{\vartheta'+\vartheta''}{2}=\frac{963+919}{2}$	941
6	烟气平均速度	w_y	m/s	$\frac{B_jV_y(\vartheta_{pj}+273)}{3600F\times273}=\frac{1766\times7.819(941+273)}{3600\times3.23\times273}$	5.29

表 3-18

序号	名　　称	符　号	单　位	计算公式或依据	数　值
1	烟气平均容积	V_y	m_N^3/kg	热力计算(表3-16)	7.946
2	烟气有效流通截面积				
	横　　向	F_{hx}	m^2	热力计算	1.71
	纵　　向	F_{zx}	m^2	热力计算	2.52
3	烟气进口温度	ϑ'	°C	热力计算	919
4	烟气出口温度	ϑ''	°C	热力计算	766
5	烟气平均温度	ϑ_{pj}	°C	$\frac{\vartheta'+\vartheta''}{2}=\frac{919+766}{2}$	843
6	横向冲刷烟气平均速度	w_y^{hx}	m/s	$\frac{B_jV_y(\vartheta_{pj}+273)}{3600F_{hx}\times273}=\frac{1766\times7.946(843+273)}{3600\times1.71\times273}$	9.33
7	管子外径	d_w	mm	几何尺寸	38
8	管子排列方式			顺　　列	
9	管子排数	z_2		几何尺寸$\left(按计算标准取\frac{1}{2}\times8排\right)$	4
10	横向相对节距	s_1/d		85/38	2.24
11	纵向相对节距	s_2/d		100/38	2.63
12	横向冲刷顺列管束阻力系数	ζ		$\because s_{1/d} < s_{2/d}$　查教材图8-7 $c_s\zeta_{1t}z_2 = 0.72\times0.51\times4$	1.469
13	动压头	h_d^{hx}	Pa	查教材线算图 8-3 ①	14.5

① 在阻力计算中，所用的线算图是针对标准状态下的干空气绘制而成，以此线算图计算所得的阻力，将一并于最后进行修正。下同。

❶ “锅炉设备空气动力计算”（标准方法）[苏]С.И.莫强主编，电力工业出版社，1981年；后面引用此书时，简称动力计算标准。

续表

序号	名称	符号	单位	计算公式或依据	数值
14	横向冲刷阻力	Δh_{hx}	Pa	$\zeta h_d^{hx}=1.469\times14.5$	21.30
15	当量直径	d_{dl}	m	热力计算	0.316
16	通道长度	l	m	几何尺寸	1.4
17	摩擦阻力系数	λ		查教材表8-1	0.03
18	纵向冲刷烟气平均速度	w_y^{zx}	m/s	$\frac{B_jV_y(\vartheta_{pj}+273)}{3600F_{hx}\times273}=\frac{1766\times7.946(843+273)}{3600\times2.52\times273}$	6.33
19	动压头	h_d^{zx}	Pa	查教材图8-3	6.6
20	纵向冲刷摩擦阻力	Δh_{zx}	Pa	$\lambda\frac{l}{d_{dl}}h_d^{zx}=\frac{0.03\times1.4}{0.316}\times6.6$	0.88
21	90°转弯阻力系数	ζ		90°转弯一个，按计算标准	1.0
22	90°转弯阻力	Δh_{zy}	Pa	$\zeta h_d^{hx}=1\times14.5$	14.50
23	135°转弯原始阻力系数，考虑管壁粗糙度影响系数	$k_{\Delta\zeta zy}$		$\frac{r}{b}=0$查教材图8-16b)	1.4
24	弯头角度系数	B		$\alpha=45°$查教材图8-16c)	0.2
25	弯头截面形状系数	C		$\frac{a}{b}=\frac{1030}{2850}=0.36\quad\frac{R}{b}\leqslant2$查图8-16d)	1.3
26	弯头局部阻力系数	ζ		$k_{\Delta\zeta zy}BC=1.4\times0.2\times1.3$	0.364
27	出口烟气容积	V_y''	m_N^3/kg	$\alpha_{gr}''=1.55$	8.072
28	烟气有效流通截面积	F	m²	1.03×2.85	2.94
29	烟气流速	w_y	m/s	$\frac{B_jV_y''(\vartheta''+273)}{3600\times F\times273}=\frac{1766\times8.072(766+273)}{3600\times2.94\times273}$	5.13
30	动压头	h_d	Pa	查教材图8-3	5
31	135°转弯阻力	Δh_z	Pa	$\zeta\times h_d=0.364\times5$	1.82
32	修正系数	K		查教材表8-4	1.2
33	蒸汽过热器阻力	Δh_{gr}①	Pa	$K(\Delta h_{hx}+\Delta h_{zx}+\Delta h_{zy}+\Delta h_z)$ $=1.2(21.30+0.88+14.50+1.82)$	46.20

4.锅炉管束的阻力（表3-19）

表3-19

序号	名称	符号	单位	计算公式或依据	数值
1	烟气平均容积	V_y	m_N^3/kg	热力计算（表3-16）	8.330
2	烟气有效流通截面积	F	m²	热力计算	2.04
3	烟气进口温度	ϑ'	℃	热力计算	766
4	烟气出口温度	ϑ''	℃	热力计算	358
5	烟气平均温度	ϑ_{pj}	℃	热力计算	520

续表

序号	名称	符号	单位	计算公式或依据	数值
6	烟气平均速度	w_y	m/s	$\frac{B_jV_y(\vartheta_{pj}+273)}{3600F\times273}=\frac{1766\times8.330(520+273)}{3600\times2.04\times273}$	5.82
7	管子外径	d_w	mm	几何尺寸	51
8	管子排列方式			顺　列	
9	管子排数	z_2		三个回程3×16	48
10	横向相对节距	s_1/d		120/51	2.35
11	纵向相对节距	s_2/d		120/51	2.35
12	比　值	ψ		$\frac{s_1-d}{s_2-d}=\frac{120-51}{120-51}$	1
13	单排管子阻力系数	ζ_{lt}		查教材图8-7	0.50
14	管束的构造修正系数	c_s		查图8-7	0.68
15	横向冲刷阻力系数	ζ		$\because\frac{s_1}{d}=\frac{s_2}{d}$　$c_s\zeta_{lt}z_2=0.68\times0.50\times48$	16.32
16	动 压 头	h_d	Pa	查教材图8-3	7.7
17	横向冲刷阻力	Δh_{hx}	Pa	$\zeta h_d=16.32\times7.7$	125.66
18	转弯阻力系数	ζ		4个90°转弯4×1.0	4
19	转弯阻力	Δh_{zy}	Pa	$\zeta h_d=4\times7.7$	30.80
20	积灰修正系数	k		查教材表8-4	0.9
21	锅炉管束阻力	Δh_{gs}	Pa	$k(\Delta h_{hx}+\Delta h_{zy})=0.9(125.66+30.80)$	140.81

5.烟道转向室阻力（表3-20）

表 3-20

序号	名称	符号	单位	计算公式或依据	数值
1	入口截面	F_1	m²	0.9×1.8	1.62
2	出口截面	F_2	m²	1.2×1.8	2.16
3	截面比值	F_2/F_1		2.16/1.62	1.33
4	转弯原始阻力系数，考虑管壁粗糙度影响系数	$k_{\Delta}\zeta_{zy}$		查教材图8-16	1.17
5	锅炉管束出口烟气容积	V_y	m_N^3/kg	$\alpha''_{gs}=1.65$	8.581
6	小截面处烟气流速	w_y	m/s	$\frac{B_jV_y(\vartheta_{pj}+273)}{3600F_1\times273}=\frac{1766\times8.581(358+273)}{3600\times1.62\times273}$	6.01
7	动 压 头	h_d	Pa	查教材图8-3	10.4
8	转弯角度系数	B		当转角为90°查教材图8-16	1
9	截面形状系数	C		图8-16	0.95
10	弯头局部阻力	$\Delta h'$	Pa	$k_{\Delta}\zeta_{zy}BCh_d=1.17\times1\times0.95\times10.4$	11.56
11	考虑弯头修正增大1.8倍	Δh_{zx}	Pa	$\Delta h'\times1.8=11.56\times1.8$	20.81

6.铸铁省煤器阻力（表3-21）

表 3-21

序号	名称	符号	单位	计算公式或依据	数值
1	烟气平均容积	V_y	m_N^3/kg	热力计算(表3-16)	8.841
2	烟气有效流通截面积	F	m²	热力计算	0.96
3	烟气进口温度	ϑ'	°C	热力计算	358

续表

序号	名　　　称	符　号	单　位	计 算 公 式 或 依 据	数 值
4	烟气出口温度	ϑ''	℃	热力计算	274
5	气烟平均温度	ϑ_{pj}	℃	$\frac{\vartheta'+\vartheta''}{2}=\frac{358+274}{2}$	316
6	烟气平均速度	w_y	m/s	$\frac{B_jV_y(\vartheta_{pj}+273)}{3600F\times 273}=\frac{1766\times 8.841(316+273)}{3600\times 0.96\times 273}$	9.76
7	管子排数	z_2		几何尺寸	4
8	阻力系数	ζ		$0.5z_2=0.5\times 4$	2
9	动 压 头	h_d	Pa	查教材图8-3	29.4
10	积灰修正系数	k		查教材表8-4(在ζ值中已包括在内故不再修正)	1.2
11	省煤器烟气阻力	Δh_{sm}	Pa	$\zeta h_d=2\times 29.40$	58.80

7.空气预热器前烟道门的阻力

由设计假定，取空气预热器前烟道门的阻力为15 Pa，即

$$\Delta h_{ym}=15\ \mathrm{Pa}$$

8.空气预热器的阻力（表3-22）

表 3-22

序号	名　　　称	符　号	单　位	计 算 公 式 或 依 据	数 值
1	烟气平均容积	V_y	m_N^3/kg	热力计算(表3-16)	9.351
2	烟气有效流通截面积	F	m^2	热力计算	0.629
3	烟道进口温度	ϑ'	℃	热力计算	274
4	烟道出口温度	ϑ''	℃	热力计算	186
5	烟气平均温度	ϑ_{pj}	℃	$\frac{\vartheta'+\vartheta''}{2}=\frac{274+186}{2}$	230
6	烟气平均速度	w_y	m/s	$\frac{B_jV_y(\vartheta_{pj}+273)}{3600F\times 273}=\frac{1766\times 9.351(230+273)}{3600\times 0.629\times 273}$	13.45
7	管子内径	d_n	mm	几何尺寸	37
8	冲刷长度	l	m	热力计算	2.4
9	每米长度摩擦阻力	$\Delta h'_{mc}$	Pa	查教材图8-4	64
10	修正系数	c		查图8-4	1
11	积灰修正系数	k		查教材表8-4	1.1
12	空气预热器摩擦阻力	Δh_{mc}	Pa	$k\Delta h'_{mc}cl=1.1\times 64\times 1\times 2.4$	168.96
13	空气预热器进出烟道断面	F'	m^2	$ab=1.2\times 1.8$	2.16
14	管 子 数	n		空气预热器结构	585
15	管子有效截面与烟道截面积之比	$\frac{F}{F'}$		$\frac{n\frac{\pi}{4}d_n^2}{F'}=\frac{585\times 0.785\times 0.037^2}{2.16}$	0.291
16	烟气进口局部阻力系数	ζ'		查教材图8-13	0.35
17	烟气出口局部阻力系数	ζ''		查图8-13	0.55
18	动 压 头	h_d	Pa	查教材图8-3	64.9
19	空气预热器进出口局部阻力	Δh_{jb}	Pa	$(\zeta'+\zeta'')h_d=(0.35+0.55)\times 64.9$	58.41
20	空气预热器阻力	Δh_{ky}	Pa	$\Delta h_{mc}+\Delta h_{jb}=168.96+58.41$	227.37

9.锅炉本体烟道阻力(表3-23)

表 3-23

序号	名称	符号	单位	计算公式或依据	数值
1	烟道阻力	$\Sigma\Delta h$	Pa	$\Delta h_{nz}+\Delta h_{gr}+\Delta h_{gs}+\Delta h_{zx}+\Delta h_{sm}+\Delta h_{ym}+\Delta h_{ky}=0+46.20+140.81+20.81+58.80+15+227.37$	508.99
2	燃料的应用基灰分	A^y	%	燃料成分(表3-1)	33.12
3	飞灰中灰量占燃料总灰量的份额	a_{fh}		链条炉,由教材表4-2查取	0.20
4	折算灰分	A^y_{zs}	%	$\dfrac{A^y}{\left(\dfrac{Q^y_{dw}}{4186.8}\right)}=\dfrac{33.12}{\left(\dfrac{18187}{4186.8}\right)}=\dfrac{33.12}{4.344}$	7.64
5	判别式	$a_{fh}A^y_{zs}$		$0.20\times7.64=1.528<6$ 故不需要进行烟气含灰量的修正	1.528
6	当地最低大气压	b	Pa	当地(上海)夏季气压	100391
7	受热面平均过量空气系数	a_{pj}		$(1.50+1.85)/2$	1.675
8	平均烟气量	V^{pj}_y	m^3_N/kg	$V_{RO_2}+V^0_{N_2}+V^0_{H_2O}+1.0161(a_{pj}-1)V^0_k=1.027+3.972+0.267+1.0161(1.675-1)\times5.025$	8.712
9	烟气在标准大气压(101325Pa),0℃时的密度	ρ^0_y	kg/m^3_N	$\dfrac{1-0.01A^y+1.306a_{pj}V^0_k}{V^{pj}_y}=\dfrac{1-0.01\times33.12+1.306\times1.675\times5.025}{8.712}$	1.339
10	修正后的阻力	ΔH^y_{sl}	Pa	$\Sigma\Delta h\dfrac{\rho^0_y}{1.293}\times\dfrac{101325}{b}=508.99\times\dfrac{1.339}{1.293}\times\dfrac{101325}{100391}$	532.03

10.烟道的自生通风力计算(表3-24)

表 3-24

序号	名称	符号	单位	计算公式或依据	数值
1	尾部竖烟道的计算高度	H	m	几何特性	8
2	受热面平均过量空气系数	a_{pj}		$\dfrac{1.65+1.85}{2}$	1.75
3	平均烟气量	V^{pj}_y	m^3_N/kg	$V^0_{RO_2}+V^0_{N_2}+V^0_{H_2O}+1.0161(a_{pj}-1)V^0_k=1.027+3.972+0.267+1.0161(1.75-1)\times5.025$	9.095
4	标准状态下烟气平均密度	ρ^0_y	kg/m^3_N	$\dfrac{1-0.01A^y+1.306a_{pj}V^0_k}{V^{pj}_y}=\dfrac{1-0.01\times33.12+1.306\times1.75\times5.025}{9.095}$	1.336
5	平均烟温	ϑ_{pj}	℃	$\dfrac{358+186}{2}$	272
6	自生风	h'_{zs}	Pa/m	$Hg\left(1.2-\rho^0_y\dfrac{273}{273+\vartheta}\right)\dfrac{b}{101325}=1\times9.81\left(1.2-1.336\dfrac{273}{273+272}\right)\times\dfrac{100391}{101325}$	5.15

续表

序号	名称	符号	单位	计算公式或依据	数值
7	尾部竖直烟道自生风	h^y_{zs}	Pa	$H \times h'_{zs} = 8 \times 5.15$ 烟气向下流动	-41.20
8	烟囱每米高度自生风	h'_{ys}	Pa/m	$r_{H_2O} = 0.0355$ $\vartheta_{yj} = 186$°C查动力计算标准图VⅡ-26	4
9	烟囱高度	H_{yz}	m	锅炉房容量按20t/h考虑，取值	45
10	烟囱自生风	h^{yz}_{zs}	Pa	45×4	180
11	烟道总的自生风	H^y_{zs}	Pa	$h^{yz}_{zs} + h^y_{zs} = 180 - 41.20$	138.80

11.锅炉设备烟道全压降（表3-25）

表 3-25

序号	名称	符号	单位	计算公式或依据	数值
1	锅炉本体烟道阻力	ΔH^y_{sl}	Pa		532
2	除尘器阻力	h_{ch}	Pa	XS-10型除尘器，按产品样本取 $\eta = 93\%$	650
3	锅炉外烟道阻力	h_{wy}	Pa	取定	200
4	烟道总阻力	$\Sigma\Delta h^y_{sl}$	Pa	$\Delta H^y_{sl} + h_{ch} + h_{wy} = 532 + 650 + 200$	1382
5	炉膛负压	h''_l	Pa	取定值	20
6	烟道总的自生风	H^y_{zs}	Pa	计算值	138.80
7	全压降	ΔH_y	Pa	$h''_l + \Sigma\Delta h^y_{sl} - H^y_{xs} = 20 + 1382 - 138.80$	1263.20

12.锅炉机组引风机处的烟气量（表3-26）

表 3-26

序号	名称	符号	单位	计算公式或依据	数值
1	引风机处烟气温度	ϑ_{yj}	°C	$\frac{a_{py}\vartheta_{py} + \Delta at_{lk}}{a_{py} + \Delta a}$当空气预热器后漏风系数 $\Delta\alpha = 0.01 + 0.05 < 0.10$时，取用空气预热器后的烟气温度，即排烟温度$\vartheta_{py}$	186
2	引风机烟气量	V_{yj}	m³/h	$B_j(V^{py}_{ky} + \Delta aV^0_k)\frac{\vartheta_{py} + 273}{273}$ $= 1766(9.351 + 0.06 \times 5.025)\frac{186 + 273}{273}$	28660.29

13.引风机选择（表3-27）

表 3-27

序号	名称	符号	单位	计算公式或依据	数值
1	流量储备系数	β_1		计算规范	1.1
2	压头储备系数	β_2		计算规范	1.2
3	烟气流量	V_{yf}	m³/h		28660.29

续表

序号	名　　称	符号	单　位	计算公式或依据	数值
4	全压降	ΔH_y	Pa		1263.20
5	当地最低大气压	b	Pa	上海地区	100391
6	计算流量	Q_j	m³/h	$\beta_1 V_{yj}\frac{101325}{b}=1.1\times 28660.29\times\frac{101325}{100391}$	31819.63
7	计算压头	H_j	Pa	$\beta_2 \Delta H_y = 1.2\times 1263.20$	1515.84
8	对制造厂风机特性曲线规定压头换算系数	K_T		$\frac{1.293}{\rho_y^0}\times\frac{T}{T_k}\times\frac{101325}{b}=\frac{1.293}{1.339}\times\frac{186+273}{200+273}\times\frac{101325}{100391}$	0.781
9	修正后计算压头	H	Pa	$K_T H_j = 0.781\times 1515.84$	1183.87
10	引风机选择				
	型　号	Y4-73-11　No9D　左0°			
	风　量	Q	m³/h	产品样本	32900
	风　压	H	Pa	产品样本	1568
	电动机型号Y180L-4	$N=22\text{kW}$　$n=1450\text{r/min}$			

（三）锅炉的空气阻力计算

1.进口冷风道的阻力

进口冷风道的阻力，本设计根据经验数据取用200Pa，即

$$\Delta h_1 = 200\text{Pa}$$

2.空气预热器阻力（表3-28）

表 3-28

序号	名　　称	符　号	单　位	计算公式或依据	数值
1	入口处局部阻力				
	小截面面积	F_x	m	0.5×0.8	0.40
	大截面面积	F_d	m	1.106×1.106	1.223
	小截面与大截面之比	$\frac{F_x}{F_d}$		$\frac{0.40}{1.223}$	0.327
	截面突然扩大局部阻力系数	ζ_1		查教材图8-13	0.50
		$\text{tg}\frac{a}{2}$		$\frac{b_2-b_1}{2l}=\frac{1106-800}{2\times 360}$	0.425
		a	度		46
	扩散系数	φ_{ks}		查教材图8-14	1.2
	入口扩散管局部阻力系数	ζ_{ks}		$\varphi_{ks}\cdot\zeta_1 = 1.2\times 0.50$	0.60
	冷空气温度	t_{lk}	°C		30

续表

序号	名　　称	符　号	单　位	计算公式或依据	数值
1	炉膛出口处过量空气系数	α''_l		热力计算(表3-2)	1.50
	炉膛的漏风系数	$\Delta\alpha_l$		热力计算	0.10
	空气预热器中空气漏入烟道的漏风系数	$\Delta\alpha_{ky}$			0.10
	冷空气流量	V_{lk}	m³/s	$B_j V_k^0(\alpha''_l-\Delta\alpha_l+\Delta\alpha_{ky})\dfrac{t_{lk}+273}{3600\times273}$ $1766\times5.025(1.50-0.10+0.10)\dfrac{30+273}{3600\times273}$	4.10
	小截面流速	w_1	m/s	$\dfrac{V_{lk}}{F_x}=\dfrac{4.10}{0.40}$	10.25
	动 压 头	h_d	Pa	查教材图8-3	62
	入口局部阻力	Δh_1	Pa	$\zeta_{ks}h_d=0.60\times62$	37.20
2	横向冲刷管束阻力				
	热空气温度	t_{rk}	℃	热力计算(表3-14)	137
	空气平均温度	t_{pj}	℃	$\dfrac{1}{2}(t_{lk}+t_{rk})=\dfrac{1}{2}(30+137)$	84
	空气平均流速	w_k	m/s	热力计算(表3-14)	6.91
	管子直径	d	mm	几何特性	40
	横向相对节距	S_1/d		几何特性	2
	纵向相对节距	S_2/d		几何特性	1
	深度方向排数	z_2		一个回程	45
	回 程 数	m			2
	单排管束的阻力	$\Delta h'_{cx}$	Pa	查图教材8-9	6.5
	错列管束结构系数	c_s		查图8-9	1.62
	管子直径修正系数	c_d		查图8-9	0.94
	横向冲刷阻力	Δh_c	Pa	$c_s c_d \Delta h'_{cx}(z_2+1)m$ $=1.62\times0.94\times6.5(45+1)\times2$	910.6
3	空气预热器连接风道阻力				
	对于连接风道的局部阻力按180°转弯计算阻力系数	$\zeta_{180°}$		$a<0.5h$	3.5
	风箱转弯始端截面	F_1	m²	结构尺寸1.106×1.106	1.223
	风箱转弯终端截面	F_2	m²	1.106×1.106	1.223
	转弯中间截面	F_3	m²	1.106×0.45	0.498
	风箱转弯平均截面	F_{pj}	m²	$F=\dfrac{3}{\dfrac{1}{F_1}+\dfrac{1}{F_2}+\dfrac{1}{F_3}}=\dfrac{3}{\dfrac{1}{1.223}+\dfrac{1}{1.223}+\dfrac{1}{0.498}}$	0.824

续表

序号	名称	符号	单位	计算公式或依据	数值
3	热空气流量	V_{rk}	m³/s	$B_j V_k^0(\alpha_l'' - \Delta\alpha_l)\dfrac{t_{rk}+273}{3600\times273}$ $=1766\times5.025(1.50-0.10)\dfrac{137+273}{3600\times273}$	5.18
	平均空气流量	V_{pj}	m³/s	$\dfrac{1}{2}(V_{ljk}+V_{rk})=\dfrac{1}{2}(4.10+5.18)$	4.64
	平均空气流速	w_{pj}	m/s	$\dfrac{V_{pj}}{F_{pj}}=\dfrac{4.64}{0.824}$	5.63
	动压头	h_d	Pa	$w_{pj}=5.63\quad t_{pj}=84℃$	15.8
	风箱180°转弯阻力	$\Delta h_{180°}$	Pa	$\zeta_{180°}h_d=3.5\times15.8$	55.30
4	出口处局部阻力截面比	$\dfrac{F_x}{F_d}$		$\dfrac{0.7\times0.8}{1.23}$	0.455
	截面突然缩小局部阻力系数	ζ_2		查教材图8-13	0.275
	收缩角	α	度	查图8-13	46
	收缩系数	φ_{ss}		查教材图8-14	1.2
	出口处收缩局部阻力系数	ξ_{ss}		$\varphi_{ss}\xi_2=1.2\times0.275$	0.33
	出口小截面流速	w_2	m/s	$\dfrac{V_{rk}}{F_x}=\dfrac{5.18}{0.56}$	9.25
	动压头	h_d	Pa	$w_2=9.25,\ t_{rk}=137℃$	38.4
	出口处局部阻力	Δh_2	Pa	$\xi_{ss}h_d=0.33\times38.4$	12.7
	考虑灰垢修正系数	k			1.05
	空气预热器阻力	Δh_{ky}	Pa	$k(\Delta h_1+\Delta h_c+\Delta h_{180°}+\Delta h_2)$ $=1.05(37.20+910.6+55.3+12.7)$	1066.59

3.热风道阻力(表3-29)

表 3-29

序号	名符	符号	单位	计算公式或依据	数值
1	热风道摩擦阻力				
	热空气流量	V_{rk}	m³/s	计算(表3-28)	5.18
	热风管截面积	F	m²	结构尺寸$ab=0.7\times0.8$	0.56
	热空气速度	w_{rk}	m/s	$\dfrac{5.18}{0.56}$	9.25
	通道长度	l	m	几何尺寸	6
	当量直径	d_{dl}	m	$\dfrac{2ab}{a+b}=\dfrac{2\times0.7\times0.8}{0.7+0.8}$	0.75
	摩擦阻力系数	λ		查教材表8-1	0.02

续表

序号	名称	符号	单位	计算公式或依据	数值
1	动压头	h_d	Pa	$w_{rk}=9.25$，$t_{rk}=137°C$查教材图8-3	38.4
	摩擦阻力	Δh_m	Pa	$\frac{\lambda l}{d_{dl}}h_d=\frac{0.02\times6}{0.75}\times38.4$	6.14
2	90°转弯阻力				
	原始阻力系数与粗糙影响系数乘积	$k_\Delta\zeta_{zy}$		$r/b=1$，查教材图8-16	0.27
	角度系数	B		当转角为90°时查图8-16	1
	截面形状系数	C		$\frac{a}{b}=\frac{700}{800}=0.875$ 查图8-16	1.02
	90°转弯阻力系数	$\zeta_{90°}$		$k_\Delta\zeta_{zy}BC=0.27\times1\times1.02$	0.282
	动压头	h_d	Pa	同前	38.4
	90°转弯阻力	$\Delta h_{90°}$	Pa	$\zeta_{90°}h_d=0.282\times38.4$	10.83
3	热风道总阻力	Δh_{rf}	Pa	$\Delta h_m+\Delta h_{90°}=6.14+10.83$	16.97

4.水泥热风道阻力（表3-30）

表 3-30

序号	名称	符号	单位	计算公式或依据	数值
1	变截面90°转弯阻力				
	入口截面	F'	m²	0.7×0.8	0.56
	出口截面	F''	m²	0.7×1.1	0.77
	截面比	$\frac{F''}{F'}$		$\frac{0.77}{0.56}$	1.375
	原始阻力系数与粗糙影响系数乘积	$k_\Delta\zeta_{zy}$		直角急转弯查教材图8-16	1.15
	角度系数	B		$\alpha=90°$查图8-16	1
	截面形状系数	C		$\frac{a}{b}=\frac{0.7}{1.1}=0.636$查图8-16	1.05
	90°转弯阻力系数	$\zeta_{90°}$		$k_\Delta\zeta_{zy}BC=1.15\times1\times1.05$	1.208
	动压头	h_d	Pa	同前	38.4
	变截面90°转弯阻力	$\Delta h_{90°}$	Pa	$\zeta_{90°}h_d=1.208\times38.4$	46.39
2	摩擦阻力				
	空气温度	t_{rk}	°C	热力计算	137
	热风道截面	F	m²	$ab=0.7\times1.1$	0.77
	空气速度	w_k	m/s	$\frac{V_{rk}}{F}=\frac{5.18}{0.77}$	6.73
	通道长度	l	m	几何尺寸	7.5
	当量直径	d_{dl}	m	$\frac{2ab}{a+b}=\frac{2\times0.7\times1.1}{0.7+1.1}$	0.856
	摩擦阻力系数	λ		查教材表8-1	0.04
	动压头	h_d	Pa	查教材图8-3	20.2
	摩擦阻力	Δh_m	Pa	$\frac{\lambda l}{d_{dl}}h_d=\frac{0.04\times7.5}{0.856}\times20.2$	7.08

续表

序号	名　　称	符　号	单　位	计算公式或依据	数　值
3	分流联箱引出管阻力				
	在联箱上引入管截面	F_1	m²	0.7×0.8	0.56
	引出管道总截面	F_2	m²	$2\times0.3\times0.4+3\times0.3\times0.5$	0.69
	联箱横截面积	F_3	m²	0.7×1.1	0.77
	分流阻力系数	ζ		$0.7+\left(0.5-0.7\frac{F_1}{F_3}\right)^2+0.7\left(\frac{F_1}{F_2}\right)^2$ $=0.7+\left(0.5-0.7\frac{0.56}{0.77}\right)^2+0.7\left(\frac{0.56}{0.69}\right)^2$	1.17
	分流出口流速	w	m/s	按沿程倒数第二支管计算 $\frac{\frac{V_{rk}}{0.69}\times0.15}{0.3\times0.5}=\frac{5.18}{0.69}$	7.50
	动压头	h_d	Pa	查教材图8-3	25.2
	分联箱引出口阻力	Δh	Pa	$\zeta h_d=1.17\times25.2$	29.48
4	水泥热风道阻力	Δh_{sn}	Pa	$\Delta h_{90^\circ}+\Delta h_m+\Delta h=46.39+7.08+29.48$	82.95

5.炉排进风管阻力（表3-31）

表 3-31

序号	名　　称	符　号	单　位	计算公式或依据	数　值
1	风道调节门阻力系数	ζ_1		$n=1$，$\alpha=25^\circ$	1.75
2	90°转弯阻力				
	原始阻力系数与粗糙影响系数的乘积	$k_\Delta\zeta_{zy}$		$\frac{R}{b}=1$　焊接弯头查教材图8-16	0.70
	角度系数	B		$\alpha=90^\circ$　查图8-16	1
	截面形状系数	C		$\frac{a}{b}=\frac{0.5}{0.3}=1.66$　查图8-16	0.96
	转弯阻力系数	ζ_{90°		$k_\Delta\zeta_{zy}BC=0.7\times1\times0.96$	0.67
	动压头	h_d	Pa	$w=7.50$，$t=137^\circ C$查教材图8-3	25.2
3	炉排下进风管阻力	Δh_{lp}	Pa	$(\zeta_1+\zeta_{90^\circ})h_d=(1.75+0.67)\times25.2$	60.98

6.炉排下所需风压

炉排下所需风压，主要用于克服炉排及燃烧层的阻力；其值与炉排构造、煤种等多种因素有关。对于燃用无烟煤的链条炉，一般在400～1000Pa，此处取用800Pa，即

$$\Delta h_{lp}=800\,\text{Pa}$$

7.风道总阻力（表3-32）

表 3-32

序号	名　　称	符　号	单　位	计算公式或依据	数　值
1	风道阻力	$\Sigma\Delta h$	Pa	$\Delta h_{ky}+\Delta h_{rf}+\Delta h_{sn}+\Delta h_{lp}$ $=1066.59+16.97+82.95+60.98$	1227.49
2	当地最低大气压力	b	Pa		100391
3	修正后风道阻力	ΔH_{sl}^{rk}	Pa	$\Sigma\Delta h\frac{101325}{b}=1227.49\times\frac{101325}{100391}$	1238.91

续表

序号	名称	符号	单位	计算公式或依据	数值
4	进口冷风道总阻力	Δh_1	Pa	假定	200
5	炉排下要求风压	Δh_{lp}	Pa	取用	800
6	风道总阻力	ΔH^k_{sl}	Pa	$\Delta H^{rk}_{sl}+\Delta h_1+\Delta h_{lp}=1238.91+200+800$	2238.91

8.自生风的计算（表3-33）

表 3-33

序号	名称	符号	单位	计算公式或依据	数值
1	热风道中计算高度	H	m	结构尺寸	3
2	热风道中空气温度	t_{rk}	℃	热力计算(表3-14)	137
3	热风道中每米自生风	h'_{zs}	Pa/m	查动力计算标准图Ⅶ-26	3.5
4	热风道中的自生风	H^k_{zs}	Pa	$Hh'_{zs}=3\times3.5$	10.5
5	炉子进风口与炉膛烟气出口间垂直距离	H'	m	锅炉结构	6
6	空气进口处炉膛真空度	h'_l	Pa	$h''_l+0.95H'g=20+0.95\times6\times9.8$	75.86

9.锅炉设备风道的全压降（表3-34）

表 3-34

序号	名称	符号	单位	计算公式或依据	数值
1	全压降	ΔH^k	Pa	$\Delta H^k_{sl}-H^k_{zs}-h'_l=2238.91-10.5-75.86$	2152.55
2	冷空气量	V_{lk}	m³/h	$B_jV^0_k(\alpha''_l-\Delta\alpha_l+\Delta\alpha_{ky})\frac{t_{lk}+273}{273}$ $=1766\times5.025(1.50-0.10+0.10)\frac{30+273}{273}$	14774

10.送风机选择（表3-35）

表 3-35

序号	名称	符号	单位	计算公式或依据	数值
1	进口冷空气量	V_{lk}	m³/h	计算值(表3-34)	14774
2	流量储备系数	β_1		设计规范	1.05
3	压头储备系数	β_2		设计规范	1.10
4	计算流量	Q_j	m³/h	$\beta_1V_{lk}\frac{101325}{b}=1.05\times14774\times\frac{101325}{100391}$	15657
5	对制造厂风机特性曲线规定计算压头换算系数	K_T		$\frac{T}{T_k}\times\frac{101325}{b}=\frac{273+30}{273+20}\times\frac{101325}{100391}$	1.04
6	计算压头	H_j	Pa	$\beta_2\Delta H^k=1.1\times2152.55$	2367.81
7	修正后的计算压头	H	Pa	$K_TH_j=1.04\times2367.81$	2462.52
8	送风机的选择				
	型号	G4-72型 No6C 左90°			
	风压	H	Pa	产品样本	2480
	流量	Q	m³/h	产品样本	15800
	配用电动机型号Y160L－4 $N=15$kW $n=2240$r/min				

第四篇　课程设计指导书

一、课程设计（作业）任务书

（一）目的

课程设计（作业）是“锅炉及锅炉房设备”课程的主要教学环节之一。通过课程设计（作业）了解锅炉房工艺设计内容、程序和基本原则；学习设计计算方法和步骤；提高运算和制图能力。同时，通过设计（作业）巩固所学的理论知识和实际知识，并学习运用这些知识解决工程问题。

（二）设计题目

根据具体情况，由各校自行拟定。

（三）原始资料

1.热负荷　包括生产（最大和平均）、采暖、通风和生活（最大和平均）等各类热负荷的大小、要求参数、回水率和回水温度。有条件的应给出同期使用系数或具有代表性的日负荷曲线。如供热系统有特殊要求，也应予以说明。

2.燃料　使用燃料的种类、产地和运输方式，燃料的元素成分和水分、灰分、挥发分等工业分析成分。

3.水源　水源类别，供水压力和温度，水质分析资料，包括悬浮物、溶解固形物、永久硬度、总硬度、总碱度和pH值。

4.气象资料　采暖期室外采暖、通风计算温度，采暖期室外平均温度，采暖期总日数；夏季室外通风计算温度；冬季和夏季的主导风向和大气压力。

5.其他资料　工厂生产班制，最高地下水位，供热范围，凝结水返回方式和地下回水室标高，以及热水采暖系统的加热设备、循环水泵和定压装置等。

（四）设计（作业）内容和要求

1.锅炉型号及台数选择

（1）热负荷计算

计算平均负荷及年负荷，确定锅炉房计算负荷。对于具有季节性负荷的锅炉房，应分别计算出采暖季和非采暖季的计算负荷和平均负荷。

（2）锅炉型号及台数的选择

根据计算热负荷的大小、负荷特点、参数和燃料种类等条件选择锅炉型号和台数，并进行必要的分析比较。

2.水处理设备选择

（1）水处理设备的生产能力的确定。

（2）决定软化方法，并选择设备型号和台数，计算药剂消耗量。

（3）决定除氧方法及其设备选择计算。

（4）计算锅炉排污量，并拟定排污系统和热回收方案。

3.给水设备和主要管道的选择与计算

（1）决定给水系统，并拟定系统草图。

（2）选择给水泵和给水箱。

（3）选择回水泵和回水箱。

（4）选择其他泵类和水箱。

*（5）计算并选定给水母管和蒸汽母管管径；使用分汽缸时，决定分汽缸直径。

*（6）选择主要阀门。

4.送引风系统设计

（1）计算锅炉送风量和排烟（引风）量。

（2）决定烟风管道断面尺寸。

（3）决定送引风管道系统及其布置。

*（4）计算烟道和风道阻力。

*（5）决定烟囱高度，并计算烟囱的断面、引力和阻力。

*（6）核对锅炉配套的风机性能，如锅炉没有配套风机，或配套风机不能使用，则另行选择。

5.运煤除灰方法的选择

（1）计算锅炉房平均小时最大耗煤量、最大昼夜耗煤量及其相应的灰渣量。

（2）计算储煤场面积。

（3）决定运煤除灰方式及其系统组成。

（4）决定灰渣场面积或灰渣斗容积。

当锅炉房燃用其他燃料时，决定相应的储运方法及其系统组成，并作有关计算。

6.锅炉房工艺布置

（1）锅炉房设备布置。

（2）烟风管道和*主要汽水管道布置。

（3）绘制布置简图。

7.编写设计说明书

说明书按设计程序编写，包括方案确定、设计计算、设备选择和设计简图等全部内容；计算部分可用表格形式。

*8.图纸要求

（1）热力系统图一张（1号或2号图纸）。

图中应附有图例，并标出设备编号及选定的管径，管子断开处和流向不易判定处应标明介质流向。

（2）布置图二张（1号或2号图纸）。

布置图包括锅炉房平面布置图和主要剖面图。

设备及附件以外形或代号表示，设备注明编号，并附有明细表。

烟风管道按比例绘制，从锅炉至分汽缸的蒸汽管道和给水母管也应绘出。

凡带*号的内容，不要求在课程作业中进行。

运煤除灰方法也应予以表示。

锅炉房建筑图的绘制可以简化，但应表明建筑外形和主要结构型式，并定出门窗和楼梯位置以及锅炉间所有门的开向。建筑图应标注柱距、跨度、分隔间等主要尺寸和屋架下弦标高。

图中还应有方位标志（指北针）。

二、课程设计(作业)指导书

本指导书系根据任务书的要求，提出设计（作业）进行的程序、完成各项设计任务的方法、要求和应达到的设计深度；同时对设计计算中应考虑的原则、计算方法、一般采用的方案、系统和设备作了说明；设计中使用的主要数据和应注意的问题也作了必要的介绍。对于在课程中已学习过的原理和计算方法，不再复述。设计所需主要图纸资料可统一提供、一般资料可参阅有关标准、规范规程和手册。

（一）锅炉型号和台数的选择

1.热负荷计算

热负荷计算的目的是求出锅炉房的计算热负荷、平均热负荷和全年热负荷，作为锅炉设备选择的依据。

（1）计算热负荷　锅炉房最大计算热负荷Q^{max}是选择锅炉的主要依据，可根据各项原始热负荷、同时使用系数、锅炉房自耗热量和管网热损失系数由下式求得：

$$Q^{max}=K_0(K_1Q_1+K_2Q_2+K_3Q_3+K_4Q_4)+Q_5 \quad t/h\text{[1]} \tag{4-1}$$

式中

Q_1、Q_2、Q_3、Q_4——分别为采暖、通风、生产和生活最大热负荷，t/h，由设计资料提供；

Q_5——锅炉房除氧用热，t/h，根据除氧方法及除氧器进出水的焓计算决定，热力除氧时见式（4-15）；

K_1、K_2、K_3、K_4——分别为采暖、通风、生产和生活负荷同时使用系数；

K_0——锅炉房自耗热量和管网热损失系数。

锅炉房自耗热量包括锅炉房采暖、浴室、锅炉吹灰、设备散热、介质漏失和热力除氧器的排汽损失等，这部分热量约占输出负荷的2～3%。汽动给水泵热耗大，但正常运行时使用电动给水泵，所以汽动泵耗汽量一般可不考虑。

热网热损失包括散热和介质漏失，与输送介质的种类、热网敷设方式、保温完善程度和管理水平有关，一般为输送负荷的10～15%。

如有余热可以利用，则应在上式中扣除。

设计资料给出（由生产工艺设计提供）的生产用汽是各生产设备的铭牌耗热量之和；生活用热对于厂区是指浴室、开水房、食堂等方面耗热量，对于有热水设施的住宅，则主要是热水供应用热。由于用热设备不一定同时启用，而且使用中各设备的最大热负荷也不一定同时出现，因此，需要计入同时使用系数，这可使选用的锅炉既能满足实际负荷的要求，又不致容量过大。

---

[1] 对于热水锅炉，热负荷单位为kW。

采暖通风热负荷由相关的设计提供。如果无法取得，也可按建筑物体积或面积的热指标进行计算确定。采暖通风热负荷中，通常包含有热水供应用热；对于蒸汽锅炉房，应将此项耗热量换算成耗汽量。

（2）平均热负荷　采暖通风平均热负荷Q_i^{pj}根据采暖期室外平均温度计算：

$$Q_i^{pj}=\frac{t_n-t_{pj}}{t_n-t_w}Q_i \quad t/h \tag{4-2}$$

式中 Q_i——采暖或通风最大热负荷，t/h；

t_n——采暖房间室内计算温度，℃；

t_w——采暖期采暖或通风室外计算温度，℃；

t_{pj}——采暖期室外平沟温度，℃。

生产和生活平均热负荷在设计题目中给出，通常是年平均负荷。如果是日平均负荷，它将随季节变化，因为生产原料、空气和水的温度以及，设备的散热损失时有变化。

对有季节性负荷（采暖、通风和制冷负荷）的锅炉房，其最大计算热负荷和平均热负荷均应按采暖季和非采暖季分别计算得出。

平均热负荷表明热负荷的均衡性，设备选择时应考虑这一因素，如变负荷对设备运行经济性和安全性的影响。

（3）全年热负荷　是计算全年燃料消耗量的依据，也是技术经济比较的一个根据。全年热负荷D_0可根据平均热负荷和全年使用小时数按下式计算：

$$D_0=K_0(D_1+D_2+D_3+D_4)\left(1+\frac{Q_5}{Q^{max}}\right) \quad t/a \tag{4-3}$$

式中 D_1、D_2、D_3、D_4——分别为采暖、通风、生产和生活的全年热负荷，t/a；

Q_5/Q^{max}——除氧用热系数，符号意义同式(4-1)。

采暖、通风、生产和生活的全年热负荷D_1、D_2、D_3、及D_4，分别可用以下公式计算求得：

$$D_1=8n_1[SQ_1^{pj}+(3-S)Q_1^f] \quad t/a \tag{4-4}$$

$$D_2=8n_2SQ_2^{pj} \quad t/a \tag{4-5}$$

$$D_3=8n_3SQ_3^{pj} \quad t/a \tag{4-6}$$

$$D_4=8n_3SQ_4^{pj} \quad t/a \tag{4-7}$$

式中 n_1、n_2、n_3——分别为采暖、通风天数和全年工作天数；

S——每昼夜工作班数；

Q_1^{pj}、Q_2^{pj}、Q_3^{pj}、Q_4^{pj}——分别为采暖、通风、生产及生活的平均热负荷，t/h；

Q_1^f——非工作班时保温用热负荷，t/h；可按室内温度$t_n=5$℃代入式（4-2）计算得出。

最后，将计算结果汇总于热负荷表之中，热负荷表应按采暖季和非采暖季，分别列出生产、采暖、通风、生活和整个锅炉房的计算热负荷、平均热负荷。

2.锅炉型号和台数选择

锅炉型号和台数根据锅炉房热负荷、介质、参数和燃料种类等因素选择，并应考虑技术经济方面的合理性，使锅炉房在冬、夏季均能达到经济可靠运行。

（1）锅炉型号　根据计算热负荷的大小和燃料特性决定锅炉型号，并考虑负荷变化和锅炉房发展的需要。

选用锅炉的总容量必须满足计算负荷的要求，即选用锅炉的额定容量之和不应小于锅炉房计算热负荷，以保证用汽的需要。但也不应使选用锅炉的总容量超过计算负荷太多而造成浪费。锅炉的容量还应适应锅炉房负荷变化的需要，特别是某些季节性锅炉房，要力免锅炉长期在低负荷下运行。

对于近期热负荷将有较大增长的锅炉房，可选择较大容量的锅炉，使发展后的锅炉台数不致过多。

锅炉的介质和参数，应满足用户要求。同时，还应考虑到输送过程中温度和压力的损失。

锅炉房中宜选用相同型号的锅炉，以便于布置、运行和检修。如需要选用不同型号的锅炉时，一般不超过两种[2]❶。

（2）锅炉台数　选用锅炉的台数应考虑对负荷变化和意外事故的适应性，建设和运行的经济性。

一般来说，单机容量较大的锅炉其效率较高，锅炉房占地面积小，运行人员少，经济性好；但台数不宜过少，不然适应负荷变化的能力和备用性就差。《锅炉房设计规范》规定：当锅炉房内最大一台锅炉检修时，其余锅炉应能满足工艺连续生产所需的热负荷和采暖通风及生活用热所允许的最低热负荷。锅炉房的锅炉台数一般不宜少于两台；当选用一台锅炉能满足热负荷和检修需要时，也可只装置一台。对于新建锅炉房，锅炉台数不宜超过五台；扩建和改建时，最多不宜超过七台。国外有关文献[3]认为，新建锅炉房内装设锅炉的最佳台数为三台。

（3）燃烧设备　选用锅炉的燃烧设备应能适应所使用的燃料、便于燃烧调节和满足环境保护的要求。

当使用燃料和锅炉的设计燃料不符时，可能出现燃烧困难，特别是燃料的挥发分和发热量低于设计燃料时，锅炉效率和蒸发量都将不能保证。

工业锅炉房负荷不稳定，燃烧设备应便于调节。大周期厚煤层燃烧的炉子难以适应负荷调节要求，煤粉炉调节幅度则相当有限。

蒸发量小于1t/h的小型锅炉虽可采用手烧炉，但难以解决冒黑烟问题。各种机械化层燃炉和“反烧”的小型锅炉，正常运行时烟气黑度均可满足排放标准。但抛煤机炉、沸腾炉和煤粉炉的烟气含尘量相当高，用于环境要求高的地方，除尘费用很高。

（4）备用锅炉　《蒸汽锅炉安全技术监察规程》规定“运行的锅炉每两年应进行一次停炉内外部检验，新锅炉运行的头两年及实际运行时间超过10年的锅炉，每年应进行一次内外部检验”。在上述计划检修或临时事故停炉时，允许减少供汽的锅炉房可不设备用锅炉；减少供热可能导致人身事故和重大经济损失时，应设置备用锅炉。

（5）方案分析　设计中可能出现几个可供选择的方案，设计者应分析各方案特点，在安全性和经济性等多方面进行比较，提出自己的见解，确定选用方案。

（二）水处理设备的选择及计算

锅炉房用水一般来自城市或厂区供水管网，水质已经过一定的处理。锅炉房水处理的任务通常是软化和除氧，某些情况下也需要除碱或部分除盐。

---

❶ 参考资料与文献的编号，详列于本篇末页，下同。

1.确定水处理设备生产能力

锅炉补给水应经软化处理，而除氧设备应处理全部锅炉给水。因为凝结水中杂质含量很少，但输送过程中可能接触空气而使之含氧。

锅炉补给水量是指锅炉给水量与合格的凝结水回收量之差。锅炉给水量包括蒸发量、排污量，并应考虑设备和管道漏损。

水处理设备生产能力G由锅炉补给水量、热水管网补给水量、水处理设备自耗软水量和工艺生产需要软水量决定：

$$G = 1.2(G^b_{gl} + G^b_{rw} + G_{zh} + G_{gy}) \quad t/h \tag{4-8}$$

式中 G^b_{gl}——锅炉补给水量，t/h；

G^b_{rw}——热水管网补给水量，t/h；

G_{zh}——水处理设备自耗软水量，t/h；

G_{gy}——工艺生产需要软水量，t/h；

1.2——裕量系数。

锅炉补给水量：

$$G^b_{gl} = \left(1 + \frac{\beta + P_{pw}}{100}\right)D - G_n \quad t/h \tag{4-9}$$

式中 D——锅炉房额定蒸发量，t/h；

G_n——合格的凝结水回收量，t/h；

β——设备和管道漏损，%，可取0.5%；

P_{pw}——锅炉排污率，%。

在锅炉补给水量得出之前，无法确定锅炉排污率，为此，可预先估算或在2～10%之间选取，如与最终确定的排污率相差不大（≯3%），不必重算，否则，以计算得出的排污率重行计算。

热水管网的热水可以是热水锅炉生产，或换热器生产，后者尚未见有专门水质标准，可按热水锅炉水质标准执行。但如果利用锅炉排污水作为闭式热网的补充水，则热网补给水的总硬度应不大于0.05mge/L，开式热网不得补入锅炉排污水[3]。

热水管网补给水量应由供热设计提供，如无法得到，可按热网循环水量的2%计算[1][3]。但应说明，当前热水管网实际漏水量普遍偏大，因而，在厂区供热设计中往往采用较大的数值——4%。

水处理设备自耗软水一般是用于逆流再生工艺的逆流冲洗过程，其流量可按预选的离子交换器直径估算：

$$G_{zh} = wF\rho \quad t/h \tag{4-10}$$

式中 w——逆流冲洗速度，m/h，低流速再生时可取2m/h，有顶压时可取5m/h；

F——交换器截面积，m^2；

ρ——水的密度，t/m^3，常温水$\rho \approx 1t/m^3$。

工艺生产需用软水量由有关部门提供；课程设计提供的资料中未指明时可不考虑。

2.决定水的软化方法

锅炉用水应进行软化处理。碱度高的水有时需要进行除碱处理，通常可根据锅水相对碱度和按碱度计算的锅炉排污率高低来决定。

采用锅外化学处理时，补给水、给水、锅水中碱度与溶解固形物的冲淡或浓缩可认为是同比例的，因此，锅水相对碱度可按下式计算。

$$锅水相对碱度 = \frac{\varphi A_{gl}^{b}}{S_{gl}^{b}} \tag{4-11}$$

式中 A_{gl}^{b}——锅炉补给水碱度，me/L；

S_{gl}^{b}——锅炉补给水溶解固形物，mg/L；

φ——碳酸钠(Na_2CO_3)在锅内分解为氢氧化钠(NaOH)的分解率(表4-1)。

Na_2CO_3在不同锅炉工作压力下的分解率 表 4-1

锅炉工作压力(MPa)	0.49	0.98	1.47	1.96	2.45
NaOH (%)	10	40	60	70	80

在采用亚硫酸钠除氧时，溶解固形物中还应计入相应值。

根据《低压锅炉水质标准》规定，锅水相对碱度应小于0.2，若不符合规定，应考虑除碱处理。

锅炉排污率的限制主要是节约能源的问题，在节能工作暂行规定[6]中规定，锅炉给水处理的优级标准为排污率不超过5%，良级标准为排污率不超过10%，如排污率超过10%，便属“差”的等级。

设计规范[2]规定，锅炉蒸汽压力小于或等于1.6MPa时，排污率不应大于10%，压力大于1.6MPa时，则排污率不应大于5%。排污率超过上述规定时，应有技术经济依据。否则，如排污率是按碱度决定的，应采取给水除碱措施；按溶解固形物决定的，则应考虑除盐措施。

水的软化方法一般采用离子交换软化法，其效果稳定，易于控制。当需要除碱时，一般考虑氢—钠离子交换法。石灰预处理的系统较复杂，操作要求也较高，处理水量较小的场合不宜采用。铵—钠离子交换法处理的水使蒸汽带氨，对于黄铜或其他铜合金设备有受氨腐蚀的危险时、或用汽部门不允许蒸汽含氨时，不宜采用。

3.软化设备选择计算

采用离子交换法处理时，根据处理水量计算决定交换器的型号、台数、工作周期、再生剂消耗量和自耗水量，并决定再生溶液制备方法，选定相应设备。当采用其他方法处理时，应进行主要设备选择计算和药剂消耗量计算。

离子交换器的处理水量按运行水流速计算，采用磺化煤为交换剂时，运行流速一般为10～20m/h，采用离子交换树脂时一般为15～25m/h；硬度较高的原水取用较小的流速。

离子交换器的台数一般不少于两台，每昼夜再生次数为1～2次。

离子交换工艺通常采用固定床逆流再生，以节省再生剂；但对于硬度较低的原水（＜2me/L），也可采用顺流再生，设备简单，操作方便。

离子交换剂可采用磺化煤或离子交换树脂，其交换容量磺化煤为250～300ge/m³，001型树脂为800～1000ge/m³。

钠离子交换法的再生剂为食盐，再生液的制备一般用溶盐池，池的体积通常为一次再生用量；如离子交换器台数较多，需要两台同时再生时，可按两次再生用量计算。

稀盐溶液池的体积V_1按下式计算：

$$V_1=\frac{1.2B}{10C_y\rho_y}\quad m^3 \tag{4-12}$$

式中 B——一次再生用盐量，kg；

C_y——盐溶液浓度，%，较佳浓度应根据设备特点在运行中优选，一般取用4～8%；

ρ_y——盐溶液密度，t/m³，见表4-2。

氯化钠溶液的密度 表 4-2

浓 度 %	4	6	8	10	26
密 度 t/m³	1.0268	1.0413	1.0559	1.0707	1.1972

再生用盐量较小时，再生用盐可以干贮存，用盐量较大时可用湿贮存，以改善操作条件。贮盐池（浓盐溶液池）体积V_2由下式计算：

$$V_2=\frac{1.2nA}{\rho}\quad m^3 \tag{4-13}$$

式中 A——每昼夜用盐量，t；

n——贮盐天数，一般取10～15天；

ρ——盐的视密度，可取0.86t/m³。

根据计算得出的盐池体积确定盐池外形尺寸，尺寸的确定应考虑布置和操作的便利。

采用盐池制备盐溶液时，要设过滤装置，除去盐液所含杂质以保证交换剂不受污染。当过滤层设在盐池内时，应有水力冲洗设施；如果这样做有困难，可选用盐过滤器。

一次再生耗盐量按下式计算：

$$B=\frac{E_0Fhb}{1000\varphi_y}\quad kg \tag{4-14}$$

式中 E_0——交换剂工作交换容量，ge/m³；

F——交换器截面积，m²；

h——交换剂层高度，m；

φ_y——盐的纯度，与盐的等级有关，计算中可取0.96～0.98；

b——再生剂单耗，g/ge，磺化煤为150～200（顺流），100～120（逆流），001型树脂为120～150（顺流），80～100（逆流）。

离子交换器再生过程的自耗软水和清水量，根据各操作过程控制流速和所需时间计算，逆流再生交换器的大反洗周期需依据交换剂的工作交换容量和水的阻力变化情况来决定。

对于耗盐量较大的还原系统，还应考虑降低搬运和加盐的操作的劳动强度。

离子交换除碱、浮动床和流动床等其他水处理工艺的设计计算可直接参考有关手册和资料。

4.除氧设备选择计算

水质标准[9]规定，额定蒸发量大于2t/h的蒸汽锅炉（燃煤锅壳锅炉除外）的给水和供水温度大于95℃的热水锅炉的循环水要进行除氧处理。除氧方法常用热力除氧、真空除氧和化学药剂除氧，其他除氧方法使用不多。

热力除氧是使用最广泛的一种除氧方法，其工作可靠、效果稳定，出水含氧量≤0.05mg/L。热力除氧器由制造厂成套供应，当前产品出力有6、10、20、40、70t/h等种，配套水箱体积约为半小时除氧水量。大气式热力除氧器工作压力0.02MPa，工作温度104～105℃，进汽压力0.1～0.3MPa，进水压力0.15～0.2MPa，进水温度对于喷雾式除氧器为不低于40℃。

热力除氧器的耗汽量按下式计算：

$$D_q=\frac{G(i_2-i_1)}{(i_q-i_2)\eta}+D_y \quad \text{kg/h} \qquad (4\text{-}15)$$

式中 G——除氧水量，kg/h；

i_1——进除氧器水焓，kJ/kg；

i_2——出除氧器水焓，kJ/kg；

i_q——进除氧器蒸汽的焓，kJ/kg；

η——除氧器热效率，一般取0.96～0.98；

D_y——余汽量，kg/h，可按每吨除氧水1～3kg计算。

真空除氧器的工作原理与热力除氧器相同，真空由蒸汽喷射器或水喷射器产生。除氧器由制造厂成套供应，配套水箱体积约为半小时除氧水量。真空除氧器可对40～60℃的水进行除氧，出水含氧量≤0.05mg/L。

真空除氧器可用于蒸汽锅炉房，也适用于没有蒸汽的热水锅炉房的补给水除氧。但由于除氧器在0.08～0.096MPa的真空度下工作，对系统的严密性要求很高，否则将影响除氧效果。

热力除氧和真空除氧都要求除氧器和除氧水箱有较大的安装高度，以保证除氧器后的水泵能正常工作。

容量较小的锅炉房也可采用加化学药剂除氧，药剂通常用亚硫酸钠。加药方式可用加药泵在省煤器前加入，也可在给水管路上安装孔板，利用孔板前后的压差来加药。

纯度为100%的亚硫酸钠$Na_2SO_3\cdot 7H_2O$加入量G_y、由下式计算：

$$G_y=\frac{G(15.8C+3.2P_{lw}S_0)}{1000} \quad \text{kg/h} \qquad (4\text{-}16)$$

式中 G——除氧水量，kg/h；

C——给水含氧量，mg/L；

P_{lw}——锅炉排污率（用小数表示）；

S_0——锅水中SO_3^{2-}过剩量，mg/L，水质标准规定为10～40mg/L；

3.2——$Na_2SO_3\cdot 7H_2O$与SO_3^{2-}的换算系数。

给水含氧量可用给水温度下的饱和含氧量（表4-3）计算。实际运行中，可按实际含氧量和锅水中亚硫酸根过剩量来调整加药量。

水面压力为标准大气压时氧的溶解度 表 4-3

水温（℃）	10	20	30	40	50	60	70	80	90	100
溶解度(mg/L)	11.2	9.1	7.5	6.4	5.5	4.7	3.8	2.8	1.6	0

5.计算锅炉排污量和决定排污系统

锅炉排污量按碱度和溶解固形物分别计算，以较大值控制排污。

锅炉排污率按教材§10-9中有关公式计算，但应注意补给水与给水的区别、给水碱度和溶解固形物的计算方法。

对有连续排污的锅炉，应考虑连续排污水热量的利用。如果采用连续排污膨胀器，应经计算选定其型号。排污膨胀器的二次蒸汽量和膨胀器体积的计算见教材§12-2。

膨胀器后的高温排水，也可通过换热器加热软化水以利用其热量，但换热器的选择计算不要求进行。

额定蒸发量大于或等于1t/h的锅炉应有锅水取样装置。取样冷却器一般每台锅炉单独设置，以免窜水影响水样的代表性。

如采用热力除氧器，也应有除氧水取样冷却器。

所有排污水都应进入排污减温池，冷却至40℃以下排入下水道。

（三）给水设备和主要管道的选择计算

给水设备是指锅炉房给水系统中各种水泵和水箱，它与锅炉的安全运行有着密切的关系。锅炉给水的中断可能引起重大事故，因此设计中应使给水设备能可靠、有效地满足锅炉给水的需要。

1.决定给水系统

给水系统由给水设备．连接管道和附件等组成。在具有除氧水箱时，为保证除氧器的正常运行，应同时设置凝结水箱或软水箱。在没有除氧水箱时，凝结水箱可以与给水箱合设或分设。如有低压蒸汽（≤0.07MPa）自流回水进入锅炉房时，凝结水箱设于地下，而给水箱则分设于地上。因为地下室远离锅炉操作面，操作不便；且地下室采光通风条件差，排水也不便，还有受水淹的可能。对于其他各种凝结水回收系统（压力回水），凝结水箱可作地上布置，与给水箱合设。

给水泵可以集中设置，通过母管向各台锅炉供水；也可以每台锅炉单独配置，但备用给水泵仍应与每台锅炉的给水管道连接，以确保供水。单独配置给水泵时，便于调节，对没有自动给水调节器的锅炉比较适宜。集中给水时，其系统可以简化，所配备的水泵数量也可以减少。

2.给水泵的选择

（1）给水泵的容量和台数　给水泵的流量应满足锅炉所有运行锅炉在额定蒸发量时给水量的1.1倍的要求；如果锅炉房设有减温减压装置，还应计入其用水量。由于工业锅炉房负荷一般都不均衡，特别是有季节性负荷的锅炉房负荷变化更大，因此给水泵的容量和台数还应适应全年负荷变化的要求。例如，当非采暖季负荷很低时，可考虑设置低负荷时专用的给水泵，使水泵处于正常调节范围内工作，提高运行的可靠性和经济性。但给水泵台数不宜过多，以免使系统和运行复杂化。

（2）备用给水泵　设置备用给水泵是为保证在停电．正常检修和发生机械故障等情况下，锅炉仍能得到安全、可靠地供水。为此，设计规范和监察规程都明确规定：锅炉房应设置备用给水泵，当任何一台给水泵停止运行时，其余给水泵的总流量应满足所有锅炉额定蒸发量的1.1倍给水量。因此，任何一个锅炉房内给水泵至少设置两台；如果只有两台，则每台给水泵的流量必须满足前述1.1倍给水量的要求。

采用电动给水泵为主要给水设备时，宜采用汽动给水泵为事故备用泵，其流量可按所有运行锅炉在额定蒸发量时所需给水量的20～40%来选择。这是因为在停电时，辅机不能运行，锅炉已无法正常燃烧和供汽。当汽动给水泵作为主要备用泵，且给水管路为双母管时，它的流量则不得小于最大一台电动给水泵的流量；若为单母管给水时，因往复式汽动泵和离心式电动泵不能并联运行，汽动给水泵的流量应按锅炉房所有锅炉在额定蒸发量时给水量的1.1倍来选择。

对于额定蒸发量等于1t/h、额定出口蒸汽压力小于或等于0.7MPa的锅炉，可各自采用注水器作为备用给水装置。

为了保证给水泵安全、正常的工作，所选择的给水泵还应能适应最高给水温度的要求。

（3）给水泵的扬程　给水泵的扬程可按下式计算：

$$H=1000(P+\Delta P)+H_1+H_2+H_3+H_4 \quad \text{kPa} \tag{4-17}$$

式中　P——锅炉工作压力，MPa；

ΔP——安全阀较高始启压力比工作压力的升高值，MPa。当锅炉额定蒸汽压力小于1.27MPa时[5]，$\Delta P=0.04$MPa，当锅炉额定蒸汽压力为1.27～3.82MPa时，$\Delta P=0.06P$　MPa；

H_1——省煤器的阻力，kPa；

H_2——给水管道的阻力，kPa；

H_3——给水箱最低水位与锅炉水位间液位压差，kPa；

H_4——附加压力，50～100kPa。

对于压力较低的锅炉，给水泵的扬程也可用近似式计算：

$$H=1000P+100\sim200 \quad \text{kPa} \tag{4-18}$$

3.给水箱的选择

（1）给水箱的容积和个数

给水箱的作用有两个：一是软化水和凝结水与锅炉给水流量之间的缓冲，二是给水的储备。给水箱进水与出水之间的不平衡程度与多种因素有关，如锅炉房容量，负荷的均衡性，软化和凝结水设备特点及其运行方式等。容量较大的锅炉房，波动相对较小。给水储备是保证锅炉安全运行所必需的，其要求与锅炉房容量有关。所以，给水箱的容量主要根据锅炉房的容量确定，一般给水箱的总有效容量为所有运行锅炉在额定蒸发量时所需20～40min的给水量。对于小容量的锅炉房，给水箱的有效容量可适当增大。

给水箱可只设置一个，但常年不间断供热的锅炉房应设置两个，或者选用有隔板的方形给水箱。

采用热力除氧和真空除氧时，除氧器和给水箱由制造厂配套供应，开式（常压）给水箱可按标准图[10]选用，选用时应注意有隔板的水箱与无隔板的水箱其外形尺寸和标准图号的区别。

（2）给水箱的安装高度　给水泵输送温度较高的给水，要求给水箱有一定的安装高度，使给水泵有足够的灌注头，以免发生汽蚀和影响正常给水。

给水箱的安装高度（给水箱最低水位至给水泵轴线的标高差）应不小于下式计算的给水泵最小灌注高度H_{gs}^{min}。

$$H_{gs}^{\min}=\frac{P_{bh}-P_{gs}+\Sigma\Delta h+H_f}{\rho g}+\Delta h_y \quad \text{m} \tag{4-19}$$

式中 P_{bh}——使用温度下水的饱和压力，Pa；

P_{gs}——给水箱液面压力，Pa；

$\Sigma\Delta h$——吸水管道阻力，Pa；

H_f——富裕量，可取3000～5000Pa；

ρ——使用温度下水的密度，kg/m³；

g——重力加速度，m/s²；

Δh_y——泵的允许汽蚀余量，m。

若计算结果为负值，是指最大吸水高度。

泵的允许汽蚀余量由泵样本给出。但有时样本上给出的是允许吸水高度，此时可用下式换算：

$$\Delta h_y=\frac{P_a-P_{bh}}{\rho g}+\frac{w_1^2}{2g}-H_s' \quad \text{m} \tag{4-20}$$

式中 P_a——当地大气压力，Pa；

w_1——泵吸入口处流速，m/s；

H_s'——使用条件下泵的允许吸水高度，m。

泵样本上给出的允许吸水高度H_s是按标准状态给出的，即在标准大气压力下抽送常温（20℃）水时的数值，使用条件与此不相同时，需按下式修正。

$$H_s'=\frac{P_a}{\rho g}-10.33-\left(\frac{P_{bh}}{\rho g}-0.24\right)+H_s$$

$$\approx\frac{P_a-P_{bh}}{\rho g}+H_s-10 \quad \text{m} \tag{4-21}$$

根据给水泵的允许吸水高度，也可直接计算其最小灌注高度：

$$H_{gs}^{\min}=\frac{P_a-P_{gs}+\Sigma\Delta h+H_f}{\rho g}+\frac{w_1^2}{2g}-H_s' \quad \text{m} \tag{4-22}$$

式中符号意义与前述各式相同。

在给水温度不高时，即使给水泵允许吸水，通常也把泵布置在水箱最低水位以下，使泵处于自灌水条件下，以便于运行。

4.凝结水箱和凝结水泵的选择

常年供汽的锅炉房，凝结水箱一般采用两个，季节性锅炉房可只采用一个。水箱的总容量可为20～40min最大小时凝结水量。水箱外形尺寸可按标准图选用。

由于凝结水温度较高，为了保证凝结水泵的正常工作，减小凝结水箱和凝结水泵之间的安装高度差，可将部分或全部锅炉补给水通入凝结水箱，降低水温，也减少蒸发。此时凝结水箱的选择，其总容积也应相应加大。

凝结水泵采用电动离心泵，一般为两台，其中一台备用。凝结水泵的流量应不小于1.2倍最大小时凝结水回收量；当全部锅炉补给水进入凝结水箱时，凝结水泵流量应满足所有运行锅炉额定蒸发量时所需给水量的1.1倍。

凝结水泵的扬程H_n可按下式计算：

$$H_n=P_{zy}+H_1+H_2+H_3 \quad \text{kPa} \tag{4-23}$$

式中 P_{zy}——除氧器要求的进水压力，kPa；

H_1——管道阻力，kPa；

H_2——凝结水箱最低水位与给水箱或除氧器入口处标高差相应压力，kPa；

H_3——附加压力，可取50kPa。

5.其他水泵和水箱的选择

（1）原水加压泵　当进入锅炉房的原水（生水、清水）压力不能满足水处理设备和其他用水设备的要求时，应设置原水加压泵，但一般不设备用。

原水加压泵的扬程一般不低于200～300kPa，应视用水设备的要求而定。泵的流量应考虑水处理设备的处理水流量及自耗水流量、煤和灰渣作业用水流量、锅炉辅机冷却水流量、湿法除尘水流量以及取样、化验室和生活设施用水流量等要求，可根据实际需要参考有关手册[1]耗水量资料计算决定。

（2）地下室排水泵　凝结水箱和凝结水泵布置在地下室时，因其地下室的积水难于直接排入下水道，有时下水道发生堵塞还会发生污水倒灌，因此应设排水泵，但通常不设备用泵。

设备正常漏水量极微，排水泵的流量主要考虑设备溢流水量、设备清洗及事故排水量。

（3）软化水箱　设有软化水箱或其他中间水箱时，根据水箱在系统中的作用和要求，决定其容积，并根据需要设置相应的水泵。

6.热水锅炉房系统设备的选择

采用热水锅炉的锅炉房，应进行循环水泵、补给水泵、补给水箱等设备的选择。选择计算方法参阅教材§12-2。

循环水泵与锅炉的连接方式可采用集中式供水的循环系统，也可采用每台锅炉配备单独循环泵的单元式循环系统。前一种系统比较简单，后一种系统便于运行和调节，对大型热水锅炉更为有利。

热水锅炉房的循环系统与设备的选择应保证热水锅炉安全运行和便于调节。

热水锅炉，特别是强制循环热水锅炉，应保证锅炉的最小循环水量，以满足受热面管内最小流速的要求；同时，通过锅炉的循环水量也不能过分增加，以免压力损失增加太多。

系统回水从锅炉尾部进入的热水锅炉，当回水温度较低时容易引起锅炉低温受热面的腐蚀和积灰，当燃料含硫量高时更为严重，为此，根据具体条件规定进锅炉的最低水温。

为解决上述问题，对于单泵循环系统，可在循环泵进口的回水管与锅炉出口的供水管之间装设旁通管及调节阀，对于双泵循环系统，在锅炉进出口之间加装锅炉循环泵（再循环泵），并在系统循环泵出口的回水管与锅炉出口的供水管之间装设旁通管及调节阀。再循环泵及旁通管的流量可根据水平衡和热平衡的原理进行计算。

再循环泵流量：

$$G_{zx}=\frac{G_{gl}(i'_{gl}-i''_{rw})}{i''_{gl}-i''_{rw}} \quad \text{t/h} \qquad (4\text{-}24)$$

式中 G_{gl}——锅炉循环水流量，t/h；

i'_{gl}、i''_{gl}——锅炉进、出口处循环水焓，kJ/kg；

i''_{rw}——热网返回循环水焓，kJ/kg。

通过旁通管的水流量：

$$G_{pt}=\frac{G_{rw}(i''_{gl}-i'_{rw})}{i''_{gl}-i''_{rw}} \quad \text{t/h} \tag{4-25}$$

式中 i'_{rw}——进入热网的循环水焓，kJ/kg；

G_{rw}——热网循环水流量，t/h。

采用双泵循环系统可以按照锅炉要求，以不变的进口或出口温度运行，而热网则根据自身调节的需要确定供水和回水温度。

7.主要管道和阀门的选择

（1）主要管道 要求选定的主要管道是从给水箱至锅炉的给水管道和从锅炉至分汽缸（不设置分汽缸时，至主要用汽设备或锅炉房出口）的蒸汽管道。

管道直径根据输送的介质按推荐流速（附录表6）计算，然后选择管子规格（附录表7）。当输送介质压力大于1MPa，温度大于200℃时，应采用无缝钢管；不超过上述范围时，可采用无缝钢管或水煤气输送管。采用丝扣连接时只限于水煤气输送管。

给水管道一般采用单管，常年不间断供热的锅炉房应采用双母管，且每条管道的流量都是额定蒸发量时的给水量。

锅炉至分汽缸的蒸汽管道，可以每台锅炉直接接至分汽缸，也可以通过蒸汽母管与分汽缸连接。前者多用于小型锅炉，操作比较方便。

监察规程[5]规定："连接锅炉和蒸汽母管的每根蒸汽管上，应装设两个蒸汽闸阀或截止阀，闸阀之间或截止阀之间应装有通向大气的疏水管和阀门，其内径不得小于18mm"。靠近蒸汽母管安装的阀门，如果是就地手动式的，应接近锅炉平台，或设置专用操作平台。

多管供汽时采用分汽缸。根据压力容器设计规定的要求，分汽缸的直径应按最大接管的直径确定，即筒体开孔最大直径应不超过筒体内径的一半。分汽缸两端均采用椭球形封头。分汽缸由专业厂家制造。

分汽缸长度决定于接管的多少，相邻管间距应符合结构强度要求和便于阀门的安装及检修，表4-4所列数值可供参考。

分汽缸接管间距 表4-4

相邻管管径 D_g(mm)	25	32	40	50	65	80	100	125	150	200
两相邻管中心间距(mm)	220	250	270	290	310	330	360	390	420	500

（2）主要阀门 课程设计中要求选择给水系统和蒸汽系统管道上的阀门，决定其型号，并以阀门型号表示法（JB308-75）表示[10]。

闸阀作关断用，适于全开全闭的场合。闸阀的介质流动阻力较小，但密封面的检修困难。对于汽、水等非腐蚀性介质，可用暗杆式的，常用于水泵进口、水箱进出口、自来水管道和公称直径大于200mm的各种场合。

截止阀作关断用，适于全开全闭的操作场合。截止阀的介质流动阻力较大，阀体长度也较大，但密封面的检修较闸阀方便些。常用于水泵出口、分汽缸、水处理设备等场合，产品公称直径通常不超过200mm。

节流阀用于介质节流，但没有调节特性，介质流动阻力大。如果用截止阀或闸阀代替节流阀，则便失去关断作用。

止回阀用于要求单向流动的场合，其结构形式有升降式和旋启式两种。升降式垂直瓣止回阀应安装在垂直管道上，而升降式水平瓣止回阀宜安装在水平管道上，这类产品的公称直径一般不超过200mm。旋启式止回阀宜安装在水平管道上或各种大型管道上。

在不可分式省煤器入口、可分式省煤器的入口和通向锅筒的给水管道上、离心泵的出口处都应装止回阀和截止阀，而且水流先通过止回阀。

底阀也是一种止回阀，用于液位低于泵时的泵的吸入管端。

旋塞阀是快速启闭的阀门，其阀芯在高温下易变形，限用于以水为介质的场合。锅炉房各种液位计、水位表和压力表管上常用旋塞阀。

对于腐蚀性介质，应根据使用条件选用隔膜阀或塑料阀。

安全阀的结构、使用和计算方法见教材§5-6。

疏水阀用于排出凝结水，其型式较多，可按样本选择。样本上的排水量一般是有一定过冷度的饱和水连续排水量，实际选用时应计入选择倍率。锅炉房内换热器、蒸汽管和分汽缸的疏水阀选择倍率一般不小于3。

（四）送、引风系统的设计

根据工业锅炉产品技术条件[11]的规定，送风机、引风机和除尘器都在“工业锅炉成套供应范围”之内，应由锅炉厂配套供应，如实际条件没有特别要求，不必变更。课程设计（作业）中对送引风系统的要求主要是确定送引风连接系统，决定风烟管道和烟囱尺寸，进行设备和管道布置。如有实际需要，还应核对配套风机性能。

关于锅炉热效率、排烟温度、锅炉本体烟风阻力和锅炉本体各烟道的过量空气系数，均引用锅炉厂产品计算书中的数据。

1.计算送风量和排烟量

根据使用燃料的成分计算得出燃料耗量、送风量和排烟量。计算按教材第三、八章有关公式进行。

计算中的过量空气系数可采用：除尘器0.1～0.15，钢制烟道每10m长为0.01，砖烟道每10m长为0.05。

2.决定送引风管道系统及其初步布置

决定管道系统应首先确定锅炉、送引风机、除尘器和烟囱的初步布置，决定各设备进出口空间位置，标出接口尺寸。然后决定连接管道的布置及所采用的部件，如进风口、吸入风箱、变径管、弯头和三通等。最后绘出布置简图。

送风机的吸入端常布置吸风管，以便在锅炉顶部空间吸入热空气，同时也考虑在寒冷季节从室外进风的吸气口。小型锅炉送风机通常就地吸风。

如果在距风机进口小于3～4倍直径处转弯，为了避免较大的压力损失，应装设吸入风箱[13][1]。

当管道截面或形状变化时，应设置变径管，其中心角不应过大，以免增加压力损失。

采用的管道部件应有良好的空气动力性能。转弯处不宜采用锐角弯头，弯头应有合理的曲率半径。交汇或分流处应尽量避免正交直角三通和四通，必要时可设置导流板。

监察规程[5]规定，“几台锅炉共用一个总烟道时，在每台锅炉的支烟道内应装设烟道挡板”。

烟囱与烟道连接的部位，应使各台锅炉的阻力尽量均衡，还应考虑到可能扩建的情况。

进行初步布置是为了决定管道系统，以便进行计算。当最后布置与此有出入时，一般不必修改计算，因前后变动通常只影响管道长度，对系统气流阻力影响不大。

3.决定风道和烟道断面尺寸

风道和烟道一般用2～4mm钢板焊接而成，可以是圆形或矩形，常与设备接口一致。室外部分也可采用砖烟道。

风道和烟道断面尺寸按推荐流速（教材表8-5）计算。

烟道设计应考虑清除积灰的方便。接至烟囱的砖烟道断面尺寸一般与烟囱的烟道口一致，支烟道也应有合理的尺寸。烟道上应设置清灰口。

烟囱标准图[12]中的烟道口尺寸如表4-5，其出灰孔均为600×800mm。

烟囱标准图中烟道口尺寸 表4-5

烟囱出口直径 (m)	0.8	1.0	1.2	1.4	1.7	2.0
烟道口宽度 (m)	0.6	0.8	1.0	1.2	1.4	1.6
烟道口高度 (m)	1.1	1.5	1.7	2.0	2.5	2.8

4.决定烟囱高度和直径

采用机械通风时，烟囱高度按GB3841-83《锅炉烟尘排放标准》选定（表4-6）。采用自然通风时，烟囱高度应满足克服烟气系统阻力的要求。

烟囱高度 表4-6

锅炉总额定出力t/h或相当于t/h	<1	1～<2	2～<6	6～<10	10～<20	20～<35
烟囱最低高度 (m)	20	25	30	35	40	45

在烟囱周围半径200m的距离内有建筑物时，烟囱高度一般应高出建筑物3m以上。

烟囱出口内直径按出口推荐流速（教材表8-8）计算。决定出口直径时还应核对最小负荷时的流速，以免冷风倒灌。

烟囱外直径由结构设计决定。砖烟囱顶部壁厚一般为240mm，有内衬时为410mm。底部外直径由烟囱高度和外壁坡度决定，外壁坡度一般采用2.5%。底部内直径与设计条件有关，如烟囱高度为40～50m，排烟温度为250℃，风压为500Pa时，烟囱底部总壁厚为780mm[12]。

5.核对风机性能

当锅炉使用条件与设计条件有较大变化或有其他需要时，核对锅炉厂配套送引风机性能。

计算风道和烟道阻力时，应先绘制供计算用的系统简图，注明管段长度、断面尺寸、曲率半径等尺寸。然后按教材第八章的有关公式和图表进行计算。

除尘器的阻力可按产品说明书选取。

计算出送风和引风系统总阻力后，得出要求的风机压头和流量，核对锅炉厂配套风机的性能是否满足要求。如果需要更换风机，应选出风机型号。

（五）运煤除灰方法的选择

运煤除灰系统是燃煤锅炉房的一个重要组成部分，关系到锅炉房的安全经济运行。但根据教学要求，在课程设计（作业）中只进行以下几项的选择计算。

1.计算锅炉房的耗煤量和灰渣量

为了运煤除灰设备选择计算的需要，应分别计算锅炉房平均小时最大耗煤量、最大昼夜耗煤量、全年耗煤量及其相应的灰渣量。

平均小时最大耗煤量 B_{pj}^{max} 是出现在最大负荷季节时的平均小时耗煤量，由下式计算：

$$B_{pj}^{max} = \frac{K_o'D_{pj}(i_q - i_{gs}) + D_{pw}(i_{pw} - i_{gs})}{Q_r\eta} \quad t/h \qquad (4\text{-}26)$$

式中 K_o'——锅炉房自耗热量、管网热损失和除氧用热系数；

D_{pj}——生产和生活平均热负荷、采暖和通风最大热负荷之和，t/h；

i_q——锅炉工作压力下蒸汽的焓，KJ/kg；

i_{gs}——给水的焓，kJ/kg；

D_{pw}——锅炉排污量，t/h；

i_{pw}——排污水的焓，kJ/kg；

Q_r——锅炉输入热量，kJ/kg；

η——锅炉的运行效率（用小数表示）。

运行测试和企业热平衡统计资料表明，锅炉的运行效率比设计效率要低10～15%。在锅炉房设计中无法得出运行效率，但在设备选择计算时应考虑这一因素。

最大昼夜耗煤量 B_{zy}^{max} 与生产班制有关：

$$B_{zy}^{max} = 8SB_{pj}^{max} + 8(3-S)B_f \quad t/d \qquad (4\text{-}27)$$

式中 S——生产班次；

B_{pj}^{max}——平均小时最大耗煤量，t/h；

B_f——非工作班时耗煤量，t/h，非工作班时负荷见式（4-4）说明。

全年耗煤量按式（4-3）得出的全年热负荷计算，计算公式与式（4-26）相同，也可用该式得出单位热负荷的耗煤量计算。

平均小时最大耗煤量、最大昼夜耗煤量和全年耗煤量对应的灰渣量，可用教材式（11-5）计算。由此得出的灰渣量中，随锅炉除渣设备排出的部分，抛煤机炉约为60～75%，其他层燃炉约为70～85%；其飞灰部分由除尘器捕集；烟道灰部分数量不多，且有的锅炉烟道灰也进入锅炉除渣设备而排除。

2.决定贮煤场面积

燃料的厂外运输，不管是火车、汽车或船舶，都可能因气候、调度、燃料源等各种条件影响而短时中断；另外，锅炉房燃料用量与车船运输能力也不平衡，因此应设置贮煤场，以保证锅炉的燃料供应。贮煤场的面积大小，根据煤源远近、运输方法及其可靠性等因素按教材式（11-3）计算确定。

3.决定灰渣场面积

锅炉房排出的灰渣暂时堆放在灰渣场，一般由汽车运出。灰渣场面积的计算公式也可用与教材式（11-3）相同的形式。贮渣量一般为3～5d锅炉房最大昼夜灰渣量。如果除尘器为干式排灰，则排灰全部进入灰渣场。灰渣的视密度可取0.6～0.9t/m³，渣堆高度应便于卸渣。

当采用灰渣斗贮渣时，可不设灰渣场。灰渣斗的容积应计算决定，贮渣量一般为1～2d最大昼夜灰渣量。灰渣斗排出口与地面的净距，在采用汽车运渣时不小于2.6m。

4.决定运煤除灰渣方式

（1）运煤除灰渣系统的输送量　运煤系统的输送量按下式计算：

$$G=\frac{24B_{p,j}^{max}K}{t}\quad t/h \tag{4-28}$$

式中　$B_{p,j}^{max}$——平均小时最大耗煤量，t/h，当锅炉房需扩建时，计入相应耗煤量；

K——运输不平衡系数，可取1.1～1.2；

t——运煤系统工作时间，h，运煤系统一班制工作时，≯7h，两班制≯14h，三班制≯20h。

对于没有炉前贮煤斗的小型锅炉，锅炉厂配备的锅炉煤斗容积很小，例如蒸发量4t/h的锅炉，约为20min额定蒸发量时的耗煤量，因此，上式中$B_{p,j}^{max}$应代以额定蒸发量时的耗煤量。

锅炉排渣一般都是连续的，因此，除灰渣系统的输送量一般应按运行锅炉额定蒸发量时的排渣量计算，并计入运输不平衡系数（可取1.1～1.2）。

（2）决定运煤除灰渣方式　运煤和除灰渣方式较多，系统与设备的选择计算涉及的知识面较宽，也需要较多的实践经验。在课程设计中只根据运输量、燃烧设备要求、场地条件等因素决定运煤除灰渣方式及其系统组成。所有设备的选择计算均不要求进行。

对于蒸发量不超过4t/h的锅炉，运煤除灰渣一般均采用较简单的机械，单台配套。例如卷扬翻斗上煤装置、摇臂翻斗上煤装置、电动葫芦上煤装置、螺旋式出渣机、刮板式出渣机等，可按厂家图纸或动力设施重复使用图集[10]选用。

对于容量较大的锅炉，运煤可采用带式输送机、斗式提升机、埋刮板输送机等设备。所有运煤系统均应装设煤的计量装置。容量较大锅炉的运煤系统中，根据燃烧设备的要求设置破碎、磁选和筛选设备。

运煤系统通常为单路运输，不设置备用设备。集中运煤系统一般为两班工作制，但应设置炉前贮煤斗，其容积和尺寸确定见教材§11-1。

除灰出渣设备常用的有马丁式除渣机或圆盘出渣机、带式输送机、链条除渣机以及水力除灰等等。对于单层布置的锅炉房，除灰渣系统宜于单台锅炉配置，以免布置在地下的除灰渣设备发生故障时影响整个锅炉房的运行。

（六）锅炉房工艺布置

锅炉房工艺布置的内容包括各种工艺设备及管道、燃料储运和水、烟、灰渣排放设施的布置；作为课程设计，还应提出锅炉房区域内的建筑物和构筑物的布置方案。锅炉房布置应满足各种设备的工作安全可靠，运行管理和安装检修便利；同时还应节省用地用材，提高建设和运行的经济性。

设计说明书中应对锅炉房布置方案作必要的说明，并附以布置简图。

1.锅炉房建筑

锅炉房的建筑物和烟囱、水池等构筑物由土建专业设计，但工艺设计者应根据工艺过程的需要，提出基本形式、主要控制尺寸和有关要求。在本课程设计中，锅炉房建筑形式和主要控制尺寸除题目给定外，均由设计者自行决定。

（1）锅炉房的组成

锅炉房包括设置锅炉的锅炉间，设置给水、水处理、送引风、运煤除灰等辅助设备的辅助间，化验室以及值班、更衣、浴室和厕所等生活用房。容量较大的锅炉房（通常是指6～10t/h锅炉的锅炉房），还包括变配电用房、仪表操作间、机修间和办公用房。

布置锅炉和辅助设备的建筑根据设备特点按实际需要设置，化验室和上述生活用房一般均应设置。课程设计中，化验室和生活用房的面积可参考表4-7推荐的数值。

当锅炉房作为一个车间进行管理时，还应配备办公室，日常检修用的机修间，材料备品贮藏间等用房。

生活间面积[17]　　　　**表 4-7**

锅炉房规模 (t/h)		办公室 (m^2)	值班、休息室 (m^2)	化验室 (m^2)	更衣室 (m^2)	浴室		厕所
						淋浴器数量	浴池	
8～16			3.3×4.5	3.3×4.5		2		1
20～60	男	3.6×6	3.6×6	3.9×6	3.6×4.6	2	1	1
	女					1		1

当蒸汽锅炉房供热水时，换热设备、热水循环泵和补给泵等设备一般也统一布置在锅炉房内。

（2）锅炉房建筑安全要求

锅炉属于有爆炸危险的承压设备，锅炉房的设计必须严格执行国家有关规定。

监察规程[5][6]规定，“锅炉一般应装在单独建造的锅炉房内”，不得设置在人口密集的楼房内或与其贴邻。锅炉房若设置在主体建筑以外的附属建筑物内，或与住宅、生产厂房相连时，对锅炉的压力和蒸发量都有极严格的限制

锅炉房应为一、二级耐火等级的建筑，但总额定蒸发量不超过4t/h的燃煤锅炉房可采用三级耐火等级建筑❶。

锅炉房与相邻建筑物之间应留有防火间距，具体要求与建筑物的耐火等级有关。露天或半露天煤场与锅炉房或相邻建筑物之间的防火间距，当煤场总贮量为100～5000t时，对一、二级耐火等级的建筑物为6m，三级为8m；当总贮量超过5000t时，上述间距各加大2m。

出于安全方面的考虑，锅炉房应采用轻型屋顶，门的数量和开向也有要求，参阅教材§12-3三。

锅炉房地面应平整无台阶。为防止积水，底层地面应高于室外地面。设备布置在地下室时，应有可靠的排水设施。

---

❶ 建筑物的耐火等级分为四级[14]。耐火等级为一、二级的建筑物，除二级的吊顶为难燃烧体外，全部构件均为非燃烧体。三级建筑物，吊顶和隔墙为难燃烧体，屋顶承重构件为燃烧体，其余构件均为非燃烧体。

（3）锅炉房建筑布置形式

锅炉房设备可作室内布置或露天布置。露天布置节省土建投资，排尘排热条件好，但设备防护条件要求高，操作条件较差。课程设计中一般不考虑露天布置方案。但气候和环境条件允许时，除尘器、送引风机、水箱等辅助设备可以作露天布置。

锅炉房作单层布置还是双层布置，主要取决于锅炉产品设计、燃烧设备和受热面布置方式。当前，额定蒸发量不超过4t/h的燃煤锅炉，燃油燃气的锅炉，一般作单层布置；额定蒸发量大于或等于6t/h的燃煤锅炉，一般作双层布置。单层布置时节省土建投资，操作比较方便；但占地较大，除渣设备布置在地下，工作可靠性和检修条件较差。

新建锅炉房一般均应留有扩建的可能性。因此，布置给水设备、水处理设备和换热设备的辅助间和化验、生活用房常设置于锅炉房的一端，这一端称为固定端，另一端作为扩建端。辅助间根据锅炉房规模和需要，可以单层、双层或三层布置。机械化运煤除渣设备由固定端进出，以免扩建时影响原有锅炉的运行，减少设备的拆装工作。

锅炉房内的仪表控制室、化验室、生活用房、变配电用房、运煤通廊等房间应分隔布置，而且仪表控制室应设置在操作层，化验室布置在采光好、噪声和振动影响小的部位。水处理、给水、换热器、送引风等辅助设备，原则上可以不分隔，与锅炉布置在同一房间内。但目前国内采用高速风机，噪声大，通常把风机隔开布置。由于运行管理方面的原因，锅炉设备难以保持完好状态，负压锅炉在运行中常出现正压，锅炉间灰尘较多，因此，辅助间常与锅炉间隔开布置。

除尘器和引风机根据流程布置在锅炉间的后面。单层布置的锅炉房，为了降低锅炉间的噪声，送风机也往往和引风机一起布置在风机间内。风机间一般紧贴锅炉间后墙，也可在除尘器后作单独的风机间，而除尘器则露天布置。

锅炉的工作面应有较好的朝向，并避免太阳西晒。

排污减温池、水处理药剂库、各类箱罐一般设置在锅炉房的后面。

锅炉房设有地下凝结水箱时，应尽量采用半地下建筑，以便于采光和通风。

锅炉房的建筑布置应满足工艺布置的要求，而工艺布置也要考虑建筑设计的合理性。锅炉房的柱距、跨度和层高等主要尺寸应尽量符合建筑统一模数制[19]。对于装配式或部分装配式钢筋混凝土结构[20]，当跨度≤18m时，跨度采用3m的倍数；＞18m时，采用6m的倍数，厂房柱距则采用6m或其倍数。自地面至柱顶的高度或层高应为300mm的倍数，屋面坡度一般采用1:5或1:10。门窗洞口采用300mm的倍数。

2.锅炉房设备布置

（1）一般原则

锅炉房内各种设备的布置应保证其工作安全可靠、运行管理和安装检修便利；设备的位置应符合工艺流程，以便于操作和缩短管线。此外，设备布置还应能合理利用建筑面积和空间，以减少土建投资和占地面积。

需要经常进行操作或监视的设备，操作部位前应留有足够的操作面；设备需要接管的部位，应留有安装管道及其附件的位置；各设备都应有通道通达，以便于运行中检查设备运转情况和安装检修时设备及部件的搬运。

设备的上方应根据操作，通行或吊装的需要留出空间。为了便于安装和检修设备及50kg以上的部件或附件，可设置吊装设备或预设悬挂装置。吊装设备可根据需要选用手动或电动的梁式吊车、悬挂式吊车或单轨行车。

为了做好设备布置工作，设计者必须了解设备的操作过程，以及这一过程和安装检修对场地空间的要求。在进行设备布置时，应先查明各设备的外形尺寸、基础外形、接管部位等条件。

（2）锅炉布置

锅炉的布置方法和布置尺寸与锅炉容量、燃烧设备和受热面结构等因素有关。如容量较大的锅炉通常采用双层布置，底层作为出渣层，同时亦可布置风机等辅助设备和其他用房；燃煤锅炉都有运煤除渣、拨火清灰等操作；不同的受热面结构，对其清灰和清理烟道灰也有不同要求等等。

锅炉的炉前是主要操作面，锅炉前端至锅炉房前墙的净距离要考虑操作条件，贮煤斗或运煤设备的布置，小型锅炉人工运煤的要求，以及炉排的检修、烟管的清灰等要求。这一净距离一般不小于4～5m。

锅炉两侧墙之间或与建筑墙之间，通常布置有平台扶梯，各种管道，有时还有送风机和除渣设备。机械炉排一般都在炉侧设置拨火门，有时炉排的漏煤和烟道灰也从炉侧清除。拨火操作要求炉墙与侧墙之间净距大于拨火深度（炉排宽度与炉墙厚度之和）1.5m以上，清除漏煤和烟道灰的操作要求也与此相仿。出渣机设置于炉侧时，侧墙间净距还应便于运渣车通行。如炉侧无操作要求，仅作为通道，则通道净距对1～4t/h锅炉不应小于0.8m，对6～20t/h锅炉不应小于1.5m。

根据锅炉的实际条件，按上述要求即可确定炉侧间距，从而决定两台锅炉中心线间距。对于设置炉前贮煤斗的锅炉房，炉子中心线至相邻两建筑纵向轴线（通常即煤斗框架轴线）等距，以便于贮煤斗和溜煤管的装设。

锅炉后端至锅炉间后墙的间距，如锅炉后部设有打渣孔或其他装置，则应满足其相应操作要求。如仅作为通道，则其净距要求与炉侧相同。

锅炉最高操作平台至屋架之间的净高应不小于2m，如为木屋架则应不小于3m。

单层布置的锅炉房，除渣设备布置在地坑或地槽内。若采用集中除渣系统，贮渣斗一般布置在锅炉房固定端一侧；若各台锅炉分别设置贮渣斗，可设在锅炉房的前部或后部。

除渣设备工作条件差，易出故障，布置时应考虑有较好的工作和检修条件，而且应尽量满足在故障时改为人工出渣的可能性。

为便于安装和检修时的物件搬运，双层布置的锅炉房或单台锅炉额定蒸发量大于或等于10t/h的锅炉房，在锅炉上方应设置起吊能为0.5～1t的起吊装置[2]，在穿越楼板处应开设吊装孔。吊装设备常采用电动葫芦或手动单轨行车。

设备最大运输部件不能通过门洞或窗洞搬运时，应设有预留安装孔。对于框架结构的建筑物，不必指定预留安装孔位置。

（3）辅助设备布置

引风机的位置由除尘器和管道的连接要求来决定。风机间内应有通道，其宽度应满足安装和检修时风机部件搬运的要求。风机间应根据实际条件设置起吊装置或留有吊装空间。风机轴线标高应满足出口法兰装拆的要求。风机出口水平引出时，出口距墙或距总烟道的尺寸应考虑风机、出口渐扩管与烟闸安装的需要。

除尘器一般露天布置，小型锅炉的除尘器也可布置在室内。除尘器的进口标高除考虑本体高度外，还应考虑下部排灰或贮灰装置及运灰车的高度。干式排灰时，布置除尘器的区域要有运灰车通行的通道。

水处理设备一般布置在辅助间内，需要时也可单独布置在独立的建筑物内。离子交换器一般靠内墙布置，以免影响采光。离子交换器之间，以及与墙或其他设备之间的距离应满足配管的要求，侧面有操作时还应满足操作要求。

离子交换器通常布置在底层，并与溶盐池、盐泵和盐液过滤器以工艺流程合理地布置在一起。离子交换器高度较大，当上方设有楼层时，如果需要，可以抽掉顶部的部分楼板，或把这部分楼板抬高至所需高度，以满足离子交换器布置的需要。具有筒体法兰的离子交换器，其上方空间应有吊装条件或设置悬挂装置。

热力除氧器和除氧水箱布置在满足灌注头要求的楼层上，一般为三层楼上，其上方应有足够的空间满足吊装要求。同时，在吊车能接近的外墙上预留安装孔。

开式钢板水箱安放在支座上，支座间距在标准图上有规定，支座高度应考虑配管的需要，但不小于300mm。水箱顶部应有一定空间，满足配管．阀门操作和人孔使用条件。水箱的正面除考虑管道和阀门安装的需要以外，还应留有通道。其他各边如无接管和安装扶梯的需要，不必留通道。

采用加药除氧器时，根据加药方式把加药器布置在便于操作的地方。

小型锅炉给水箱和给水泵应布置在司炉便于看管的地方。如果给水箱和给水泵没有布置在同一房间，给水泵房间内应有指示给水箱水位的信号装置和控制进给水箱软水量的阀门。

泵的泵端靠墙布置时，泵端基础与墙之间的距离应考虑吸水总管、进水阀和连接短管安装的需要。泵基础之间的通道一般不小于700mm，大型泵还应加大，以满足安装检修时搬运的需要，当场地不足时，也可把同型号的两台泵布置在同一基础上。

从水箱出口至给水泵进口的吸水管段不应高于水箱最低水位，以保证安全给水。

泵的底座边缘至基础边缘的距离一般不小于100mm，地脚螺栓中心至泵基础边缘距离一般不小于150mm，基础高出地面一般为120～150mm（包括不小于25mm的找平层）。

水泵间的上方应有安装、检修时搬运与吊装条件，大型泵的泵房可设置起吊装置。

3.风烟管道和主要汽水管道布置

各种管道及其附件的布置都应使其工作安全可靠、操作和安装检修便利。布置时应注意以下各方面要求。

（1）管道布置应符合流程，使管道具有最小的长度。

（2）分期建设或具有扩建可能的锅炉房，管道布置应适应扩建要求，使扩建时管道改造工作量最小。

（3）管道布置应便于装设支架，一般沿墙柱敷设，但不应影响设备操作和通行，避免影响采光和门窗启闭。

（4）管道离墙柱或地面的距离应便于安装和检修，如焊接、保温、法兰的装卸。

（5）输送热介质的管道应考虑温度变化时的伸缩，并尽可能采用自然转弯进行补偿。

（6）管道应有一定坡度，以便排气放水。汽管坡向应与介质流向一致。汽管水管最低点和可能积聚凝结水处设放水阀或疏水阀，水管最高点设放气阀。

（7）主要通道的地面上不应敷设管道，通道上方的管道最低表面距地应不小于2m。

（8）风道和烟道可作地上或地下布置。地上布置易于检查和检修，烟道也便于清灰。地下布置时应有防水以及检查和排除积水的措施。

（9）露天布置的送引风机，如考虑利用移动式吊车吊装，地面上不应设置管道，此时的管道通常架空布置，管底距地面一般为5m，地下水位低时也可作地下布置。

管道附件应根据其工作特点、操作要求和安装检修条件进行合理布置。

管道上的阀门应设置在便于操作的部位，尽量利用地面和设备平台等便于接近的地方进行操作。否则，大口径阀门（$D_g \geqslant 150mm$）应设置专用平台。

分汽缸一般设在锅炉间固定端。当接管较多且需要分别装设流量计时，也可设在专用房间内。

分汽缸接管上的阀门应设置在便于操作的高度上；分汽缸离墙距离要便于阀门的安装和拆卸。

各种流量计应根据所选型式，在其前后应接有为保证计量精度所需长度的直管管段。

（七）制图要求

课程设计应完成热力系统图1张，设备布置图2张，图幅为1号或2号图纸。课程作业只需完成相应的简图。

1.热力系统图

热力系统图应绘制全部热力设备．连接管道．阀门及附件，并标明管径和设备编号，附上图例。

设备按规定的图形符号绘制[21]。对于锅炉．省煤器、水处理设备等主要设备和标准中未包括的设备，按常用图形符号表示。常用图形符号通常是设备接管图的展开图。管道以规定代号（GB140—59）表示，管道附件以有关标准[21][24]规定的图形符号和管道附件的规定代号（GB141—59）表示。对于标准中没有规定的管道与附件，可采用常用表示方法或参考标准中的表示方法自行决定，但应在图例中标明。

管道直径可只标注课程设计中要求计算管径的给水管道和蒸汽管道。无缝钢管用外径和壁厚表示，例如D133×4；水煤气输送管（焊接钢管、黑铁管）可用公称直径表示，例如D_g20。

热力系统图的图面布置应使图面匀称，线条清晰。通常在图面的上部是锅炉和热力除氧器，下部是水处理设备、换热器和水泵，最下面是排污排水设施。进出锅炉房的各种管道应放在周边的明显部位。图中设备接管部位和管道节点相对位置应与实际接管相符，不可任意调换。管道断开处或流向不易判明的管段，应标出介质流向，必要时加文字说明。

当锅炉房设备较多时，热力系统图也可按工艺系统分成几部分，例如水处理系统、热水加热系统、锅炉排污系统等可作为独立的系统来绘制。

各设备需要连接管道的所有对外接口，包括只有排水或排汽接管的接口，在系统图上都应表示清楚，但设备内部管道和附件可不表示。

拟定热力系统图时应考虑运行的可靠性，调度的灵活性，部分设备切出检修的可能性以及建设和运行的经济性等问题，一般应注意下列几个方面：

（1）给水系统、蒸汽系统、热水锅炉循环水系统的连接方式应根据锅炉和锅炉房特点进行合理选择。

（2）可能超压造成事故的设备应有符合国家有关规程的安全保护装置；在系统设计中也应遵守有关规程对系统设计的要求，如锅炉安全阀的排出管应接至安全处，省煤器安全阀的排出管不应与排污管相接；开式水箱均应有通向大气的排气管，排气管一般接至室外，其上不得装设阀门；凝结水箱或温度较高的给水箱，应采用水封式溢流管；每台锅炉应有独立的排污及放水系统；几台锅炉排污如合用一个总排污管，则须有妥善的安全措施；锅炉的排污阀（或放水阀）和排污管（或放水管），不允许用螺纹连接等等。

（3）同类设备建立横向联系，以达到互为备用的目的，并应使任一台设备能从系统中切出检修或投入运行。如各台给水泵、给水箱和循环泵，各自之间应有横向连接管道和相应的阀门。

（4）设备的纵向联系应保证主要设备的工作，次要设备建立旁通。如初级加热器、减压阀和疏水阀等应有旁通管道和阀门，在这些设备故障或检修时，不致使主要设备停止工作。疏水阀的旁通还在系统暖管和设备启动时作手动排水用。疏水阀的前后装设冲洗阀和检查阀，以便冲洗管道和检查疏水阀工作情况。

（5）为使各设备有从系统中切出检修的可能性，设备进出口处应有关断阀，并有放空设备的放水阀。

（6）尽量减少在主管道上连接支管道，且应在靠近主管道的支管道上装关断阀，以免任一支管道上的设备和管道附件的事故或检修而影响整个系统的工作。

（7）应尽量简化系统，减少管道和附件，以节省建设费用；系统连接方式应尽量减少设备的动力消耗，如锅炉房内的设备凝结水应直接进入除氧器。

2.设备布置图

布置图中应包括各种设备和主要管道，相关的建筑和构筑物也应绘出。各种设备和管道必须有定位尺寸，建筑物应标注主要尺寸，如柱距或开间、跨度、屋架下弦标高等。

制图方法可根据图纸类别执行不同的制图标准。对于建筑物、构筑物、设备布置图，执行建筑制图标准[22]；对于非标准设备和其他机械部件图，可执行机械制图标准[23]；对于锅炉产品图样，可执行锅炉制图标准[24]。

制图时以工艺部分为重点。对于工艺设备和管道，根据需要可采用粗、中或细线绘制。对于建筑物和构筑物，一般用细线绘制，且图形可以简化，以标明建筑结构形式．门窗洞口和楼梯位置等与工艺设计有关部分为度，但监察规程规定的通向锅炉间的门的开向应画出。

设备图形一般以外形表示。锅炉图形中一般还应画出锅筒、尾部受热面（独立布置时）、炉排调速箱和煤斗，必要时绘出平台、扶梯和设计中增加的连接平台。风机图形中应包括机壳、电动机和基础外形。水泵图形中应表示出基础外形，水泵和电动机位置。水箱、分汽缸等保温设备，可按未保温时尺寸绘制，但布置尺寸的决定应考虑保温层的存在。钢筋混凝土溶盐池等池类用双线表示。

汽水管道一般用单线表示。风烟管道按比例绘制。金属风烟管道与设备的接口、以及弯头．变径管等部件应表示连接法兰。砖烟道用双线表示，壁厚应由土建设计决定，课程设计中可按一砖半绘制。

图中设备和管道应标出定位尺寸。至建筑物一侧的尺寸界线，应考虑施工的需要与方便，主要设备可取建筑轴线，次要设备和管道可取墙柱表面或建筑轴线。设备定位尺寸有纵向和横向两个尺寸。外形对称的设备可取中心线作为定位线，其余情况根据设备特点决定。锅炉通常以纵向中线或锅筒或主要集箱中心线，前墙（柱）或后墙（柱）的尺寸定位。风机则为轴线和机壳中线，除尘器为筒体或筒体和进口中心线，泵为轴线和基础端面线或出口中心线，矩形水箱、水池常用边线。

平面图中的地面和地坑等处标注标高，剖面图中的高度常以标高标注。

剖面线的选取应能表达多数设备的布置情况。剖面图中一般应绘出锅炉、运煤除渣设备、送引风机、除尘器和烟囱，并标出锅筒中心线、除尘器进口中线、风机轴线、管道中心线、以及烟囱出口、各层地面和屋架下表面等部位的标高。

建筑图应有定位轴线及其编号。定位轴线与墙、柱和楼板的关系由有关标准[19]规定，课程设计中也可参考例图确定。各定位轴线间距都应标注，剖面图中也应标注。

设备布置图中的设备均应标注设备编号。设备明细表可放在设备平面布置图中。

平面布置图上应绘制指北针。

3.图标

图标绘在图纸右下角，图标形式可根据各院校情况决定，下面格式供参考。

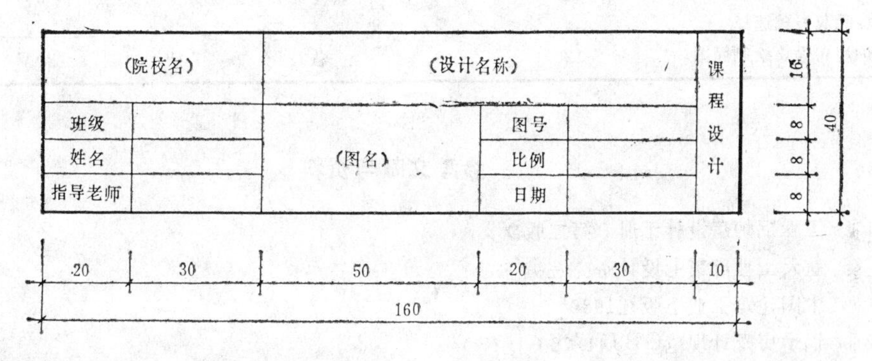

4.制图要求

设计图纸用制图仪器和铅笔绘制，并执行制图标准的规定。设备布置图采用比例以1:50为宜，如有困难，可改用其他比例。

图纸幅面一般采用基本幅面，如有必要，1～3号图纸的长度或宽度都可加长，加长部分应为基本幅面相应边长的1/8及其倍数[22]。

制图和设计计算一样，都应独立完成。对图纸中工艺部分的布置方法、图形和尺寸要弄清其作用、根据和意图。

图面要整洁。书写工整，字体端正，排列整齐，笔划清楚。汉字宜用仿宋字体。

图线加深前应经指导教师审阅。

（八）设计说明书的编制

1.说明书中应说明设备、系统、方案的选择依据、理由和结论，设计计算公式、公式中各符号的意义和数据、以及计算结果。论述时必须结合自己的设计题目，表明自己的观点，切忌泛谈一般设计方法。

2.说明书要求字迹清楚，标题编排合理，用纸前后一致。计算部分也可以用表格形式，但表中必须包括公式、符号、数据和结果，且序号符合计算顺序。

简图可以用铅笔绘制，不要求有严格的比例，但线条和字迹必须清楚。

3.说明书应装订成册，并有封面、目录和页次。

4.说明书可在设计过程中分阶段交指导教师审阅。

5.设计完成后，对设计中出现的问题，如前后设备和数据的更改，已发现但来不及修改的各种问题，以及有必要说明的其他事项，可在说明书最后的结束语中说明。

学时分配

由于各院校课程设计安排情况不一，各有特色，各部分设计内容的学时分配也难以统一。对于集中安排设计（两周）和作业（一周）的院校，下表（表4-8）可供参考。

课程设计（作业）学时分配 表 4-8

设计（作业）内容	设计学时	作业学时	设计（作业）内容	设计学时	作业学时
热负荷计算和锅炉选择	4	4	制图：系统图	12	—
水处理设备选择	8	6	平面布置图	18	—
给水设备和主要管道选择	4	2	剖面图	7	—
送引风系统设计	6	4	设计说明书整理	5	4
运煤除灰方式选择	4	2			
锅炉房布置及绘制简图	12	18	总　计	80	40

参考文献与资料

［1］ 工业锅炉房设计手册（第二版）
航天工业部第七设计研究院编
中国建筑工业出版社1986

［2］ 锅炉房设计规范GBJ41-79（试行）
锅炉房设计规范GBJ41- （征求意见稿1987.9）

［3］ Производственные и отопительные котельные, Е. Ф. Бузников, К. Ф. Роддатис, Э.Я.Берзиньш, 1984

［4］ 锅炉烟尘排放标准GB3841—83

［5］ 蒸汽锅炉安全技术监察规程
中华人民共和国劳动人事部1987.10.1.

［6］ 供热系统节能工作暂行规定 经能（1984）483号

［7］ 华东地区工业锅炉房工程选集 设计概要（内部发行） 上海市建筑设计标准化办公室 华东地区建筑标准设计协作办公室 1984。

［8］ 给水排水设计手册 第四册 工业给水处理 华东建筑设计院主编 中国建筑工业出版社 1986

［9］ 低压锅炉水质标准GB1576—85

［10］ 工业锅炉房常用设备手册（内部发行）
《工业锅炉房常用设备手册》编写组
机械工业部第二设计研究院主编

机械工业部第三设计研究院发行 1986.6.
[11] 工业锅炉产品技术条件JB2816-80
[12] 全国通用工业厂房结构构件标准图集
砖烟囱G611（一）～（八）
水利电力部西北电力设计院编制 1976
[13] 锅炉设备空气动力计算（标准方法）
[苏]C.И.莫强主编 杨文学 徐希平等译 电力工业出版社 1981.10.
[14] 建筑防火规范 TJ16—74
[15] 工业企业设计卫生标准 TJ36—79
[16] 热水锅炉安全技术监察规程
中华人民共和国劳动人事部 1984.7.1.
[17] 供热通风空调制冷设计技术措施（内部发行） 上海工业建筑设计院 湖北工业建筑设计院
中国建筑东北设计院 中国建筑西北设计院 中国建筑西南设计院联合编写组
中国建筑西南设计院印刷所 1982.
[18] 锅炉压力容器安全监察暂行条例
国务院文件 国发[1982]22号
[19] 建筑统一模数制 GBJ2—73
[20] 厂房建筑统一化基本规则 TJ6—74
[21] 热工图形符号与文字代号 GB4270—84
[22] 建筑制图标准 GBJ1—73
[23] 机械制图 GB4457—84～GB4460—84
[24] 锅炉制图 JB2632—81

第五篇　锅炉房课程设计示例

一、三台KZL4-0.7-A锅炉房工艺设计

设计题目　××厂厂区及生活区的供热锅炉房工艺设计

（一）设计概况

本设计为一蒸汽锅炉房，为生产、生活以及厂房和住宅采暖生产饱和蒸汽。生产和生活为全年性用汽，采暖为季节性用汽。

生产用汽设备要求提供的蒸汽压力最高为0.4MPa，用汽量为3.7t/h；凝结水受生产过程的污染，不能回收利用。采暖用汽量为7.8t/h，其中生产车间为高压蒸汽采暖，住宅则采用低压蒸汽采暖；采暖系统的凝结水回收率达65%。生活用汽主要供应食堂和浴室的用热需要，用汽量计0.7t/h，无凝结水回收。

（二）原始资料

1.燃煤资料

元素分析成分　$C^y=57.42\%$，$H^y=3.81\%$，$S^y=0.46\%$，$O^y=7.16\%$，$N^y=0.93\%$，$A^y=21.37\%$，$W^y=8.85\%$；

煤的可燃基挥发分$V^r=38.48\%$，应用基低位发热量$Q^y_{dw}=21350$kJ/kg。

2.水质资料

总硬度	H_0	7.35me/L,
永久硬度	H_{FT}	4.35me/L,
暂时硬度	H_T	3.0 me/L,
总碱度	A_0	3.0 me/L,
	pH	8.27,
溶解固形物		550 me/L。

3.气象资料

冬季采暖室外计算温度	－12℃,
冬季通风室外计算温度	－6℃,
夏季通风室外计算温度	30℃;
采暖天数	121;
主导风向	北;
大气压力	101998Pa;
地下水位	－2.5m。

4.蒸汽负荷及参数

生产用汽　$D_1=3.7$t/h，$P_1=0.4$MPa；无凝结水回收；

采暖用汽　$D_2=7.8$t/h，$P_2=0.3$MPa；凝结水回收率$\alpha_2=65\%$；

生活用汽 $D_3=0.7$t/h，$P_2=0.3$MPa；无凝结水回收。

（三）热负荷计算及锅炉选择

1.热负荷计算

（1）采暖季最大计算热负荷

$$D_1^{max}=K_0(K_1D_1+K_2D_2+K_3D_3) \quad t/h$$

式中 K_0——考虑热网热损失及锅炉房汽泵、吹灰、自用蒸汽等因素的系数，取1.05；

K_1——生产用汽的同时使用系数，取0.8；

K_2——采暖用汽的同时使用系数，取1；

K_3——生活用汽的同时使用系数，取0.5。

$\therefore \quad D_1^{max}=1.05(0.8\times3.7+1\times7.8+0.5\times0.7)=11.67$t/h

（2）非采暖季最大计算热负荷

$$D_2^{max}=K_0(K_1D_1+K_3D_3)=1.05(0.8\times3.7+0.5\times0.7)=3.48 \text{t/h}$$

2.锅炉型号与台数的确定

根据最大计算热负荷11.67t/h及生产、采暖和生活用汽压力均不大于0.4MPa，本设计选用KZL4-0.7-A型锅炉三台。采暖季三台锅炉基本上满负荷运行；非采暖季一台锅炉运行，负荷率约在80%左右。锅炉的维修保养可在非采暖季进行，故本锅炉房不设置备用锅炉。

（四）给水及水处理设备的选择

1.给水设备的选择

（1）锅炉房给水量的计算

$$G=KD^{max}(1+P_{pw}) \quad t/h$$

式中 K——给水管网漏损系数，取1.03；

D^{max}——锅炉房蒸发量，t/h；

P_{pw}——锅炉排污率，%，本设计根据水质计算，取10%。

对于采暖季，给水量为

$$G_1=KD_1^{max}(1+P_{pw})=1.03\times11.67(1+0.10)=13.22 \quad t/h;$$

对于非采暖季为

$$G_2=KD_2^{max}(1+P_{pw})=1.03\times3.48(1+0.10)=3.94 \quad t/h$$

（2）给水泵的选择

给水泵台数的选择，应能适应锅炉房全年负荷变化的要求。本锅炉房拟选用四台电动给水泵，其中一台备用。采暖季三台启用，其总流量应大于1.1×13.22t/h，现选用：

型号	$1\frac{1}{2}$GC-5	
流量	6	m³/h
扬程	1127	kPa
电机型号	Y132S₂-2	
功率	7.5	kW
转数	2950	r/min

进水管D_g40，出水管D_g40

因KZL4-0.7-A型锅炉为轻型炉墙结构，炉体蓄热能力不大；停电时，“给水泵停止给水不会造成锅炉缺水事故”。所以，本设计不设置备用汽动给水泵。

（3）给水箱体积的确定

本锅炉房容量虽小，按“低压锅炉水质标准”规定给水应经除氧处理。考虑到作为课程设计的示例之一，为简化系统，本锅炉房按不设给水除氧装置布置，将凝结水箱和软水水箱合一，作为锅炉的给水箱。为保证给水的安全可靠和检修条件，给水箱设中间隔板，以便水箱检修时互相切换使用。

给水箱体积，按贮存1.25h的锅炉房额定蒸发量设计，外形尺寸为3600×2500×2000 mm，计15m³。

2.水处理系统设计及设备选择

根据原水水质指标，本设计拟采用钠离子交换法软化给水。由于原水总硬度高达7.35 me/L，属高硬度水，所以决定选用逆流再生钠离子交换器两台，以732#树脂为交换剂。为提高软化效果和降低盐耗，两台交换器串联使用：当第一台交换器的软化水出现硬度时，随即把第二台串入使用；直至第一台交换器出水硬度达1～1.5me/L时，停运第一台，准备再生，由第二台交换器单独运行软化，如此循环使用。

为防止交换剂层乱层，在再生和逆流冲洗时采用低流速方法，再生流速限制在1.5～1.8m/h。

（1）锅炉排污量的计算

锅炉排污量通常通过排污率来计算。排污率的大小，可由碱度或含盐量的平衡关系式求出，取其两者的较大值。

按给水的碱度计算排污率：

$$P_A=\frac{(1-\alpha)A_{gs}}{A_g-A_{gs}}\quad\%$$

式中 A_{gs}——给水的碱度，由水质资料知为3.0me/L；

A_g——锅水允许碱度，据水质标准，对燃用固体燃料的水火管锅炉为22 me/L；

α——凝结水回收率，本设计可由下式决定；

$$\alpha=\frac{0.65D_2}{D_1^{max}}=\frac{0.65\times7.8}{11.67}=43.44\%$$

$$\therefore\quad P_A=\frac{(1-0.4344)\times3.0}{22-3.0}=9.43\%$$

按给水中含盐量（溶解固形物）计算排污率：

$$P_s=\frac{(1-\alpha)S_{gs}}{S_g-S_{gs}}\quad\%$$

其中 给水含盐量S_{gs}，已知为550mg/L，锅水允许含盐量，S_g为4000mg/L，

$$\therefore\quad P_s=\frac{(1-0.4344)\times550}{4000-550}=9.02\%$$

故此，锅炉排污率取10%。

（2）软化水量的计算

锅炉房采暖季的最大给水量与凝结水回收量之差，即为本锅炉房所需补充的软化水量：

$$G_{rs}=KD_1^{max}(1+P_{pw})-\alpha_2D_2$$

$$=1.03\times11.67(1+0.10)-0.65\times7.8=8.15t/h$$

（3）钠离子交换器的选择计算（表5-1）

表 5-1

序号	名　称	符号	单　位	计算公式或数据来源	数　值
1	软化水量	G_{rs}	t/h	先前计算	8.15
2	软化速度	v'_{rs}	m/h	根据原水$H_0=7.35$me/L	10
3	所需交换器截面积	F'	m^2	$G_{rs}/v'_{rs}=8.15/10$	0.815
4	实际交换器截面积	F	m^2	选用ϕ1000交换器两台，轮换运行	0.785
5	交换剂层高度	h	m	交换器产品规格	2
6	运行时实际软化速度	v	m/h	$G_{rs}/F=8.15/0.785$	10.38
7	交换剂体积	V	m^3	$hF=2\times0.785$	1.57
8	交换剂工作能力	E_0	ge/m^3	732#树脂1100～1500	1100
9	交换器工作容量	E	ge	$VE_0=1.57\times1100$	1727
10	运行延续工作时间	T	h	$\frac{En}{G_{rs}(H_0-H)}=\frac{1727\times1}{8.15\times(7.35-0.04)}$	29.0
11	小反洗时间	τ_1	min	取　用	10
12	小反洗水流速度	v_1	m/h	取　用	9
13	小反洗耗水量	V_1	m^3	$Fv_1\tau_1=0.785\times9\times10/60$	1.18
14	静置时间	τ_2	min	交换剂回落、压脂平整，取用	4
15	再生剂(食盐)纯度	φ	%	工业用盐，取用	95
16	再生剂单耗	q	g/ge	逆流再生	90
17	再生一次所需再生剂量	G_y	kg	$Eq/1000\varphi=\frac{1727\times90}{1000\times0.95}$	163.6
18	再生液浓度	C_y	%	取　用	5
19	再生一次稀盐液体积	V_{zs}	m^3	$G_y/1000C_y=163.6/1000\times0.05$	3.27
20	再生一次耗水量	V_3	m^3	近似等于V_{zs}	3.27
21	再生速度	v_3	m/h	低速逆流再生，取	1.8
22	再生时间	τ_3	min	$60V_3/Fv_3=60\times3.27/0.785\times1.8$	139
23	逆流冲洗时间	τ_4	min	低速将再生液全部顶出交换器	75
24	逆流冲洗耗水量	V_4	m^3	$v_3F\tau_4/60=1.8\times0.785\times75/60$	1.77
25	小正洗时间	τ_5	min	取　用	8
26	小正洗速度	v_5	m/h	取　用	8
27	小正洗耗水量	V_5	m^3	$Fv_5\tau_5/60=0.785\times8\times8/60$	0.84
28	正洗时间	τ_6	min	取　用	10
29	正洗速度	v_6	m/h	取　用	10
30	正洗耗水量	V_6	m^3	$Fv_6\tau_6/60=0.785\times10\times10/60$	1.3
31	再生过程所需总时间	τ	min	$\tau_1+\tau_2+\tau_3+\tau_4+\tau_5+\tau_6=10+4+139+75+8+10$	246
32	再生需用自来水耗量	V_{sl}	m^3	$V_1+V_5+V_6=1.18+0.84+1.3$	3.32
33	再生需用软水耗量	V_{rs}	m^3	$V_3+V_4=3.27+1.77$	5.04
34	再生一次总耗水量	V_z	m^3	$V_{sl}+V_{rs}=3.32+5.04$	8.36

逆流再生离子交换器在连续运行8～10周期后，一般宜进行一次大反洗，以除去交换剂层中的污物和破碎的交换剂颗粒。大反洗流速取10m/h，时间约15min。

大反洗后的第一次再生，其再生剂耗量比正常运行时约增大一倍。

大反洗前，应先进行小反洗，以保护中间排管装置。

（4）再生液（盐液）的配制和贮存设备

为减轻搬运食盐等的劳动强度，本设计采用浓盐溶液池保存食盐的方法，即将运来食盐直接倒入浓盐液池。再生时，把浓盐液提升到稀盐液池，用软水稀释至要求浓度，再由盐液泵输送至离子交换器再生。

1）浓盐液池体积的计算

本锅炉房钠离子交换器运行周期为29＋4.1≈33h，每再生一次需耗盐163.6kg，如按贮存10天的食盐用量计算，则浓盐液（浓度26％）池体积为

$$\frac{10\times24\times163.6}{33\times0.26\times1000}=4.57m^3$$

2）稀盐液池体积的计算

再生一次所需稀盐液（浓度5％）的体积为3.27m³，若按有效容积系数0.8计算，稀盐液池体积为4m³。本设计拟用混凝土砌筑一个尺寸为3000×2000×1500盐池，浓、稀盐池各为一半。

（5）盐液泵的选择

盐液泵的作用：其一是将浓盐液提升至稀盐液池；其二是输送稀盐液至离子交换器，过量的部分稀盐液流回稀盐液池进行扰动，使之浓度均匀。

盐液泵运转时间短，不需设置备用泵。为防盐液腐蚀，选用102型塑料离心泵一台：流量6t/h，扬程196kPa；电机功率1.7kW，转速2900r/min。

该泵进口管径D_g40，出口管径D_g32。

（6）原水加压泵的选择

有时自来水水压偏低，为了确保再生时所需的反洗水压和软化过程所需克服交换器阻力的水压，特设置原水加压泵1台：型号IS65-40-250，流量12m³/h，扬程196kPa；电机Y100L_1-4，功率2.2kW，转速1450r/min。

该泵进口管径D_g40，出口管径也为D_g40。

（五）汽水系统主要管道管径的确定

1.锅炉房最大用水量及自来水总管管径的计算

自来水总管的流量，即为锅炉房最大用水量，包括以下几项：

（1）运行交换器的软水流量G_{rs}，计8.15t/h；

（2）备用交换器再生过程中的最大瞬时流量，以正洗流量计，$Fv_6=0.785\times10=7.85$t/h；

（3）引风机及给水泵的冷却水流量，按风机轴承箱进水管径D_g15、水速2m/s计算，冷却水流量约1.3t/h；

（4）煤场、渣场用水量，估计约0.5t/h；

（5）化验及其他用水量，约0.7t/h；

（6）生活用水量，粗略取值1t/h。

如此，锅炉房最大小时用水量约为19.5t。若取管内水速为1.5m/s，则自来水总管管径可由下式计算：

$$d_0=2\sqrt{\frac{G_0}{3600\pi w}}=2\sqrt{\frac{19.5}{3600\times\pi\times1.5}}=0.068m$$

本设计选用自来水总管管径$d_0=89\times4$mm。

2.与离子交换器相接的各管管径的确定

交换器上各连接管管径与其本体的对应管径一致，即除进盐液管管径为 D_g40 外，其余各管管径均为 D_g50。

3.给水管管径的确定

（1）给水箱出水总管管径

出水总管的流量，按采暖季给水量 G_1（13.22t/h）考虑，若取管内水速为2m/s，则所需总管内径为48mm。本设计适当留有余量，选用管径为 $\phi 73\times 3.5$mm。

（2）给水母管管径

本设计采用单母管给水系统。给水母管管径确定与给水箱出水总管相同，即 $\phi 73\times 3.5$mm。进入锅炉的给水支管与锅炉本体的给水管管径相同，直径为 $\phi 44.5\times 3.5$mm，且在每一支管上装设调节阀。

4.蒸汽管管径的确定

（1）蒸汽母管管径

为便于操作以及确保检修时的安全，每台锅炉的蒸汽母管直接接入分汽缸，其直径为 $\phi 133\times 4$mm；在每台锅炉出口和分汽缸入口分别装有闸阀和截止阀。

（2）生产用蒸汽管管径

生产用汽管的蒸汽流量 $G_{z1}=K_0D_1=1.05\times 3.7=3.89$t/h，生产用汽压力为0.4MPa，$v''_{z1}=0.3816\text{m}^3/\text{kg}$。蒸汽流速取35m/s，则

$$d_{z1}=2\sqrt{\frac{G_{z1}v''_{z1}\times 10^3}{3600\pi w}}=2\sqrt{\frac{3.89\times 0.3816\times 10^3}{3600\pi\times 35}}=0.122\text{m}$$

选取生产用汽管管径为 $\phi 133\times 4$mm。

（3）采暖用蒸汽管管径

采暖用汽管流量为1.05×7.8=8.19t/h，蒸汽压力为0.3MPa，仍按流速35m/s计算，决定选取管径 $\phi 219\times 6$mm。

（4）生活用蒸汽管管径

蒸汽流量为1.05×0.7=0.74t/h，蒸汽压力和取用流速与采暖蒸汽管相同，经计算决定选用管径为 $\phi 73\times 3.5$mm的无缝钢管。

（六）分汽缸的选用

1.分汽缸的直径的确定

已知采暖期最大计算热负荷 $D_1^{max}=11.67$t/h，蒸汽压力 $P=0.4$MPa，比容 $v''=0.3816\text{m}^3/\text{kg}$，若蒸汽在分汽缸中流速 w 取用15m/s，则分汽缸所需直径为

$$D=2\sqrt{\frac{G_1^{max}v''\times 10^3}{3600\pi\cdot w}}=2\sqrt{\frac{11.67\times 0.3816\times 10^3}{3600\times 3.1416\times 15}}=0.324\text{mm}$$

本设计拟采用 $\phi 377\times 9$mm的无缝钢管作为分汽缸的筒体。

2.分汽缸筒体长度的确定

分汽缸筒体长度取决于接管管径、数目和结构强度，同时还应顾及接管上阀门的启闭操作的便利。本设计的分汽缸筒体上，除接有三根来自锅炉的进汽管（$\phi 133\times 4$）和供生产（$\phi 133\times 4$）、采暖（$\phi 219\times 6$）及生活（$\phi 73\times 3.5$）用汽的输出管外，还接有锅炉房自用蒸汽管（$\phi 57\times 3.5$）、备用管接头（$\phi 108\times 4$）、压力表接管（$\phi 25\times 3$）以及疏水

管等。分汽缸筒体结构和管孔布置如图5-1所示，筒体由$\phi 377\times 9$无缝钢管制作，长度为2820 mm。

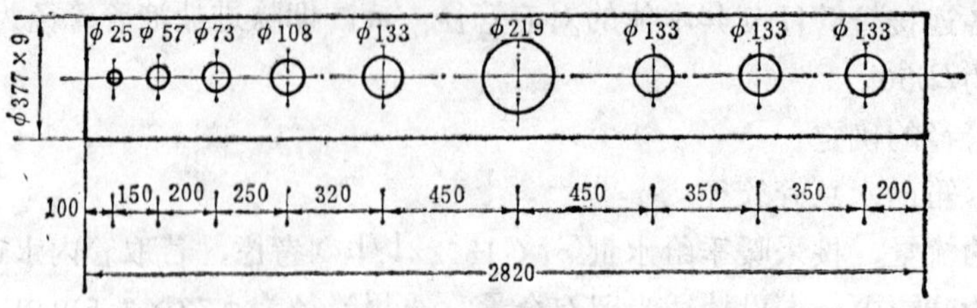

图 5-1 分汽缸筒体管孔布置简图

（七）送、引风系统的设备选择计算

为了避免相互干扰，锅炉的通风除尘系统按单台机组独立设置。以下均按单台锅炉的额定负荷为基础进行计算。

1.锅炉燃料消耗量的计算

根据生产用汽参数，本锅炉房降压至0.5MPa运行。在此工作压力下，查得$t_b=158$℃、$i''=2754.6$kJ/kg、$r=2087.6$kJ/kg。又知固体不完全燃烧热损失$q_4=10\%$、锅炉效率$\eta=72\%$以及蒸汽湿度$W=2\%$，给水温度45℃。如此，燃料消耗量

$$B=\frac{D(i''-Wr-i_{gs})+D_{pw}(i_{pw}-i_{gs})}{\eta Q^y_{dw}}$$

$$=\frac{4000(2754.6-0.02\times 2087.6-188.4)+0.1\times 4000(661.5-188.4)}{0.72\times 21350}$$

$$=669\text{kg/h}$$

而计算燃料消耗量为

$$B_j=B\left(1-\frac{q_4}{100}\right)=669\left(1-\frac{10}{100}\right)=602\text{kg/h}$$

2.理论空气量V^0_k和理论烟气量V^0_y

$$V^0_k=0.0889(C^y+0.375S^y)+0.265H^y-0.0333O^y$$

$$=0.0889(57.42+0.375\times 0.46)+0.265\times 3.81-0.0333\times 7.16$$

$$=5.89\text{m}^3_N/\text{kg}$$

$$V^0_y=0.01866(C^y+0.375S^y)+0.79V^0_k+0.008N^y$$

$$+0.111H^y+0.0124W^y+0.0161V^0_k$$

$$=0.01866(57.42+0.375\times 0.46)+0.79\times 5.89+0.008\times 0.93$$

$$+0.111\times 3.81+0.0124\times 8.85+0.0161\times 5.89$$

$$=6.15\text{m}^3_N/\text{kg}$$

3.送风机的选择计算

已知炉膛入口的空气过量系数$\alpha'_l=1.30$，在计及修正和裕度后，每台锅炉的送风机的风量为

$$V_{sf}=\beta_1\alpha'_lB_jV^0_k\frac{t_{lk}+273}{273}\times\frac{101325}{b}$$

$$=1.05\times 1.30\times 602\times 5.89\frac{30+273}{273}\times\frac{101325}{101998}$$

$$=5337\text{m}^3/\text{h}$$

其中，β_1为送风机流量储备系数，取1.05。

因缺空气阻力计算资料，如按煤层及炉排阻力为784Pa、风道阻力为98Pa估算，则送风机所需风压为

$$H_{sf}=\beta_2\Sigma\Delta h\frac{t_{lk}+273}{t_{sf}+273}\times\frac{101325}{b}$$

$$=1.1(784+98)\frac{30+273}{20+273}\times\frac{101325}{101998}=997\ \text{Pa}$$

其中，β_2为送风机压头储备系数，取1.1；t_{sf}为送风机设计条件下的空气温度，由风机样本查知为20℃。

所以，选用T4-72-11型№4A送风机，规格：风量7460m³/h，风压1290Pa；电机型号Y132S₁-2,功率5.5kW,转速1450r/min。

4.引风机的选择计算

计及除尘器的漏风系数$\Delta\alpha=0.05$后，引风机入口处的过量空气系数$\alpha_{py}=1.65$和排烟温度$\vartheta_{py}=200$℃，取流量储备系数$\beta_1=1.1$，则引风机所需流量为

$$V_{yf}=\beta_1B_j[V_y^0+1.0161(\alpha_{py}-1)V_k^0]\frac{\vartheta_{py}+273}{273}\times\frac{101325}{b}$$

$$=1.1\times602[6.15+1.0161(1.65-1)\times5.89)\frac{200+273}{273}\times\frac{101325}{101998}$$

$$=11444\text{m}^3/\text{h}$$

需由引风机克服的阻力，包括：

（1）锅炉本体的阻力

按锅炉制造厂提供资料，取$\Delta h_1\approx588$ Pa。

（2）省煤器的阻力

根据结构设计，省煤器管布置为横4纵10，所以其阻力系数为

$$\xi=0.5Z_2=0.5\times10=5$$

而流经省煤器的烟速为8.56m/s，烟温为290℃，由教材线算图8-3查得$\frac{w^2\rho}{2}=22.6$ Pa，再进行重度修正，则省煤器阻力为

$$\Delta h_2=\xi\frac{w^2\rho}{2}\times\frac{\rho_y^0}{\rho_k^0}=5\times22.6\times\frac{1.340}{1.293}=117\ \text{Pa}$$

（3）除尘器的阻力

本锅炉房采用XS-4B型双旋风除尘器，当烟气量为12000m³/h，阻力损失686Pa。

（4）烟囱抽力和烟道阻力

由于本系统为机械通风，烟囱的抽力和阻力均略而不计；烟道阻力约计147Pa。

因此，锅炉引风系统的总阻力为

$$\Sigma\Delta h=\Delta h_1+\Delta h_2+\Delta h_3+\Delta h_4=588+117+686+147$$

$$=1538\ \text{Pa}$$

引风机所需风压

$$H_{yf}=\beta_2\Sigma\Delta h\frac{\vartheta_{py}+273}{t_{yf}+273}\times\frac{101325}{b}$$

$$=1.2\times1538\times\frac{200+273}{200+273}\times\frac{101325}{101998}=1833\ \text{Pa}$$

其中风压储备系数β_2取1.2，引风机设计条件下介质温度$t_{yf}=200$℃。

所以，本设计选用Y5-47型№6C引风机，其流量12390m^3/h，风压2400Pa；电机型号$Y160M_2$-2，功率15kW，转速2620r/min。

5.烟气除尘设备的选择

链条锅炉排出的烟气含尘浓度大约在2000mg/m^3_N以上，为减少大气污染，本锅炉房选用XS-4B双旋风除尘器，其主要技术数据如下：烟气流量12000m^3/h，进口截面尺寸1200×300mm，烟速9.3m/s；出口截面尺寸ϕ606mm，烟速11.8m/s；烟气净化效率90～92%；阻力损失588～686Pa。

除尘后，烟气的含尘浓度为

$$C_0 \approx 2000(1-0.90)=200mg/m^3_N$$

6.烟囱设计计算

本锅炉房三台锅炉合用一个烟囱，拟用红砖砌筑，根据锅炉房容量，由表4-6选定烟囱高度为40m。烟囱设计主要是确定其上、下口直径。

（1）烟囱上、下口直径的计算

1）出口处的烟气温度

烟囱高度为40m，则烟囱的温降为

$$\Delta\vartheta=\frac{AH_{yz}}{\sqrt{D}}=\frac{0.4\times 40}{\sqrt{3\times 4}}=4.6℃$$

其中修正系数A，可据砖烟囱平均壁厚<0.5m，由教材表8-7查得为0.4。

如此，烟囱出口处的烟温

$$\vartheta''_{yz}=\vartheta_{,y}-\Delta\vartheta=200-4.6=195.4℃$$

2）烟囱出口直径

$$V''_{yz}=nB_j[V^0_y+1.0161(\alpha_{py}-1)V^0_k]\frac{\vartheta''_{yz}+273}{273}\times\frac{101325}{b}$$

$$=3\times 602[6.15+1.0161(1.65-1)\times 5.89]\frac{195.4+273}{273}\times\frac{101325}{101998}$$

$$=30906m^3/h$$

若取烟囱出口处的烟速为12m/s，则烟囱出口直径

$$d_2=2\sqrt{\frac{V''_{yz}}{3600\pi\times w''_{yz}}}=2\sqrt{\frac{30906}{3600\times\pi\times 12}}=0.95m$$

本锅炉房烟囱的出口直径取为1m。

3）烟囱底部直径

若取烟囱锥度$i=0.02$；则烟囱底部直径为

$$d_1=d_2+2iH_{yz}=1+2\times 0.02\times 40=2.6m$$

（八）燃料供应及灰渣清除系统

本锅炉房运煤系统按三班制设计。因耗煤量不大，拟采用半机械化方式，即用电动葫芦吊煤罐上煤，吊煤罐的有效容积为0.5m^3。灰渣连续排出，用人工手推车定期送至渣场。

1.燃料供应系统

（1）锅炉房最大小时耗煤量计算

按采暖季热负荷计算：

$$B_f^{max}=\frac{D_1^{max}(i''-wr-i_{gs})+D_1^{max}P_{pw}(i_{pw}-i_{gs})}{\eta Q_{dw}^y}$$

$$=\frac{11.67(2754.6-0.02\times2087.6-188.4)+11.67\times0.1(661.5-188.4)}{0.72\times21350}$$

$$=1.95\text{t/h}$$

（2）运煤系统的最大运输能力的确定

按三班制作业设计，最大运煤量为

$$B'=8B_f^{max}Km/\tau \quad \text{t/h}$$

式中 K——考虑锅炉房将来发展的系数，取1；

m——运输不平衡系数，一般采用1.2；

τ——运煤系统每班的工作时数，取6。

$$\therefore \quad B'=8\times1.95\times1\times1.2/6=3.12\text{t/h}$$

按吊煤罐有效容积估算，每小时约吊煤7罐。

2.灰渣清除系统

（1）锅炉房最大小时除灰渣量

$$G_{hz}^{max}=B_f^{max}\left(\frac{A^y}{100}+\frac{q_4Q_{dw}^y}{100\times32866}\right)$$

$$=1.95\left(\frac{21.37}{100}+\frac{10\times21350}{100\times32866}\right)=0.543\text{t/h}$$

（2）除渣方式的选择

锅炉灰渣连续排出，但考虑到需要排除的总灰渣量不大，故选用人工手推车定期送至渣场的方式。

3.煤场和灰渣场面积的确定

（1）煤场面积的估算

本锅炉房燃煤由汽车运输；煤场堆、运采用铲车。据《工业锅炉房设计规范》要求，煤场面积F_{mc}现按贮存10昼夜的锅炉房最大耗煤量估算，即

$$F_{mc}=\frac{TB_f^{max}MN}{H\rho_m\varphi}$$

式中 T——锅炉每昼夜运行时间，24h；

M——煤的储备天数；

N——考虑煤堆通道占用面积的系数，取1.6；

H——煤堆高度，≯4m，取2.5m；

ρ_m——煤的堆积密度；约为0.8t/m^3；

φ——堆角系数，取用0.8。

$$\therefore \quad F_{mc}=\frac{24\times1.95\times10\times1.6}{2.5\times0.8\times0.8}=468\text{m}^2$$

本锅炉房煤场面积确定为20×25m。为了减少对环境污染，煤场布置在最小频率风向的上风侧——锅炉房西侧；也便于运煤作业。

（2）灰渣场面积的估算

灰渣场面积F_{hc}采用与煤场面积相似的计算公式，根据工厂运输条件和综合利用情况，

确定按贮存5昼夜的锅炉房最大灰渣量计算：

$$F_{hc}=\frac{TG_{hz}^{max}MN}{H\rho_h\varphi}=\frac{24\times0.543\times5\times1.5}{1\times0.75\times0.85}=153m^2$$

本锅炉房灰渣场面积确定为12.5×12.5m，设置在靠近烟囱的西北角。

（九）锅炉房布置

本锅炉房是一独立新建的单层建筑，朝南偏东，由锅炉间和辅助间两大部分组成（图5-3）。

锅炉间跨距为12m，柱距6m，屋架下弦标高6.5m(图5-4)；建筑面积计19×12m²。辅助间在东侧，平屋顶，层高4.5m，建筑面积为8×12m²。

本锅炉房布置有三台KZL4-0.7-A型锅炉，省煤器独立对应装设于后端。炉前留有3.5m距离，是锅炉运行的主要操作区。燃煤由铲车从煤场运至炉前，再由电动葫芦吊煤罐沿单轨送往各锅炉的炉前煤斗。灰渣在后端排出，用手推车定期运到灰渣场。

给水处理设备、给水箱和水泵布置在辅助间，辅助间的前侧，则分设有化验间和男女生活室。

为减少土建投资、降低锅炉间的噪声以及改善卫生条件，本设计将送风机、除尘器和引风机布置于后端室外，并采取了妥善的保温和防雨措施。

煤场及灰渣场设在锅炉房的西侧北端区域。

（十）锅炉房人员的编制（表5-2）

表 5-2

班次	工种					
	司炉工	运煤除灰工	水泵工	化验员	班长	总计
日班	—	1	—	1	1	3
早班	4	3	1	—	1	9
中班	4	3	1	—	1	9
夜班	4	3	1	—	1	9
合计	12	10	3	1	4	30

（十一）设计技术经济指标（表5-3）

表 5-3

序号	项目	单位	指标	序号	项目	单位	指标
1	锅炉房总蒸发量	t/h	12	7	全年耗煤量	t/a	8000
2	建筑面积	m²	324	8	最大小时除渣量	t/h	0.543
3	电力装机容量	kW	91.1	9	全年除渣量	t/a	1700
4	最大用水量	t/h	23.2	10	工艺总投资	万元	54
5	昼夜用水量	t/d	300	11	每吨蒸汽工艺投资	万元/蒸吨	3
6	最大耗煤量	t/h	1.95	12	锅炉房人员	人	30

（十二）锅炉房主要设备表（表5-4）

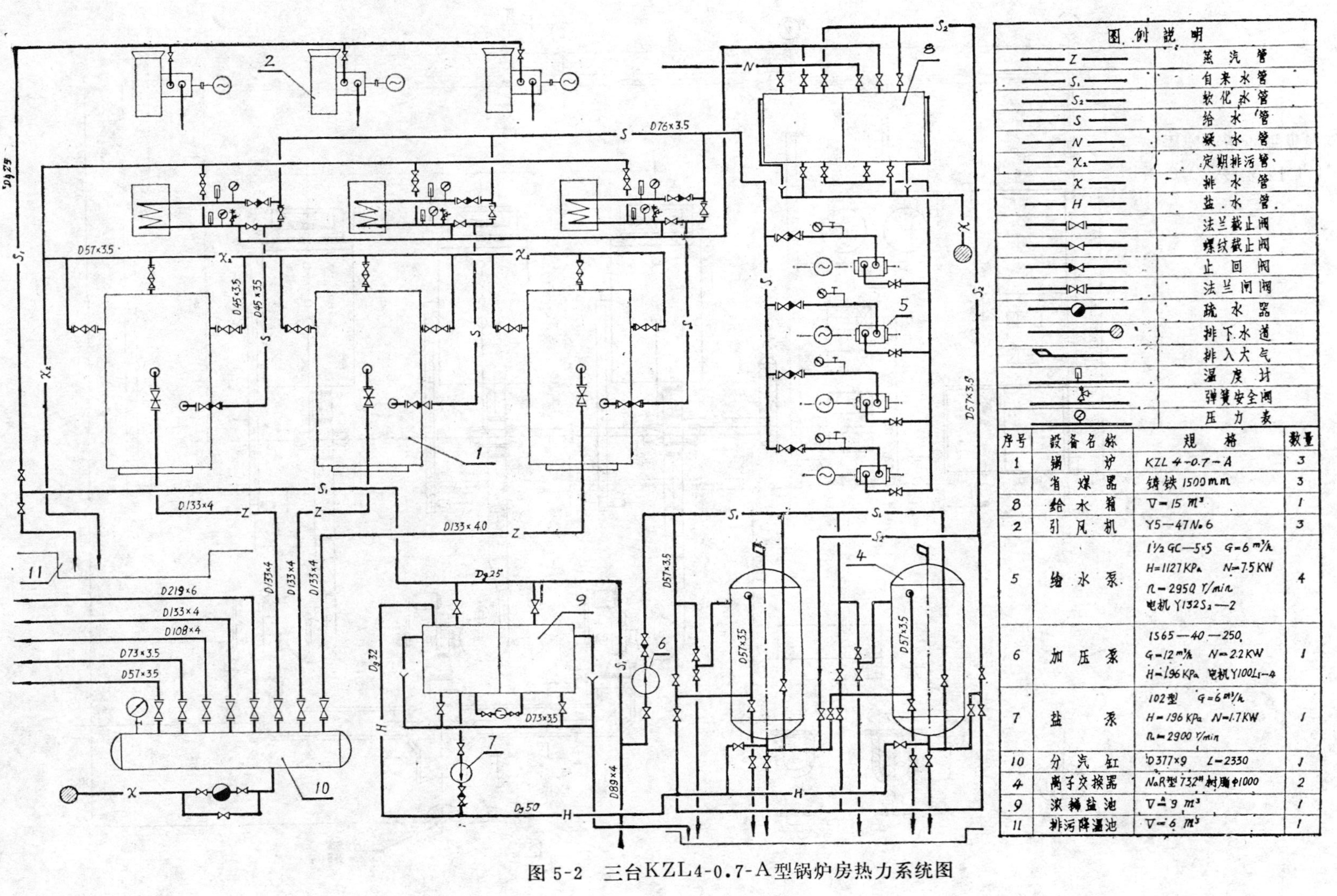

序号	设备名称	规格	数量
1	锅炉	KZL 4-0.7-A	3
	省煤器	铸铁 1500mm	3
8	给水箱	V=15 m³	1
2	引风机	Y5-47N₀6	3
5	给水泵	1½GC-5×5 G=6 m³/h H=1127KPa N=7.5KW n=2950 r/min 电机 Y132S₁-2	4
6	加压泵	IS65-40-250 G=12 m³/h N=2.2KW H=196KPa 电机Y100L₁-4	1
7	盐泵	102型 G=6 m³/h H=196 KPa N=1.7KW n=2900 r/min	1
10	分汽缸	D377×9 L=2330	1
4	离子交换器	NaR型732[#]树脂φ1000	2
9	浓稀盐池	V≈9 m³	1
11	排污降温池	V=6 m³	1

图 5-2 三台KZL4-0.7-A型锅炉房热力系统图

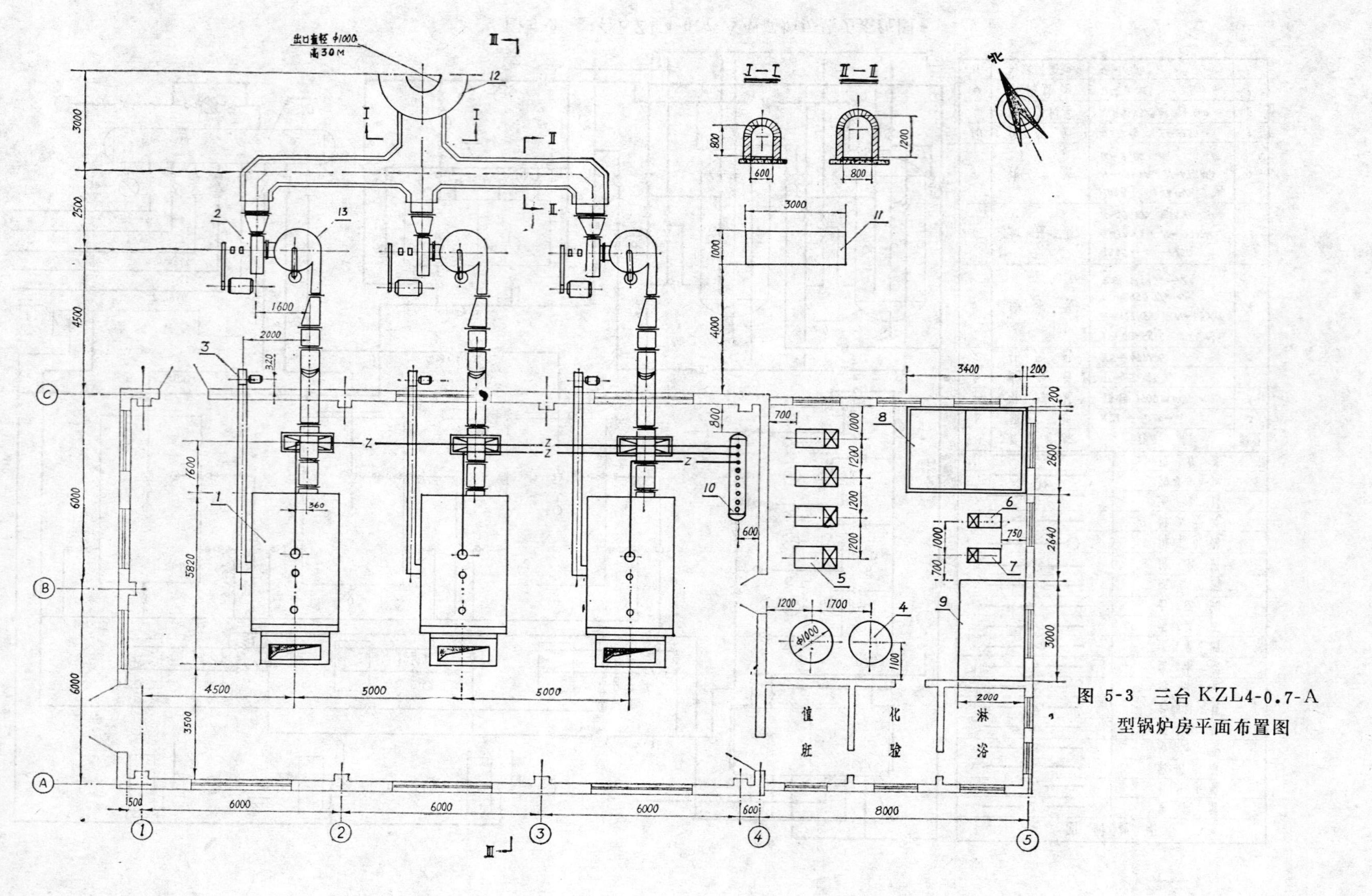

图 5-3 三台 KZL4-0.7-A 型锅炉房平面布置图

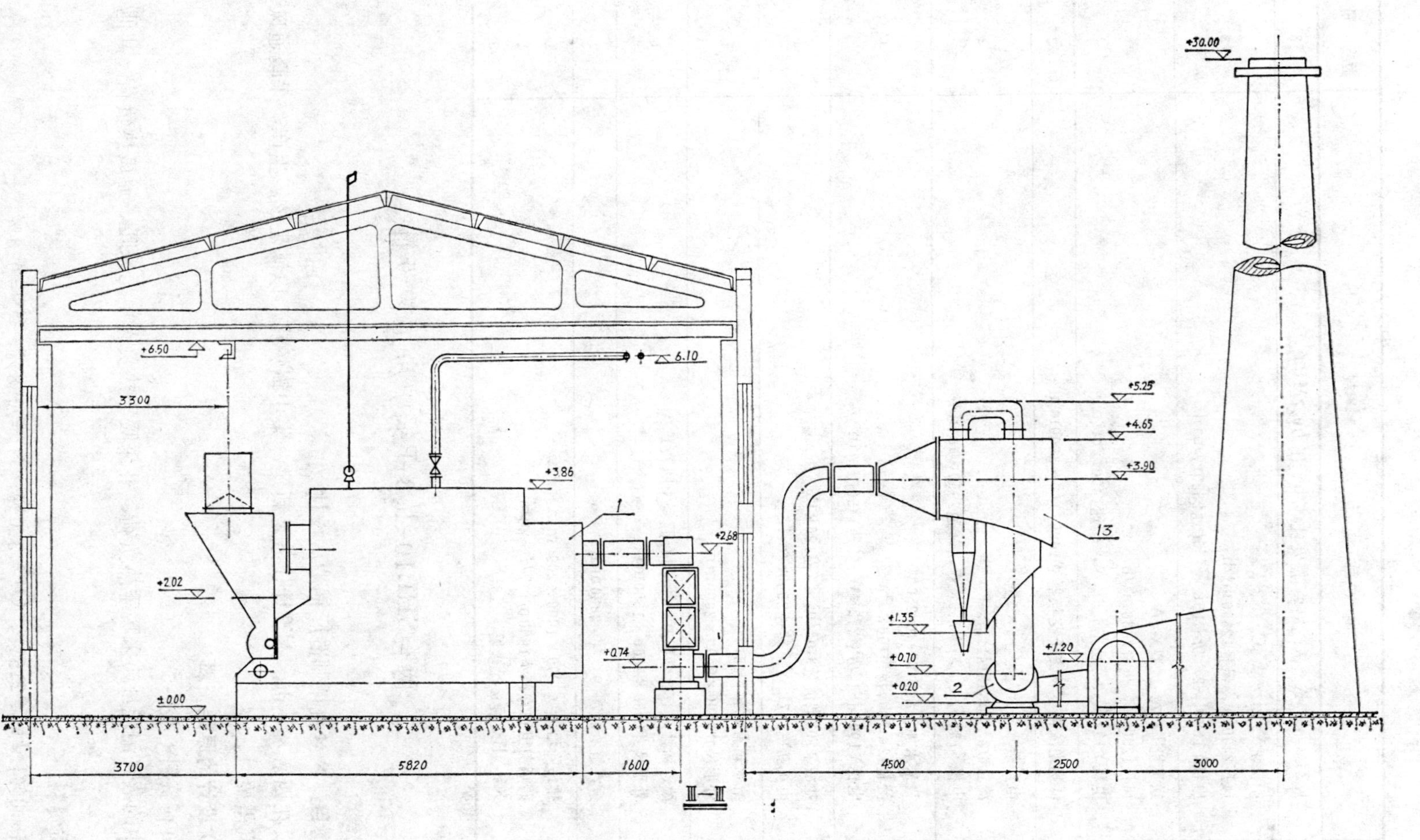

图 5-4 锅炉房Ⅲ-Ⅲ剖视图

表 5-4

序号	名称及规格	数量
1	KZL4-0.7-A型蒸汽锅炉 蒸发量4t/h 压力0.7MPa	3
2	引风机Y5-47型№6C 风压2400Pa，风量12390m³/h； 电机$Y160M_2$-2，功率15kW，转速2620r/min	3
3	送风机T4-72-11型№4A 风压1290Pa，风量7460m³/h 电机$Y132S_1$-2，功率5.5kW，转速1450r/min	3
4	低速逆流再生钠离子交换器ϕ1000，$H\approx$3600mm	2
5	电动给水泵$1^1/_2$GC-5×5型 流量6m³/h，扬程1127kPa 电机$Y132S_2$-2，功率7.5kW，转速2950r/min	4
6	自来水加压泵IS65-40-250型 流量12m³/h，扬程196kPa 电机$Y100L_1$-4，功率2.2kW，转速1450r/min	1
7	盐液泵102型流量6m³/h，扬程196kPa 电机功率1.7kW，转速2900r/min	1
8	给水箱有效容积15m³ 外形尺寸3600×2500×2000mm	1
9	浓、稀盐池有效容积9m³(中间有混凝土隔板) 外形尺寸3000×2000×1500mm	1
10	分汽缸ϕ377×9　L=2820mm	1
11	排污降温池　3000×1000×2000mm	1
12	砖烟囱出口直径ϕ1000mm，H=40m	1
13	XS-4B双旋风除尘器	3

二、两台SHL10-1.3-P锅炉房工艺设计

设计题目：××机械制造厂锅炉房设计

该厂设在西南××市，本设计任务是新建一集中锅炉房，以满足该厂生产、采暖通风及生活用汽需要。

（一）设计的原始资料

1.热负荷资料（表5-5）

此表中的蒸汽消耗量为采暖季热负荷，非采暖季热负荷中无采暖、通风热负荷，其他相同。

2.煤质资料

C^y=58.0%，H^y=2.5%，O^y=3.0%，N^y=0.8%，S^y=0.8%，

W^y=10.9%，A^y=24.0%；V^r=10.5%；Q^y_{dw}=20977kJ/kg。

表 5-5

用汽部门	蒸		汽		凝结水回收率	备注
	压力	温度	消耗量(t/h)			
	(MPa)	(℃)	最大	平均	(%)	
生产热负荷	0.4～0.8	饱和	13.70	7.12	50	
采暖热负荷	0.2	饱和	1.80		90	
通风热负荷	0.2	饱和	1.10		90	
生活热负荷	0.2～0.4	饱和	2.20	0.275	0	

3.水质资料

总硬度H_0　　2.9me/L;

非碳酸盐硬度H_{FT}　　1.0me/L;

碳酸盐硬度H_T　　1.9me/L;

总碱度A　　1.9me/L;

pH值　　7.9

溶解氧　　7.7～9.6mg/L,

溶解固形物　　434mg/L,

悬浮物和含油量微量，可忽略不计;

夏季平均水温　　26℃,

冬季平均水温　　13℃,

供水压力　　0.4MPa。

4.气象与地质资料

海拔高度　　260.6m;

冬季采暖室外计算温度　　4℃,

冬季通风室外计算温度　　8℃,

采暖期室外平均温度　　9℃,

采暖室内计算温度　　18℃;

采暖天数　　60;

夏季通风室外计算温度　　33℃;

年主导风向　　东南;

大气压力　冬季　　99.19kPa,

　　　　　夏季　　97.33kPa;

平均风速　冬季　　1.3m/s,

　　　　　夏季　　1.6m/s;

最高地下水位　　-2.5m;

土壤冻结深度　　本地区无土壤冻结问题。

5.工作班次

三班制　　全年工作306天。

（二）锅炉型号和台数选择

1.锅炉房最大计算热负荷

锅炉房最大小时用汽量按下式计算：

$$D_d = K_0(K_1D_1 + K_2D_2 + K_3D_3 + K_4D_4)\ \text{t/h}$$

式中 K_0——管网热损失及锅炉房自用蒸汽系数，考虑到蒸汽管网漏损较大和采用热力喷雾式除氧，锅炉房自用蒸汽较多等因素，故K_0取为1.25；

D_1、D_2、D_3、D_4——生产、采暖、通风及生活的最大小时热负荷，t/h；

K_1、K_2、K_3、K_4——生产、采暖、通风及生活的同时使用系数，分别为0.8、1、1及0.5。

$$\therefore\ D_d = 1.25 \times (0.8 \times 13.70 + 1 \times 1.80 + 1 \times 1.10 + 0.5 \times 2.20) = 18.70\ \text{t/h}$$

非采暖季节最大小时用热量为：

$$D_{df} = 1.25 \times (0.8 \times 13.70 + 0.5 \times 2.20) = 15.08\ \text{t/h}$$

2.锅炉房平均热负荷计算

（1）系数计算式 $\varphi = \dfrac{t_n - t_{pj}}{t_n - t_w}$

式中 t_n——采暖室内计算温度，℃；

t_{pj}——采暖季室外平均温度，℃；

t_w——采暖季采暖（或通风）室外计算温度，℃。

（2）采暖系数 $\varphi_1 = \dfrac{18-9}{18-4} = 0.643$

∴ 采暖平均热负荷 $0.643 \times 1.80 = 1.16$ t/h；

（3）通风系数 $\varphi_2 = \dfrac{18-9}{18-8} = 0.9$

∴ 通风平均热负荷 $0.9 \times 1.10 = 0.99$ t/h；

（4）锅炉房平均热负荷

由热负荷资料提供：

生产平均热负荷 7.12t/h,

生活平均热负荷 0.275t/h,

所以，锅炉房平均热负荷为

$$1.25 \times (1.16 + 0.99 + 7.12 + 0.275) = 11.93\ \text{t/h}。$$

3.锅炉房年热负荷计算

锅炉房三班制运行，按全年工作306天计算：

生产年热负荷

$$Q_1 = 24 \times 306 \times 7.12 = 52289.28\ \text{t/a},$$

采暖年热负荷

$$Q_2 = 24 \times 60 \times 1.16 = 1670.4\ \text{t/a},$$

通风年热负荷

$$Q_3 = 24 \times 60 \times 0.99 = 1425.6\ \text{t/a},$$

生活年热负荷

$$Q_4 = 24 \times 306 \times 0.275 = 2019.6\ \text{t/a}。$$

锅炉房年热负荷

$$\Sigma Q = 1.25 \times (52289.28 + 1670.4 + 1425.6 + 2019.6) = 71756.1 \text{t/a}。$$

4.锅炉型号和台数选择

根据锅炉房最大计算热负荷为18.70t/h、用汽压力不高于0.8MPa的饱和蒸汽，燃料为贫煤，同时考虑该厂热负荷是以生产负荷为主，生产用汽昼夜变化较大的特点，本设计确定选用SHL10-1.3-P型锅炉两台。锅炉房低负荷时（即厂区主要用汽设备检修时）一台运行，最大负荷时两台同时运行❶。如此，锅炉房容量为20t/h。

考虑生产上各车间热负荷可以进行适当调度，锅炉与主要用汽设备同时检修而不至影响生产，故本锅炉房未设置备用锅炉。

（三）水处理设备的选择

1.软化系统选择

SHL10-1.3型锅炉对给水和锅水的水质要求：

给水总硬度 $\leqslant$0.03me/L，

给水含氧量 $\leqslant$0.1mg/L，

给水pH值 $\geqslant$7，

锅水总碱度 $\leqslant$20me/L，

锅水含盐量 $<$3500mg/L。

本锅炉房原水为城市自来水，其硬度不符合锅炉给水要求，需进行软化处理。

阳离子交换软化法处理效果稳定，设备及运行管理都比较简单。而低流速逆流再生钠离子交换系统具有出水水质好，再生液的耗量低，且再生效果亦比顺流再生好等优点，故本设计水处理确定选用“低流速逆流再生”钠离子交换系统。

树脂作为交换剂，还原剂采用食盐。选用两台钠离子交换器，轮换运行使用。

2.锅炉房总软化水量的计算

本设计锅炉房总软化水量G_{zr}等于锅炉房总给水量G_{zg}与锅炉房凝结水回收量G_{hs}之差。

$$G_{zr} = G_{zg} - G_{hs}$$

（1）锅炉房总给水量

$$G_{zg} = D(1 + P_{ls} + P_{pw}) \quad \text{t/h}$$

式中 D——锅炉房额定总蒸发量，t/h；

P_{ls}——给水管路的漏损率，取0.5%；

P_{pw}——锅炉排污率，%。

锅炉排污率的大小与给水品质有关，可根根给水及锅水的碱度和含盐量由下式计算，取二者中较大值。

---

❶ 当热负荷波动剧烈的锅炉房，应考虑均衡负荷的节能措施，目前一般设置蒸汽蓄热器来均衡波动的热负荷。装设蒸汽蓄热器后，锅炉按平均热负荷运行，在低负荷时将锅炉生产的多余蒸汽贮存于蓄热器中；在高峰负荷锅炉供汽不够时，蓄热器放出蒸汽满足用汽要求。此时，锅炉房容量不必按最大热负荷进行计算，而按平均热负荷考虑。

如本锅炉房考虑装设蒸汽蓄热器时，锅炉房可选用两台SHL6.5-1.3型锅炉；若仍选择两台SHL10-1.3型锅炉时，在非采暖季(10个月)只需一台锅炉运行，另一台可作备用。这样不但可以节约锅炉房的投资，更重要的是节煤节电效果十分显著。

$$P_{pw} = \frac{(1-\alpha)A_{gs}}{A_g - A_{gs}} \times 100\%$$

式中　α——凝结水回水率（%），即锅炉房凝结水总回水量G_{hs}占锅炉房额定蒸发量D的百分数；

A_{gs}——补给水中的碱度，1.9me/L或含盐量，434mg/L；

A_g——锅水允许碱度，20me/L或允许含盐量，3500mg/L。

锅炉房凝结水总回水量$G_{hs}=10.19$t/h（详见后面计算）。

$$\therefore \quad \alpha = \frac{10.19}{20} \times 100 = 51\%$$

按碱度计算的锅炉排污率为

$$P_A = \frac{(1-0.51)\times 1.9}{20-1.9} \times 100 = 5.14\%$$

按含盐量计算的锅炉排污率为

$$P_s = \frac{(1-0.51)\times 434}{3500-434} \times 100 = 6.94\%$$

按含盐量计算的锅炉排污率较大，故本设计锅炉排污率为6.94%。

∴锅炉排污量为

$$D_{pw} = D \times P_{pw} = 20 \times 0.0694 = 1.39\text{t/h}$$

最后求得锅炉房总给水量为

$$G_{zg} = 20 + 1.39 + 20 \times 0.005 = 21.49\text{t/h}$$

（2）锅炉房凝结水总回收量（图5-5）

锅炉房凝结水总回收量G_{hs}，等于生产负荷、采暖负荷、通风负荷等厂区凝结水回收量G'_{hs}及除氧器凝结水回收量G''_{hs}之和。

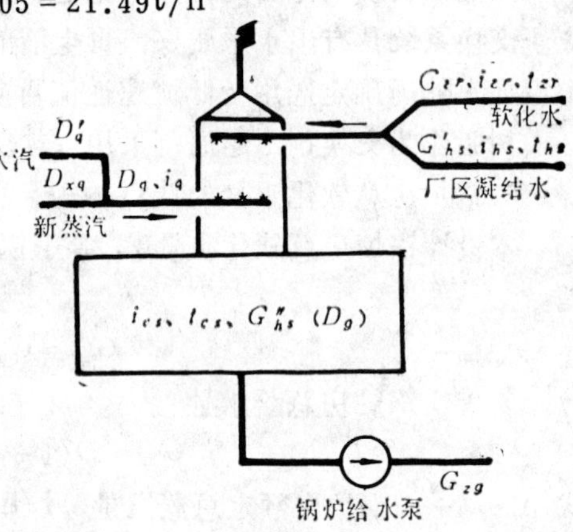

图 5-5　水量计算示意图

生产负荷凝结水回收量为

13.7×0.8×0.5＝5.48t/h；

采暖负荷凝结水回收量为

1.80×0.9＝1.62t/h；

通风负荷凝结水回收量为

1.10×0.9＝0.99t/h。

厂区热用户凝结水回收量为：

$$G'_{hs} = 5.48 + 1.62 + 0.99 = 8.09\text{t/h}$$

若忽略除氧器顶部排汽损失，除氧器凝结水回收量G''_{hs}即为除氧器耗汽量D_q，t/h。计算如下：

热力喷雾式除氧器工作压力为0.023MPa，除氧器水温t_{cs}为104℃，除氧器热效率为0.98。

i_{zr}、t_{zr}——软水的焓，kJ/kg及温度，13℃；

i_{hs}、t_{hs}——厂区用户凝结水回水的焓，kJ/kg及回水温度，95℃；

i_q——进入除氧器蒸汽的焓，2682kJ/kg；

i_{cs}——除氧器出口水的焓，kJ/kg；

D'_q、D_{xq}——除氧用二次蒸汽及新蒸汽量，kg/h。

根据除氧器进出口介质量和热平衡关系：

$$\begin{cases} G_{zr} + G'_{hs} + G''_{hs} = G_{zg} & (1) \\ G_{zr}(i_{cs} - i_{zr}) + G'_{hs}(i_{cs} - i_{hs}) = D_q(i_q - i_{cs}) \times 0.98 & (2) \end{cases}$$

将（1）式中G''_{hs}代以D_q，并将（1）、（2）两式中各项数值代入后得：

$$\begin{cases} G_{zr} + 8.09 \times 10^3 + D_q = 21.49 \times 10^3 & (3) \\ G_{zr}(435 - 54) + 8.09 \times 10^3(435 - 398) = D_q(2682 - 435) \times 0.98 & (4) \end{cases}$$

将（3）、（4）两式整理化简后得：

$$D_q \approx 2.10 \text{t/h}$$

即除氧用蒸汽带来的凝结水回收量G''_{hs}为2.10t/h。

故锅炉房凝结水总回收量为：

$$G_{hs} = G'_{hs} + G''_{hs} = 8.09 + 2.10 = 10.19 \text{t/h}。$$

如此，锅炉房总软化水量为

$$G_{zr} = G_{zg} - G_{hs} = 21.49 - 10.19 = 11.30 \text{t/h}。$$

3.离子交换器的选择计算（见表5-6）

4.盐溶液制备设备的计算

采用盐溶解器制备盐溶液，有浓度不易控制，设备腐蚀严重等缺点。所以，本设计采用盐溶液池作为还原液的制备设备。考虑到工业用盐含杂物较多，因此在浓盐溶液池中装有过滤装置。

（1）配制盐液用水量Q_1

$$Q_1 = \frac{B}{1000 \times C_y} = \frac{136.34}{1000 \times 0.06} = 2.27 \text{m}^3,$$

其中　B——每次还原的理论耗盐量，由计算得136.34kg（表5-6）；

C_y——还原盐液浓度，一般5～8%，本设计取6%。

（2）还原一次所需浓盐液池的体积V_1

$$V_1 = 1.2 \times \frac{B}{1000 C_{by}} = \frac{1.2 \times 136.34}{1000 \times 0.26} = 0.63 \text{m}^3,$$

其中　C_{by}——饱和盐液浓度，在室温下为26%。

（3）还原一次稀盐溶液池的体积V_2

$$V_2 = 1.2 Q_1 = 1.2 \times 2.27 = 2.72 \text{m}^3。$$

（4）盐溶液泵的容量Q_y

$$Q_y = 1.2 \times \frac{Q_1 \times 60}{\tau_h} = \frac{1.2 \times 2.27 \times 60}{60} = 2.72 \text{m}^3/\text{h},$$

式中　τ_h——还原时间，设计中由再生一次用盐液量及再生流速而定。

离子交换器再生（盐液）系统简单，管路不长，盐溶液泵扬程H_y可取150～200kPa。所以，本设计盐溶液泵选用102型塑料泵两台，一台运行，一台备用。盐泵流量为6t/h，扬程为196kPa；电机功率1.7kW，转速2900r/min。

5.锅炉给水的除氧

（1）决定除氧方法、选择除氧设备

该型锅炉要求给水含氧量低于0.1mg/L，给水温度为104℃，而原水中溶解氧含量高

离子交换器的选择计算 表 5-6

序号	名　　称	符号	单 位	计算公式或数据来源	数值
1	总的软化水量	G_{zr}	t/h	计 算 值	11.30
2	软化速度	W	m/h	根据原水硬度H选定	20
3	总的软化面积	F	m^2	$G_{zr}/W=11.30/20$	0.565
4	实际软化面积	F'	m^2	选用ϕ1000交换器	0.785
5	树脂装填高度	h	m	离子交换器规格	1.5
6	实际软化速度	W'	m/h	$G_{zr}/F'=11.30/0.785$	14.38
7	交换剂密度（干燥状态）	ρ	t/m^3	离子交换剂特性	0.4
8	交换剂重量	g_R	t	$Fh\rho=0.785\times1.5\times0.4$	0.471
9	交换剂的工作能力	E	ge/m^3	据树脂特性	1000
10	离子交换器的软化能力	E_0	ge	$FhE=0.785\times1.5\times1000$	1177.5
11	每小时需软化的克当量	E'_0	ge/h	$G_{zr}(H-H')=11.30(2.9-0.03)$	32.40
12	时间裕度			取　用	0.95
13	连续软化时间	t	h	$0.95\times\dfrac{E_0}{E'_0}=\dfrac{0.95\times1177.5}{32.40}$	34.53
14	小反洗、还原、逆洗、小正洗及正洗时间	t'	h	取　定	2.5
15	工作周期	T	h	$t+t'=34.53+2.5$	37.03
16	还原时食盐单位耗量	b	g/ge	选　取	110
17	食盐纯度	φ	%	取　用	95
18	每次还原理论耗盐量	B	kg	$\dfrac{bE_0}{1000\varphi}=\dfrac{110\times1177.5}{1000\times0.95}$	136.34
19	小反洗流速	W_1	m/h	选　取	12
20	小反洗时间	t_1	min	选　取	20
21	小反洗用水量	G_1	t	$\dfrac{W_1F't_1}{60}=\dfrac{12\times0.785\times20}{60}$	3.14
22	小反洗小时用水量	G'_1	t/h	$W_1F'=12\times0.785$	9.42
23	逆流冲洗流速	W_2	m/h	选　取	2
24	逆流冲洗时间	t_2	min	选　取	30
25	逆洗用水量	G_2	t	$\dfrac{W_2F't_2}{60}=\dfrac{2\times0.785\times30}{60}$	0.785
26	逆洗小时用水量	G'_2	t/h	$W_2F'=2\times0.785$	1.57
27	小正洗流速	W_3	m/h	选　取	15
28	小正洗时间	t_3	min	选　取	10
29	小正洗用水量	G_3	t	$\dfrac{W_3F't_3}{60}=\dfrac{15\times0.785\times10}{60}$	1.96
30	小正洗小时用水量	G'_3	t/h	$W_3F'=15\times0.785$	11.78
31	正洗流速	W_4	m/h	选　取	15
32	正洗时间	t_4	min	选　取	10
33	正洗用水量	G_4	t	$\dfrac{W_4F't_4}{60}=\dfrac{15\times0.785\times10}{60}$	1.96
34	正洗小时用水量	G'_4	t/h	$W_4F'=15\times0.785$	11.78
35	离子交换器还原一次总用水量	ΣG	t	$G_1+G_2+G_3+G_4=3.14+0.785+1.96+1.96$	7.845
36	离子交换器小时最大耗水量	$\Sigma G'$	t/h	$G_{zr}+G_4'=11.30+11.78$	23.08

达7.7～9.6mg/L，故需除氧。另一方面，对于单台蒸发量为2t/h以上的工业锅炉，根据GB1576—85水质标准也应考虑除氧。

因热力喷雾式除氧器有较好的除氧效果，而且，当除氧器的出力在较大范围内变动时，除氧效果仍能保持稳定。出水含氧量可降至0.03mg/L以下，能满足锅炉给水的水质要求。

锅炉房待除氧的最大水量G

$$G = G_{zg} - G''_{hs} = 21.49 - 2.10 = 19.39 t/h$$

综合考虑上述因素，本设计选用SO403-0-0型喷雾式热力除氧器一台，额定出力20 t/h，工作压力0.023MPa，工作温度104℃，进水温度40℃。选配一个10m³除氧水箱，以作锅炉给水箱之用。

（2）除氧器耗汽量计算

由前面计算得知，除氧器耗汽量D_q约为2.10t/h。然而，根据热力喷雾式除氧器的特点，当除氧器没有排汽冷却器时，除氧器排气中蒸汽损失量约为除氧器总耗汽量的1%。因此，除氧器实际耗汽量为

$$G_q = 2.10(1 + 0.01) = 2.12 t/h$$

此量为连续排污扩容器产生的二次蒸汽量D'_q和锅炉供给除氧器的新蒸汽量D_{xq}之和。连续排污扩容器产生的二次蒸汽量$D'_q = 192.6$kg/h（详见后面计算）。

故除氧器新蒸汽耗量为

$$D_{xq} = 2120 - 192.6 = 1927.4 kg/h$$

（3）凝结水箱中混合水温的计算

凝结水和软水混合后的水温t_h可由下式决定：

$$t_h = \frac{G_{zr} t_{zr} + G'_{hs} t_{hs}}{G_{zr} + G'_{hs}} \ ℃$$

式中 G_{zr}、G'_{hs}——软水量及厂区凝结水回水量，分别为11.30、8.09t/h；

t_{zr}、t_{hs}——软水及凝结回水温度，分别为13、95℃。

如此，混合水温

$$t_h = \frac{11.30 \times 13 + 8.09 \times 95}{11.30 + 8.09} = 47.23℃$$

能满足SO403-0-0型喷雾式热力除氧器对进水温度（40℃）的要求。

6.锅炉排污

（1）锅炉的排污系统

SHL10-1.3型锅炉有连续排污装置，为了节能设计中选用了连续排污扩容器一台，以回收部分排污水的热量。扩容器产生的二次蒸汽用于给水除氧，排出的高温热水引至锅炉房浴室水箱，通过盘管加热器加热洗澡水。

锅炉的定期排污引入排污降温池，冷却至40℃以下再排入下水道。

为了锅水化验需要，每台锅炉单独设有一台锅水取样冷却器。

（2）排污扩容器选择计算

在排污扩容器中，由于压力降低而汽化所形成的二次蒸汽量D'_q可按下式计算：

$$D'_q = \frac{D'_{pw}(i'\eta - i'_1)}{(i''_1 - i'_1)x} \ kg/h$$

式中 D'_{pw}——进入扩容器的排污水量，近似取用锅炉排污量，$D'_{pw} \approx D_{pw} = 1.39$t/h；

i'——锅炉工作压力下饱和水的焓，$P = 1.3$MPa，$i' = 826$kJ/kg；

i'_1——扩容器工作压力下饱和水的焓，取用1表压，$i'_1 = 502$kJ/kg；

i''_1——扩容器压力下饱和蒸汽的焓，2706kJ/kg；

x——二次蒸汽的干度，本设计取0.98；

η——排污管热损失系数，设计取0.97。

$$\therefore \quad D'_q = \frac{1.39\times10^3\times(826\times0.97-502)}{(2706-502)\times0.98} = 192.6\text{kg/h};$$

扩容器所需的容积

$$V = \frac{KD'_q v}{R_v}\text{m}^3$$

式中　K——容积富裕系数，本设计取1.4；

v——二次蒸汽比容，其值为$0.9018\text{m}^3/\text{kg}$；

R_v——扩容器中，单位容积的蒸汽分离强度，设计取$600\text{m}^3/\text{m}^3\cdot\text{h}$。

$$\therefore V = \frac{1.4\times192.6\times0.9018}{600} = 0.405\text{m}^3$$

根据计算所需扩容器容积，本设计选用ϕ650型连续排污扩容器一台，其容积为0.75m^3。

（四）汽水系统的设计

1.给水系统

（1）给水系统的组成

根根锅炉房容量、凝结水为余压回水以及给水采用热力喷雾除氧等多种因素，本锅炉房采用二级给水系统。凝结回水及软水（锅炉补给水）都流入锅炉房凝结水箱，然后由除氧水泵将水送至除氧器除氧。除氧后，由锅炉给水泵升压，经省煤器进入锅炉。

为使锅炉各给水泵之间能互相切换使用，本锅炉房采用集中给水系统。

（2）给水泵的选择

考虑本锅炉房是三班制，全年运行，并以生产负荷为主，故设计选用三台给水泵。两台电动给水泵作为常用给水泵，一台蒸汽往复泵作为备用水泵。

按规范规定，本设计两台并联工作电动给水泵所需满足的流量为

$$Q_{dd} = 1.1G_{zg} = 1.1\times21.49 = 23.64\text{t/h},$$

单台汽动给水泵流量为

$$Q_{qd} = 0.4\times G_{zg} = 0.4\times21.49 = 8.60\text{t/h}。$$

给水泵扬程

$$H = P + (100\sim200)\text{kPa}$$

式中　P——锅炉工作压力，1.3MPa。

（100～200）为压头附加值，本设计的锅炉装设有省煤器，此附加值应采用较高值。

故　$$H = 1300 + 200 = 1500\text{kPa}$$

根据计算，本设计选用D25-30型电动给水泵两台，单台流量为$25\text{m}^3/\text{h}$，扬程为1471kPa，电机功率22kW。QB-5型汽动给水泵一台，流量为$6\sim16.5\text{m}^3/\text{h}$，扬程为1750kPa。

（3）给水箱的容积和安装高度

给水箱的容量主要根据锅炉房的容量和软水设备的设计出力、运行方式等来确定。本设计按所有运行锅炉在额定蒸发量时所需25～30分钟的给水量计算，选用体积为10m^3的除氧水箱一个作为锅炉房的给水箱。给水箱检修或清洗时，短期的锅炉给水由锅炉给水泵从

凝结水箱抽水供给。

除氧水箱出口水温104℃，为使水泵安全可靠运行，给水箱设于标高为7m的除氧平台上。

（4）除氧水泵和凝结水箱的选择

回锅炉房的凝结水和软水混合输送，混合水量$G_h = G_{zr} + G'_{hs} = 11.30 + 8.09 = 19.39$ t/h，则本设计除氧水泵的流量为

$$G_{zy} = 1.1G_h = 1.1 \times 19.39 = 21.33 \text{t/h}$$

鉴于除氧器工作压力为0.023MPa、凝结水箱最低水位与除氧器凝结水进口的高差有10m左右以及锅炉房中凝结水与软水在凝结水箱中混合后输送管路较短，水温又低(47.23℃)，故选用IS80-50-315型电动泵两台，一台运转，一台备用；每台除氧水泵流量为25m^3/h，扬程为257kPa。

由于软水全部通入凝结水箱，当除氧器检修时，凝结水箱还兼作锅炉给水箱使用，故凝结水箱体积确定的原则与给水箱相同。又顾及凝结水箱置于地下建筑物内，为节约投资，减少地下构筑物体积，故选体积为20m^3的凝结水箱一个；且一隔为二，以备检修时可相互切换使用。

厂区凝结水利用疏水器后的剩余压力返回锅炉房。凝结水箱设于锅炉房－2.00m的标高上；凝结水箱最低水位至凝结水泵中心的垂直高度，保持不小于500mm。

2.蒸汽系统

蒸汽母管采用单管系统。锅炉生产的蒸汽大部份通过蒸汽母管引至分汽缸，尔后再分配至各热用户。锅炉房蒸汽泵用汽自分汽缸引出；锅炉蒸汽吹灰的用汽，直接引自副汽管。

根据蒸汽总流量为20t/h，蒸汽压力1.3MPa，蒸汽流速取10m/s，本设计分汽缸选用$\phi 325 \times 8$mm。

3.主要管道直径决定

锅炉房中各管道内径D_n，可按推荐流速w由下式计算，结果及选用直径列于表5-7。

主要管道直径的计算结果及选用的直径 表 5-7

管段名称	流量(t/h)	推荐流速(m/s)	计算直径(mm)	选用直径(mm)	备注
蒸汽母管	20	25	201.4	$\phi 219 \times 6$	蒸汽压力：1.3MPa
锅炉给水总管	21.49	1.5	71.1	$\phi 89 \times 4$	
吸水总管	21.49	0.8	97.4	$\phi 108 \times 4$	
自来水总管	30	2	72.8	$Dg80$	
二次蒸汽	0.1926	15	64.0	$\phi 89 \times 4$	二次蒸汽压力0.1MPa

$$D_n = 594.5\sqrt{\frac{Gv}{w}} \quad \text{mm}$$

式中 G——管内介质的质量流量，t/h；

v——管内介质的比容，m^3/kg。

锅炉房汽水系统中与设备直接相连接的管道，其直径与设备本身的引入或引出管管径相同。

（五）通风系统的设备选择计算

锅炉通风计算，是计算锅炉在额定负荷下通风系统的流动阻力，其目的是为选用送、引风机和合理布置风、烟道提供依据。

本锅炉房为平衡通风系统，阻力计算包括空气吸入口到炉膛的空气阻力和炉膛到烟囱出口的烟气阻力两大部分。其中锅炉本体的烟风阻力由锅炉制造厂气体动力计算提供；除尘器阻力由产品样本查取。本设计所进行的仅是风、烟道和烟囱的阻力计算。

1.送风系统的阻力计算与送风机选择

（1）送风量的计算

1）冷风流量

由燃料燃烧计算和热平衡（$B=1482.3\text{kg/h}, q_4=12.10\%$）知：理论空气量$V_k^0=5.745$ m_N^3/kg，计算燃料消耗量$B_j=1303\text{kg/h}$，而炉膛出口过量空气系数为1.5，炉膛及空气预热器漏入烟道的漏风系数各为0.1，所以冷空气流量为

$$V_{lk}=\frac{B_jV_k^0(\alpha_l''-\Delta\alpha_l+\Delta\alpha_{ky})(t_{lk}+273)}{3600\times273}$$

$$=\frac{1303\times5.745(1.5-0.1+0.1)(30+273)}{3600\times273}=3.46\text{m}^3/\text{s}$$

2）热风流量

已知空气预热温度$t_{rk}=140$℃，所以热风风道中的流量为

$$V_{rk}=\frac{B_jV_k^0(\alpha_l''-\Delta\alpha_l)(273+t_{rk})}{3600\times273}$$

$$=\frac{1303\times5.745(1.5-0.1)(273+140)}{3600\times273}=4.40\text{m}^3/\text{s}$$

以上计算结果，汇总于表5-8。

（2）风道断面尺寸与流速

风道断面积（或流速）可由下式计算，并将结果列于表5-9中。

$$F=\frac{V}{w}\quad \text{m}^2$$

式中 V——流经该风道的空气量，m^3/s；

w——空气流速，m/s。

（3）风道阻力计算

送风系统的布置如简图（图5-6）所示。

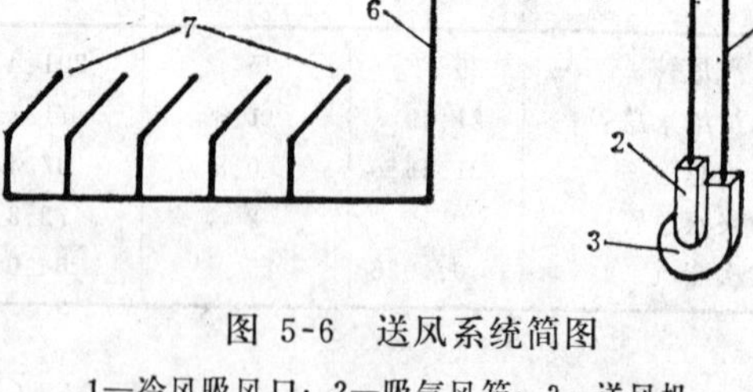

图 5-6　送风系统简图

1—冷风吸风口；2—吸气风箱；3—送风机；4—冷风道；5—空气预热器；6—热风道；7—送入炉膛

1）进口冷风道阻力（表5-10）

2）空气预热器的阻力

由锅炉空气动力计算书中查知，或参见表3-28计算，空气预热器的流动阻力为

$$\Delta h_{ky}^k=901.3\text{Pa}$$

3）出口热风道的阻力

计算方法与进口冷风道阻力计算相同，可参见表3-29、表3-30计算，其金属、水泥热风道的阻力分别为61.8和105.3Pa。所以，热风道总阻力为

$$\Delta h_{rk}=\Delta h_{rk}^j+\Delta h_{rk}^s=61.8+105.3=167.1\text{Pa}$$

4）炉排下风室的进风管阻力

风道的计算温度和流量 表 5-8

管段名称		平均温度 (℃)	过量空气系数	管段平均流量 (m^3/s)
风道区段	从窗栅至风机的冷风道	30	1.50	3.46
	从风机出口至空气预热器	30	1.50	3.46
	从空气预热器至炉排下风室	140	1.40	4.40

风道断面尺寸与流速 表 5-9

风道名称	材料	流量 (m^3/s)	流速 (m/s)	截面积 (m^2)	截面尺寸 (mm)
冷风竖井管	金属	3.46	6.41	0.54	600×900
风机吸入短管	金属	3.46	6.92	0.50	ϕ800
风机一空气预热器	金属	3.46	8.65	0.40	500×800
预热器出口热风管	金属	4.40	7.86	0.56	700×800
水泥热风道	混凝土	4.40	5.71	0.77	700×1100

参见表3-31计算知：$\Delta h'_{lp}=60$Pa

5）锅炉风道的总阻力

表 5-10

序号	名称	符号	单位	计算公式或数值来源	数值
1	吸风口				
	入口冷空气量	V_{lk}	m^3/s	计算值	3.46
	吸风竖井截面	F_2	m^2	0.6×0.9	0.54
	竖井中空气流速	w_2	m/s	$\frac{V_{lk}}{F_2}=3.46/0.54$	6.41
	竖井中的动压头	h_d	Pa	$t_{lk}=30$℃，查教材图8-3	24
	有栏栅吸风口阻力系数	ζ		教材表8-2第9项$(1.707\frac{F}{F_1}-1)^2=(1.707\times1.1-1)^2$	0.77
	吸风口阻力	Δh_1	Pa	$\zeta h_d=0.77\times24$	18.48
2	90°转弯管				
	原始阻力系数与粗糙影响系数的乘积	$K_\Delta\zeta_{zy}$		$R/b=1$查教材图8-16a	0.27
	角度系数	B		$\alpha=90°$查教材图8-16c	1
	截面形状系数	C		$\frac{a}{b}=\frac{0.6}{0.9}=0.67$查教材图8-16$d$	1.04
	90°转弯阻力系数	ζ		$K_\Delta\zeta_{zy}BC=0.27\times1\times1.04$	0.28
	动压头	h_d	Pa	$w=6.41$，$t_{lk}=30$℃查教材图8-3	24
	2个90°转弯管阻力	Δh_2	Pa	$2\times\zeta\times h_d=2\times0.28\times24$	13.44
3	进风竖井管				
	摩擦阻力系数	λ		钢制风道，教材表8-1	0.02
	当量直径	d_{dl}	m	$4F/U=\frac{4\times0.54}{2(0.6+0.9)}$	0.72
	竖井长度	l	m	几何尺寸	13
	摩擦阻力	Δh_3	Pa	$\frac{\lambda l}{d_{dl}}h_d=\frac{0.02\times13}{0.72}\times24$	8.67

续表

序号	名称	符号	单位	计算公式或数值来源	数值
4	吸气风箱				
	局部阻力系数	ζ		《工业锅炉房设计手册》第二版，第33页	0.7
	进口截面积	F	m^2	$\pi r^2 = 3.14\times0.4^2$	0.502
	速度	w	m/s	3.46/0.502	6.92
	动压头	h_d	Pa	查教材图8-3	28.7
	吸气风箱阻力	Δh_1	Pa	$\zeta h_d = 0.7\times28.7$	20.09
5	风机出口变径管				
	变径阻力系数	ζ		$\frac{F_2}{F_1}=\frac{0.52\times0.8}{0.52\times0.71}=1.14$	
				$l/b_1=\frac{0.8}{0.71}=1.127$查教材图8-15	0.05
	速度	w	m/s	$3.46/0.52\times0.71$	9.37
	动压头	h_d	Pa	$w=9.37$，$t_{lk}=30$°C查教材图8-3	52
	变径管阻力	Δh_5	Pa	$\zeta h_d = 0.05\times52$	2.60
6	90°转弯管				
	原始阻力系数与粗糙影响系数的乘积	$k_\Delta\xi_{zy}$		$R/b=0.4$查教材图8-16b	0.31
	角度系数	B		$a=90°$ 查教材图8-16c	1
	截面形状系数	C		$a/b=\frac{0.52}{0.80}=0.65$查教材图8-16$d$	1.05
	转弯阻力系数	ζ		$k_\Delta\xi_{zy}BC=0.31\times1\times1.05$	0.326
	动压头	h_d	Pa	$w=3.46/0.52\times0.8=8.32$ $t_{lk}=30$°C查教材图8-3	41.3
	2个90°转弯管阻力	Δh_6	Pa	$2\zeta h_d = 2\times0.326\times41.3$	26.93
7	棱锥形扩散管				
	扩散角	$t_s\frac{a}{2}$		$\frac{b_2-b_1}{2l}=\frac{1.08-0.52}{2\times0.46}$	0.61
		a	度		62
	截面积比值	F_x/F_d		$\frac{F_x}{F_d}=\frac{0.52\times0.80}{1.08\times1.084}$	0.355
	截面突然扩大阻力系数	ζ'		教材图8-13	0.47
	扩散管的阻力系数	ζ		$a=60°$故按突然扩大计算	0.47
	动压头	h_d	Pa	$w=8.32$，$t_{lk}=30$°C查教材图8-3	3.8
	扩散管阻力	Δh_7	Pa	$\zeta h_d = 0.47\times41.3$	19.41
8	送风机后的风管				
	摩擦阻力系数	λ		钢　制	0.02
	当量直径	d_{dl}	m	$\frac{4F}{U}=\frac{4\times0.52\times0.8}{2(0.52+0.8)}$	0.63
	长　度	l	m	几何特性	8
	动压头	h_d	Pa	$w=8.32$，$t_{lk}=30$°C查教材图8-3	41.3
	摩擦阻力	Δh_m	Pa	$\frac{\lambda l}{d_{dl}}h_d=\frac{0.02\times8}{0.63}\times41.3$	10.49
9	冷风道总阻力	$\Sigma\Delta h_{lk}$	Pa	$\Delta h_1\sim\Delta h_7+\Delta h_m=18.48+13.44+8.67+20.09+2.60+26.93+19.41+10.49$	120.11

$$\Sigma \Delta h_f = \Sigma \Delta h_{lk} + \Delta h_{ky}^k + \Delta h_{rk} + \Delta h'_{lp}$$

$$= 120.11 + 901.3 + 167.1 + 60 = 1248.51\text{Pa}$$

已知当地最低大气压力为97332Pa，经压力修正后的总阻力为

$$\Delta H'_f = \Sigma \Delta h_f \times \frac{101325}{97332} = 1248.51 \times \frac{101325}{97332} = 1299.73\text{Pa}$$

6）自生风的计算（表5-11）

表 5-11

序号	名称	符号	单位	计算公式或数值来源	数值
1	热风道的计算高度	H_{rk}	m	结构设计	3
2	风道中的热空气温度	t_{rk}	℃	热力计算	140
3	热风道中的每米自生风	h_{zs}^t	Pa	查图或计算	3.5
4	热风道中自生风	h_{zs}^k	Pa	$H_{rk}h_{zs}^t = 3\times3.5$	-10.5
5	空气进口到炉膛烟气出口中心之间的垂直距离	H'	m	结构设计	6
6	空气进口处炉膛真空	h'_l	Pa	$h''_l + 0.95H'g = 20 + 0.95\times6\times9.8$	75.86

7）炉排下所需风压

为克服炉排和燃料层阻力，炉排下应保持一定风压，其大小取决于炉子型式。对于链条炉，一般在800～1000Pa，本设计取值：

$$\Delta h_{lp} = 800\text{Pa}$$

8）锅炉送风系统需要克服的总阻力

$$\Delta H_f = \Delta H'_f - h_{zs}^k - h'_l + \Delta h_{lp}$$

$$= 1299.73 - (-10.5) - 75.86 + 800$$

$$= 2034.37\text{Pa}$$

（4）送风机的选择（表5-12）

2.引风系统计算

（1）烟气量的计算

1）锅炉排烟流量

从空气预热器出口至除尘器入口区段烟道的阻力，按取自热力计算的排烟（空气预热器后）流量及温度进行计算。

根据燃烧和热力计算资料已知空气预热器后排烟温度$\vartheta_{py} = 179$℃，过量空气系数$\alpha_{py} = 1.80$，所以烟气流量为：

$$V_{py} = V_{RO_2} + V_{N_2}^0 + V_{H_2O}^0 + 1.0161(\alpha_{py} - 1)V_k^0$$

$$= 1.088 + 4.545 + 0.505 + 1.0161(1.80 - 1)\times5.745$$

$$= 10.81\text{m}_N^3/\text{kg}$$

空气预热器后的实际烟气体积流量为

$$V''_{ky} = \frac{B_j V_{py}(\vartheta_{py} + 273)}{3600\times273} = \frac{1303\times10.81(179 + 273)}{3600\times273}$$

$$= 6.48\text{m}^3/\text{s}$$

以上引用的V_k^0及V_{RO_2}、$V_{N_2}^0$、$V_{H_2O}^0$的体积均由燃料燃烧计算提供。

2）引风机处的烟气流量

表 5-12

序号	名称	符号	单位	计算公式或数值来源	数值
1	进口冷空气量	V_{lk}	m³/h	3.46×3600	12456
2	流量储备系数	β_1	/	计算标准	1.05
3	压头储备系数	β_2	/	计算标准	1.10
4	计算风量	Q_j	m³/h	$\beta_1 V_{lk}\frac{101325}{b}=1.05\times12456\times\frac{101325}{97332}$	13615.35
5	风机计算压头换算系数	K_T		$\frac{T}{T_k}\frac{101325}{b}=\frac{30+273}{20+273}\times\frac{101325}{97332}$	1.077
6	计算压头	H_j'	Pa	$\beta_2\Delta H_j=1.1\times2034.37$	2237.81
7	修正后计算压头	H_j	Pa	$K_T H_j'=1.077\times2237.81$	2410.12
8	选择送风机				
	型号			G4-72№5A′右90°	
	风压	H	Pa	产品样本	2460
	风量	Q	m³/h	产品样本	13750
	电动机型号			$Y160M_1$-2	
	功率	N	kW	产品样本	11
	转速	n	r/min	产品样本	2900
9	二次风机9-27-101型№4右90°			由锅炉制造厂配套带来，不另行计算	

从除尘器出口至锅炉房总烟道的这段烟道阻力，则按引风机处的烟气流量和温度进行计算。烟气温度由下式确定：

$$\vartheta_{yf}=\frac{\alpha_y\vartheta_y+\Delta\alpha t_{lk}}{\alpha_y+\Delta\alpha}=\frac{1.8\times179+0.06\times30}{1.8+0.06}=174.2℃$$

其中$\Delta\alpha$为空气预热器后烟道中的漏风系数，对钢制烟道按每10 m0.01计，除尘器为0.05。

所以，引风机处的烟气流量为

$$V_{yf}=\frac{B_j(V_y+\Delta\alpha V_k^0)(\vartheta_{yf}+273)}{3600\times273}=\frac{1303(10.81+0.06\times5.745)(174.2+273)}{3600\times273}$$

$$=6.61m^3/s$$

以上计算结果，汇总于表5-13。

（2）烟道布置及其断面尺寸的确定

锅炉至引风机的烟道全部采用金属制作，引风机出口扩散管后为砖烟道，其布置方式如图5-7所示。

1）由锅炉出口引出的矩形断面弯管　断面尺寸与锅炉出口尺寸相同，$H_1B_1=900\times900$mm，

断面积　　$F_1=0.90\times0.90=0.81m^2$

烟速　　$w_1=\frac{V_y}{F_1}=\frac{6.48}{0.81}=8.0m/s$。

2）除尘器入口收缩管　它的大头断面$F_2'=0.81m^2$，小头断面与除尘器进口尺寸相

烟道的计算温度和流量 表 5-13

管段名称		平均温度(℃)	过量空气系数	管段平均流量(m^3/s)
烟道区段	从空气预热器至除尘器	179	1.80	6.48
	从除尘器出口至引风机	174.2	1.80	6.61
	从引风机到总烟道入口	174.2	1.80	6.61
	总烟道及烟囱	174.2	1.80	2×6.61

同，$H_2B_2 = 750 \times 750$mm。

断面积 $F'_2 = 0.75 \times 0.75 = 0.563 \quad m^2$；

烟速 $w_2 = \dfrac{V_y}{F_2} = \dfrac{6.48}{0.563} = 11.51 \quad m/s$。

3）除尘器出口圆筒形烟道　直径与除尘器出口相同，即ϕ856mm。

断面积 $F_3 = \dfrac{\pi}{4} D^2 = \dfrac{\pi}{4} \times 0.856^2 = 0.575 \quad m^2$；

烟速 $w_3 = \dfrac{V_y}{F_3} = \dfrac{6.61}{0.575} = 11.50 \quad m/s$。

4）引风机入口扩散管　它的小头断面$F'_3 = 0.575m^2$，大头断面与引风机进口尺寸相同，其直径为900mm。而其小头断面流速$w_3 = 11.50m/s$。

5）引风机出口与砖烟道之间的阶梯形扩散管（棱锥形）、小头断面尺寸与引风机出口尺寸相同，$H_5B_5 = 810 \times 585$mm。

断面积 $F_5 = 0.81 \times 0.585 = 0.473m^2$；

烟速 $w_5 = \dfrac{V_y}{F_5} = \dfrac{6.61}{0.473} = 13.97m/s$。

阶梯形扩散管的最佳形状的选用（图5-8）：

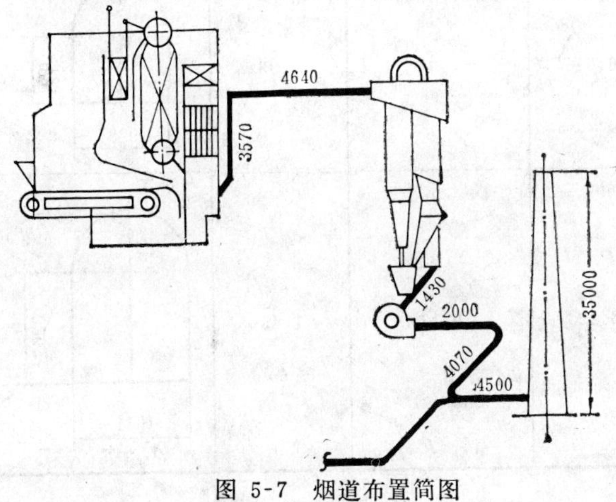

图 5-7　烟道布置简图

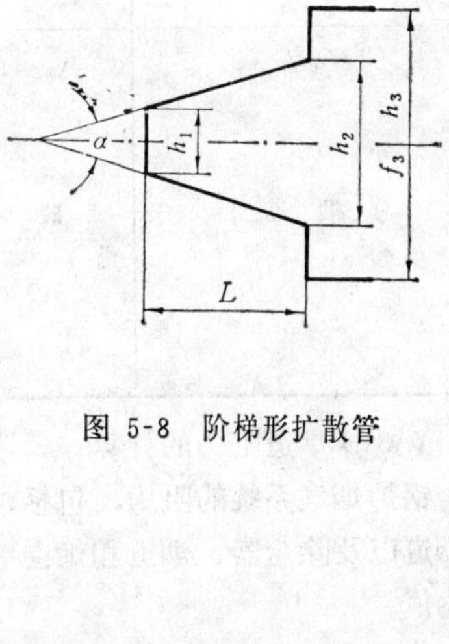

图 5-8　阶梯形扩散管

已知：$h_1 = H_5 = 810$mm；

$L = 1000$mm；

$F_5 = 0.473m^2$；

设　$f_3 = 0.8m^2$。

计算　　$L/h_1 = 1000/810 = 1.23$；

$f_3/F_5 = 0.8/0.473 = 1.69$。

选出最佳扩散角α为12°，

$$h_2 = 2L\text{tg}\frac{\alpha}{2} + h_1 = 2 \times 1.0\text{tg}\frac{12^\circ}{2} + 0.81 = 1.02 \quad \text{m};$$

$$b_2 = 2L\text{tg}\frac{\alpha}{2} + B_5 = 2 \times 1.0\text{tg}\frac{12^\circ}{2} + 0.585 = 0.795 \quad \text{m}。$$

所以确定扩散管大头断面尺寸为：

$$H_5' \times B_5' = 1020 \times 795 \quad \text{mm}。$$

6 ）砖烟道的确定

根据流经烟道的烟气流量V_y m³/s，按教材表8-5假定烟气流速w m/s，对于较长的水平烟道，为防止积灰，在额定负荷下的烟气流速不宜低于7～8m/s，计算烟道断面积$F=\frac{V_y}{w}$m²，查《工业锅炉房设计手册》有关定型的砖砌烟道相近的断面积，然后确定烟道内尺寸，计算出实际烟速。现将烟道断面尺寸与相应流速列于表5-14中。

烟道断面尺寸与流速　　　　表 5-14

烟道名称	材料	流量（m³/s）	流速（m/s）	截面积（m²）	截面尺寸（mm）
锅炉出口至除尘器	金属	6.48	8.0	0.81	900×900
除尘器入口收缩管	金属	6.48	11.51	0.563	小头断面 750×750
除尘器出口至引风机	金属	6.61	11.50	0.575	ϕ856
引风机入口扩散管	金属	6.61	11.50	0.575	小头断面 ϕ856
引风机出口梯形扩散管	金属	6.61	13.97	0.473	小头断面 810×585
支烟道	砖	6.61	7.96	0.83	630；928
总烟道	砖	13.22	9.12	1.45	980；1044

（ 3 ）烟道阻力的计算

锅炉烟气系统的阻力，包括炉膛负压，即从炉膛开始，沿烟气流动方向顺序把各受热面烟道以及除尘器、烟道和烟囱等部分阻力分别计算出来。计算时，其流速及烟温等均取平均值。

为了简化计算，烟道各处漏风和温降都略而不计。

1 ）锅炉出口至除尘器阻力（表5-15）

表 5-15

序号	名称	符号	单位	计算公式或数值来源	数值
1	90°转弯阻力（二个）				
	原始阻力系数与粗糙影响系数乘积	$k_{\Delta}\zeta_{zy}$		$r/b=0.4$查教材图8-16b	0.31
	角度系数	B		$\alpha=90°$查教材图8-16c	1
	截面形状系数	C		$a/b=1$查教材图8-16d	1
	90°转弯阻力系数	$\zeta_{90°}$		$k_{\Delta}\zeta_{zy}BC=0.31\times1\times1$	0.31
	动压头	h_d	Pa	$w=8.0\quad \vartheta=179°C$查教材图8-3	25
	2个90°转弯阻力	$\Delta h_{90°}$	Pa	$2\zeta_{90°}h_d=2\times0.31\times25$	15.5
2	除尘器入口直通道中收缩管				
	大头断面宽度	B_1	mm	结构几何尺寸	900
	小头断面宽度	B_2	mm	结构几何尺寸	750
	收缩管长度	L	mm	结构几何尺寸	500
	收缩角	α	度	$\mathrm{tg}\frac{\alpha}{2}=\frac{B_1-B_2}{2L}=\frac{900-750}{2\times500}=0.075$	4°18′
	收缩管阻力系数	ζ		教材表8-2∵$\alpha=4°18'<20°$	0
	收缩管阻力	Δh		ζh_d	0
3	摩擦阻力				
	烟气温度	ϑ_y	℃	热力计算	179
	烟道截面	F	m²	$ab=0.9\times0.9$	0.81
	烟气速度	w_y	m/s	$w_y=\frac{V_y}{F}=\frac{6.48}{0.81}$	8.0
	通道长度	l	m	几何尺寸	8.21
	当量直径	d_{dl}	m	$\frac{2ab}{a+b}=\frac{2\times0.9\times0.9}{0.9+0.9}$	0.90
	摩擦阻力系数	λ		查教材表8-1	0.02
	动压头	h_d	Pa	查教材图8-3	25
	摩擦阻力	Δh_m	Pa	$\frac{\lambda l}{d_{dl}}h_d=\frac{0.02\times8.21}{0.9}25$	4.56
4	锅炉出口至除尘器总阻力	Δh_1	Pa	$\Delta h_{90°}+\Delta h+\Delta h_m=15.5+0+4.56$	20.06

2 ）除尘器阻力，按产品（XS-10型）样本取：

$$h_{ch}=650\,\mathrm{Pa}$$

3 ）除尘器出口至引风机阻力（表5-16）

表 5-16

序号	名称	符号	单位	计算公式或数值来源	数值
1	90° 转弯阻力				
	原始阻力系数与粗糙影响系数乘积	$k_{\Delta}\zeta_{zy}$		$R/b=2$查教材图8-16a	0.2
	角度系数	B		$\alpha=90°$查教材图8-16c	1
	截面形状系数	C		查教材图8-16d	1
	90°转弯阻力系数	$\zeta_{90°}$		$k_{\Delta}\zeta_{zy}BC=0.2\times1\times1$	0.2

续表

序号	名称	符号	单位	计算公式或数值来源	数值
1	烟气温度	ϑ_y	℃	计算值见表5-13	174.2
	烟道截面	F	m^2	$\frac{\pi}{4}D^2=\frac{\pi}{4}\times0.856^2$	0.575
	烟气流速	w_y	m/s	$w_y=\frac{V_y}{F}=\frac{6.61}{0.575}$	11.50
	动压头	h_d	Pa	查教材图8-3	50.40
	90°转弯阻力	$\Delta h_{90°}$	Pa	$\zeta_{90°}h_d=0.2\times50.40$	10.80
2	引风机入口扩散管				
	小头截面直径	b_1	mm	几何尺寸	856
	大头截面直径	b_2	mm	几何尺寸	900
	扩散管长度	L	mm	几何尺寸	300
	扩散角	α	度	$\mathrm{tg}\frac{\alpha}{2}=\frac{b_2-b_1}{2L}=\frac{900-856}{2\times300}=0.073$	8°24′
	完全冲击系数	φ_{ks}		$\alpha=8°24'$查教材图8-14	0.15
	截面改变阻力系数	ζ_{jk}		$f_{小}/f_{大}=0.575/0.636=0.9$查教材图8-13	0.92
	扩散管阻力系数	ζ_{ks}		$\zeta_{ks}=\varphi_{ks}\zeta_{jk}=0.15\times0.92$	0.138
	动压头	h_d	Pa	同前$w=11.5$　$\vartheta=174.2$℃查教材图8-3	50.4
	引风机入口扩散管阻力	Δh_{ks}	Pa	$\Delta h_{ks}=\zeta_{ks}\ h_d=0.138\times50.4$	6.96
3	摩擦阻力				
	烟气温度	ϑ_y	℃	计算值见表5-13	174.2
	烟道截面	F	m^2	几何尺寸	0.575
	烟气速度	w_y	m/s	$w_y=\frac{v_y}{F}=\frac{6.61}{0.575}$	11.50
	通道长度	l	m	几何尺寸	1.43
	通道直径	d	m	几何尺寸	0.856
	摩擦阻力系数	λ		查教材表8-1	0.02
	动压头	h_d	Pa	查教材图8-3	50.4
	摩擦阻力	Δh_m	Pa	$\frac{\lambda l}{d}h_d=\frac{0.02\times1.43}{0.856}\times50.4$	1.68
4	引风机入口处转动挡板阻力				
	动压头	h_d	Pa	$w=11.5$　$\vartheta=174.2°$查教材图8-3	50.4
	挡板全开时阻力系数	ζ		取值	0.1
	挡板阻力	Δh_{jb}	Pa	$\zeta h_d=0.1\times50.4$	5.04
5	除尘器出口至引风机总阻力	Δh_z	Pa	$\Delta h_{90°}+\Delta h_{ks}+\Delta h_m+\Delta h_{jb}=10.80+6.96+1.68+5.04$	24.48

4）引风机出口至烟囱阻力（表5-17）

表 5-17

序号	名称	符号	单位	计算公式或数值来源	数值
1	引风机出口阶梯形扩散管				
	烟气温度	ϑ_y	℃	计算值，表5-13	174.2

续表

序号	名称	符号	单位	计算公式或数值来源	数值
					174.2
	烟气流速	w_y	m/s	$w_y=\dfrac{V_y}{f}=\dfrac{6.61}{0.473}$	13.97
	动压头	h_d	Pa	查教材图8-3	70.7
	小断面截面积	f	m²	$h_1\times b_1=0.81\times 0.585$	0.473
	大断面截面积	F	m²	$h_2\times b_2=1.02\times 0.795$	0.81
1	扩散角	α	度	$\mathrm{tg}\dfrac{\alpha}{2}=\dfrac{h_2-h_1}{2L}=\dfrac{1.02-0.81}{2\times 1.0}=0.105$	12°
	完全冲击系数	φ_{ks}		$\alpha=12°$查教材图8-14	0.31
	截面改变系数	ξ_{jk}		$f/F=\dfrac{0.473}{0.81}=0.584$查教材图8-13	0.2
	梯形扩散管阻力系数	ξ_{ks}		$\xi_{ks}=\varphi_{ks}\cdot\xi_{jk}=0.31\times 0.2$	0.062
	梯形扩散管阻力	Δh_{ks}		$\xi_{ks}\cdot h_d=0.062\times 70.7$	4.38
	分支砖烟道急转弯阻力（二个45°）				
	烟气温度	ϑ_y	℃	计算值，表5-13	174.2
	烟气流速	w_y	m/s	$w_y=\dfrac{V_y}{F}=\dfrac{6.61}{0.83}$	7.96
2	动压头	h_d	Pa	查教材图8-3	25.50
	原始阻力系数与粗糙影响系数乘积	$k_\Delta\xi_{zy}$		$r/b\approx 0$ 查教材图8-16b	1.4
	角度系数	B		$\alpha=45°$查教材图8-16c	0.3
	截面形状系数	C		$a/b=1.2$查教材图8-16d	0.98
	45°急转弯阻力系数	$\xi_{45°}$		$\xi_{45°}=k_\Delta\xi_{zy}BC=1.4\times 0.3\times 0.98$	0.41
	2个45°急转弯阻力	Δh_w	Pa	$2\xi_{45°}h_d=2\times 0.41\times 25.50$	20.91
	分支烟道摩擦阻力				
	通道长度	l	m	几何尺寸	6.07
3	当量直径	d_{dl}	m	$\dfrac{4F}{U}=\dfrac{4\times 0.83}{2(0.63+0.928)+\pi\times 0.464}$	0.726
	摩擦阻力系数	λ		查教材表8-1	0.05
	动压头	h_d	Pa	$\vartheta=174.2°$　$w_y=7.96$m/s查教材图8-3	25.50
	摩擦阻力	Δh_m	Pa	$\Delta h_m=\dfrac{\lambda l}{d_{dl}}h_d=\dfrac{0.05\times 6.07}{0.726}\times 25.50$	10.66
	对称合流三通阻力（包括一个45°急转弯）				
	支烟道断面积	F_{zh}	m²	几何尺寸	0.83
	总烟道断面积	F_z	m²	几何尺寸	1.45
	烟气速度	w_{zh}	m/s	$\dfrac{V_y}{F_{zh}}=\dfrac{6.61}{0.83}$	7.96
	烟气温度	ϑ_y	℃	计算值见表5-13	174.2
4	45°急转弯阻力系数	$\xi_{45°}$		同前$\xi_{45°}=k_\Delta\xi_{zy}BC=1.4\times 0.3\times 0.98$	0.41
	动压头	h_d	Pa	查教材图8-3	25.50
	截面积比	F_{zh}/F_z		0.83/1.45	0.572
	烟气量比	V_{zh}/V_z		6.61/13.32	2
	合流三通阻力系数	ξ_{zh}		$\alpha=45°$查教材图8-24	0.55
	45°转弯及对称合流三通阻力	Δh_{zh}	Pa	$(\xi_{45°}+\xi_{zh})h_d=(0.41+0.55)\times 25.50$	24.48
5	支烟道闸板阻力				

续表

序号	名　　称	符　号	单位	计算公式或数值来源	数值
5	烟气流速	w_y	m/s	$\frac{V_y}{F}=\frac{6.61}{0.83}$	7.96
	烟气温度	ϑ_y	°C	计算值见表5-13	174.2
	动压头	h_d	Pa	查教材图8-3	25.50
	挡板全开阻力系数	ζ_g		挡板全开时查教材表8-2	0.1
	闸板阻力	Δh_g	Pa	$\zeta_g h_d=0.1\times25.50$	2.55
6	总烟道摩擦阻力				
	通道长度	l	m	几何尺寸	4.50
	当量直径	d_{dl}	m	$\frac{4F}{U}=\frac{4\times1.45}{2(0.98+1.044)+\pi\times0.522}$	1.014
	摩擦阻力系数	λ		查教材表8-1砖烟道	0.05
	动压头	h_d	Pa	$\vartheta=174.2°C$　$w=9.12m/s$查教材图8-3	36
	摩擦阻力	Δh_{mz}	Pa	$\frac{\lambda l}{d_{dl}}h_d=\frac{0.05\times4.50}{1.014}\times36$	7.99
7	引风机出口至烟囱的总阻力	Δh_3	Pa	$\Delta h_{ks}+\Delta h_w+\Delta h_m+\Delta h_{zh}+\Delta h_g+\Delta h_{mz}$ $=4.38+20.91+10.66+24.48+2.55+7.99$	70.97

（4）烟囱高度及断面的确定

1）烟囱高度

对机械通风的锅炉房，烟囱的作用主要不是用来产生引力，而是根据环境卫生的要求，满足烟尘和二氧化硫的高空排放需要。根据本锅炉房总的额定蒸发量为20t/h，由表4-6查取烟囱高度为45m。

2）烟囱出口直径（内径）

取烟囱出口烟速

$$w_2'=15\text{m/s}，则$$

$$d_2'=\sqrt{\frac{V_{yf}n}{0.785\times w_2'}}=\sqrt{\frac{6.61\times2}{0.785\times15}}=1.06\text{m}$$

考虑积灰等因素，取值1.2m；烟囱出口实际烟速为

$$w_2=\frac{V_{yf}n}{0.785d_2^2}=\frac{6.61\times2}{0.785\times1.2^2}=11.69\text{m/s}$$

3）烟囱下口直径（内径）

$$d_1=d_2+2iH_{yz}=1.2+2\times0.02\times45=3.0\text{m}$$

则烟囱平均直径为：

$$d_{pj}=\frac{d_1+d_2}{2}=\frac{1.2+3.0}{2}=2.10\text{m}$$

流过烟囱的平均烟速为

$$w_{yz}^{pj}=\frac{V_{yf}n}{0.785d_{pj}^2}=\frac{6.61\times2}{0.785\times2.10^2}=3.82\text{m/s}$$

（5）烟囱阻力计算

在机械通风时可以简化计算，烟气在烟囱中的冷却不考虑，则烟囱出口烟温近似认为就是引风机后的排烟温度$\vartheta_{py}=174.2$℃。

烟囱阻力计算结果列于表5-18。

表 5-18

序号	名　　称	符　号	单位	计算公式或数值来源	数　值
	烟囱进口阻力（变截面直角急转弯）				
1	烟囱入口面积	F_1	m²	即总烟道断面积，表5-14	1.45
	烟气速度	w_y	m/s	$\frac{V_y}{F_1}=\frac{13.22}{1.45}$	9.12
	动 压 头	h_d	Pa	$w_y=9.12$m/s　$\vartheta_y=174.2$°C查教材图8-3	36
	烟囱出口面积	F_2	m²	即烟囱底面积$\frac{\pi D^2}{4}=\frac{3.14\times3.0^2}{4}$	7.065
	断 面 比	F_2/F_1		$\frac{7.065}{1.45}$	4.87
	变截面转弯原始阻力系数	$k_\Delta\zeta_{zy}$		查教材图8-18b	1.05
	角度系数	B		$\alpha=90°$查教材图8-16c	1
	截面形状系数	C		$a/b=1.2$查教材图8-16d	0.98
	转变阻力系数	ζ		$k_\Delta\zeta_{zy}BC=1.05\times1\times0.98$	1.03
	烟囱入口阻力	Δh_{yz}	Pa	$\Delta h'_{yz}=\zeta h_d=1.03\times36$	37.08
	烟　囱　摩　擦　阻　力				
2	烟囱断面平均内径	d_{pj}	m	$\frac{d_1+d_2}{2}=\frac{1.2+3.0}{2}$	2.10
	烟囱断面积	F_{pj}	m²	$\frac{\pi}{4}d_{pj}^2=0.785\times2.10^2$	3.46
	烟囱平均烟速	w_{pj}	m/s	$\frac{V_{yj}\cdot n}{F_{pz}}=\frac{6.61\times2}{3.46}$	3.82
	平均动压头	h_{dpj}	Pa	$w_{pj}=3.82$m/s　$\vartheta_{py}=174.2$°C查图8-3	6.5
	烟囱摩擦阻力系数	λ		砖砌烟囱，查教材表8-1	0.05
	烟囱高度	H_{yz}	m	既定结构	45
	烟囱摩擦阻力	Δh_{yz}^m	Pa	$\frac{\lambda H_{yz}}{d_{pz}}\cdot h_{dpj}=\frac{0.05\times45}{2.10}\times6.5$	6.96
	烟囱出口阻力（动压损失）				
3	烟囱出口内径	d_2	m	结构尺寸	1.20
	烟囱出口烟速	w_2	m/s	$w_2=\frac{V_{yj}n}{0.785d_2^2}=\frac{6.61\times2}{0.785\times1.2^2}$	11.69
	烟囱出口动压头	h_d	Pa	$\vartheta=174.2$°C　$w=11.69$m/s查教材图8-3	52
	烟囱出口阻力系数	ζ		取　值	1.0
	烟囱出口局部阻力	Δh_{yz}	Pa	$\zeta\cdot h_d=1.0\times52$	52
4	烟囱阻力	Δh_{yz}	Pa	$\Delta h'_{gz}+\Delta h_{yz}^m+\Delta h'_{oz}=37.08+6.96+52$	96.04

（6）锅炉本体及烟道的全压降

1）烟气系统阻力

锅炉本体各受热面烟道阻力，由锅炉制造厂提供；竖直烟道和烟囱自生风的计算，方法与前面计算方法相同。故此处从略。现将烟气流动阻力汇总于表5-19中。

烟气系统阻力汇总表　　表 5-19

序号	名　　称	符　号	单 位	计算公式或数值来源	数 值
1	炉膛负压	$\Delta h''_l$	Pa	设计选定	20
2	凝 渣 管	Δh_{nz}	Pa	据锅炉气体动力计算书	12
3	锅炉对流管束	Δh_{dl}	Pa	据锅炉气体动力计算书	236
4	省 煤 器	Δh_{sm}	Pa	据锅炉气体动力计算书	72
5	进入空气预热器前烟道门	$\Delta h'$	Pa	据锅炉气体动力计算书	15
6	空气预热器	Δh^y_{ky}	Pa	据锅炉气体动力计算书	168.85
7	空气预热器出口至除尘器	Δh_1	Pa	计 算 值	20.06
8	除 尘 器	Δh_{ch}	Pa	按XS-10型除尘器样本取用	650
9	除尘器出口至引风机	Δh_2	Pa	计 算 值	24.48
10	引风机至烟囱	Δh_3	Pa	计 算 值	70.97
11	烟　囱	Δh_{yz}	Pa	计 算 值	96.04
12	自 生 风				
	尾部竖直烟道自生风	Δh^{yd}_{zs}	Pa	$H_{yd}=8\text{m}$；$\vartheta_{pj}=\dfrac{350+179}{2}$°C	-41.5
	烟囱自生风	Δh^{yz}_{zs}	Pa	$H_{yz}=45\text{m}$；$\vartheta_{yj}=174.2$°C	166.5
	烟道总自生风	Δh^y_{zs}	Pa	$\Delta h^{yd}_{zs}+\Delta h^{yz}_{zs}=-41.5+166.5$	125

2 ）修正后的烟道阻力（见表5-20）

表 5-20

序号	名　　称	符 号	单　位	计算公式或数值来源	数 值
1	烟道阻力	$\Sigma\Delta h$	Pa	$\Delta h_{nz}+\Delta h_{dl}+\Delta h_{sm}+\Delta h'+\Delta h^y_{ky}+\Delta h_1+\Delta h_2+\Delta h_3$ $+\Delta h_{yz}=12+236+72+15+168.85+20.06+24.48$ $+70.97+96.04$	715.4
2	飞灰灰分比	a_{hf}		链条炉，取用	0.20
3	折算灰分	A^y_{zs}	%	根据计算	4.79
4	判 别 式	$a_{fh}A^y_{zs}$		$a_{fh}A^y_{zs}=0.2\times4.79<6$ 故不需进行烟气含灰量的修正	
5	当地最低大气压力	b	Pa	气象资料	97332
6	平均过量空气系数	a_{pj}		$(1.5+1.86)/2$	1.68
7	平均烟气量	V^y_{pj}	m^3_N/kg	$V_{RO_2}+V^0_{N_2}+V^0_{H_2O}+1.0161(a_{pj}-1)V^0_k$ $1.088+4.545+0.505+1.0161(1.68-1)\times5.745$	10.11
8	标准状态下的密度	ρ^0_y	kg/m^3_N	$\dfrac{1-0.01A^y+1.306a_{pj}V^0_k}{V^y_{pj}}$ $=\dfrac{1-0.01\times24+1.306\times1.68\times5.745}{10.11}$	1.32
9	计入修正后的阻力	$\Delta H'_y$	Pa	$\Sigma\Delta h\dfrac{\rho^0_y}{1.293}\cdot\dfrac{101325}{b}=715.4\times\dfrac{1.32\times101325}{1.293\times97332}$	760.3

3 ）锅炉烟道的全压降（表5-21）

表 5-21

序号	名　　称	符　号	单　位	计算公式或数值来源	数 值
1	锅炉本体及烟道阻力	$\Delta H'_y$	Pa	计 算 值	760.3
2	除尘器阻力	Δh_{ch}	Pa	XS-10型按产品样本	650
3	炉膛负压	$\Delta h''_l$	Pa	取　定	20
4	烟道总的自生风	Δh^y_{zs}	Pa	计 算 值	125
5	全 压 降	ΔH_y	Pa	$\Delta H'_y+\Delta h_{ch}+\Delta h''_l-\Delta h^y_{zs}=760.3+650+20-125$	1305.3

（7）引风机的选择（表5-22）

表 5-22

序号	名称	符号	单位	计算公式或数值来源	数值
1	流量储备系数	β_1	/	计算标准	1.1
2	压头储备系数	β_2	/	计算标准	1.2
3	烟气流量	V_{yt}	m³/h	6.61×3600	23794
4	烟道全压降	ΔH_y	Pa	计算值	1305.3
5	当地最低大气压	b	Pa	气象资料	97332
6	计算流量	Q_j	m³/h	$\beta_1 V_{yt}\frac{101325}{b}=1.1\times23796\times\frac{101325}{97332}$	27249.44
7	计算压头	H'_j	Pa	$\beta_2\Delta H_y=1.2\times1305.3$	1566.36
8	风机压头换算系数	K_T		$\frac{1.293}{\rho_y^0}\frac{T}{T_K}\frac{101325}{b}$ $=\frac{1.293}{1.32}\times\frac{174.2+273}{200+273}\times\frac{101325}{97332}$	0.964
9	修正后计算压头	H_j	Pa	$K_T H'_j=0.964\times1566.36$	1510
10	选择引风机				
	型号			Y4-73-11　№9D左0°	
	风量	Q	m³/h	产品样本	30000
	风压	H	Pa	产品本样	1607
	电动机型号			Y180L-4	
	功率	N	kW	产品样本	22
	转速	n	r/min	产品样本	1450

（六）运煤、除渣和除尘设备的选择

1.锅炉房耗煤量的计算

锅炉房最大小时耗煤量B

$$B=\frac{D(i_q-i_{gs})+D_{pw}(i_{pw}-i_{gs})}{Q_{dw}^y\eta}\times100\text{kg/h}$$

式中 D、D_{pw}——锅炉的蒸发量和排污水量，kg/h；

i_q——蒸汽的焓，kJ/kg；

i_{lw}——排污水的焓，kJ/kg；

i_{gs}——锅炉给水的焓，kJ/kg；

η——锅炉热效率，由产品性能得知为76.51%；

Q_{dw}^y——煤的应用基低位发热量，kJ/kg。

$$\therefore\quad B=\frac{20\times10^3(2787.20-435.45)+1.39\times10^3(826.10-435.45)}{20976.87\times76.51}\times100$$

$$=2964.5\quad\text{kg/h}$$

最冷月昼夜耗煤量　$B_1=2.96\times20=59.2\text{t/d}$

最大昼夜平均小时耗煤量　$B_2=(2.96\times20)\div24=2.5\text{t/h}$

最冷月耗煤量　$B_3=59.2\times30=1776\text{t/m}$

年耗煤量

$$B_0=\frac{1.2\Sigma Q'(i_q-i_{gs})}{Q_{dw}^y\eta}\times100$$

$$=\frac{1.2\times71756.1(2787.20-435.45)}{20976.87\times76.51}\times100=12617.5\text{t/a}$$

2.锅炉房灰渣量的计算

锅炉房最大小时灰渣量

$$G_{hz}=B\left(\frac{A'}{100}+\frac{q_4Q'_{dw}}{100\times32783}\right)$$

$$=2.96\left(\frac{24}{100}+\frac{12.1\times20976.87}{100\times32783}\right)=2.96\times0.317=0.94\mathrm{t/h}$$

其中，固体不完全燃烧热损失q_4，设计取值为12.1%。

最冷日昼夜灰渣量

$$G_1=B_1\times0.317=59.2\times0.317=18.76\mathrm{t/d}$$

最大昼夜平均小时灰渣量

$$G_{pj}=B_{pj}\times0.317=2.5\times0.317=0.793\mathrm{t/h}$$

最冷月灰渣量

$$G_2=B_2\times0.317=1776\times0.317=563\mathrm{t/m}$$

年灰渣量　$G_0=B_0\times0.317=12617.5\times0.317=4000\mathrm{t/a}$

3.运煤、除渣方式的选择

根据锅炉房最大小时耗煤量为2.96t和最大小时灰渣量为0.94t；同时，从改善劳动条件,保证生产安全及提高劳动生产率等因素考虑,本设计拟采用机械化的运煤、除渣方式。

为便于运煤设备的检修和调整，每台锅炉设有炉前贮煤斗一个。锅炉房运煤系统为一班制工作。

（1）运煤系统的输送量和输煤设备

输煤量由下式计算：

$$Q=\frac{24B_{pj}Km}{t}\quad\mathrm{t/h}$$

式中　B_{pj}——锅炉房最大昼夜平均小时耗煤量，t/h；

K——考虑到锅炉房将来发展的系数；

m——运输不平衡系数，本设计采用1.2；

t——运煤系统每昼夜工作时数，设计取用7h。

$$Q=\frac{24\times2.5\times1\times1.2}{7}=10.29\mathrm{t/h}$$

根据计算，选用输送量为10t/h的单斗滑轨输煤机一部。

（2）除渣设备选择

根据锅炉房最大小时灰渣量为0.94t/h，设计选用除灰能力为1.2t/h（干渣）刮链除渣机一部。

4.贮煤斗容量的确定

锅炉房运煤系统为一班制工作，炉前贮煤斗容量一般为18～20h锅炉额定耗煤量。本设计从方便运行和配合建筑结构考虑，采用钢筋混凝土贮煤斗，每个煤斗体积V_{md}可按图5-9估算。

$$V_{md}=V_1+V_2=A\times B\times H_1+\frac{H_2}{6}[A\times B+a\times b+(A+a)(B+b)]$$

$$=5.5\times4\times1+\frac{5.8}{6}[5.5\times4+2.5\times0.35+(5.5+2.5)(4+0.35)]$$

$$=77.75\mathrm{m^3}$$

如果考虑贮煤斗的充满度为0.7，煤的堆积密度为0.9t/m³，则贮煤斗的实际贮煤量

为

$$G = 0.7V_{md}\rho_m = 0.7 \times 77.75 \times 0.9 = 48.99\text{t}$$

按最大昼夜平均小时耗煤量计算，炉前贮煤斗的贮煤量可供锅炉使用20h。

5.煤场和渣场面积的确定

锅炉房用煤由汽车运至煤场，采用移动式皮带输煤机堆高；由简易铲斗车将煤铲至单斗滑轨输煤机的料斗，最后送入锅炉房炉前贮煤斗。

刮链除渣机直接将灰渣输送至锅炉房外的贮渣场。再由铲斗车将灰渣铲至汽车运走。

（1）煤场面积

煤场面积可按下式近似计算：

$$F_m = \frac{B_{pj}MNT}{H\rho_m\varphi}\ \text{m}^2$$

式中 B_{pj}——锅炉房最大昼夜平均小时耗煤量，2.5t/h；

T——锅炉每昼夜运行小时数，24h；

M——煤的储备天数，按15天计算；

N——考虑煤堆过道占用面积的系数，1.5；

H——煤堆高度，3m；

ρ_m——煤的堆积密度，0.9t/m³；

φ——堆角系数，0.8。

$$\therefore\quad F_m = \frac{2.5 \times 15 \times 1.5 \times 24}{3 \times 0.9 \times 0.8} = 625\text{m}^2$$

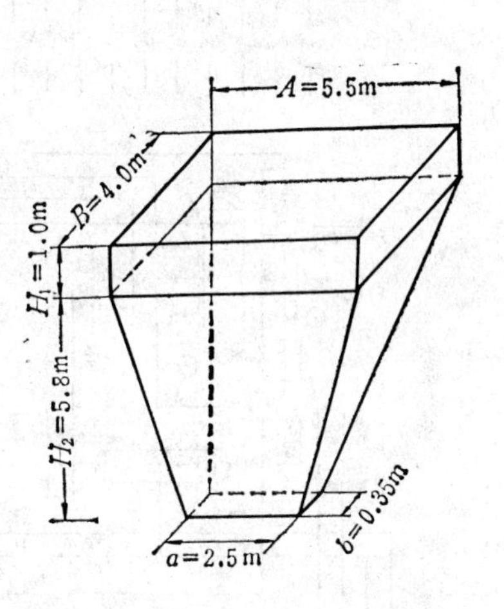

图 5-9 炉前贮煤斗结构简图

（2）渣场面积

渣场面积估算公式如下：

$$F_{hz} = \frac{G_{pj}MNT}{H\rho\varphi}\ \text{m}^2$$

式中 G_{pj}——锅炉房最大昼夜平均小时灰渣量，0.793t/h；

M——渣的储存天数，按3天计算；

N——考虑渣堆过道占用面积的系数，1.5；

H——灰渣堆积高度，2m；

ρ——灰渣的堆积密度，0.85t/m³；

φ——灰渣的堆角系数，0.7。

$$\therefore\quad F_{hz} = \frac{0.793 \times 3 \times 1.5 \times 24}{2 \times 0.85 \times 0.7} = 71.97\text{m}^2$$

6.除尘设备的选择

除尘系统按单台锅炉配套设计。每台锅炉尾部装设XS-10型双旋风除尘器一台进行烟尘净化处理，以减少烟尘对大气和周围环境的污染。除尘器除下的灰尘，由小车定期运走。

（七）锅炉房主要设备表（表5-23）

锅炉房工艺设计图共四张：

1.两台SHL10-13-P锅炉房热力系统图（图5-10）；

2.两台SHL10-13-P锅炉房运行、运煤层平面布置图（图5-11）；

3.两台SHL10-13-P锅炉房底层平面布置图（图5-12）；

4.锅炉房Ⅰ-Ⅰ剖视图（图5-13）。

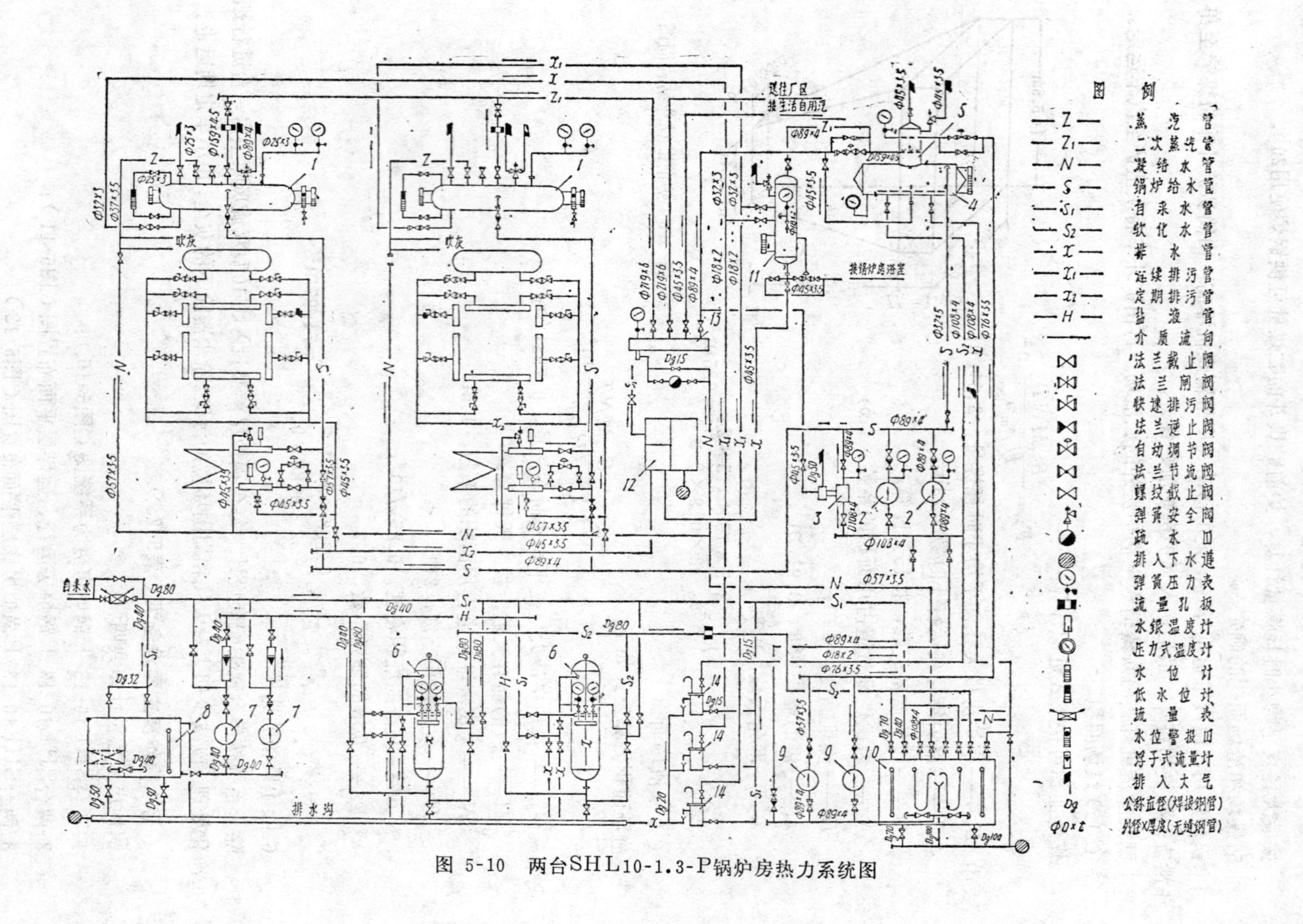

图 5-10 两台SHL10-1.3-P锅炉房热力系统图

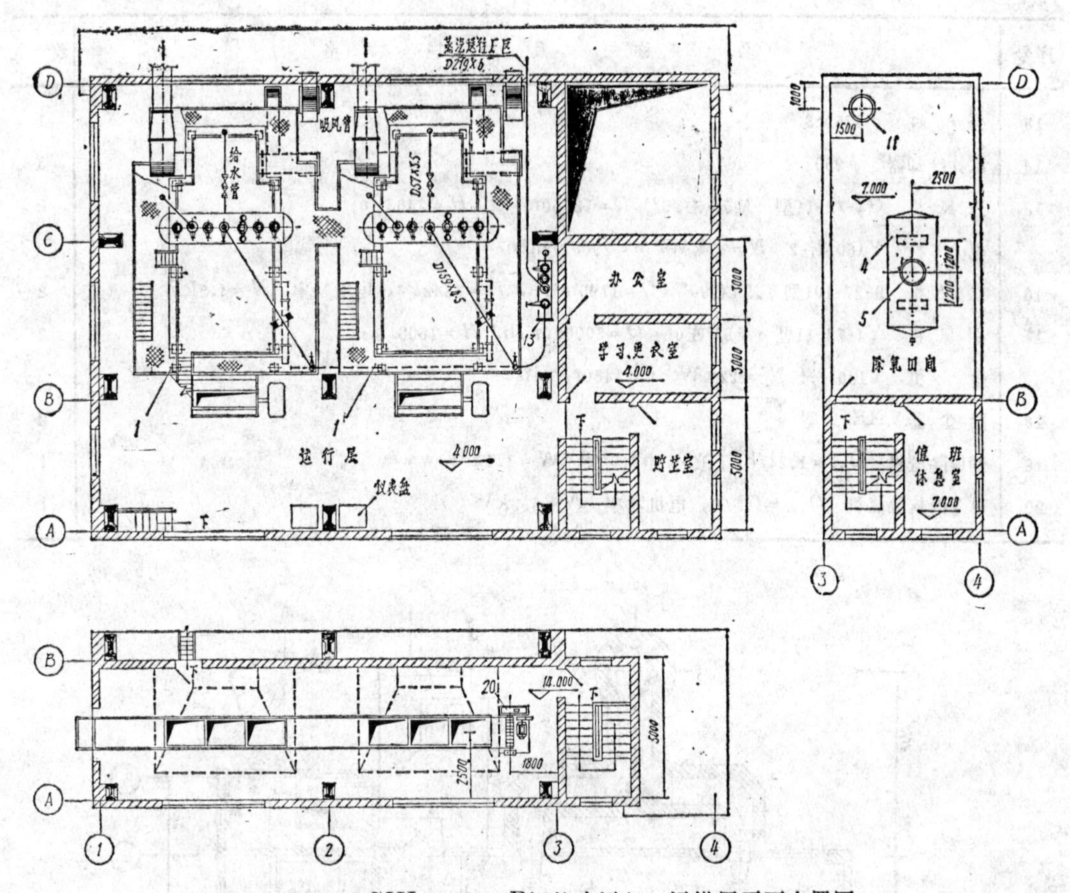

图 5-11 两台SHL10-1.3-P锅炉房运行、运煤层平面布置图

表 5-23

序号	名称及规格	数量
1	蒸汽锅炉 SHL10-1.3-P型 $D=10\mathrm{t/h}$，$P=1.3\mathrm{MPa}$，饱和温度，炉排电机$N=1.5\mathrm{kW}$	2
2	电动给水泵 D25-30型 $Q=25\mathrm{m^3/h}$，$H=1471\mathrm{kPa}$；电机功率$N=22\mathrm{kW}$	2
3	汽动给水泵 QB-5型 $Q=6\sim16.5\mathrm{m^3/h}$	1
4	除氧水箱 $V=10\mathrm{m^3}$	1
5	除氧器 S0403-0-0 $Q=20\mathrm{t/h}$	1
6	钠离子交换器（逆流再生）$\phi1000$	2
7	盐液泵 102型塑料泵 $Q=6\mathrm{t/h}$，$H=196\mathrm{kPa}$；电机功率$N=1.7\mathrm{kW}$	2
8	稀盐池 $V=3.72\mathrm{m^3}$；浓盐池$V=1.45\mathrm{m^3}$	1
9	除氧水泵 IS80-50-315 $Q=25\mathrm{m^3/h}$，$H=257\mathrm{kPa}$；电机功率$N=4.5\mathrm{kW}$	2
10	凝结水箱 $V=20\mathrm{m^3}$	1
11	连续排污扩容器 $\phi650$，$V=0.75\mathrm{m^3}$	1
12	排污降温池 2000×2000×1800mm	1

续表

序号	名　称　及　规　格	数量
13	分汽缸　ϕ325×8	1
14	取样冷却器　ϕ250	3
15	送风机　G4-72-11型　№5A右90°　$Q=13750m^3/h$，$H=2463Pa$； 电　机　Y160M_1-2　$N=11kW$　$n=2900r/min$	2
16	二次风机　9-27-101型　№4右90°　$Q=1790m^3/h$，$H=3942Pa$；电机功率　$N=4.5kW$	2
17	引风机　Y4-73-11型　№9D左0°　$Q=30000m^3/h$，$H=1608Pa$； 电　机　Y180L-4　$N=22kW$　$n=1450r/min$	2
18	除尘器　XS-10型	2
19	刮链除渣机　$Q_{hz}=1.2t/h$(干渣)；电机功率　$N=1.1kW$	1
20	单斗滑轨输煤机　$Q_{sm}=10t/h$；电机功率　$N=6.3kW$	1

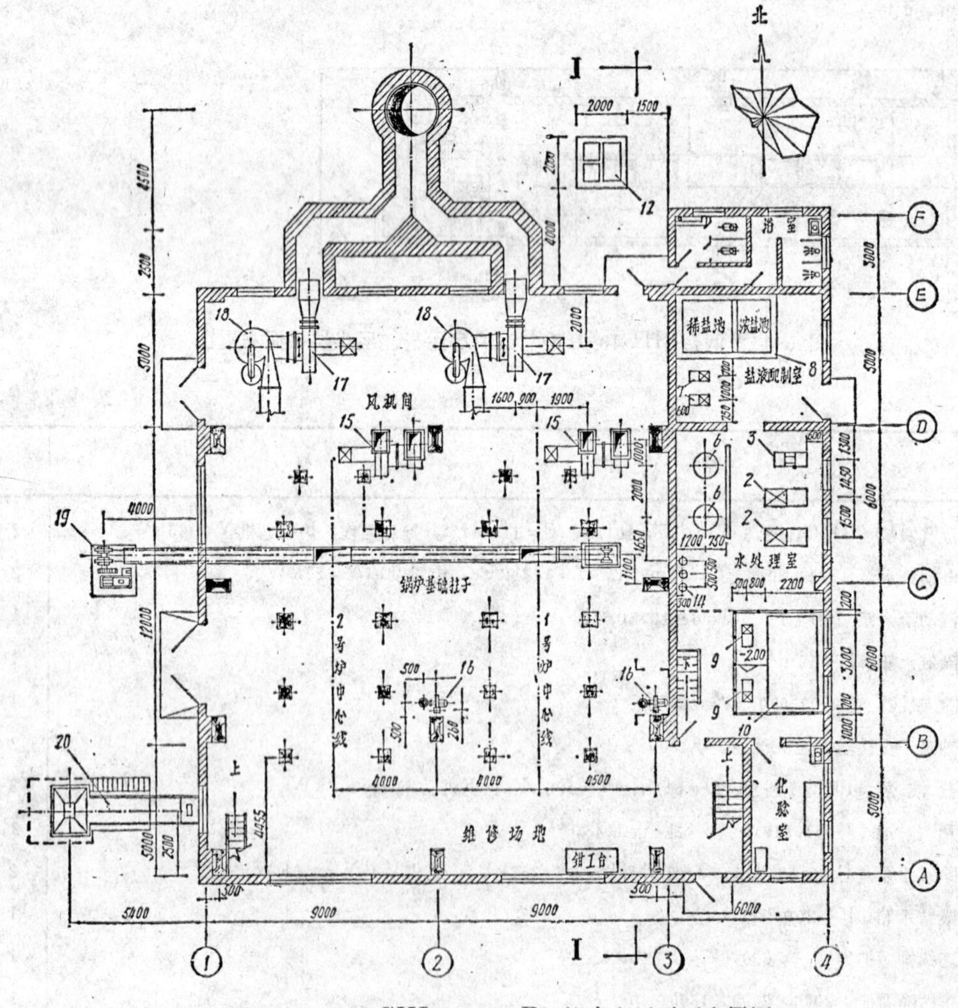

图 5-12　两台SHL10-1.3-P锅炉房底层平面布置图

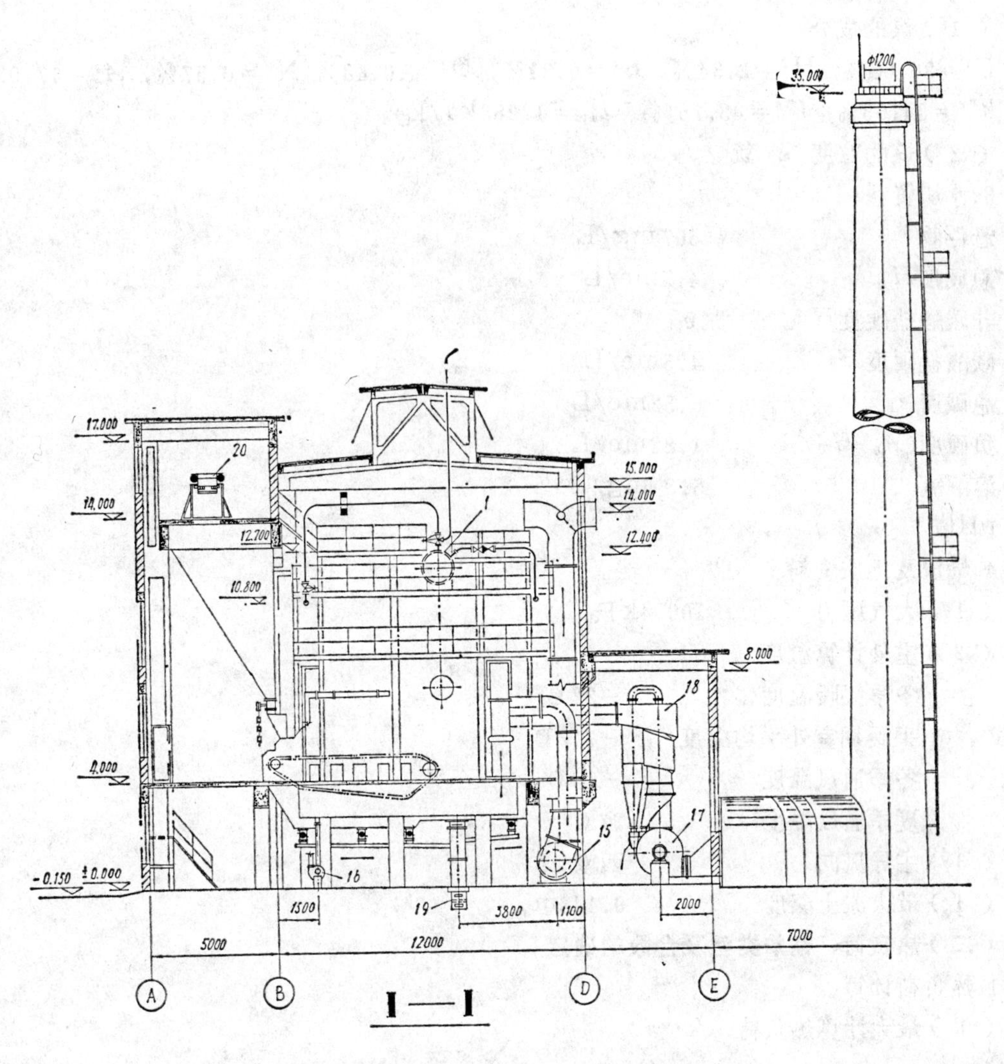

图 5-13　锅炉房Ⅰ-Ⅰ剖视图

三、三台SHW4.2-1.0/130/70-H* 热水锅炉房工艺设计

设计题目：四平市××厂高温水采暖锅炉房工艺设计

（一）原始资料

1.热负荷及其介质参数

全厂采暖热负荷为10274kW；采暖方式为直接取自锅炉房的高温水，其介质参数为130/70℃

2.煤质资料

该厂锅炉房实际使用的是小窑煤矿生产的褐煤，其煤质与黑龙江扎赉诺尔褐煤相近。因此，本设计在锅炉房设备的选择与设计计算时均以扎赉诺尔褐煤为依据。

* 热水锅炉的额定供热量原以10^4kCal/h为单位来表示，《热水锅炉参数系列》GB3166—88中变额定供热量为额定热功率，单位为MW，工作压力单位为MPa。

（1）煤的成分

$C^y=34.65\%$，$H^y=2.34\%$，$S^y=0.31\%$，$O^y=10.48\%$，$N^y=0.57\%$，$A^y=17.02\%$，$W^y=34.63\%$；$V^r=43.75\%$；$Q^y_{dw}=12288$kJ/kg。

（2）煤的粒度　　统煤。

3.水质资料

悬浮物	607mg/L
总硬度H_0	4.5me/L
非碳酸盐硬度H_{FT}	0
碳酸盐硬度H_T	4.5me/L
总碱度A_0	6.32me/L
负硬度(A_0-H_T)	1.82me/L
溶解氧	5.8 mg/L
pH值	7.2。

4.气象及地质资料

（1）大气压力　　100.4kPa

（2）室外计算温度

冬季采暖温度t_w	-22℃
采暖期室外平均温度t_{pj}	-7.2℃
冬季通风温度	-15℃
夏季通风温度	27℃

（3）主导风向　　西南

（4）最大冻土深度　　0.148m

（二）热负荷、锅炉类型及台数的确定

1.热负荷计算

（1）最大计算热负荷

$$Q_{max}=K_0K_1Q_0 \quad kW$$

式中　K_0——热水管网的热损失系数，取值1.08；

K_1——采暖热负荷同时使用系数，取用1；

Q_0——采暖最大热负荷，10274kW，$Q_{max}=1.08\times1\times10274=11096$kW。

（2）采暖平均热负荷

$$Q_{pj}=\varphi_1Q_0 \quad kW$$

式中　φ_1——采暖系数，可按下式求出

$$\varphi_1=\frac{t_n-t_{pj}}{t_n-t_w}$$

t_w，t_{pj}——室外采暖计算温度和采暖期室外平均温度，分别为-22℃和-7.2℃；

t_n——采暖室内计算温度，取14℃。

$$\varphi_1=\frac{14-(-7.2)}{14-(-22)}=\frac{21.2}{36}=0.59$$

$$Q_{pj}=0.59\times10274=6062\text{kW}$$

（3）采暖年热负荷

$$Q_n = 16n_1Q_{pj} + 8n_1Q_z^{pj} \quad \text{kW}$$

式中　16，8——每天按两班工作制计算采暖小时数和值班采暖小时数；

n_1——采暖天数，为162天；

Q_z^{pj}——值班期间室内保持+5℃时的平均采暖热负荷。

$$Q_z^{pj} = \varphi_1' Q_0$$

$$\varphi_1' = \frac{t_n - t_{pj}}{t_n - t_w} = \frac{5-(-7.2)}{5-(-22)} = 0.45$$

$$Q_z^{pj} = 0.45 \times 10274 = 4623\text{kW}$$

$$\therefore \quad Q_n = 16 \times 162 \times 6062 + 8 \times 162 \times 4623$$

$$= 21.7 \times 10^6 \text{kW}$$

2.锅炉类型及台数的确定

采暖介质是热水，供水温度130℃，回水温度70℃；经计算知最大计算热负荷为11096kW，同时考虑到该用户使用附近地区小窑煤矿生产的褐煤等具体条件，本设计决定选用燃烧褐煤的往复推动炉排锅炉三台，其型号为SHW4.2-1.0/130/70-H，单台锅炉的额定热功率为4.2MW，即4200kW，工作压力1.0MPa；供、回水温度分别为130℃和70℃。值班采暖和低负荷时一台锅炉运行，最冷时三台运行；正常情况二台运行，无需备用锅炉。

（三）给水和热力系统设计

1.水处理方案的确定

（1）热水锅炉对给水的水质要求

根据《低压锅炉水质标准》规定，对于供水温度大于95℃的热水锅炉，补给水和循环水的水质要求如表5-24所示。

表 5-24

项　　目	补给水	循环水
悬浮物　mg/L	≤5	
总硬度　me/L	≤0.6	
pH值(25℃)	≥7	8.5～10
溶解氧　mg/L	≤0.1	≤0.1

（2）水质处理方案的确定

本锅炉房原水的硬度和含氧量均超过给水水质标准，故需进行软化和除氧处理。

由于热水锅炉不存在水的蒸发，水中盐类浓度不会增加，碱度也不会提高，而且保持一定的碱度还可以对金属壁起到一定的保护作用。据此，决定选用钠离子交换软化法。由于厂区热水采暖为连续供热方式，原水水质和处理水量较稳定，又为了简化操作程序和自控设备，所以采用流动床离子交换设备。

（3）除氧方式的选择

基于本锅炉房没有蒸汽和其它可利用热源，给水除氧决定采用“电加热解吸除氧”方法。由于采用电加热器，就可克服以往那种把反应器设置在烟道里的方法而引起除氧效果受锅炉负荷变化（反应器所在区段烟温变化）的影响等弊病。在正常运行情况下，给水除氧后的残余含氧量可降至0.05mg/L，已完全符合锅炉给水标准。

2.热网循环水量及循环水泵的选择计算（表5-25）

3.热网补给水量及补给水泵的选择（表5-26）

4.流动床离子交换器的选择

表 5-25

序号	名　　称	符 号	单 位	计算公式或数值来源	数　值
1	总热负荷(采暖最大计算热负荷)	Q_{max}	kW	计算值	11096
2	供水温度	t_g	℃	给　定	130
3	回水温度	t_h	℃	给　定	70
4	热网循环水量	G'_{xo}	kg/h	$\frac{860Q_{max}}{t_g-t_h}=\frac{860\times11096}{130-70}$	159×10^3
5	锅炉房自用热水及安全系数	K		选　取	1.1
6	循环水泵总流量	G_{xo}	kg/h	$KG'_{xO}=1.1\times159\times10^3$	175×10^3
7	循环水泵台数	n	台	其中一台备用	3
8	每台循环水泵流量	G_x	kg/h	$\frac{G_{xo}}{n}=\frac{175\times10^3}{2}$	87.5×10^3
9	锅炉房内部阻力	h_1	MPa	取　值	0.15
10	用户系统阻力	h_2	MPa	取　用	0.03
11	热网干管实际长度	L	m	计算值	1840
12	局部阻力当量长度	L_d	m	$a_jL=0.3\times1840$	552
13	平均比摩阻	R	Pa/m	取　值	50
14	热网干管阻力	h_3	MPa	$R(L+L_d)\times10^{-6}=50(1840+552)\times10^{-6}$	0.12
15	循环水泵所需压头	H_z	kPa	$1.2(h_1+h_2+h_3)\times10^3=1.2(0.15+0.03+0.12)\times10^3$	360
16	循环水泵选择				
	型　号			100R-57B	
	流　量	Q	m³/h		88.6
	扬　程	H	kPa		410
	配用电机型号			Y180M-2	
	功　率	N	kW		22
	转　速	n	r/min		2960
	进水管直径	D'_g	mm		100
	出水管直径	D''_g	mm		80

软化水的消耗量按热网系统补给水量确定，即为4770kg/h，故选取SL-04型流动床，其技术性能见表5-27。

5.软化水箱体积的确定

本锅炉房设软化水箱一只，其体积按40min的补给水量计算，即

$$V_{rs}=0.67G'_{wb}=0.67\times4.770=3.2\text{m}^3$$

现选用7#方形开式水箱，其尺寸为2000×1500×1500mm，其公称体积为4.0m³。

6.除氧系统的设备设计与选择

（1）解吸除氧装置的计算与设备选择

本锅炉房采用解吸除氧，即将待除氧的软水与不含氧气体强烈混合，溶解于水中的氧就向无氧气体扩散，从而降低水中的含氧量以达除氧目的。

解吸除氧装置的主要设备有喷射器、解吸器和反应器，现将它们的设计与选择计算分列如下。

1）喷射器（图5-14）的设计计算（表5-28）

2）解吸器（图5-15）的设计计算（表5-29）

3）反应器的设计计算，（见表5-30）

表 5-26

序号	名　　称	符　号	单　位	计算公式及数值来源	数　值
1	补给率	K	%	选　取	3
2	热网补给水量	G'_{wb}	kg/h	$KG'_{xo}=0.03\times159\times10^3$	4770
3	补给水泵流量	G_{wb}	kg/h	$4\times G'_{wb}=4\times4770$	19×10^3
4	补给水泵台数	n	台	一台备用	2
5	系统补给水点压力值	H_b	MPa	为维持锅炉运行压力选取	1.1
6	补给水泵吸水管中的阻力损失	H_{xs}	MPa	选取（或计算）	0.02
7	补给水泵压水管中的阻力损失	H_{gs}	MPa	选取（或计算）	0.03
8	补给水箱最低水位高出系统补水点的高度	h	kPa		−20
9	补给水泵所需扬程	H	kPa	$(H_b+H_{xs}+H_{gs})\times10^3-h$ $=(1.1+0.02+0.03)\times10^3-(-20)$	1170
10	补给水泵选择				
	型　号			IS65-40-315	
	流　量	Q	m^3/h		25
	扬　程	H	kPa		1230
	配用电机型号			$Y200L_1$-2	
	功　率	N	kW		30
	转　速	n	r/min		2900
	进水管直径	D'_0	mm		65
	出水管直径	D''_0	mm		40

表 5-27

序号	名　　称	符　号	单　位	计算公式及数值来源	数　值
1	交换塔公称直径	D	mm	结　构	500
2	再生清洗塔公称直径	D_1	mm	结　构	100
3	交换塔总高度	H	mm	结　构	3635
4	再生塔总高度	H_1	mm	结　构	6316
5	额定流量	Q_0	kg/h	给　定	5000
6	最大流程	Q	kg/h	给　定	6000
7	最大原水总硬度	H	me/L	≤6	6
8	额定原水总硬度	H'	me/L		4.5
9	软水残余硬度		me/L		0～0.04
10	再生剂（NaCl）当量比耗				1.5～1.8
11	工作压力			常　压	
12	盐液泵型号			25FS-4-16	
	流　量	Q	m^3/h		3.6
	功　率	N	kW		1.5
13	盐液制备槽	V	m^3	$1240\times632\times700$	1.0
14	盐液高位槽	V_1	m^3	$600\times600\times1000$	0.32

4）解吸除氧装置主要设备的选择

根据计算结果，选用喷嘴规格为每只喷嘴生产能力G_1为$4m^3/h$，三只喷射器的总生产能力为$12m^3/h$。

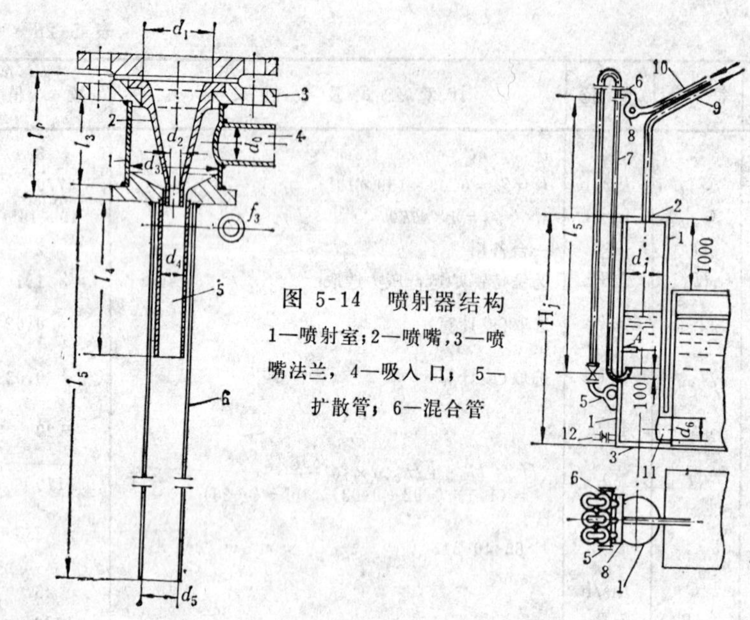

图 5-14　喷射器结构

1—喷射室；2—喷嘴，3—喷嘴法兰，4—吸入口；5—扩散管；6—混合管

图 5-15　解吸器简图

1—解吸器体；2—上端盖；3—底板；4—分离板；5—进水总管；6—喷射器；7—混合管；8—气体总管；9—解吸器气体引出管；10—去喷射器的气体导管；11—解吸器引出水管；12—试验取样旋塞

表 5-28

序号	名　　称	符　号	单　位	计算公式或数据来源	数　值
1	除氧水量	G	kg/h	同补给水量G_{wb}，但考虑喷射器规格，取	10000
2	除氧水温度	t	℃	选　定	40
3	除氧水中含氧量	C_{ho}	mg/L	水质资料	5.8
4	残余含氧量	C_{zho}	mg/L	除氧装置性能	0.05
5	换算系数	K	m^3	查[设计手册]表4-69	0.027
6	每m^3水吸入脱氧气体的计算体积	V_2	m^3	$\frac{(C_{ho}-C_{zho})\times K}{C_{zho}}=\frac{(5.8-0.05)}{0.05}\times 0.027$	3.11
7	气体密度	ρ''_o	kg/m^3	主要是氮气、取	1.25
		ρ''_t	kg/m^3	$\frac{273\rho''_o}{t+273}=\frac{273\times 1.25}{40+273}$	1.09
8	喷射系数	A	kg/kg	$\frac{\rho''_t V_2}{1000}=\frac{1.09\times 3.11}{1000}$	3.39×10^{-3}
9	系　　数	C	—	一般取用	2×10^{-7}
10	环形室空间压力	P''_3	Pa	取　　用	75000
11	系　　数	R	—	取　　用	30
12	喷嘴出口断面水速	w_2	m/s	$\frac{1000ART}{C(P''_3)^2}=\frac{1000\times 3.39\times 10^{-3}\times 30(40+273)}{2\times 10^{-7}(75000)^2}$	28.3
13	喷嘴个数	n	个	为便于调节，不应少于2个	3
14	每个喷嘴水流量	G_1	kg/h	$G/n=\frac{10000}{3}$	3333
15	喷嘴出口断面积	f_2	m^2	$\frac{G_1}{3600w_2\rho_s}=\frac{3333}{3600\times 28.3\times 1000}$	3.27×10^{-5}
16	喷嘴出口直径	d_2	mm	$1000\sqrt{\frac{4f_2}{\pi}}=1000\sqrt{\frac{4\times 3.27\times 10^{-5}}{\pi}}$	6.5
17	喷嘴进口断面积	f_1	m^2	$(15\sim 25)f_2=20\times 3.27\times 10^{-5}$	65.4×10^{-5}
18	喷嘴进口直径	d_1	mm	$1000\sqrt{\frac{4f_1}{\pi}}=1000\sqrt{\frac{4\times 65.4\times 10^{-5}}{\pi}}$	28.86
19	喷嘴长度	L_p	mm	$100+2d_2=100+2\times 6.5$	113

续表

序号	名　　称	符号	单位	计算公式或数据来源	数值
20	喷射室长度	L_3	mm	$L_p-20=113-20$	93
21	喷射室直径	d_3	mm	$(5\sim7)d_2$，但必须$\geqslant d_1+30$，$d_1+30=28.86+30$	58.86
22	气体入口管直径	d_0	mm	$(3\sim4)d_2$，但必须$d_0\leqslant d_3-25$，$4d_2=4\times6.5$	26
23	气流速度	w_3	m/s	$(0.5\sim0.6)w_2=0.55\times28.3$	15.57
24	环形断面积	f_3	m²	$\dfrac{G_1AT}{1000\times900\times w_3}=\dfrac{3333\times3.39\times10^{-3}(40+273)}{1000\times900\times15.57}$	2.5×10^{-4}
25	扩散管中的流体速度	w_4	m/s	取　用	25
26	扩散管内的压力	P_4	Pa	取　用	1×10^5
27	饱和蒸汽压力	P_s	Pa	$t=40$℃查水的特性表	7375
28	扩散管断面积	f_4	m²	$\dfrac{G_1}{3600w_4}\left(\dfrac{1}{1000}+\dfrac{300AT}{P_4-P_s}\right)=\dfrac{3333}{3600\times25}\left(\dfrac{1}{1000}+\dfrac{300\times3.39\times10^{-3}\times313}{100000-7375}\right)$	1.64×10^{-4}
29	扩散管直径	d_4	mm	$1000\sqrt{\dfrac{4f_4}{\pi}}=1000\sqrt{\dfrac{4\times1.64\times10^{-4}}{\pi}}$	14.45
30	扩散管长度	L_4	mm	$G<16\text{m}^3/\text{h}$，选取	320
31	混合管内流速	w_5	m/s	$0.2w_2=0.2\times28.3$	5.66
32	混合管内压力	P_5	Pa	取　用	1.1×10^5
33	混合管断面积	f_5	m²	$\dfrac{G_1}{3600w_5}\left(\dfrac{1}{1000}+\dfrac{300AT}{P_5-P_s}\right)=\dfrac{3333}{3600\times5.66}\left(\dfrac{1}{1000}+\dfrac{300\times3.39\times10^{-3}\times313}{110000-7375}\right)$	6.88×10^{-4}
34	混合管直径	d_5	mm	$1000\sqrt{\dfrac{4f_5}{\pi}}=1000\sqrt{\dfrac{4\times6.88\times10^{-4}}{\pi}}$	29.6
35	混合管内汽水接触时间	τ_s	s	由[设计手册]表4-68查取	3.5
36	混合管容积	V_5	m³	$\dfrac{G_1\tau_5}{3600\times1000}=\dfrac{3333\times3.5}{3600\times1000}$	3.24×10^{-3}
37	混合管长度	L_5	m	$\dfrac{V_5}{f_5}=\dfrac{3.24\times10^{-3}}{6.88\times10^{-4}}$	4.7

根据以上计算，参考有关手册与资料文献，本锅炉房解吸除氧装置的主要设备规格，选定列于表5-31，表5-32和表5-33。

加热反应器的温度，对于内装木炭的要求在500～600℃，电热元件温度将会更高。本设计选用Cr25Al5电热元件，最高工作温度达1200℃。经概算，加热反应器的功率为20kW。

（2）水-水热交换器的热力计算

因解吸除氧效果与进入喷射器的水温有关。当水压不变时，扩散强度随温度的升高而增大，有利于给水中溶解氧的析出。待除氧水的温度一般在30～70℃范围内，以40～60℃较好。而待除氧的软化水温度一般为10～15℃，所以选用螺旋式水-水热交换器将软化水加热至40℃，然后送至解吸除氧器除氧。

水-水热交换器的热介质为来自锅炉的供热热水，放热后的回水并入热网回水管。水-水热交换器的热力计算，列于表5-34中。

表 5-29

序号	名　　称	符 号	单 位	计算公式或数据来源	数 值
1	解吸器工作能力	G_j	m³/h	选　取	12
2	水在器内停留时间	τ_j	s	取　值	30
3	解吸器容积	V_j	m³	$\frac{G j\tau_j}{3600}=\frac{12\times 30}{3600}$	0.1
4	解吸器内水速	w_j	m/s	一般≤0.1取用	0.1
5	解吸器断面积	f_j	m²	$\frac{G_j}{3600w_j}=\frac{12}{3600\times 0.1}$	0.033
6	解吸器管径	d_j	mm	$1000\sqrt{\frac{4f_j}{\pi}}=1000\sqrt{\frac{4\times 0.033}{\pi}}$	205
				选取ϕ219×6mm	
7	解吸器高度	H_j	m	$V_j/f_j=\frac{0.1}{0.033}$	3.03
				选取解吸器高度为4 m	
8	引出管的水速	w'	m/s	选　取	1
9	引出水管管径	d_6	mm	$1000\sqrt{\frac{4G_j}{3600\pi w'}}=1000\sqrt{\frac{4\times 12}{3600\times\pi\times 1}}$	65
				选ϕ108×4mm管子	

表 5-30

序号	名　　称	符 号	单 位	计算公式或数值来源	数 值
1	气水的容积比	b		$t=40$℃，$b=2\sim5$选取	4
2	循环气体容积流量	V_q	m³/s	$\frac{bG_j}{3600}=\frac{4\times 12}{3600}$	0.013
3	炭层有效高度	h	m	一般采用1～2，取值	1.6
4	反应接触时间	τ_q	s	据反应器温度500℃，取	0.5
5	炭层有效通道系数	a	—	0.3～0.5取	0.4
6	反应器直径	d_f	m	$1.13\sqrt{\frac{V_q\tau_q}{a\cdot h}}=1.13\sqrt{\frac{0.013\times 0.5}{0.4\times 1.6}}$	0.114
				建议采用$d_j>150$mm，本设计选用ϕ159×4.5 mm	
7	日耗炭量	C_7	kg/d	$\frac{24\times 0.034(104-t)G_j}{1000}=\frac{24\times 0.034(104-40)12}{1000}$	0.63
8	填炭周期	T_o	d	一般取10～30取	30
9	周期耗炭量	G_c	kg	$C_7\cdot T_c=0.63\times 30$	18.8
10	炭的密度	ρ_c	kg/m³	查　取	150
11	炭的容积	V_c'	m³	$G_c/\rho_e=18.8/150$	0.125
12	炭斗计算直径	d_c	m	$1.13\sqrt{V_c'}=1.13\sqrt{0.125}$	0.399
				本设计取用500mm	
13	炭斗直线段高度	H_c	m	$H_c\geqslant d_c$取	0.60
14	炭斗直线段容积	V_c	m³	$0.785d_c^2H_c=0.785\times 0.5^2\times 0.6$	0.118
15	首次装炭量	V_c^s	m³	$1.2V_c=1.2\times 0.118$	0.1416
16	折合重量	G_c^s	kg	$V_c^s\rho_c=0.1416\times 150$	21.24
17	加热反应器功率	N_j	kW	$50(d_j+0.1)h=50(0.15+0.1)\times 1.6$	20

喷射器生产能力及尺寸 表 5-31

生产能力 (m^3/h)	喷嘴 (mm)	喷射室 (mm)	扩散管 (mm)	混合管 (mm)	个数
G_1	d_1 d_2 L_p	d_3 L_3 d_0	d_4 L_4	d_5 L_5	n
4	28 7 114	56 94 28	16 320	28 5000	3

解吸器和反应器规格 表 5-32

生产能力	解吸器 (mm)			反应器 (mm)			
G_j(m^3/h)	d_j	d_6	H_j	d_f	d_c	L_f	H_c
12	219	108	4000	159	500	1600	600

Cr25Al5电热元件的技术参数 表 5-33

供电方式	电源电压 (V)	每相功率 (kW)	元件每相电流 (A)	元件规格 (mm)	元件长度 (m)	总长度 (m)	元件总重量 (kg)	总功率 (kW)
Y	380	7	31.82	ϕ3.5	44.1	132.3	9.03	21

表 5-34

序号	名称	符号	单位	计算公式或数值来源	数值
1	除氧水流量	G_{cy}	kg/h	给定	12000
2	除氧水进口温度	t'_{cy}	℃	给定	10
3	除氧水出口温度	t''_{cy}	℃	设计值	40
4	热水进口温度	t'_r	℃	按锅炉低温运行时计算	70
5	热水出口温度	t''_r	℃	选取	50
6	加热水流量	G_r	kg/h	$\dfrac{G_{cy}(t''_{cy}-t'_{cy})}{t'_r-t''_r}=\dfrac{12000(40-10)}{70-50}$	18×10^3
7	热交换器计算换热量	Q	kJ/h	$cG_{cy}(t''_{cy}-t'_{cy})=4.187\times12000(40-10)$	1.507×10^6
8	逆流平均温差	Δt_p	℃	$\dfrac{(t''_r-t'_{cy})-(t'_r-t''_{cy})}{\ln\dfrac{t''_r-t'_{cy}}{t'_r-t''_{cy}}}=\dfrac{(50-10)-(70-40)}{\ln\dfrac{50-10}{70-40}}$	34.8
9	无因次数	θ		$\dfrac{t'_r-t''_r}{t''_{cy}-t'_{cy}}=\dfrac{70-50}{40-10}$	0.67
10	热水平均温度	t_r^{pj}	℃	$\dfrac{t'_r-\theta(t'_{cy}+\Delta t_p)}{1-\theta}=\dfrac{70-0.67(40+34.8)}{1-0.67}$	60.3
11	热水的密度	ρ_r	kg/m³	按60.3℃查表	983.08
12	数值	$\varphi_1(t_r^{pj})$		按60.3℃查[设计手册]表6-5	2358
13	除氧水平均温度	t_{cy}^{pj}	℃	$\dfrac{t'_r-\theta t''_{cy}-\Delta t_p}{1-\theta}=\dfrac{70-0.67\times40-34.8}{1-0.67}$	25.5
14	除氧水密度	ρ_{cy}	kg/m³	按25.5℃查表	996.82
15	数值	$\varphi_1(t_{cy}^{pj})$		按25.5℃查[设计手册]表6-5	1835.6
16	热交换器选择			拟采用Ⅰ16T10-0.6/500-6	
17	热水流通断面	f	m²	型螺旋板式热交换器(附录表19) SB=0.006×0.6	0.0036

续表

序号	名　　称	符号	单　位	计算公式或数值来源	数　值
18	热水平均流速	w_r	m/s	$\frac{G_r\times10^{-3}}{3600\cdot f}=\frac{18\times10^3\times10^{-3}}{3600\times0.0036}$	1.39
19	通道的当量直径	d_{dl}	m	$\frac{2SB}{S+B}=\frac{2\times0.006\times0.6}{0.006+0.6}$	0.0119
20	雷诺数	Re	—	按t_r^{pj}，w_r，d_{dl}查[设计手册]图6-38	3.2×10^5
21	加热水至管壁的放热系数	α_1	kW/m²·℃	$\because Re>10^4$ $\therefore \varphi_1(t_r^{pj})\frac{w_r^{0.8}}{d_{dl}^{0.2}}\times1.163\times10^{-3}$ $=2358\frac{1.39^{0.8}}{0.0119^{0.2}}\times1.163\times10^{-3}$	8.67
22	除氧水平均流速	w_{cy}	m/s	$\frac{G_{cy}}{1000\times3600\cdot f}=\frac{12000}{1000\times3600\times0.0036}$	0.926
23	雷诺数	Re	—	按t_{cy}^{pj}，wc_y，d_{dl}查[设计手册]图6-38	1.35×10^5
24	除氧水至管壁的放热系数	α_2	kW/m²·℃	$\because Re>10^4$ $\varphi_1(t_{cy}^{pj})\frac{w_{cy}^{0.8}}{d_{dl}^{0.2}}\times1.163\times10^{-3}$ $=1835.6\frac{0.926^{0.8}}{0.0119^{0.2}}\times1.163\times10^{-3}$	4.86
25	钢板导热系数	λ_1	kW/m·℃	选　取	4.65×10^{-2}
26	钢板厚度	δ_1	mm	给　定	2.5
27	水垢导热系数	λ_2	kW/m·℃	选　取	0.23×10^{-2}
28	水垢厚度	δ_2	mm	给　定	0.5
29	传热系数	K	kW/m²·℃	$\left(\frac{1}{\alpha_1}+\frac{\delta_1}{\lambda_1}+\frac{\delta_2}{\lambda_2}+\frac{1}{\alpha_2}\right)^{-1}$ $=\left(\frac{1}{8.67}+\frac{0.0025}{0.0465}+\frac{0.0005}{0.0023}+\frac{1}{4.86}\right)^{-1}$	1.69
30	换热面积修正系数	β	—	查[设计手册]表6-3	0.7
31	所需换热面积	F	m²	$\frac{G_{cy}(t''_{cy}-t'_{cy})\times1.163\times10^{-3}}{\beta K\Delta t_p}$ $=\frac{12000(40-10)\times1.163\times10^{-3}}{0.7\times1.69\times34.8}$	10.17

经计算，本设计选用的Ⅰ16T10-0.6/500-6型螺旋板式水-水热交换器的计算换热面积为9.9m²，最高工作压力1.6MPa，基本符合设计要求。

（3）除氧水泵的选择计算（表5-35）

（4）除氧水箱的选择

选择矩形钢板水箱一只，外形尺寸为3600×2400×2000mm，其有效体积为15m³。

（5）气水分离器的选择

规格：$\phi350$；$H=1000$mm。

（6）水封筒的选择

规格：$\phi300$；$H=1000$mm。

（7）供、回水系统主要管道管径的选择计算列于表5-36。

表 5-35

序号	名称	符号	单位	计算公式与数值来源	数值
1	除氧水泵流量	Q	kg/h	$1.1G_{cy}=1.1\times12000$	13200
2	水泵效率	η_s	%	取用	0.95
3	喷嘴断面出口水速	w_2	m/s	计算值(表5-28)	28.3
4	喷射室内动压头	h_d	kPa	$\frac{w_2^2}{2}=\frac{28.3^2}{2}$	400
5	喷射器与水泵高差所需压头	h_1	kPa	设备布置5m高差	49
6	解吸器入口阻力	h_2	kPa	选取	59
7	混合管末端埋入水的深度形成的阻力	h_3	kPa	一般取	9.8
8	除氧水泵所需压头	h_0	kPa	$h_0=h_d+h_1+h_2+h_3=400+49+59+9.8$	518
9	压头储备系数	β		取值	1.1
10	除氧水泵扬程	H	Pa	$1.1\times h_0=1.1\times518$	570
11	除氧水泵选择			附录表10	
	型号与台数			$2\frac{1}{2}$GC-6×2型，一台备用	2
	流量	Q	m^3/h		15～20
	扬程	H	Pa		608
	电动机型号			$Y132S_2-2$	
	功率	N	kW		7.5
	转速	n	r/min		2950

表 5-36

序号	名称	符号	单位	计算公式或数据来源	数值
1	循环水量	G'_{x0}	kg/h	计算值表5-25	159×10^3
2	经济比压降	R	Pa/m	《供热工程》*附录5-1	107.9
3	锅炉供水总管管径	d_g	mm	《供热工程》附录5-1，公称直径200mm	$D219\times6$
4	实际流速	w_g	m/s	《供热工程》附录5-1	1.38
5	回水总管管径	d_h	mm		$D219\times6$
6	实际流速	w_h	m/s		1.38
7	每台锅炉供、回水管径	d_z	mm	《供热工程》附录5-1	$\phi159\times4.5$
8	实际流速	w_z	m/s		1.02
9	省煤器管径	d'_{sm}	mm	查取	$\phi76\times8$
10	省煤器并联管子数	n		锅炉总图	5
11	通过省煤器流量	G_{sm}	kg/h	假设	35×10^3
12	省煤器管水速	w_{sm}	m/s	查《供热工程》附录5-1	0.54
13	通过省煤器旁通管流量	G''_{sm}	kg/h	假设	25×10^3
14	穿通管管径	d''_{sm}	mm	选取	$\phi108\times4$
	实际流速	w''_{sm}	m/s	《供热工程》附录5-1	1.33
15	补给水干管管径	d_b	mm	选取	D_g70
16	补给水支管管径	d'_b	mm	选取	D_g50

* 《供热工程》哈尔滨建筑工程学院等编　中国建筑工业出版社　1985年

（四）通风系统设计及设备选择

1.通风方案的确定

锅炉采用机械送风和引风，即平衡通风。在正常运行时，炉内保持20～40Pa 的负压。考虑到运行调节方便，仍保持单炉单机系统，其配套风机型号如表5-37所列。

送、引风机型号规格　　　　表 5-37

型号	规		格		
	风量 (m^3/h)	风压 (Pa)	电机型号	电机功率 (kW)	转速 (r/min)
送风机4-72-11№4.5A	9890	1853	Y132S_2-2	7.5	2900
引风机Y5-47№8C	18740	2412	Y180L-4	22	1470

2.送风系统设计

（1）送风量计算

$$V_k=\beta_1 B_j V_k^0(\alpha_l''-\Delta\alpha_l)\times\frac{t_{lk}+273}{273}\times\frac{101.3}{b}\quad m^3/h$$

式中　β_1——风量储备系数，取1.1；

B_j——燃料计算消耗量，1505kg/h（由热力计算书提供）；

V_k^0——理论空气量，3.362m_N^3/kg（由热力计算书提供）；

α_l''——炉膛出口过量空气系数，取1.4；

$\Delta\alpha_l$——炉膛漏风系数，取0.1；

t_{lk}——冷空气温度，取30℃；

b——当地大气压力，100.4kPa。

$$\therefore\quad V_k=1.1\times1505\times3.362(1.4-0.1)\times\frac{30+273}{273}\times\frac{101.3}{100.4}=8103m^3/h$$

（2）风道断面的确定

1）采用矩形断面的金属风道，断面尺寸先按风速w为10m/s计算；

$$F=\frac{V_k}{3600\times w}=\frac{8103}{3600\times10}=0.225m^2$$

然后取风道断面尺寸为400×500mm，所以，实际风速为：

$$w=\frac{V_k}{3600\cdot F}=\frac{8103}{3600\times0.2}=11.3m/s$$

2）送风机出口的渐扩管尺寸

渐扩管小头断面尺寸与送风机出口尺寸相同，高×宽为360×315mm，而大头断面尺寸与连接的矩形金属风道相同，高×宽为400×500mm，扩散管长度取2倍于315mm为630mm。

小头断面积和风速：

$$F_x=0.36\times0.315=0.113m^2$$

$$w_x=\frac{8103}{3600\times0.113}=19.8m/s$$

3）往复炉排下各风室入口的风道断面尺寸按锅炉本体进风道断面尺寸，三个风室入口风道断面尺寸分别为300×300mm，500×400mm和300×300mm。

（3）风道阻力计算

1）沿程摩擦阻力计算

因为空气速度大于10m/s，所以选取最长的风道计算总的摩擦阻力。

$$\Delta h_{mc}=\lambda\frac{L}{d_{dl}}\frac{\rho w^2}{2}\ \mathrm{Pa}$$

式中　λ——沿程摩擦阻力系数，取0.03（教材表8-1）；

L——风道长度见布置图，12m；

d_{dl}——风道截面的当量直径，

$$d_{dl}=\frac{2ab}{a+b}=\frac{2\times0.4\times0.5}{0.4+0.5}=0.44\mathrm{m}$$

w——气流的速度，11.3m/s；

ρ_0——冷空气的密度，取1.293kg/m³。

$$\text{空气密度}\rho=\rho_0\frac{273}{t_{lk}+273}=1.293\times\frac{273}{30+273}=1.16\mathrm{kg/m^3}$$

$$\therefore\quad \Delta h_{mc}=0.03\times\frac{12}{0.44}\times\frac{1.16\times11.3^2}{2}=60.6\mathrm{Pa}$$

2）风机出口渐扩管阻力Δh_{jb1}

已知渐扩管长$L=630$mm，$b_1=315$mm，$F=0.2\mathrm{m^2}$，$F_x=0.113\mathrm{m^2}$。

所以，$L/b_1=\frac{630}{315}=2$，$F/F_x=\frac{0.2}{0.113}=1.77$，按教材图8-15查出$\zeta=0.13$，而风机出口速度$w=w_x=19.8$m/s。

$$\text{动压头}\qquad h_{d1}=\frac{\rho w^2}{2}=\frac{1.16\times19.8^2}{2}=227\mathrm{Pa}$$

$$\therefore\qquad \Delta h_{jb1}=\zeta h_{d1}=0.13\times227=29\mathrm{Pa}$$

3）流向改变引起的阻力Δh_{jb2}

空气经90°转弯（见图5-16），其阻力系数按下式计算：

$$\zeta=K_\Delta\zeta_{zy}BC$$

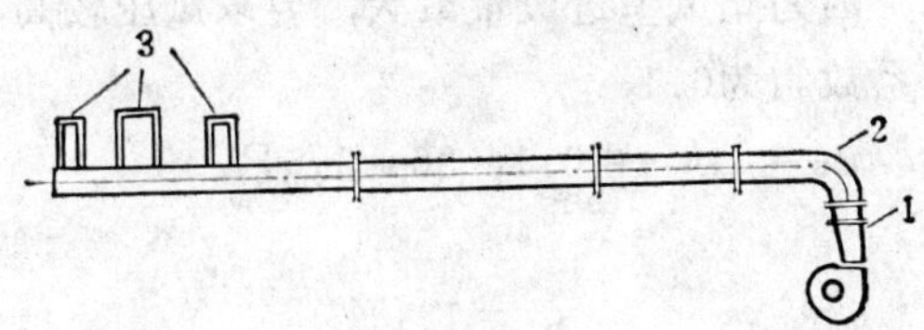

图 5-16　风道系统示意图

1—风机出口渐扩管；2—90°弯头；3—分支风道

对于送风机出口弯头：

$$R_1/b_1=\frac{500}{400}=1.25,\ \text{查教材图8-16}a$$

$$K_{\Delta1}\zeta_{zy1}=0.25$$

又因$\alpha=90°$，所以与弯头角度α有关的系数B_1为1；

而 $a_1/b_1 = \frac{500}{400} = 1.25$，从教材图8-16$d$查得弯头截面形状系数$C_1 = 0.92$。

∴ $\zeta_1 = K_{\Delta 1}\zeta_{zy1}B_1C_1 = 0.25 \times 1 \times 0.92 = 0.23$

则$\Delta h_{jb2}' = \zeta_1 h_d = 0.23 \times \frac{1.16 \times 11.3^2}{2} = 17\,\text{Pa}$

另一个风道弯头是进入风室前的分支风道弯头。假设进入主燃室风道支管内风量占总风量的20%，则风速

$$w_2 = \frac{0.7 \times 8103}{3600 \times 0.2} = 7.91\,\text{m/s}$$

$h_{d2} = \frac{\rho w_2^2}{2} = \frac{1.16 \times 7.91^2}{2} = 36\,\text{Pa}$，因弯头截面尺寸和形状与前述弯头相同，故取$\zeta_2 = 0.23$，

∴ $$\Delta h_{jb2}'' = \zeta_2 \cdot h_{d2} = 0.23 \times 36 = 8\,\text{Pa}$$

$$\Delta h_{jb2} = \Delta h_{jb2}' + \Delta h_{jb2}'' = 17 + 8 = 25\,\text{Pa}$$

4 ）分流三通阻力Δh_{jb3}

主燃室风道支管从主风道引出，被认为是不对称分流三通，因为$w_2/w_1 = 0.7$，当$\alpha = 90°$时，查教材图8-20a得$\zeta_{2h} = 2.3$，

∴ $$\Delta h_{jb3} = \zeta_{2h} \cdot h_{d2} = 2.3 \times 36 = 83\,\text{Pa}$$

5 ）送风机入口网格的阻力Δh_{jb4}

阻力系数计算公式为

$$\zeta_3 = (1.707F/F_1 - 1)^2$$

已知送风机吸风口断面积$F = 0.125\text{m}^2$，并设$F/F_1 = 1.25$；

吸风口风速 $w = \frac{V_k}{3600 \cdot F} = \frac{8103}{3600 \times 0.125} = 18\text{m/s}$

动压头 $h_{d3} = \frac{\rho w^2}{2} = \frac{1.16 \times 18^2}{2} = 188\,\text{Pa}$

∴ $$\Delta h_{jb4} = \left(1.707\frac{F}{F_1} - 1\right)^2 h_{d3} = (1.707 \times 1.25 - 1)^2 \times 188 = 242\,\text{Pa}$$

6 ）风道调风阀门阻力Δh_{jb5}

按主燃区进风室计算，因为此风室进风量最大，要求风压较高，所以可假设运行时挡风板为全开，则局部阻力系数ζ_4为0.1，

∴ $$\Delta h_{jb5} = \zeta_4 h_{d2} = 0.1 \times 36 = 3.6\,\text{Pa}$$

7 ）风道出口阻力Δh_{jb6}

查得出口阻力系数 $\zeta_5 = 1.1$

∴ $$\Delta h_{jb6} = \zeta_5 h_{d2} = 1.1 \times 36 = 40\,\text{Pa}$$

8 ）燃烧设备阻力Δh_{jb7}，选取$\Delta h_{jb7} = 785\,\text{Pa}$（包括炉层阻力）。

如此，风道各部分局部阻力之和为

$$\Sigma \Delta h_{jb} = \sum_{i=1}^{7} \Delta h_{jbi} = 29 + 25 + 83 + 242 + 3.6 + 40 + 785 = 1208\,\text{Pa}$$

风道总阻力等于沿程摩擦阻力与各部分局部阻力之和，考虑到大气压力的修正和储备系数，则风道总阻力

$$\Delta h^{k}_{s\,l}=\beta_2(\Delta h_{mo}+\Sigma\Delta h_{jb})\cdot\frac{101.3}{b}\,\mathrm{Pa}$$

式中 b——当地大气压力，为100.4kPa；

β_2——风压储备系数，取1.2。

∴ $$\Delta h^{k}_{s\,l}=1.2\times(60.6+1208)\frac{101.3}{100.4}=1536\,\mathrm{Pa}$$

由此可见，配套风机的风量和风压都有一定的余量，是较合适的。

3.引风系统设计

据燃料燃烧和热力计算资料，锅炉排烟量$V_y=16158\mathrm{m^3/h}$，排烟温度$\vartheta_{py}=176$℃。为了简化本示例的计算，烟道各处漏风和烟温降都略而不计。

锅炉出口至风机出口段烟道断面尺寸和烟道阻力的计算：

（1）烟道布置及其断面尺寸的确定

锅炉至引风机的烟道全部采用金属制作，其布置方式如图5-17所示。

1）管段1 由锅炉出口引出的矩形收缩管，其大头断面尺寸与锅炉省煤器出口尺寸相同，为750×1420mm，$F'_1=1.065\mathrm{m^2}$。取长度为$l=375$mm。对于小头断面尺寸首先设烟速$w=10$m/s，则

$$F=\frac{V_y}{3600\times w}=\frac{16158}{3600\times10}=0.449\mathrm{m^2}$$

选取断面尺寸为400×1160mm，则

断面积 $F_1=0.464\mathrm{m^2}$

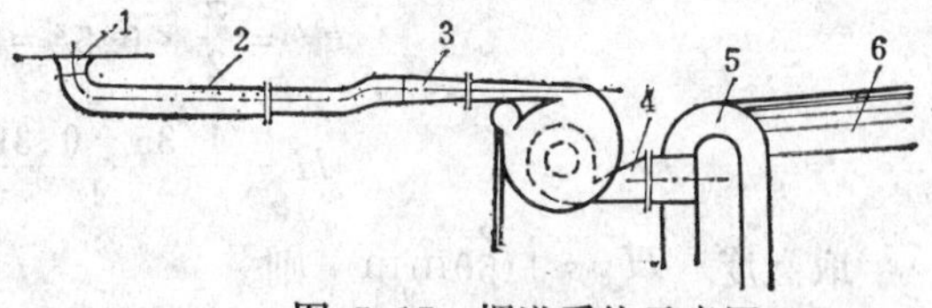

图 5-17 烟道系统示意图

实际烟速 $$w_1=\frac{16158}{3600\times0.464}=9.67\mathrm{m/s}$$

2）管段2 它由90°矩形弯头、矩形直管段和灯叉弯头三部分组成。弯头半径$R=400$mm，直管段长度$l=3000$mm，断面尺寸为400×1160mm，则：

断面积 $F_2=0.464\mathrm{m^2}$

烟速 $w_2=9.67\mathrm{m/s}$

3）管段3 矩形变径管，大头断面尺寸同管段2；小头断面与除尘器进口尺寸相同，为320×1160mm，长度$l_3=1325$mm。

断面积 $F'_3=0.464\mathrm{m^2}$，$F''_3=0.37\mathrm{m^2}$

烟速 $w''_3=12\mathrm{m/s}$

4）管段4 由引风机出口矩形扩散管和直管段组成。扩散管小头断面与引风机出口尺寸相同，为506×400mm；大头断面，即直管段断面尺寸选取800×700mm，扩散管和直管长度分别为$l'_4=800$mm，$l''_4=700$mm。

断面积 $F'_4=0.2024\mathrm{m^2}$，$F''_4=0.56\mathrm{m^2}$

烟速 $w'_4=22\mathrm{m/s}$，$w''_4=8\mathrm{m/s}$

5）砖烟道5 单台锅炉的分支烟道。首先选取烟速为6m/s，计算出断面积为：

$$F_5' = \frac{V_y}{3600 \cdot w} = \frac{16158}{3600 \times 6} = 0.748\text{m}^2$$

取烟道宽度（图5-18）　$B_5 = 700\text{mm}$

计算烟道上部半圆截面积

$$F' = \frac{\pi}{2}\left(\frac{B_5}{2}\right)^2 = \frac{\pi}{2}\left(\frac{0.7}{2}\right)^2 = \frac{\pi}{2} \times 0.35^2 = 0.192\text{m}^2$$

∴ $$H = \frac{F_5' - F'}{B_5} = \frac{0.748 - 0.192}{0.7} = 0.794\text{m}$$

取高度　$H_5 = 800\text{mm}$；则

断面积　$F_5 = F' + H_5 B_5 = 0.192 + 0.7 \times 0.8 = 0.752\text{m}^2$

烟速　$$w_5 = \frac{V_y}{3600 \cdot F_5} = \frac{16158}{3600 \times 0.752} = 5.96\text{m/s}$$

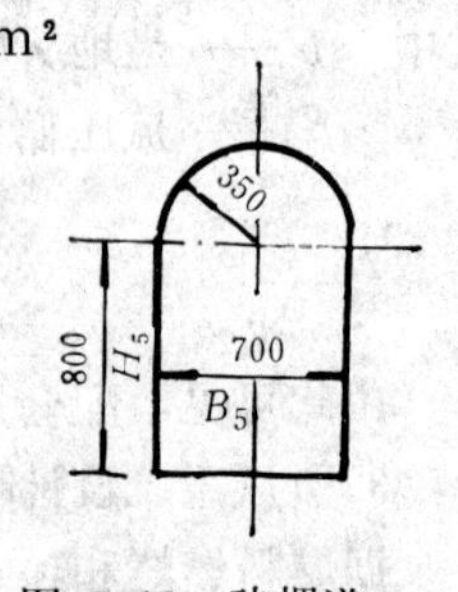

图 5-18　砖烟道 5

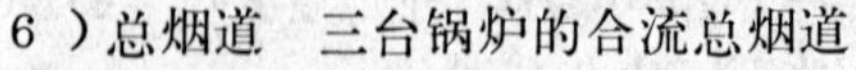

6）总烟道　三台锅炉的合流总烟道

已知总烟气量　$\Sigma V_y = 3V_y = 3 \times 16158 = 48475\text{m}^3/\text{h}$

首先选取烟速为10m/s，计算出断面积为：

$$F_6' = \frac{\Sigma V_y}{3600 \cdot w} = \frac{48475}{3600 \times 10} = 1.35\text{m}^2$$

取烟道宽度（见图5-19）　$B_6 = 1000\text{mm}$

计算烟道上部半圆截面积

$$F' = \frac{\pi}{2} \times 0.5^2 = 0.393\text{m}^2$$

∴ $$H = \frac{1.35 - 0.393}{1} = 0.96\text{m}$$

取高度　$H_6 = 1150\text{mm}$　则

断面积　$$F_6 = 0.393 + 1 \times 1.15 = 1.54\text{m}^2$$

烟速　$$w_6 = \frac{48475}{3600 \times 1.54} = 8.7\text{m/s}$$

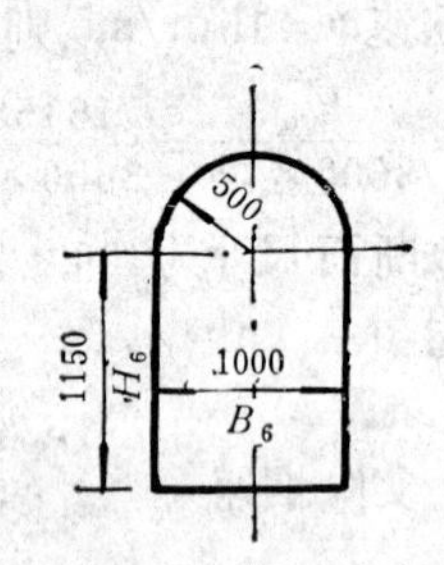

图 5-19　砖烟道 6

（2）烟道阻力计算

1）引风机吸入口前的烟道阻力 $\Sigma \Delta h_1$

A.管段1　为棱锥形收缩管，取其中最大收缩角为

$$\text{tg}\frac{\alpha}{2} = \frac{b_2 - b_1}{2L} = \frac{750 - 400}{2 \times 375} = 0.467$$

得出收缩角 $\alpha = 50°$，查教材表8-2　知 $\xi = 0.1$

烟气密度　$$\rho = 1.34 \times \frac{273}{\vartheta_{py} + 273} = 1.34 \times \frac{273}{176 + 273} = 0.81\text{kg/m}^3$$

动压头　$$h_{d1} = \rho\frac{w^2}{2} = 0.81\frac{9.67^2}{2} = 38\text{Pa}$$

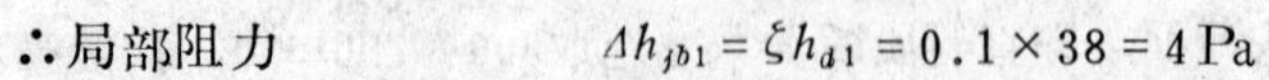

∴局部阻力　$\Delta h_{jb1} = \xi h_{d1} = 0.1 \times 38 = 4\text{Pa}$

B.管段2　因为烟速 $w_2 = 9.67\text{m/s}$ 小于10m/s，故其中直管段中沿程摩擦阻力可不计。仅计算弯头和灯叉弯头两部分局部阻力。

动压头　$h_{d2} = h_{d1} = 38\text{Pa}$

90°弯头的局部阻力按教材式（8-25）计算：

$$\zeta = K_{\Delta}\zeta_{zy}BC$$

式中　ζ_{zy}——转弯的原始阻力系数；

K_{Δ}——管壁粗糙度影响系数，据$R/b=\frac{400}{400}=1$查教材图8-16a得$K_{\Delta}\zeta_{zy}=0.27$；

B——与弯头角度α有关的系数，当转弯为90°时，$B=1$；

C——弯头截面形状系数，由教材图8-16d决定，根据$a/b=\frac{1160}{400}=2.9$，查得$C=0.85$。

∴
$$\zeta = 0.27\times1\times0.85 = 0.23$$
$$\Delta h_{jb_2}' = \zeta h_{d2} = 0.23\times38 = 9\,\text{Pa}$$

灯叉弯头的局部阻力由[设计手册]表2-3决定

$$\zeta = \zeta_0 K_{a,b}$$

式中　ζ_0由角度$\alpha=45°$和$R/b=\frac{700}{400}=1.75$查得$\zeta_0=0.25$，

$K_{a,b}$由$R/b<2$和$a/b=\frac{1160}{400}=2.9$查知为0.85

∴
$$\zeta = 0.25\times0.85 = 0.21$$
$$\Delta h_{jb_2}'' = 0.21\times38 = 8\,\text{Pa}$$
$$\Delta h_{jb2} = \Delta h_{jb1} + \Delta h_{jb2} = 9+8 = 17\,\text{Pa}$$

C.管段3　此矩形变径管为直管道中的渐缩管。首先计算其收缩角α，按教材表8-2知：

$$\text{tg}\frac{\alpha}{2} = \frac{b_1-b_2}{2L} = \frac{400-320}{2\times1325} = 0.03018$$

∴
$$\alpha\approx4°，小于20°，查得\zeta=0$$

∴
$$\Delta h_{jb3} = 0$$

引风机前的烟道闸门全开时阻力很小，忽略不计。

D.引风机吸入口前的设备阻力

炉膛负压　　$\Delta h_1 = 20\,\text{Pa}$

锅炉本体阻力　　$\Delta h_g = 931\,\text{Pa}$

除尘器阻力　　$\Delta h_{cc} = 588\,\text{Pa}$

E.引风机吸入口前的烟道总阻力

从炉膛出口到引风机入口的总阻力

$$\Sigma\Delta h_1 = \Delta h_1 + \Delta h_g + \Delta h_{jb1} + \Delta h_{jb2} + \Delta h_{cc}$$
$$= 20+931+4+17+588 = 1560\,\text{Pa}$$

2）引风机出口后的烟道阻力$\Sigma\Delta h_2$

A.管道4　直管段中烟速$w_4''=8\text{m/s}$小于10m/s，可不计算摩擦阻力，故仅计算风机出口扩散局部阻力：

$L/b_1=\frac{800}{400}=2$，$F_4''/F_4'=2.77$按教材图8-15查出$\zeta=0.5$，而出口烟速$w_4'=22\text{m/s}$，

动压头　　$h_{d4} = \frac{\rho w_4'^2}{2} = 0.81\frac{22^2}{2} = 196\,\text{Pa}$

$$\Delta h_{jb4} = \zeta \cdot h_{d4} = 0.5 \times 196 = 98\,\mathrm{Pa}$$

B.砖烟道5　按最远端的锅炉烟道计算，它包含一个变截面90°弯头（图5-20）和一个45°弯头两部分局部阻力，其中直管段烟道的沿程摩擦阻力可不计。其阻力计算公式如下：

$$\zeta = K_{\Delta}\zeta_{zy}BC$$

90°弯头按变截面转弯查教材图8-18b，$F_5/F''_4 = \dfrac{0.753}{0.56} = 1.34$，得 $K_{\Delta}\zeta_{zy} = 1.25$；验证出口当量直径 $d_{dl} = \dfrac{2a \cdot b}{a+b} = \dfrac{2\times 0.7\times 0.8}{0.7+0.8} = 0.75\mathrm{m}$，其$3d_{dl} = 2.24\mathrm{m}$小于弯头后直管段长度，故无需修正阻力系数。

$B = 1$，因为弯头为90°；

$C = 0.98$，$a/b = \dfrac{800}{700}$按教材图8-16d查得。

∴
$$\zeta'_5 = 1.25 \times 1 \times 0.98 = 1.225;$$

$$h'_{d5} = 0.81\frac{w''^2_4}{2} = 0.81\frac{8^2}{2} = 26\,\mathrm{Pa}$$

$$\Delta h'_{jb5} = \zeta'_5 \cdot h'_{d5} = 1.225 \times 26 = 32\,\mathrm{Pa}$$

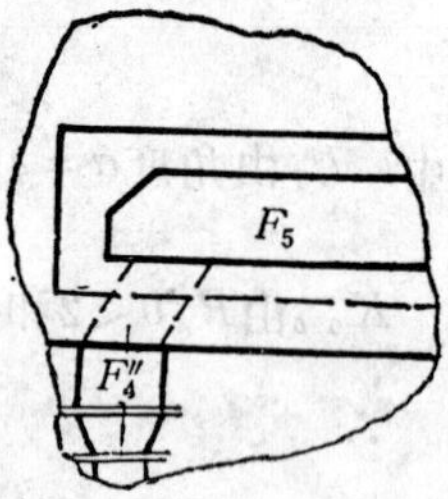

对于45°转弯按转角圆化的急弯头考虑，按$r/b = 0.4$查出$k_{\Delta}\zeta_{zy} = 0.63$，

$B = 0.3$，按$\alpha = 45°$查出；

图 5-20　变截面转弯

$C = 0.94$，　$a/b = \dfrac{1150}{700} = 1.64$查教材图8-16$d$

∴
$$\zeta''_5 = 0.63 \times 0.3 \times 0.94 = 0.18$$

$$\Delta h''_{jb5} = 0.18 \times 26 = 5\,\mathrm{Pa}$$

$$\Delta h_{jb5} = \Delta h'_{jb5} + \Delta h''_{jb5} = 32 + 5 = 37\,\mathrm{Pa}$$

C.总烟道　为三台锅炉的合流总烟道，它包含两部分局部阻力，一是三个分支烟道合流进入总烟道形成的局部阻力（图5-21），此种合流形式尚无相适应的阻力系数可查，故按不对称合流三通考虑；另一是总烟道进入烟囱的出口阻力。

对于不对称合流三通，根据面积比和流量比，

$$\frac{F_5}{F_6/2} = \frac{0.752}{1.54/2} = 0.98$$

$$\frac{Q_5}{Q_6/2} = \frac{16158}{48475/2} = 0.67$$

当$\alpha = 45°$时，查教材图8-21得$\zeta_{zh} = 0.5$

动压头　$$h_{d6} = \frac{\rho w_z^2}{2} = 0.81 \cdot \frac{8.7^2}{2} = 31\,\mathrm{Pa}$$

侧支管阻力　$$\Delta h_{zh} = \zeta_{zh} \cdot h_{d6} = 0.5 \times 31 = 15\,\mathrm{Pa}$$

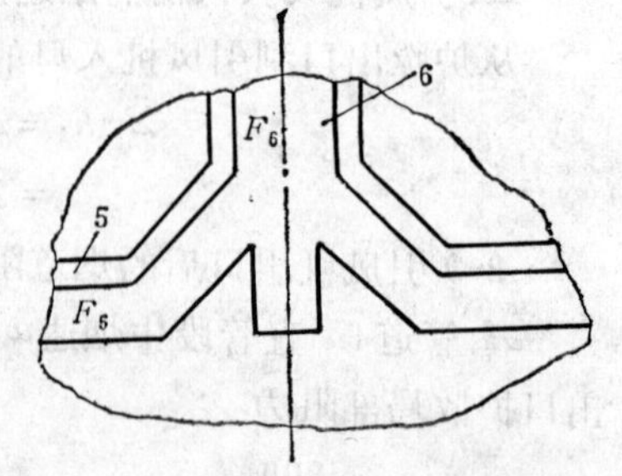

图 5-21　三分支合流进入总烟道

烟囱入口阻力，查〔设计手册〕表2-3得阻力系数$\zeta'_6 = 1.4$则：

$$\Delta h'_6 = \zeta'_6 h_{d6} = 1.4 \times 31 = 43\,\mathrm{Pa}$$

∴ $$\Delta h_{jb6}=\Delta h_{zh}+\Delta h_6'=15+43=58\,Pa$$

4.烟囱设计

（1）烟囱高度的确定

采用机械通风的锅炉房，烟囱高度是由环境卫生的要求确定的。根据《锅炉烟尘排放标准》GB3841—83，生产用、采暖用、生活用锅炉烟囱高度应符合表4-6的规定。

锅炉房总的锅炉额定出力为$3\times6=18t/h$，所以烟囱高度选定为40m。

（2）烟囱出口和底部直径的计算

根据烟囱高度，选取烟囱出口烟速$w_2'=15m/s$，而总烟气量V_{yt}为$48475m^3/h$，所以，烟囱出口直径：

$$d_2=0.0188\sqrt{\frac{V_{yt}}{w_2}}=0.0188\sqrt{\frac{48475}{15}}=1.07m$$

本设计采用 $d_2=1100mm$

烟囱底部直径 $d_1=d_2+2iH_{yz}$

式中 i——烟囱的锥度，取$i=0.02$。

∴ $$d_1=1.1+2\times0.02\times40=2.7m$$

（3）烟囱阻力计算

采用机械通风可简化计算，烟气在烟道和烟囱中的冷却不考虑，所以烟囱出口烟温认为就是排烟温度ϑ_{py}，即176℃。

烟囱出口烟气流速

$$w_2=\frac{V_{yt}}{3600\cdot F_2}=\frac{48475}{3600\times0.785\times1.1^2}=14.2m/s$$

动压头 $$h_{dy}=0.81\frac{14.2^2}{2}=82\,Pa。$$

1）烟囱沿程摩擦阻力 按教材式（8-29）计算

$$\Delta h_{yz}^m=\frac{\lambda}{8i}\quad\frac{\rho w_2^2}{2}$$

式中 λ——沿程摩擦阻力系数，查教材表8-1得$\lambda=0.05$；

i——烟囱的锥度 取$i=0.02$。

∴ $$\Delta h_{yz}^m=\frac{0.05}{8\times0.02}\times h_{dy}=\frac{0.05}{8\times0.02}\times82=26\,Pa。$$

2）烟囱出口阻力（动压损失）

$$\Delta h_{yz}^{jb}=\zeta\cdot h_{dy}$$

式中 ζ——烟囱出口阻力系数，取用1.1。

∴ $$\Delta h_{yz}^{jb}=1.1\times82=90\,Pa$$

烟囱阻力 $$\Delta h_{yz}=\Delta h_{yz}^m+\Delta h_{yz}^{jb}=26+90=116\,Pa$$

（4）烟囱引力计算

已知 烟囱内烟气平均温度，设$\vartheta_{pj}=\vartheta_{py}=176$℃；外界空气温度$t_k=+10$℃（取采暖期间的最高室外温度）；

标准状态下空气和烟气密度$\rho_k^0=1.293kg/m^3$，$\rho_y^0=1.34kg/m^3$。

所以烟囱引力为

$$S_{yz}=H_{yz}g\left(\rho_k^0\frac{273}{t_k+273}-\rho_y^0\frac{273}{\vartheta_{pj}+273}\right)$$

$$=40\times9.81\left(1.293\frac{273}{10+273}-1.34\frac{273}{176+273}\right)$$

$$=169.75\,\text{Pa}$$

引风机出口至烟囱出口烟道总阻力为：

$$\Sigma\Delta h_2=\Delta h_{jb4}+\Delta h_{jb5}+\Delta h_{jb6}+\Delta h_{yz}$$

$$=98+37+58+116=309\,\text{Pa}$$

显而易见，$\Sigma\Delta h_2>S_{yz}$，所以，引风机出口为正压。本设计由于引风机安装在锅炉房内，施工时应注意引风机出口侧的烟道及其接头处的严密性，以改善锅炉房内的卫生条件。

5.锅炉烟道总阻力

烟道流动总阻力可按教材式（8-32）计算：

$$\Delta h_{sl}^y=[\Sigma\Delta h_1(1+\mu)+\Sigma\Delta h_2]\times\frac{\rho_y^0}{1.293}\cdot\frac{101325}{b_y}$$

对于层燃炉因烟气中含尘浓度较低，可不考虑灰分浓度的影响，即$\mu=0$；

式中　ρ_y^0——在标准状态下烟气的密度，kg/m^3；

$$\rho_y^0=\frac{1-0.01A^y+1.306\alpha_{pj}V_k^0}{V_y}$$

其中　α_{pj}——平均过量空气系数，等于1.725（由锅炉热力计算书提供）；

$$\therefore\quad\rho_y^0=\frac{1-0.01\times17.02+1.306\times1.725\times3.362}{6.528}$$

$$=1.287\,\text{kg/m}^3$$

b_y——烟气的平均压力，其值为当地平均大气压力b减去烟道总阻力的一半，但如烟道总阻力$\Sigma\Delta h$不大于3000 Pa时，可采用$b_y=b=100400\,\text{Pa}$。

$$\therefore\quad\Delta h_{sl}^y=(1560+309)\frac{1.287}{1.293}\times\frac{101325}{100400}$$

$$=1877\,\text{Pa}$$

由计算表明，配套引风机的压头对于此锅炉有足够的富裕压头。

（五）燃料供应及除灰渣设备

1.锅炉房耗煤量的计算

已知：煤的低位发热量　$Q_{dw}^y=12288\,\text{kJ/kg}$；

　　最大计算热负荷　$Q=11096\,\text{kW}$；

　　采暖年热负荷　$Q_n=21.7\times10^6\,\text{kW}$；

　　锅炉效率　$\eta_{gl}=76\%$。

计算：

（1）锅炉房最大小时耗煤量B

锅炉房最大小时耗煤量，可按采暖最大热负荷进行计算：

$$B=\frac{Q\times3600\times100}{Q_{dw}^y\times\eta_{gl}}=\frac{11096\times3600\times100}{12288\times76}$$

$$=4.28\times10^3\,\text{kg/h}$$

（2）锅炉房最冷月昼夜平均耗煤量B_1

本设计按两班制计算采暖小时数，和一班值班采暖小时数，则

$$B_1=\frac{16\times B+8\times\varphi_1'\times B}{24}$$

式中$\varphi'=0.45$，为值班采暖时的采暖系数，见前面采暖年热负荷计算

$$\therefore \quad B_1=\frac{16\times 4.28+8\times 0.45\times 4.28}{24}\times 10^3$$

$$=3.5\times 10^3\,kg/h$$

（3）锅炉房最冷月耗煤量B_2

$$B_2=30\times 24\times B_1=30\times 24\times 3.5\times 10^3$$

$$=2.52\times 10^6\,kg/m=2520t/m$$

（4）锅炉房年耗煤量B_3

年耗煤量按采暖年热负荷计算：

$$B_3=\frac{Q_n\times 3600\times 100}{Q_{dw}^y\eta_{gl}}$$

$$=\frac{21.7\times 10^6\times 3600\times 100}{12288\times 76}=8.365\times 10^6\,kg/a$$

$$=8365t/a。$$

2.运煤系统的选择

（1）锅炉房运煤方式的选择

由于耗煤量较大，所以考虑采用机械化运煤方式，并选用埋刮板输送机，其优点：外形尺寸小，占地少，可节约土建投资；另外因只有三台锅炉， 可采用Z形埋刮板输送机，可同时解决垂直提升和水平输送，布置较为紧凑。在煤场由手推车将煤运至埋刮板输送机的受煤斗，在受煤斗上部设有破碎机，大颗粒煤经颚式破碎机破碎后由Z形埋刮板输 送机将煤输送至锅炉前的储煤斗。

（2）埋刮板输送机

运煤系统的输送量按下式计算：

$$Q=\frac{24B_1K}{t}\quad t/h$$

式中 B_1——锅炉房发展后的最冷月份昼夜平均耗煤量，t/h；

K——运输不平衡系数，取1.2；

t——运煤系统每昼夜工作时间，h，按一班制运煤，取6h。

$$\therefore \quad Q=\frac{24\times 3.5\times 1.2}{6}=16.8t/h$$

以此输煤量选取MZ16型埋刮板输送机，关于埋刮板输送机的计算从略。

（3）炉前储煤斗体积

炉前煤斗的储煤量，与运煤作业班次及热负荷的性质有关。锅炉在采暖期运行时是二班制作业，所以煤斗储煤量按10小时锅炉最大小时燃料消耗量计算：

$$B^{10}=10\times\frac{B}{3}=10\times\frac{4.28}{3}=14.26t/h$$

锅炉房设有运煤层的输煤廊。设炉前储煤斗充满系数为0.8；煤的堆积密度 $\rho=0.85$

t/m³，不考虑过渡溜煤斗储煤量时，则需煤斗容积为：

$$V=\frac{B^{10}}{0.8\rho}=\frac{14.26}{0.8\times0.85}=20.97\text{m}^3$$

锅炉房工艺布置结果，炉前储煤斗选定结构尺寸如图5-22所示，实际体积为：

$$V=a_1\cdot b_1\cdot H_1+\frac{H_2}{6}[(2a_1+a_2)b_1+(2a_2+a_1)b_2]$$

$$=4\times2.6\times0.5+\frac{3.9}{6}[(2\times4+0.65)\times2.6+(2\times0.65+4)\times1.8]$$

$$=26\text{m}^3$$

3.除尘及除灰设备的选择

（1）除尘器的选择

由于双级蜗旋除尘器具有体积小，阻力低、材料省，尤其除尘器间高度矮等优点，故本设计仍采用XSW-6.5型，逆时针双级蜗旋除尘器。

（2）除渣设备的选择

锅炉的燃烧设备是倾斜式往复推动炉排，锅炉要求连续除渣，故选用B-600型。水槽密封的翼板式除渣机两套。用第一链将各台锅炉灰渣水平输送至锅炉房右端；与第一链相垂直布置的第二链将灰渣转90°运至设于锅炉房后端的除渣仓，然后定时用汽车将灰渣送走。

锅炉房灰渣系统排除灰渣的总量G可按教材式（11-5）计算：

$$G=B\left(\frac{A^y}{100}+\frac{q_4Q^y_{dw}}{100\times32657}\right)\quad \text{t/h}$$

式中 B——锅炉房最大小时耗煤量，为4.28t/h；

A^y——煤的应用基灰分，17.02%；

q_4——锅炉的固体不完全燃烧损失，取7%；

32657——灰渣中可燃物的发热量为32657kJ/kg。

$$\therefore\quad G=4.28\left(\frac{17.02}{100}+\frac{7\times12288}{100\times32657}\right)=0.84\text{t/h}$$

4.确定煤场和渣场面积

（1）煤场面积由下式估算：

$$F=\frac{BMNT}{H\rho\varphi}\quad \text{m}^2$$

式中 T——昼夜锅炉运行时数，取20h；

M——煤场储煤天数，30；

N——煤堆过道占用面积的系数，取1.6；

H——煤堆高度，按装卸车堆煤高度取4m；

ρ——煤的堆积密度，0.85t/m³；

φ——堆角系数，0.7。

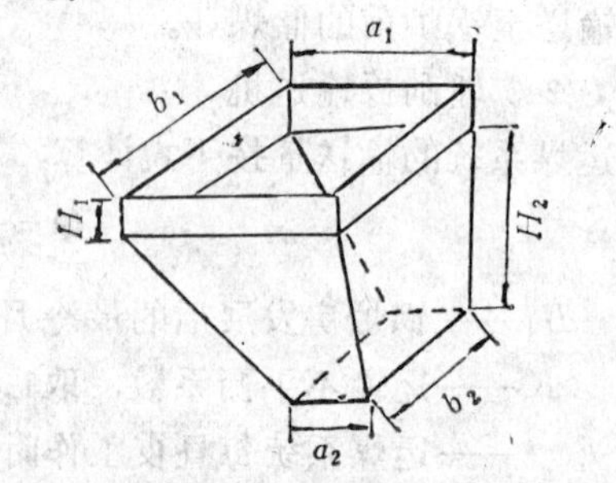

图 5-22 炉前储煤斗结构示意图

$$\therefore\quad F=\frac{4.28\times30\times1.6\times20}{4\times0.85\times0.7}=1726\text{m}^2$$

（2）灰渣场面积

由于灰渣直接由汽车从灰渣仓运走，故无需设置灰渣场。

（六）锅炉房布置的简要说明

本锅炉房是新的独立建筑，朝向东南；锅炉间为双层布置，它由锅炉间、辅助间、运煤间和风机除尘器间四大部分组成。产生噪声和污染的运煤机、风机和除尘器都与操作间进行了隔离，保证了操作间良好的工作环境。在操作间的炉前设有控制室，其中安置了仪表柜，控制柜等设施。

锅炉间跨距为15m，柱距6m，屋架下弦标高9.9m，操作间地面标高3.0m，建筑面积为$2\times23\times15=690m^2$；辅助间为三层，每层高3.6m，建筑面积$3\times21\times6=378m^2$；运煤廊标高13.3m，屋顶下弦标高16.3m，建筑面积为$21\times3.9=81.9m^2$；风机除尘间跨度6m，屋顶下弦标高4m，建筑面积为$23\times6=138m^2$。锅炉房总面积为$1287.9m^2$。

烟道皆为地上布置。锅炉房工艺设计图共五张：

1.三台SHW4.2-1.0/130/70-H型锅炉房热力系统图（图5-23）；

2.三台SHW4.2-1.0/130/70-H型锅炉房运行层平面布置图（图5-24）；

3.三台SHW4.2-1.0/130/70-H型锅炉房底层平面布置图（图5-25）；

4.三台SHW4.2-1.0/130/70-H型锅炉房运煤层平面图（图5-26）；

5.三台SHW4.2-1.0/130/70-H型锅炉房剖视图（图5-27）。

（七）锅炉房主要设备表（表5-38）

表 5-38

序号	名称及规格	数量
1	SHW4.2-1.0/130/70-H型热水锅炉，额定热功率4.2MW，压力1.0MPa，供水温度130℃，回水温度70℃。	3
2	除尘器 XSW-6.5 逆时针旋转	3
3	引风机 Y5-47№8C右0°风量$18740m^3/h$，风压2412Pa，电机Y180L-4，功率22kW，转速1470r/min	3
4	送风机 4-72-11№4.5A 风量$9890m^3/h$，风压1853Pa，电机Y132S_2-2，功率7.5kW；转速2900r/min	3
5	循环水泵 100R-57B 流量$88.6m^3/h$，扬程410kPa，电机Y180M-2，功率22kW，转速2960r/min	3
6	补给水泵 IS65-40-315型流量$25m^3/h$，扬程1230kPa，电机Y200L_1-2，功率30kW，转速2900r/min	2
	软化设备 流动床SL-04型	
7	再生塔 高度6316mm，直径$D_1$100mm	1
8	交换塔 高度3635mm，直径D500mm	1
9	盐液制备槽 尺寸1240×632×700mm，体积$1.0m^3$	1
10	盐液泵 25FS-4-16型 扬程160kPa，流量$3.6m^3/h$，电机Y90S-2，功率1.5kW，转速2840r/min	1
	除氧设备 解吸除氧	
11	除氧喷射器 $Q=4m^3/h$	3
12	解吸器 d_j219×6mm	1
13	反应器 d_j159×4.5mm	1
14	除氧水泵 $2\frac{1}{2}$GC-6×2 流量$15m^3/h$，扬程608kPa，电机Y132S_2--2，功率7.5kW，转速2950r/min	2
15	气水分离器 ϕ350mm 高1000mm	1
16	冷却器	1
17	水封筒 ϕ300mm，高度1000mm	1
18	除氧水箱 尺寸3600×2400×2000mm	1
19	软化水箱 7#方形开式水箱体积$4m^3$	1
20	热交换器 螺旋板式 I 16T10-0.6/500-6型，换热面积$9.9m^2$	1
21	输煤机 埋刮板输送机MZ16型	1
22	除渣机 翼板式B-600	1
23	破碎机 鄂式破碎机2500×400	1
24	除污器 卧式直通ϕ159mm	2

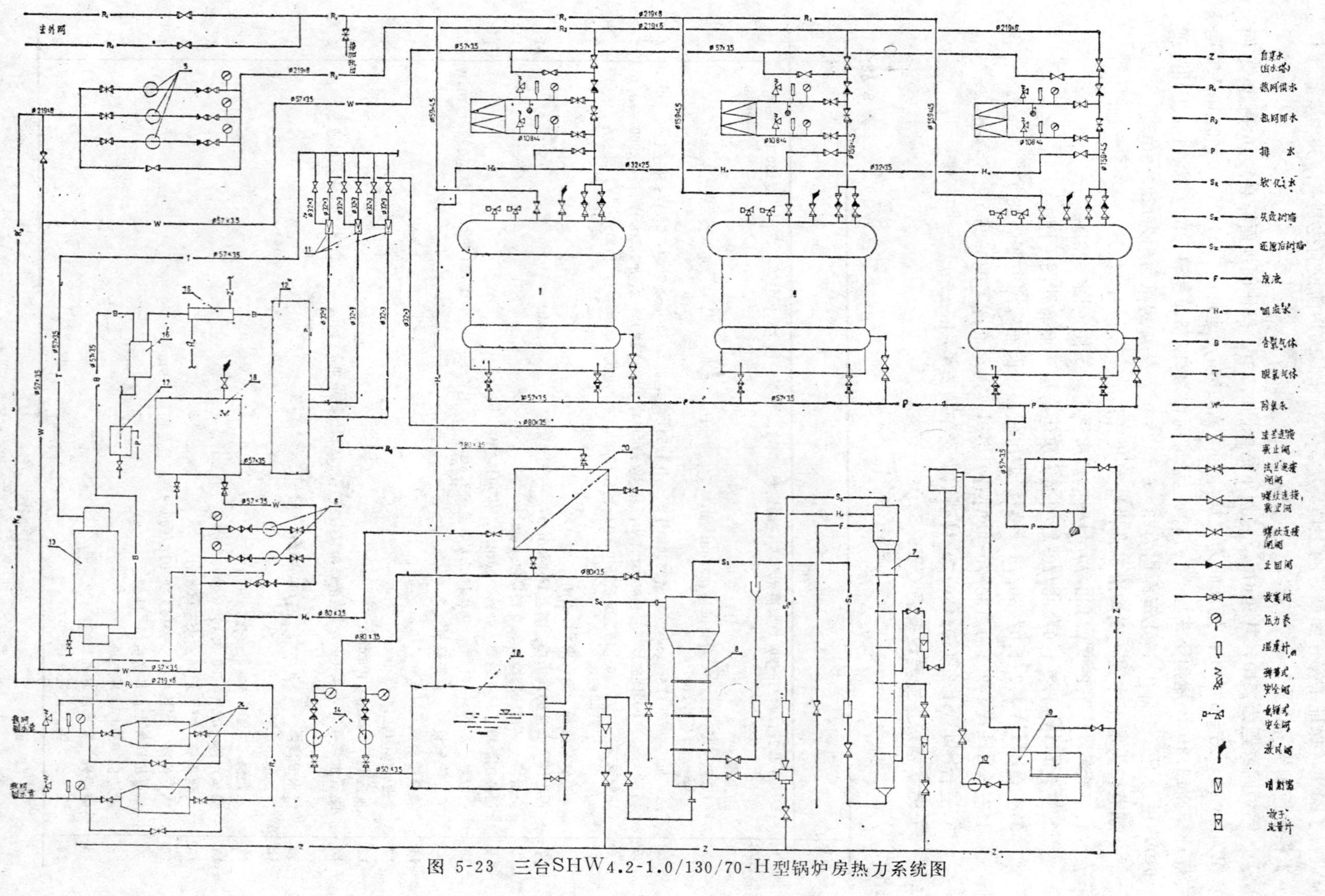

图 5-23 三台SHW4.2-1.0/130/70-H型锅炉房热力系统图

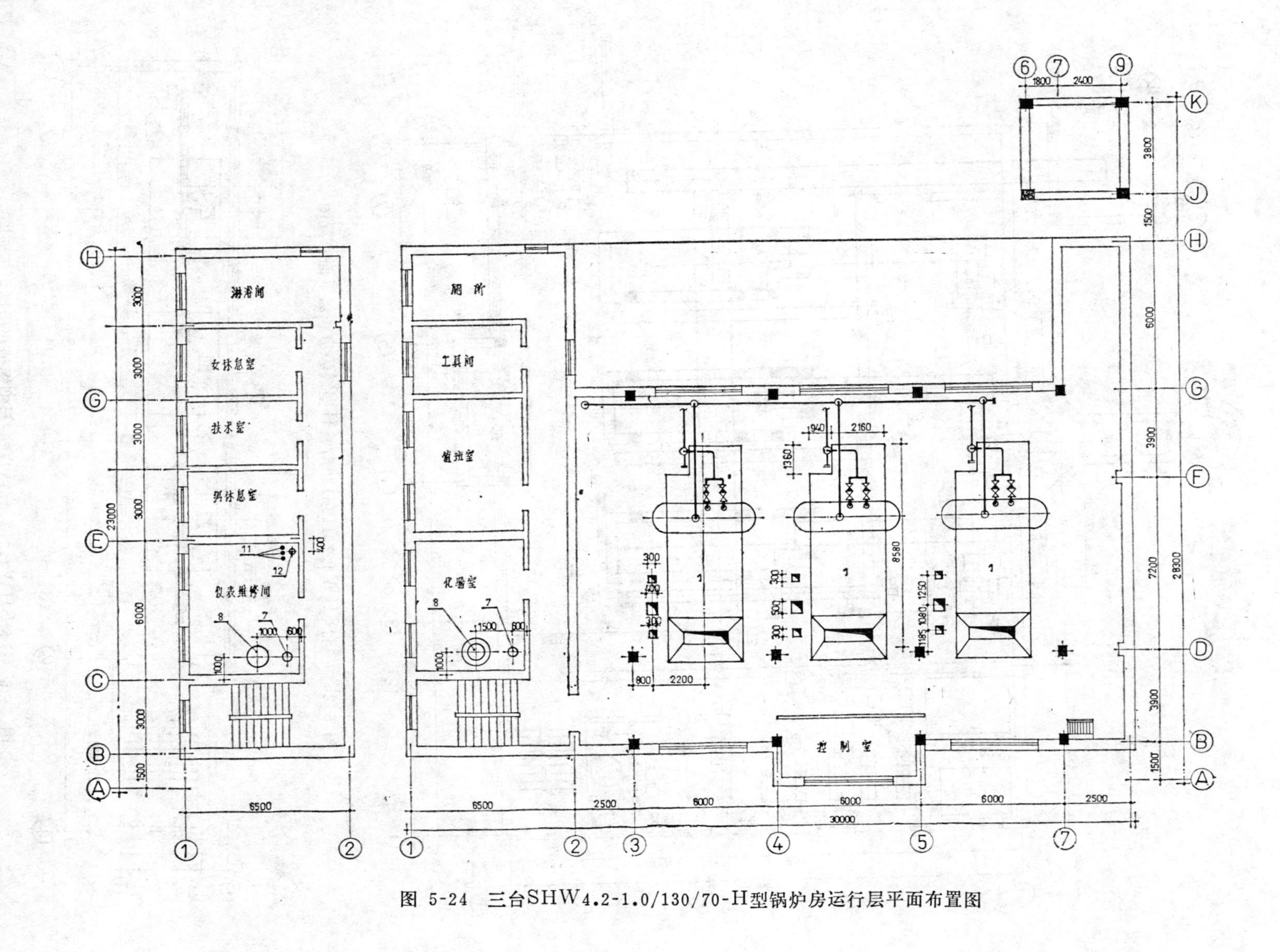

图 5-24 三台SHW4.2-1.0/130/70-H型锅炉房运行层平面布置图

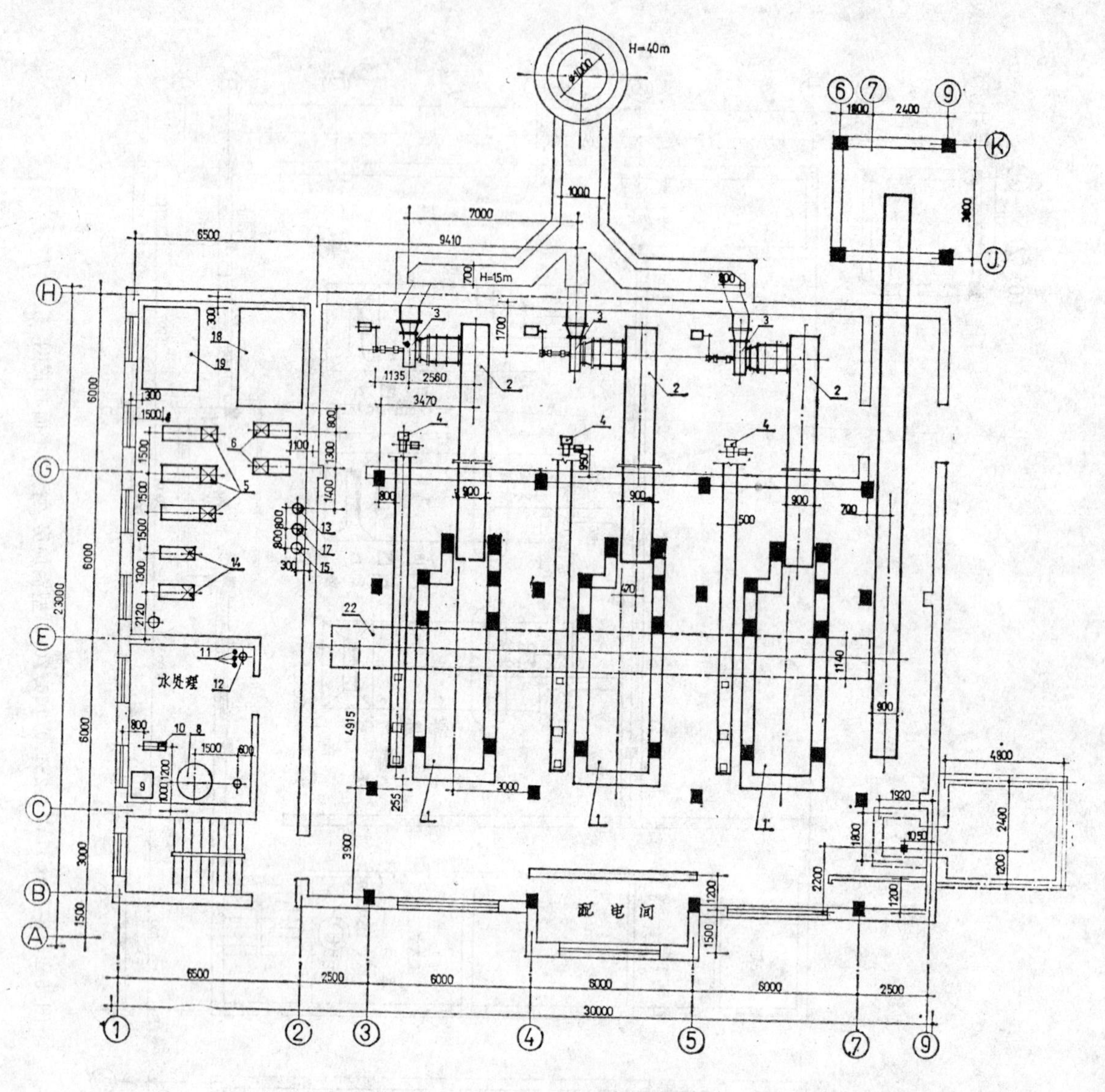

图 5-25　三台SHW4.2-1.0/130/70-H型锅炉房底层平面布置图

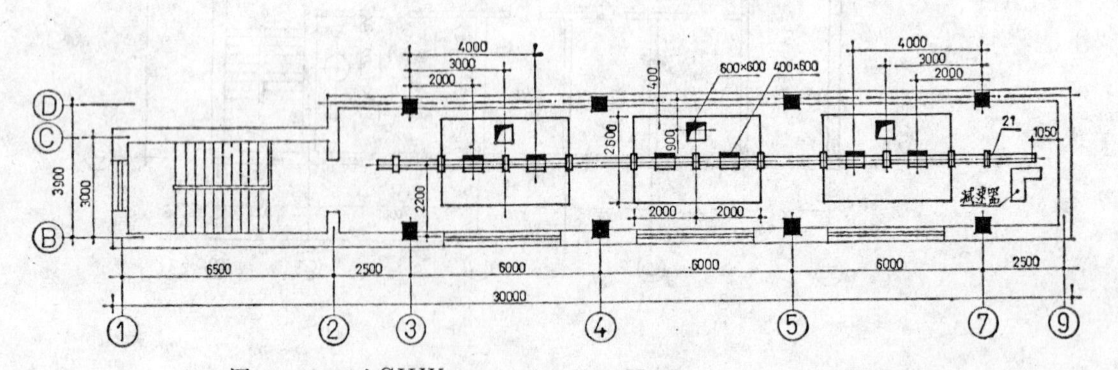

图 5-26　三台SHW4.2-1.0/130/70-H型锅炉房运煤层平面图

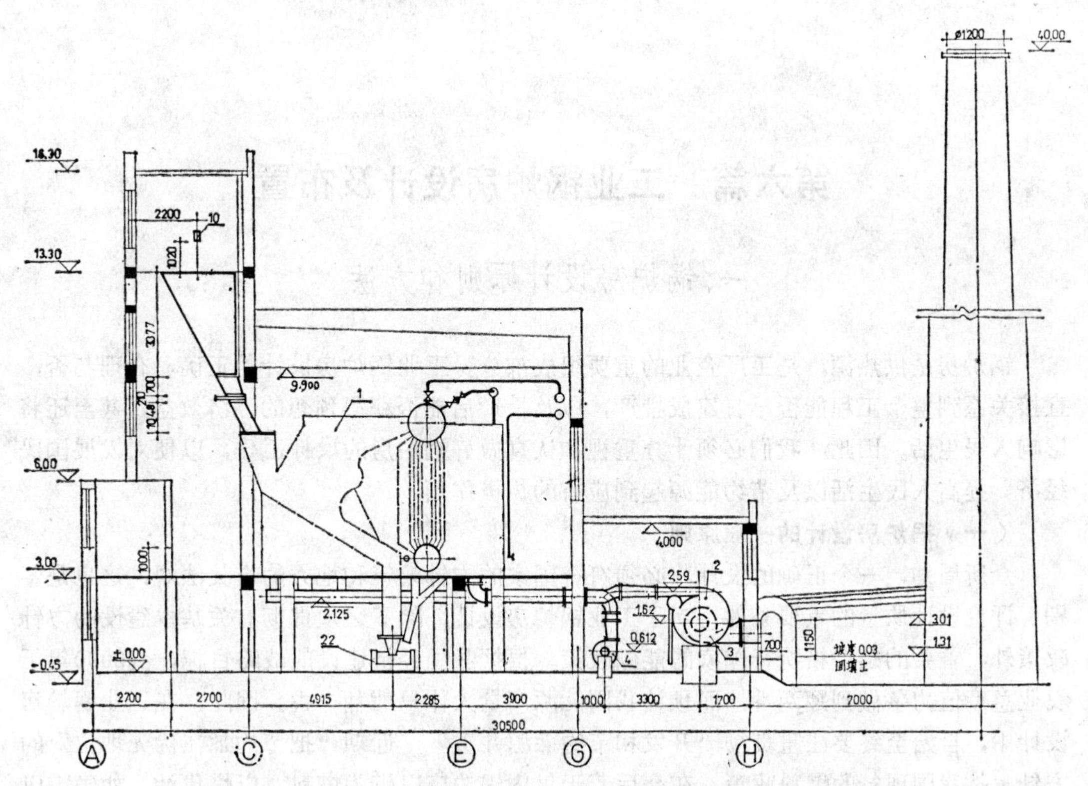

图 5-27 三台SHW4.2-1.0/130/70-H型锅炉房剖视图

第六篇　工业锅炉房设计及布置

一、锅炉房设计原则和方法

锅炉房是供热源，是工厂企业的重要组成部分。工业锅炉房设计的正确、合理与否，直接关系到整个工程能否早日建成投产，以及投产后能否获得预想的经济效益，甚至还将影响人民生活。因此，我们必须十分重视和认真做好锅炉房的设计工作，以便对发展国民经济、提高人民生活以及节约能源起到应有的积极作用。

（一）锅炉房设计的一般原则

众所周知，一个正确的设计，必须符合国家的方针政策和地方的有关法规，这也是鉴别、评价设计质量的重要条件。对于工业锅炉房设计，除了必须贯彻有关基本建设的方针政策外，首要的是严格执行国家的能源政策。根据我国经济建设的战略目标，到2000年工农业总产值力争做到翻两番，而预计我国能源产量大体只能翻一番。因此，在工业锅炉房设计中，自始至终要注重贯彻"开发和节约能源并重"，近期"把节约放在优先地位"的方针。按我国现行的燃料政策，在今后若干年内锅炉应以煤为燃料，以煤代油，如确需以重油、柴油、天然气和城市煤气作为燃料时，则必须经有关主管部门批准方可进行设计工作。在可能的条件下，要积极推行集中供热和供电联产，这不仅可以提高热能有效利用率，也可使能量按品位高低加以合理利用。锅炉房设计中，还应充分注意废热、余热的回收利用以及尽可能选用高效节能的辅助设备。

一个正确的设计，还必须严格遵守锅炉监察和有关安全规程，切实做好环境保护、努力改善劳动条件和积极采用成熟可靠、行之有效的先进科学技术，力求使设计做到切合实际、技术先进、经济合理、安全可靠。

同样，一个合理的工业锅炉房设计，还应根据工业企业的总体规划，做到近期与远期相结合，以近期为主，并适当为将来生产发展留有扩建的余地，以便节约资金和材料，更好地发挥投资的经济效益。对于扩建和改建的锅炉房设计，除了首先熟悉掌握原锅炉房施工图，还必须深入现场，调查并弄清原有建筑结构、设备规格型号和库存等情况。在设计中应本着节约的精神，在节能和合理的条件下充分挖掘潜力，尽可能地利用原有的建筑物、构筑物、设备和管道等。

此外，工业锅炉房设计（也包括厂区热力管道设计），除了应符合《锅炉房设计规范》（GBJ41-88）外，还应认真执行其他与工业锅炉房设计有关的国家现行的规范、标准和规程。

（二）锅炉房设计程序和方法

锅炉房的整体设计，包括工艺设计、建筑设计、结构设计和自动控制及仪表设计等各个方面。本专业所从事的设计工作，是锅炉房的工艺设计，而且通常也仅限于工厂、企业为供应生产、采暖通风及生活用热而设置的工业锅炉房。可见，一个完整的锅炉房设计，不可能由一个人完成，必须依靠总体规划、建筑结构、给水排水、采暖通风、供电和自动控制及测量仪表等各专业的密切配合，通力协作，是集体智慧和劳动的成果。

锅炉房工艺设计，可按初步设计、技术设计和施工设计这样三个阶段进行，也可仅按扩大初步设计和技术施工设计两个阶段进行，这主要取决于工程的规模和重要性、技术复杂程度以及设计和施工部门的技术力量。由于技术的进步，设计施工经验的不断积累，现在一般趋向按初步设计和施工图设计两个阶段进行。为了加快设计进度，提高设计质量，在技术复杂的建设项目初步设计过程中，可把主要的技术方案报请有关部门进行中间研究。

初步设计应根据批准的设计计划任务书和可靠的设计基础资料进行。设计基础资料，主要有燃料资料、水质资料、热负荷资料、气象地质资料、设备材料资料和工厂企业的总平面布置图及地形图等等（参阅第四篇有关内容）。初步设计应力求原则正确，方案合理，设计说明文字简炼，设计计算数据可靠。

对于初步设计与施工图设计的内容和深度，各设计部门的规定不尽相同，但就其二者各自担负的任务和作用是一致的。譬如，初步设计都应起到确定方案，指导施工图设计；确定锅炉和辅助设备的型号、数量以及附件和主要材料的规格数量、为订货提供依据；计算必要的技术经济指标，以供报请有关主管部门审批等等的作用。一般说来，锅炉房初步设计的内容❶，包括：

1.热负荷计算、锅炉选型及台数的确定；

2.供热系统、热源参数及热力管道系统的确定；

3.供水及凝结回水系统的确定；

4.锅炉给水的处理方案及系统的确定；

5.锅炉排污及热回收系统的确定；

6.烟气净化措施及烟囱高度的确定；

7.燃料消耗量、卸装设施、贮存量及煤场和输送方式的确定；

8.干灰渣量、灰渣的利用、渣场及除灰方式的确定；

9.综合消耗指标（水、电、汽及燃料消耗）；

10.图表，图纸计有设备平面布置图、热力系统图和水处理系统图；表格有设备表、主要材料估算表以及经济概算，并按此编制订货清单。

初步设计经有关主管部门批准后，即可进行施工设计，这一阶段的设计工作，主要是绘制施工图，故又名施工图设计。

施工图设计通常包括下列表格、说明和图纸：

1.图纸目录；

2.采用标准图目录；

3.设备材料表；

4.施工说明（主要说明设备安装和施工中应遵守的法规以及设计要求；如若初步设计审批时有原则变更，则应一一予以说明）；

5.锅炉房热力系统图；

---

❶ 摘自轻工业部《轻工业企业初步设计内容暂行规定》中第十一章，供热，1979年8月。

6.锅炉房平面布置及剖视图；

7.运煤、出渣除灰系统的设备布置与安装图；

8.送、引风机及烟风管道、除尘装置的安装和接管大样图；

9.水箱、分汽缸、支吊架等非标设备的制造图和装配图。

经验表明，工业锅炉房工艺设计一般可按如下程序进行：

1.调查研究，熟悉生产工艺，了解生产、采暖通风和生活对供热介质的种类、参数和负荷的要求。

2.尽可能详细、全面地搜集与工程设计有关的各项设计基础资料。

3.拟订并绘制方案图，进行多方案技术经济的分析比较，从中遴选出技术先进可靠、经济合理可行又能满足用户要求的最佳方案。

4.进行初步设计，待审批后并在锅炉、设备订货落实的基础上，最终进行施工图设计。

二、锅炉房的布置

锅炉房的布置、通常指锅炉房与所在区域内其他建筑物、构筑物以及堆场之间的布置、锅炉房的建筑形式及其内部各使用场地、房间的布局和锅炉房设备及管道的工艺布置三个方面。锅炉房布置是锅炉房设计中最关键的一项工作，布置的合理与否，对整个锅炉房的基建投资、占地面积、能源消耗以及经常运行的安全性和经济性有重要关系。因此，在设计时应认真、慎重对待，尽可能周密地综合考虑各方面的问题，确定合理、经济的方案。

（一）锅炉房的区域布置

锅炉房是供热之源，也是一个散发煤灰、烟尘和噪声的环境污染源。对于一个工厂或一个企业来说，它在总平面上的位置至关重要。它位置选择的得当与否，将直接影响周围正常的生产和生活环境，影响厂区面积的有效利用、热力管网的布置与供热经济性以及维修工作量和原材料消耗等。所以，设计时一般应会同总图、工艺等有关专业人员和建设单位共同研究，提出方案，从占地面积、运输条件、室外管网、环境保护、维修运行等多种角度进行综合分析比较后确定。

一般说来，锅炉房临近厂区运输干线；如有煤气站，铸、锻车间，则往往与之毗邻。所以，锅炉房的区域布置，首先要协调锅炉房与邻近建筑物、构筑物和堆场之间相对位置，然后进行锅炉房所属设施如煤场、干煤棚、输煤设备、渣场、渣塔、除尘装置、烟道、烟囱、排污降温池、凝结水回收池、盐库（或盐液池）和供热管沟等等的合理布置（图6-5、图6-16、图6-22）。对于采用水力冲渣的锅炉房，通常还有渣沟、沉渣池、灰浆泵房等）；对于燃油锅炉房，则有油罐区、日用油罐、油泵房和输油管线。区域布置的基本原则是：遵守有关规范，符合工艺流程，便于运输和维护管理；在占地面积不致过大和实用的前提下，力求布局整齐，外形美观。

锅炉房的朝向，即司炉操作一端应尽量避免向西，位于炎热地区的锅炉房尤应注意，宜加强自然通风以改善劳动条件。司炉操作端或锅炉房辅助间，通常布置为面临厂区干道，以便于出入和增加美观。对于易造成环境污染的除尘装置、烟囱、沉渣池以及排污降温池等一类设施，一般布置在锅炉房后侧，起到遮蔽作用。

煤场、渣场按惯例都布置在锅炉房发展端一侧，但应使煤堆与锅炉房之间保持一定距强，以满足防火要求。灰堆与煤堆之间，灰堆与锅炉房之间，其间距一般不应小于10m。

锅炉房区域布置，应尽量缩短流程和管线。如将凝结水回收池、盐液池布置在室外，应靠近辅助间一侧设置，以便就近将凝结水送往软化水箱，将盐液送往离子交换器再生。

（二）锅炉房的建筑形式

容量较大的工业锅炉房，其内一般分为锅炉间、辅助间、风机间及运煤廊等几个部分。锅炉间安装着锅炉，是锅炉房的主体部分；辅助间主要承担给水处理任务，其中除了水处理间、泵房和化验室外，通常还布置有控制室、检修间、仓库、办公室和一些生活设施，如更衣室、浴室及厕所等。它们随锅炉房规模、所在地区和布置方案等具体情况的不同而异，根据实际需要取舍。

辅助间通常都与锅炉轴线平行布置，或左或右，主要根据锅炉房在总平面上的位置、区域布置及机械化运煤系统的出入方向而定。辅助间在左，则运煤出入口在右，相对而设（图6-16、图6-22），其根本的出发点是便于日后锅炉房扩建，这样对原有设备的运行影响较小，又不致拆毁辅助间建筑。所以，布置辅助间的一端称为固定端，另一端则称为扩建端或发展端。对于放置在地坪上、基础很浅的小型快装锅炉，由于一般采用电动葫芦、炉前卷扬加煤装置或螺旋运输机供煤，采用螺旋出渣机或轻型链条、刮板除渣设备出渣除灰，在设计布置时如有困难，运煤除渣也可根据具体条件由扩建端出入。

运煤廊位于锅炉房前端，贮煤斗之上，以便运煤并将煤卸于煤斗。

为隔离噪声和节约基建投资，大多数锅炉房将送、引风机布置在后端室外，或露天（图6-2、图6-10、图6-19），或另设简易披屋。对于小容量的锅炉房，由于锅炉间本身结构简单，又是单层建筑，所以也常把送、引风机连同水泵和水处理等设备均布置在锅炉间内，以便利操作和管理。

锅炉房的建筑形式，一般分单层和双层（或称楼层）两种。对于单台容量不大于4t/h的锅炉，其锅炉房均采用单层建筑形式；为了充分利用空间，辅助间则可以按两层设计。对于单台容量在6t/h以上的锅炉，由于除渣出灰的需要和便于布置尾部受热面——省煤器和空气预热器，通常布置在双层建筑中（图6-9、图6-21），前端设运煤廊，尾部设风机间；辅助间或左或右，分两层或三层设置。当采用大气式热力除氧时，除氧器均布置在三层（图6-9），以便获得较高的灌注头，防止给水泵吸入口汽蚀和保证正常供水。

对于炎热地区的锅炉房，不论单层或双层建筑，均可采用半敞开的形式——取消上半截外墙，另设雨篷，或在前墙开设大门，外设阳台，以利热气流外逸，加强自然通风；也可采取敞开或半露天结构形式。

（三）锅炉房工艺布置

锅炉房工艺布置，应力求工艺流程合理，系统简单，管路顺畅，用材节约，以达到建筑结构紧凑、安装检修方便、运行操作安全可靠和经济实用的目的。

如此，在进行锅炉房工艺布置时，首先要考虑将来运行的安全可靠和操作的方便灵活。如锅炉房内主要设备的布置，除应保证正常运行时操作的方便外，还要创造在处理事故时易于接近的条件；管道穿过通道时，与地坪的净距不应小于2m，避免撞头勾脚；蒸汽管和水管尽可能不布置在电气设备附近，等等。

其次，设备的布置，应尽量顺其工艺流程，使蒸汽、给水、空气、烟气等介质和燃料、灰渣等物料的流程简短、畅通，减少流动阻力和动力消耗，便利运输。

第三，布置时要为安装、检修创造良好的条件。如布置快装锅炉，要为清扫烟箱、火管留有足够空间，为检修链条炉排留有宽敞的炉前场地；在重量较大的附属设备顶部，应设置有安装手动葫芦吊等起重设备的条件，如在风机间、水处理间和除氧间等一类房间的相应位置预埋起吊钩环。

第四，应注重改善劳动、卫生条件，尽量减少环境污染。如在布置风机、除尘器时，为减少噪声、散热和灰尘对操作人员的危害，宜设置风机间与锅炉间隔离；为防止出灰渣时尘埃飞扬，应设置除灰小室和淋水胶管。

第五，锅炉房布置时，应根据工厂企业生产规模的近、远期规划，以近期为主，统筹安排，留有扩建的余地；设备选择和布置，应有一次设计分期建设的可能。如辅助间设于固定端，另一端使其能自由发展（扩建）而不影响或少影响主要设备及管道的工作；当发展端的外墙拆除时，应不影响锅炉房建筑的整体结构，同时又方便扩建时汽水管道、运煤出渣等运输线以及电线电缆的连接；当锅炉房内要设置不同类型的锅炉时，为了将来扩建的方便，还应把容量较大的锅炉布置在发展端一侧。

第六，在建筑结构上，工艺布置时应尽量参照建筑模数和其他有关规定，以降低土建费用，缩短施工工期，使建筑面积和空间既能发挥最大效能，结构紧凑实用，又有良好的自然采光和通风条件。如采用允许的最低限度的建筑物高度，尽量减少建筑物层数以及将庞大沉重和需防振的设备布置在底层地面或装置在较低的标高上，等等。

此外，当锅炉采用露天布置时，应按露天气候条件因地制宜地采取有效的防冻、防雨、防风和防腐等措施。如北方因气候寒冷要以防冻为主；南方多雨潮湿，则应以防雨为主；沿海和大风地区，又应着重考虑防风。经验表明，锅炉房的风机、水箱、除氧装置、除尘设备和水处理软化装置等采用露天布置后，只要防护措施落实可靠，又考虑了操作和检修的必要条件，安全运行是有保证的。

锅炉房内各设备的位置和它们之间的距离以及各邻墙设备与墙壁之间的距离，应以能便于运行操作、检修保养和保持最低限度的通行距离等条件确定。锅炉房设备布置时应考虑的一些主要基本尺寸，教材§12-3中已有具体的说明，此处不再复述。

对于连接设备的各种管道的布置，主要决定于设备的位置。布置时，管道应尽量沿柱子和墙敷设，且大管在内，小管在外；保温管道在内，非保温管在外。这样，既便于安装、支撑和检修，又比较整齐美观。但管道与管道，管道与梁、柱、墙和设备之间要留出一定的距离，以满足焊接、装置仪表、附件和保温结构等的施工安装、运行、检修和热胀冷缩的要求。

在布置管道时，还应尽量避免遮挡室内采光，妨碍门窗的启闭和运行人员的通行或设备的运送。此外，管道敷设应有一定坡度（不小于0.002），以便放气、放水和疏水。对于蒸汽管道，坡向与介质流向一致；水管坡向，可与介质流向一致或相反。

在布置热力（蒸汽和热水）管道时，还须注意热膨胀的补偿问题。通常是尽量利用管道的L形及Z形管段对热伸长作自然补偿；不能满足时，则应专门设置各种类型的伸缩器加以补偿。

三、与有关专业的协作关系

锅炉房工艺设计虽是锅炉房整体设计的主要组成部分，但它的完成，还有赖于其他有关专业的密切配合和通力协作。因此，在进行工艺设计时，还必须加强横向联系，协调各有关专业的关系。既要对有关专业提出切实的技术要求，也要主动向它们提交完整的设计资料，以加快设计进度，保证和提高设计质量。下面，仅将与锅炉房工艺设计关系密切、业务交往较多的土建、给水排水、电气及自控仪表等专业的协作关系，作一简要说明，以便建立初步的认识。

（一）与土建专业的协作关系

在各有关专业中，土建专业与锅炉房工艺设计的关系最为密切。工艺设计对它的技术要求，除了前面已经提出的，还可从防火、安全、安装、运行和建筑结构等方面提出下列诸点：

1.锅炉间属于丁类生产厂房。锅炉房额定蒸发量大于4t/h时，锅炉间建筑的耐火等级不应低于二级；额定蒸发量小于或等于4t/h时，锅炉间建筑的耐火等级不应低于三级。对于燃油锅炉房，油箱间、油泵房和油加热器间均属丙类生产厂房，其建筑的耐火等级不应低于二级；当上述房间布置在锅炉房辅助间内时，则应设防火墙与其他房间隔开。

2.锅炉房应有安全可靠的出入口，每层至少有两个，分别设置在相对的两侧。如附近有通向消防安全梯的太平门，或锅炉房炉前总宽度不超过12m的单层建筑，则可只设一个出入口。

3.锅炉房通向室外的门应向外开启；锅炉房辅助间直接通向锅炉间的门，则应向锅炉间开启。

4.锅炉房屋顶的自重大于0.9kPa时，应开设天窗，或在高出锅炉的外墙上开设玻璃窗，开窗面积不应小于锅炉房占地面积的10%。

5.锅炉房应预留通过设备最大搬运件的安装孔洞，安装孔洞可与门窗结合考虑。

6.辅助间各层宜有专用楼梯通向运转层，辅助间两层标高应与运转层的标高相同。

7.锅炉基础应作成整体；当采用楼层布置锅炉时，锅炉基础与楼板接缝处，应采取能适应沉降的连接措施。

8.当锅炉房内安装有振动炉排锅炉等振动较大的设备时，应采取相应的防振措施。

9.锅炉间运转层楼板的荷载，应根据安装、生产及检修等具体条件综合考虑，按工艺要求设计。

10.钢筋混凝土贮煤斗内壁的表面应光滑耐磨，内壁的交接处宜做成圆角，并应根据要求设置有盖的人孔和爬梯，在敞口处应设置栅栏等防护设施。

11.钢筋混凝土烟囱或砖砌烟道的混凝土底板等表面设计计算温度高于100℃的部位，应采取隔热措施。

12.锅炉房的地坪，至少应高于室外地面150mm。如有地下构筑物(如风道、烟道)，则应有可靠的防止地面水和地下水浸入的措施。地下室的地面应具有向集水坑倾斜的坡度。

此外，运煤系统的建筑物内壁应考虑不使存积煤灰、运煤栈桥的通道应有防滑措施或设置踏步等等，都是要求土建专业给以配合协作的内容。总之，要因炉制宜，根据具体情况一一提出，经多次往返洽商研究，最后取得合理的解决。

锅炉房工艺设计专业人员应向土建专业提交的协作资料，主要有以下几方面的内容：

1.锅炉房设备布置的平、剖面图（附设备表），并标出锅炉房出入口的位置和门的宽度、高度及开启方向。

2.设备基础图，图中需表示出定位尺寸及与土建的关系尺寸，且应尽可能绘制成一张平面总图。

3.支承结构的预埋件及预留孔洞图。

4.荷载表。

5.烟囱与烟道位置及尺寸。

6.人员编制。

（二）与给水排水专业的协作关系

水是锅炉供热的介质，锅炉房设备的冷却、化验及生活都离不开水，而排水、废水和污水又无一不通过下水道排泄。可见锅炉房工艺设计与给水排水的关系也十分密切。与其相关的内容和技术要求，主要有：

1.工业锅炉房一般以城市自来水为水源；如工厂企业有自用水源，锅炉房用水亦可取自用水源。如有空气压缩站或其他车间的冷却排水可资利用时，须注意检验其污染程度，含油量超过给水标准的，必须进行除油处理。

2.锅炉房的给水一般采用一根进水管。但对供热有特殊要求的锅炉或中断给水造成停炉将引起生产的重大损失时，应采用两根进水管，且应自室外环形给水管网的不同管段接入，或分别从不同水源的管网中接入。锅炉房入口水压应满足水处理系统的需要，一般不应低于200～300kPa，否则应设置原水加压泵。

3.锅炉房建筑为一、二级耐火等级时，宜设置室内消防给水；为三级耐火等级，且建筑体积不超过3000m^3时，也可不设置室内消防给水。如消防给水接于锅炉房进水管时，则应考虑生产、生活等用水达到最大流量时仍能满足消防用水的需要。

4.煤场附近应有洒水和煤堆自燃时熄火用的给水点；灰渣场应设置浇灰水管。

5.锅炉房主机及辅机的冷却水，宜重复利用于炉渣熄火和水力冲灰渣的补充水。当锅炉房冷却用水量大于或等于8m^3/h，应采用经济的冷却循环系统。

6.锅炉房的高温排水（如排污水、分汽缸凝结水等），应将水温降至40℃以下才可排入室外下水道；一般可先排至排污降温池，经降温后排放。

7.湿法除尘的废水、水力除灰渣的废水、水处理间等处排出的酸碱废水以及燃油系统中贮存装置排除的废水，应积极采取有效的处理措施，使之符合现行《工业“三废”排放试行标准》GBJ4-73的要求，然后方可排入室外排水管道。

8.煤场和灰渣场应根据场地条件，采取防止积水的措施。

同样，锅炉房工艺设计人员也应向给水排水专业提交协作资料，它们包括：

1.锅炉房平、剖面图，并附设备表。

2.锅炉房小时最大耗水量、小时平均耗水量和昼夜耗水量，包括消防用水。

3.锅炉房最大排水量。

4.锅炉房进水管入口和排水管出口位置、管径及标高。

5.上水水质及进口水压等。

6.排水参数如排污水温等；排污次数及每次排污量。

（三）与电气及自控仪表专业的协作关系

电力是锅炉房的动力之源。锅炉房一旦停电，其直接后果是中断供热，由此将打乱正常的生产秩序，造成减产、废品以至重大事故。而自控仪表，通过测量锅炉设备运行中的一些参数，可连续监视和控制生产过程，保证锅炉安全和经济地运行。因此，电气及自控仪表专业在锅炉房设计中占有重要地位，必须与之密切配合。对该专业的具体要求有：

1.对突然中断供汽将引起大量废品、大幅度减产和损坏生产设备等事故，造成重大经济损失的锅炉房，应由两个回路的电源供电。对供电无特殊要求的锅炉房，供电负荷级别一般按其容量大小来决定。

2.锅炉房的配电方式，一般采用放射式为主的方式。有数台锅炉机组时，应尽可能结合工艺要求，按锅炉机组配电，以减少电气线路和设备由于故障或检修对生产带来的影响。

燃煤锅炉间属于多灰尘的环境，宜采用防尘保护型的电气设备。

3.采用集中控制的锅炉房，送.引风机及水泵等设备须安装两套控制开关，一套安装于集中控制屏，另一套就近设备安装，使之具有自动、手动两种功能。

4.锅炉房热力和其他各种管道布置繁多，电力线路不宜采用裸线或绝缘线明敷，应采用金属管或电缆布线，且不宜沿锅炉.烟道、热水箱和其他载热体的表面敷设；如必须沿载热体表面敷设时，应采取可靠的隔热措施。电缆不得在煤场下和构筑物内通过。

5.锅炉水位表、锅炉压力表、仪表控制屏和其他照度要求较高的部位，均应设置局部照明。

在装有锅炉水位表、锅炉压力表、给水泵、热工仪表盘及控制盘等地点，以及其他主要操作地点和通道，宜设置事故照明。事故照明的电源选择，应根据锅炉房的容量和生产用汽的重要程度以及锅炉房附近供电设施的设置情况等因素综合考虑确定。

6.锅炉房照明装置电源的电压，应根据工作场所和危险性来决定。如用于地下凝结水箱间、出灰渣地点和安装热水箱、锅炉本体、金属平台等设备和构筑物的危险场所的灯具，电压不得超过36V，应有防止触电的措施；手提行灯的电压不应超过36V。在上述危险场所的狭窄地段和接触良好接地的金属面（如在锅炉内）工作时，所用的手提行灯电压不应超过12V。12V、36V的电源插座应与110V、220V的插座加以区别。

7.烟囱应装置避雷针，当利用铁爬梯作为引下线时，必须有可靠的连接。燃油锅炉房贮存重油和柴油的油罐，如为金属油罐且壁厚不小于4mm时，可不装设避雷针，但必须接地，接地点不应少于两处。

8.锅炉房应设置一门由本企业行政管理通信总机接出的电话分机。锅炉房与供汽用户间有特殊需要时，可设对讲电话。

9.锅炉房应装设必需的热工测量仪表。

10.锅炉房设置的工艺信号、自动控制和远距离控制系统，应经济实用，安全可靠，确能保证锅炉安全运行、提高热效率和节约能源。表6-1详细列出了链条炉排锅炉的仪器仪表和自控装置的装备规划。

在锅炉房设计过程中应向电气及自控仪表专业提交的协作资料，大致有以下几方面的内容：

1.锅炉房设备布置的平、剖面图，图上需表示出动力设备的电动机位置，另附设备表。

2.锅炉房管道系统图，应注明热工控制、测量仪表的测点位置，并附热工仪表装设表。

3.用电设备表，内容包括电动机型号、规格、台数，并注明“备用”或“常用”。

4.照明、自动控制、信号及通讯联系等具体要求。

对于采暖通风专业，也同样有具体的技术要求。如寒冷地区的锅炉房，在锅炉间、水处理间和水泵间等经常有人停留的地点，其室内温度应保持不低于16℃。又如，锅炉房的通风，主要靠自然通风排除余热，但在司炉操作地段、除氧器间、地下凝结水箱间、水泵

链条炉排工业锅炉仪器仪表自控装备表　　表 6-1

锅炉参数			检测		调节		报警和保护		顺控及其他	
出力	压力	温度		1		2		3		4
1~2 t/h	0.4~1.6 MPa	饱和	必备	锅筒水位，蒸汽压力，给水压力，排烟温度(可就地安装)	必备	位式给水自控，其他辅机配开关控制	必备	水位过低、过高指示报警和极限过低水位保护，蒸汽超压指示报警和保护	推荐选用	送风、引风机和炉排启停顺控和联锁
			推荐选用	给水流量积算，煤量积算，排烟含氧量测定	推荐选用	燃烧位式自控				
4t/h	0.7~2.5 MPa	饱和	必备	锅筒水位，蒸汽压力，给水压力，排烟温度，省煤器进出口水温，炉膛负压（可就地安装）	必备	位式或连续给水自控，其他辅机配开关控制	必备	水位过低、过高指示报警和极限过低水位保护，蒸汽超压指示报警和保护	推荐选用	如“调节“用推荐选用栏，应设送风、引风风门开度指示和炉排转速指示
			推荐选用	蒸汽流量指示积算，煤量积算，排烟含氧量测定	推荐选用	送风、引风风门挡板遥控和炉排无级调速，燃烧自动控制				
6~10 t/h	0.7~2.5 MPa	饱和	必备	锅筒水位，蒸汽压力，给水压力，给水流量积算，省煤器进出口水温，蒸汽流量指示积算，排烟温度，炉膛负压，除尘器进出口负压	必备	连续给水自控，送风、引风风门挡板遥控，炉排无级调速	必备	水位过低、过高指示报警和极限过低水位保护，蒸汽超压指示报警和保护 增加炉排事故停转灯光指示和报警	必备	送风、引风风门开度指示和炉排转速指示
			推荐选用	炉膛出口烟温，煤量指示积算，排烟含氧量测定	推荐选用	燃烧自动控制				
		过热	必备	增加过热蒸汽温度指示，其余同上必备栏	必备	增加减温水调节阀遥控，其余同上必备栏	必备	过热蒸汽温度过高、过低指示和报警，其余同上饱和蒸汽必备栏	推荐选用	增加减温水阀位指示
			推荐选用	同上推荐选用栏	推荐选用	同上推荐选用栏				

续表

锅炉参数			检测		调节		报警和保护		顺控及其他	
出力	压力	温度	1		2		3		4	
20~35 t/h	1.0~2.5 MPa	饱和	必备	锅筒水位，蒸汽压力，给水压力，给水流量指示积算，蒸汽流量指示、积算、记录，省煤器进出口水温，排烟温度，空气预热器出口风温，省煤器进出口负压，除尘器前后负压，一次风压，炉膛负压	必备	连续给水自控，送风、引风风门挡板遥控，炉排采用无级调速遥控	必备	水位过低、过高指示报警和极限过低水位保护，蒸汽超压指示报警和保护，炉排事故停转灯光指示和报警	必备	送风、引风风门挡板开度指示和炉排转速指示
			推荐选用	炉膛出口烟温，对流管束烟温，煤量指示积算，排烟含氧量或二氧化碳量测定	推荐选用	燃烧自动控制				
		过热	必备	同饱和“必备“栏 增加过热蒸汽温度指示、记录	必备	同上“必备”栏	必备	水位过低、过高指示报警和极限过低水位保护，蒸汽超压指示报警和保护，炉排事故停转灯光指示和报警	必备	送风、引风风门挡板开度指示和炉排转速指示 增加减温水阀位指示
			推荐选用	同上“推荐选用”栏	推荐选用	同上“推荐选用”栏				

说明：

1.工业锅炉的检测、调节、报警和保护、顺序控制组成一个完整的自动控制系统，以保证锅炉安全、经济运行，为节能和环境保护创造了必要的条件。

2.本表是为链条炉排工业锅炉制定的，对于其他炉型的自控系统另行制定。

间及除灰室等地点，则应根据实际需要设置机械通风装置等。同理，也应向采暖通风专业提交有关的协作资料：锅炉房平、剖面图（附设备表）；冬夏季锅炉运行台数、锅炉表面散热量及附属设备表面散热量；电动机台数、功率、备用抑常用及一、二次风机的总吸风量（室内布置）等。

对总图专业的技术要求，主要体现在锅炉房位置的选择❶和采取集中或分散建设方案的确定等方面。应提供的资料有：锅炉房建筑面积及平面图；烟囱及烟道的种类及与锅炉房的关系尺寸；锅炉房年耗煤量及采暖期月耗煤量（或耗油量）；锅炉房年灰渣量及采暖期月灰渣量；煤、灰渣或重油的贮存量及贮存时间；室外蒸汽管道的敷设方法及路线以及锅炉房的人员编制等等。

四、工业锅炉房设计布置实例

（一）两台KZL4-1.3-AⅡ锅炉房工艺设计

本锅炉房为上海××集装箱厂的集中锅炉房，装有两台KZL4-1.3-AⅡ型卧式快装锅

❶ 参阅教材§12-3中有关内容。

炉。它生产饱和蒸汽，总蒸发量为8t/h，蒸汽压力为1.3MPa，供应全厂生产、采暖和生活的用汽需要。

锅炉燃用Ⅱ类烟煤，煤场布置在锅炉房后端西侧（图6-2）。煤用铲车送至锅炉房墙外的受煤斗，由倾斜式螺旋输送机运入室内，并提升到一定高度后再由水平螺旋输送机送至每台锅炉的炉前煤斗。两台锅炉的灰渣，翻落于灰槽一并由刮板出渣机运至室外，然后定期再由铲车搬运到渣场存放。

为降低基建投资、减低噪声和改善劳动条件，本锅炉房的送、引风机和除尘装置均采取露天布置。为节约锅炉房占地面积，两台锅炉的烟道采用斜向布置。

根据除尘效果和环境保护的要求，本设计选用PW-4型旋风除尘器；由锅炉房的总蒸发量确定烟囱高度为30m，直径为450mm，用4mm厚的钢板制作（图6-3）。

锅炉房的辅助间设在东首，其中布置有水处理间和更衣室。根据原水水质资料：总硬度1～4me/L、总碱度1～2.2me/L，本锅炉房采用钠离子交换软化系统（图6-1），选择SN_4-2型ϕ720交换器三个，单级串联使用，以充分利用交换剂的交换能力和降低盐耗。由于锅炉单台容量较小，根据当时锅炉水质标准，锅炉给水只需软化，不要求除氧。锅炉给水箱兼作凝结水箱，回收全厂生产和采暖的凝结水。

锅炉给水系统，采用单母管由独立的电动给水泵供水。为了便于检修保养和确保锅炉

两台KZL_4-1.3-AⅡ锅炉房设备表 **表 6-2**

图中序号	名称	型号规格	数量	备注
1	锅炉	KZL_4-1.3-AⅡ型 蒸发量4t/h，压力1.3MPa	2	上海工业锅炉厂制造
2	省煤器		2	锅炉配套
3	送风机	T_4-72 №4A(027) 风量4020～7420m³/h，风压2000～1314Pa，电动机型号Y132S_1-2，功率5.5kW	2	锅炉配套
4	除尘器	PW-4型	2	锅炉配套
5	引风机	Y9-35-1 №8 左45°，风量13167～15371m³/h，风压2300Pa，电动机型号Y162L-2，功率18.5kW	2	锅炉配套
6	钠离子交换器	SN_4-2 ϕ720	3	
7	蒸汽给水泵	QB-3型，流量3～6m³/h，扬程1716kPa	1	
8	电动给水泵	$1\frac{1}{2}$GC-5×7型，流量6m³/h，扬程1610kPa，电动机型号Y132S_2-2，功率7.5kW，转速2950r/min	3	
9	分汽缸	ϕ273×7	1	
10	原水加压泵	2BA-6A型，流量10m³/h，扬程285kPa，电动机型号Y90L-2，功率2.2kW，转速2840r/min	1	
11	盐液泵	102-2型塑料泵，流量6m³/h，扬程196kPa，电动机型号Y90S-2，功率1.5kW，转速2900r/min	1	
12	水箱浮球标尺		1	
13	电气控制箱		3	锅炉配套
14	液压传动装置	104型	2	锅炉配套
15	自耦减压自动器		2	锅炉配套
16	水平螺旋输送机	ϕ250	1	
17	倾斜螺旋输送机	ϕ250	1	
18	刮板出渣机	$B=250$mm	1	
19	受煤斗	$V=3$m³	1	
20	水箱	$V=10$m³	1	

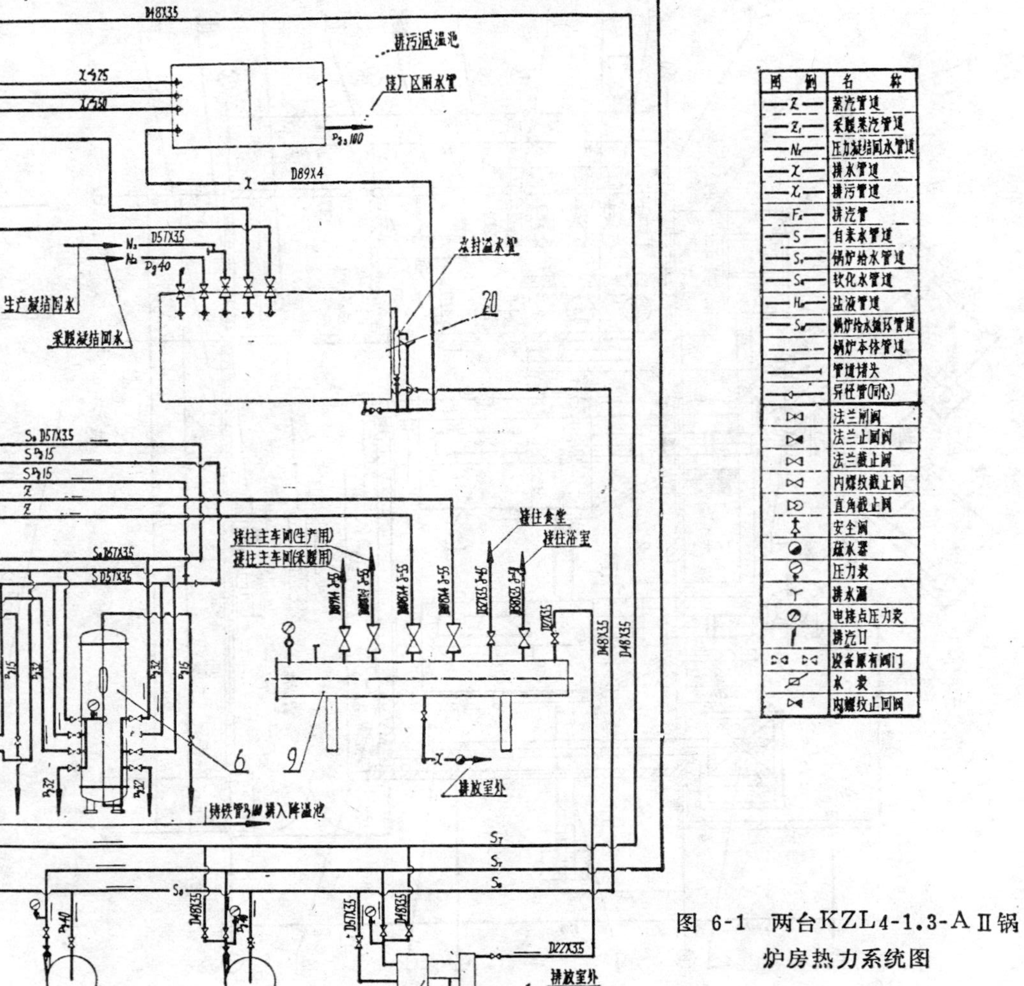

图 6-1 两台KZL4-1.3-AⅡ锅炉房热力系统图

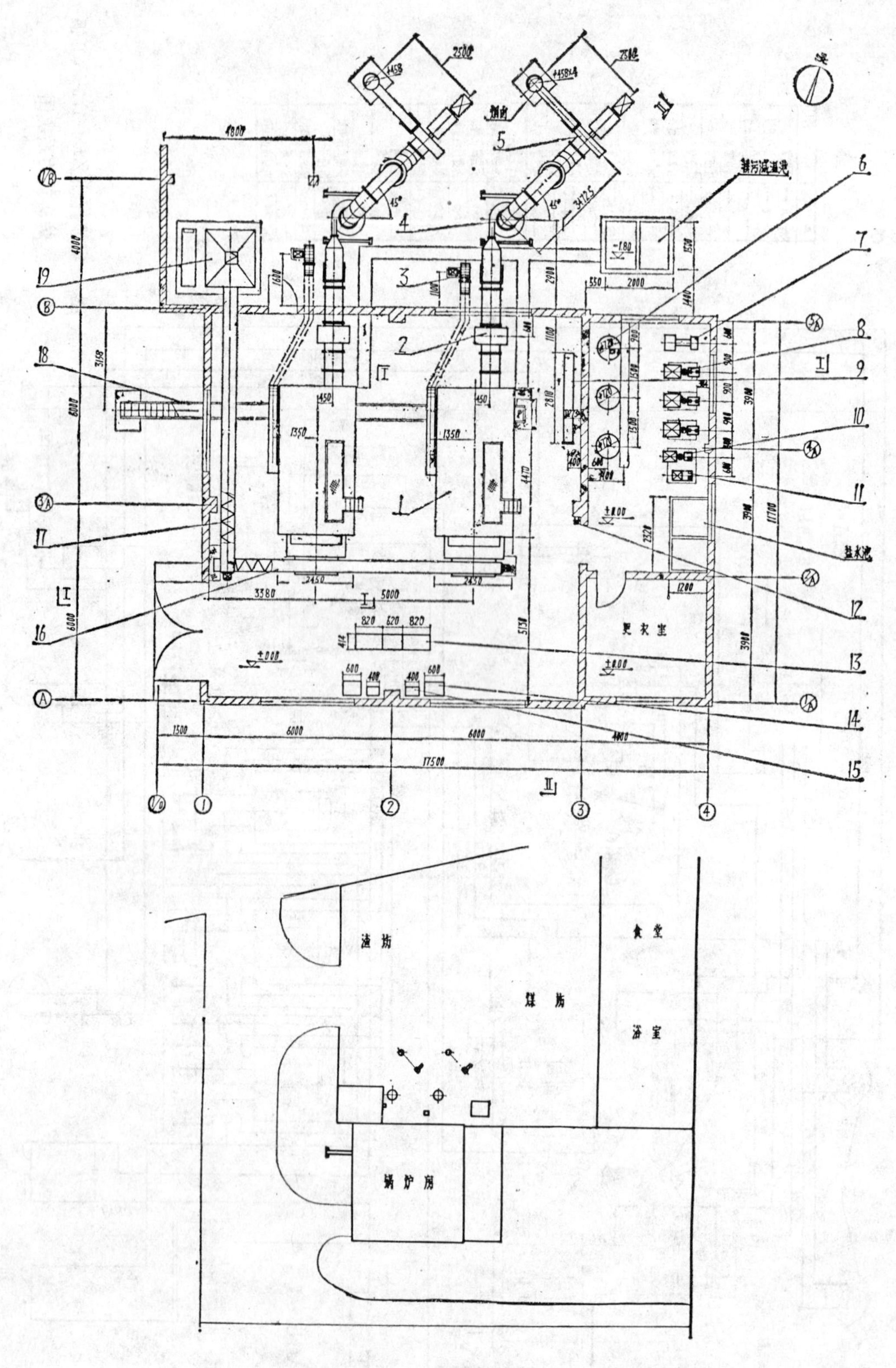

图 6-2　两台KZL4-1.3-AⅡ锅炉房平面布置及锅炉房区域布置图

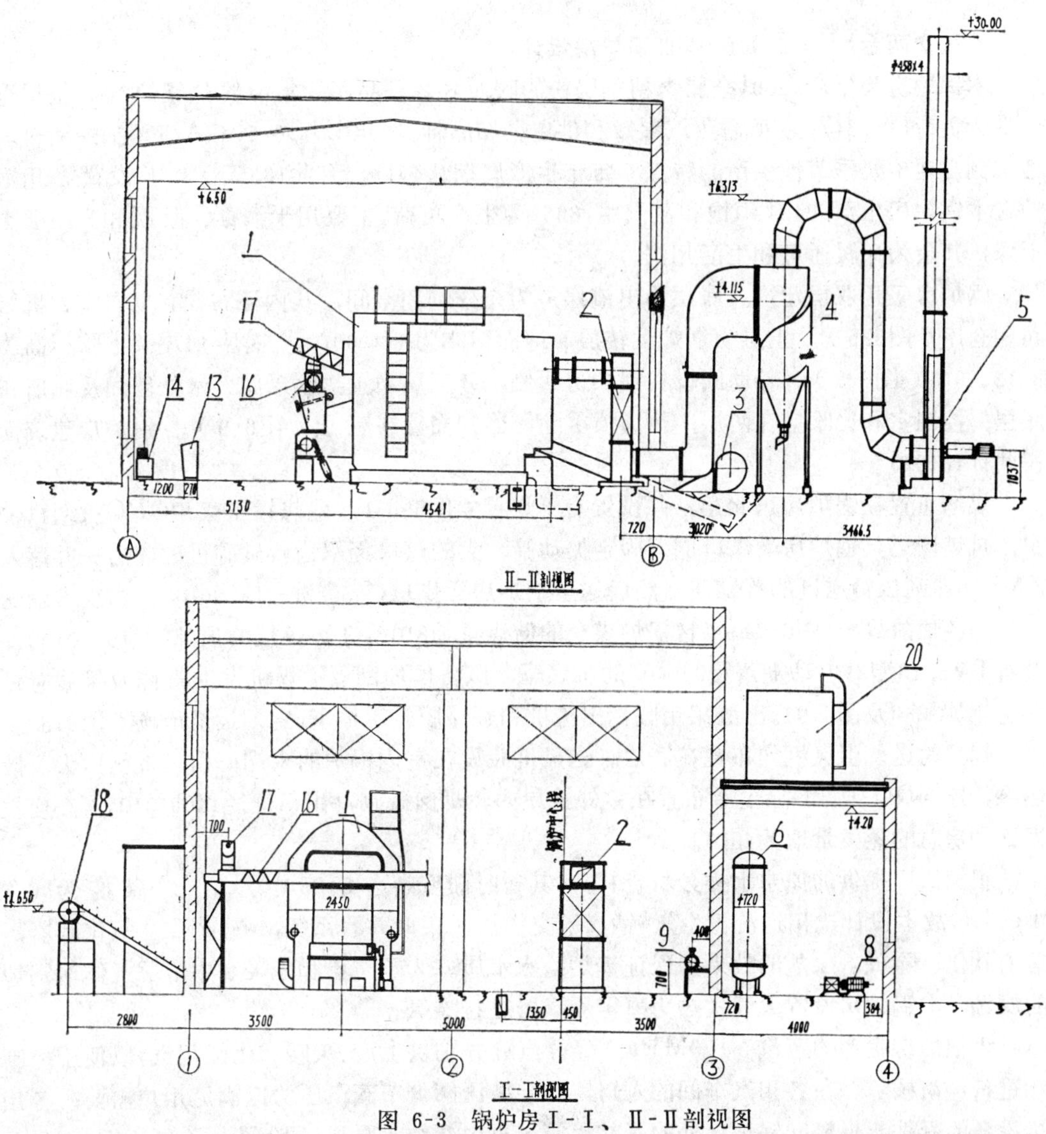

图 6-3 锅炉房Ⅰ-Ⅰ、Ⅱ-Ⅱ剖视图

供水，本锅炉房设置有备用电动给水泵和汽动给水泵各一台。三台电动给水泵型号为$1\frac{1}{2}$GC5×7型，一台汽动给水泵为QB-3型。此外，考虑到有时原水水压较低，本设计另选一台2BA-6A型离心水泵，作原水加压之用。

因锅炉房容量较小，本设计未考虑定期排污水热量的回收利用，排污水各自直接排至室外排污降温池。

本锅炉房土建为混合结构。锅炉房屋架下弦标高为6.5m，建筑面积为190.8m²，包括煤场、渣场共占地约500m²。锅炉房总投资额为29.55万元。表6-2列出了选用的主要设备及规格。

附图三张：

图6-1　两台KZL4-1.3-AⅡ锅炉房热力系统图；

图6-2　两台KZL4-1.3-AⅡ锅炉房平面布置及锅炉房区域布置图；

图6-3　锅炉房Ⅰ-Ⅰ、Ⅱ-Ⅱ剖视图。

（二）两台SHL6-1.6-AⅢ锅炉房设计

本锅炉房为年产2000t全脂含糖羊奶粉的陕西××乳品厂的集中供热锅炉房。根据全厂最大负荷11.73t/h，所需蒸汽参数和供应燃煤品种，选用SHL6-1.6-AⅢ型锅炉两台。考虑到当地羊奶季节性生产的特点（每年生产周期从4月至9月共183天），不设置备用锅炉。本锅炉房生产的12t/h饱和蒸汽中，80%为生产负荷，主要用于消毒、保温和高压喷雾干燥，其余为采暖通风和生活用汽。

锅炉房采用双层建筑。底层为出渣层，为充分利用空间，其内还布置有更衣室、机修间和仓库（图6-5）。上层为锅炉运转层，地面标高为+4.00m。锅炉房屋架下弦标高为+12.60m（图6-8）。辅助间设在锅炉房西侧，分三层布置：水泵间、水处理间及厕所在底层；控制室和化验室在两层；热力喷雾除氧器则布置在三层（图6-9）。锅炉房建筑面积共计1210m²。

煤场布置在锅炉房东北角，并设置有干煤棚（图6-5）。输煤设备采用CPQ-1型1t铲车，自煤场运至锅炉房受煤口倒入固定振动筛，大的煤块经双齿辊破碎机破碎后一并落入ZMS20埋刮板输送机的落煤斗，然后送至锅炉房运煤层(标高为+12.00m)，由皮带输送机分送各炉前煤仓(图6-7)。每台锅炉煤仓的储煤量为8m³。在运煤层的顶部(+15.80m)，设有TV-213型2t电动葫芦及0.7m³的吊煤罐，以备作埋刮板输煤机发生故障及维修时输煤之用(图6-8及图6-9)。出渣采用圆盘出渣机和翻斗胶轮手推车，定期运至渣场（图6-5)。

锅炉的送、引风机均布置在底层。送风机装设在室内锅炉的末端；引风机噪声大，散热多，连同DG-6.5型除尘器布置在室外披屋内。烟囱砖砌，出口直径1400mm，高度根据锅炉房总的蒸发量取为45m。

根据该厂提供的原水水样分析资料，其暂时硬度高达5.25me/L，总碱度为6.7me/L，故本设计选用逆流再生氢-钠离子交换法，采取并联系统，配置除二氧化碳器，兼有软化、除碱、除盐的效果，保证锅炉给水水质。为了防止和减轻水中溶解气体对锅炉的腐蚀，本锅炉房设置大气式热力喷雾除氧器进行除氧。

本锅炉房生产的蒸汽（1.3MPa）经分汽缸分别供生产、采暖和生活用汽，以便于控制和进行经济核算。在各用汽车间的入口，均装减压阀调节蒸汽压力以满足用户需要；各用热设备的凝结水自流回锅炉房外的凝结水箱，再由凝结水泵送至除氧器除氧（图6-4）。

室外蒸汽管道和凝结水回水管道全敷设在半通行地沟内。蒸汽管道采用水泥蛭石管套保温，回水管为裸管，未采取保温措施。

为利用排污水的热量，本设计选用了连续排污扩容器，它产生的二次蒸汽引入除氧器用以加热给水。经降温的连续排污水和定期排污水送往距锅炉房较远的排污降温池，最后排入厂区下水道。

本锅炉房占地面积1280m²，总投资78.35万元，其中设备费43.23万元，土建费用20.58万元。表6-3列出了本设计选用的主要设备及规格。

本设计附图共十二张：

图6-4 两台SHL6-1.6-AⅢ锅炉房热力系统图；

图6-5 两台SHL6-1.6-AⅢ锅炉房区域布置图及出渣层平面布置图；

图6-6 两台SHL6-1.6-AⅢ锅炉房运转层平面布置图；

图6-7 两台SHL6-1.6-AⅢ锅炉房除氧、运煤层平面布置图；

图6-8 锅炉房A-A剖视图；

图6-9 锅炉房B-B剖视图；

图6-10锅炉房出渣层管道平面布置图；

图6-11锅炉房除氧、运转层管道平面布置图；

图6-12管道布置A-A剖视图；

图6-13管道布置B-B剖视图；

图6-14管道布置C-C剖视图；

图6-15管道布置D-D、E-E剖视图。

两台SHL6-1.6-AⅢ锅炉房主要设备明细表 表 6-3

图中序号	名称	型号规格	数量	备注
1	锅炉	SHL6-1.6-AⅢ，蒸发量6t/h，压力1.6MPa	2	江苏南通锅炉厂
5	分汽缸	P_g1.6 D_g500 $L=2720$mm	1	
6	分汽缸	P_g0.6 D_g273 $L=1000$mm	1	锅炉房采暖用汽
9	连续排污扩容器	ϕ650	1	无锡锅炉厂
10	送风机	9-35-11 №10 左90° $Q=14200\sim17050m^3/h$，$H=2480\sim2560$Pa $N=22$kW	2	
11	引风机	Y5-47-11 №8C 左0° $Q=15000\sim27600m^3/h$，$H=3020\sim2060$Pa，$N=30$kW	2	
13	除尘器	DG-6.5	2	
14	圆盘出渣机	$N=1.5$kW	2	
15	电动给水泵	2GC-5×5 $Q=10m^3/h$，$H=1600$kPa，$N=17$kW	2	
16	蒸汽给水泵	2QS-15/17 $Q=7\sim15m^3/h$，$H=1700$kPa	2	
17	原水加压泵	3BA-9A $Q=25\sim45\ m^3/h$，$H=262\sim225$kPa，$N=5.5$kW	2	上海第一水泵厂
18	除氧水泵	2BA-6 $Q=10\sim30m^3/h$，$H=345\sim240$kPa，$N=4$kW	2	上海第一水泵厂
19	钠离子交换器	逆流再生ϕ1000	2	无锡锅炉厂
20	氢离子交换器	ϕ1000	2	无锡锅炉厂
21	硫酸喷射器		1	
22	真空泵	2X-0.5 $N=0.18$kW	1	上海真空泵厂
25	盐溶解池		1	
26	盐液泵	102塑料泵 $N=2.2$kW	2	上海万里塑料厂
27	软水箱	10m^3	1	
28	凝结水泵	2BA-6 $N=4$kW	2	
29	凝结水箱	5 m^3	1	
30	除氧器	QR3 20t/h，水箱10m^3	1	
31	除二氧化碳器	20t/h	1	
32	除二氧化碳风机	F4-62-1 №3 右0° $N=1.1$kW	1	
33	埋刮板输送机	ZMS20 $L=13.214$m，$H=13.53$m，减速器650-Ⅱ $N=7.5$kW	1	宜昌地区通用机械厂
34	煤场固定筛		1	
35	电动葫芦	TV-213 18m $N=0.6\sim3.5$kW	1	天津电动设备厂
36	吊煤罐	0.7m^3	1	
38	悬挂式电磁分离器	CFL-60	1	上海劳动电焊机厂
39	双辊破碎机	450×350 $N=8$kW	1	上海重型机器厂
41	皮带输送机	T45-10 $N=4$kW	1	宝鸡永江机器厂
42	排污降温池		1	
53	烟囱	砖砌上口ϕ1400 $H=45$m	1	

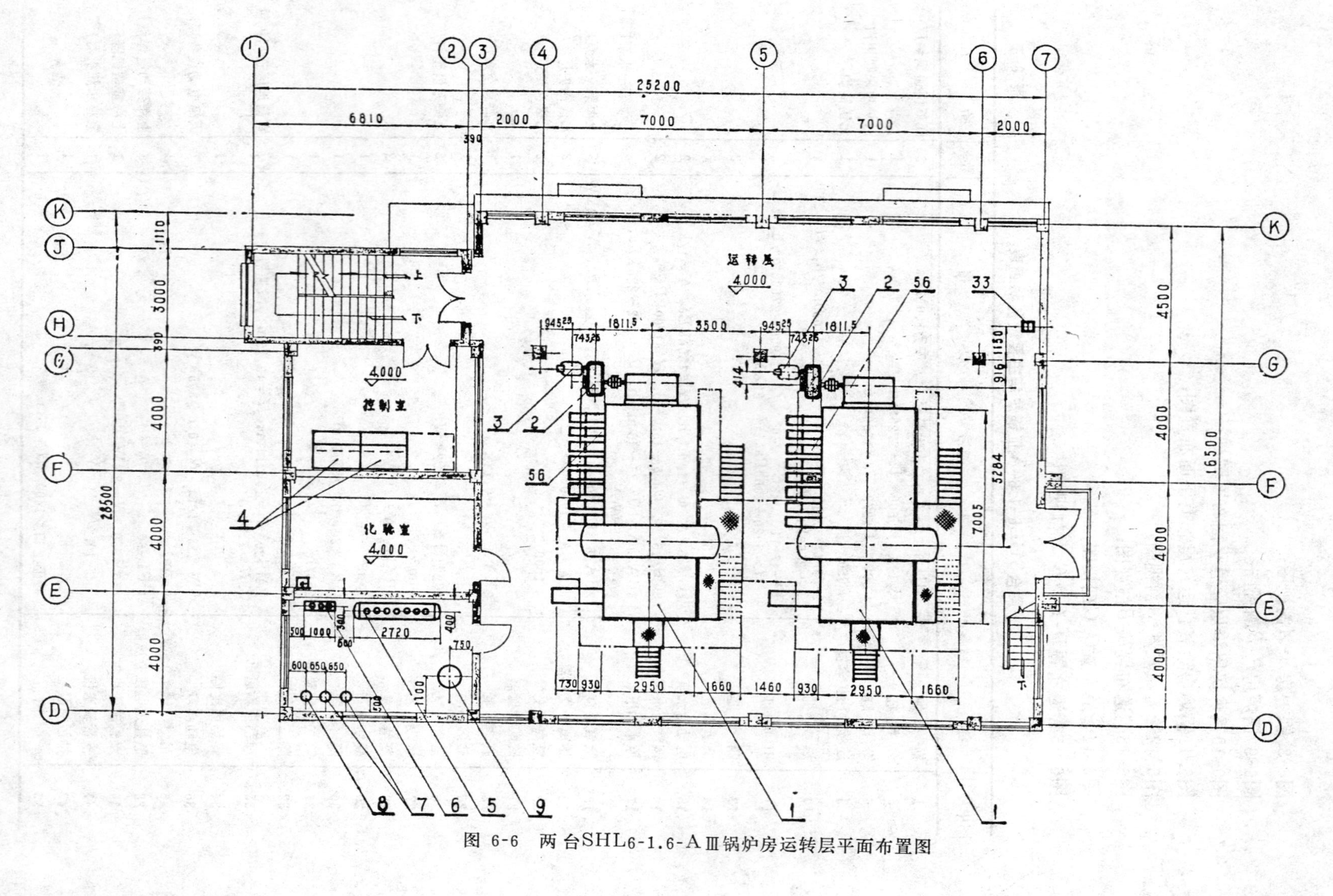

图 6-6 两台SHL6-1.6-AⅢ锅炉房运转层平面布置图

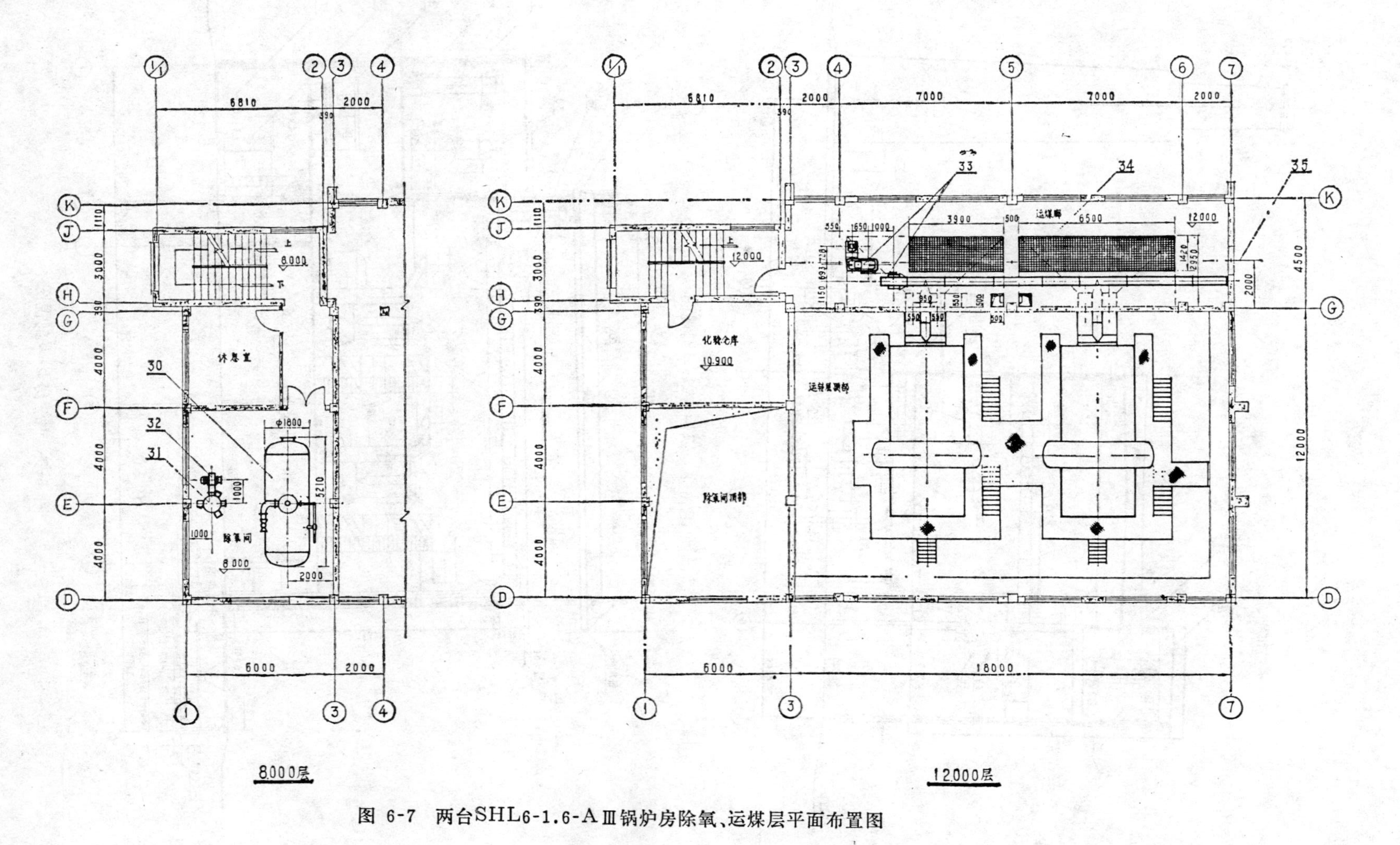

图 6-7 两台SHL6-1.6-AⅢ锅炉房除氧、运煤层平面布置图

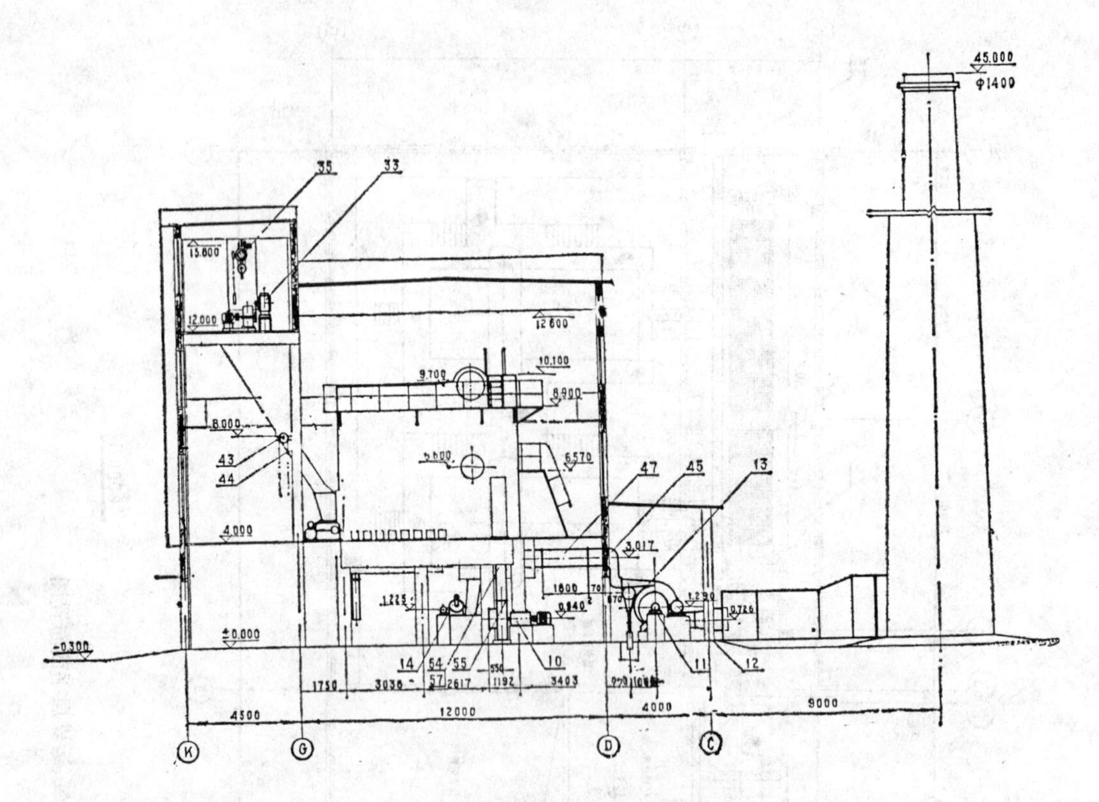

图 6-8 锅炉房A-A剖视图

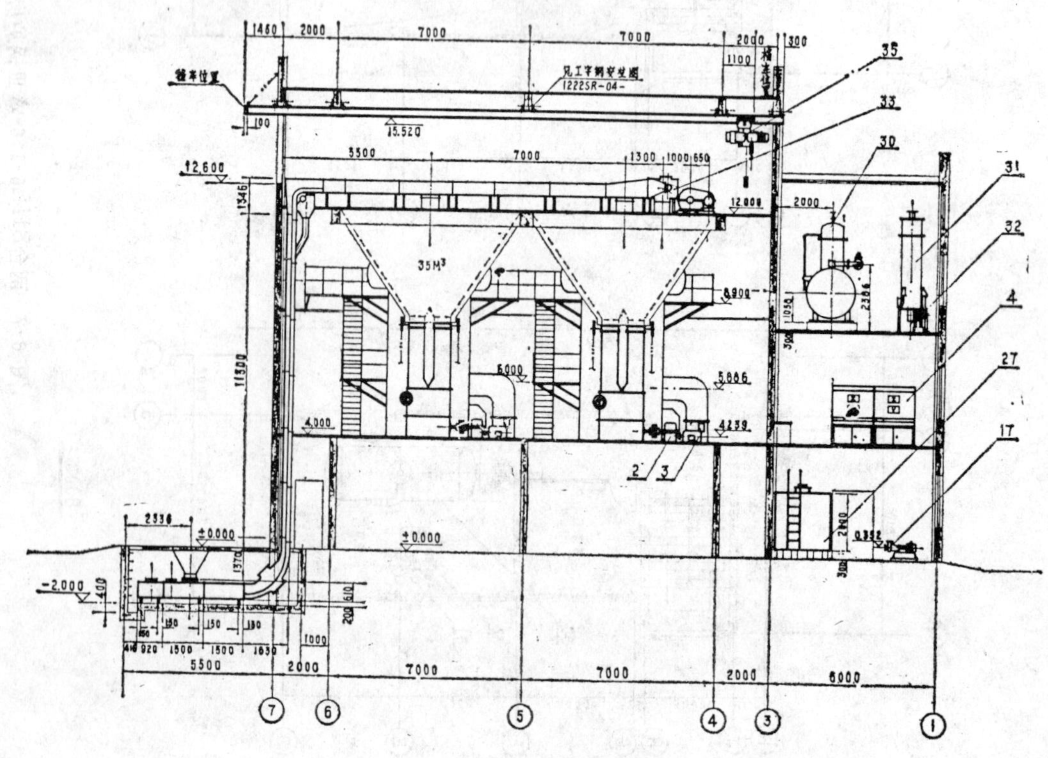

图 6-9 锅炉房B-B剖视图

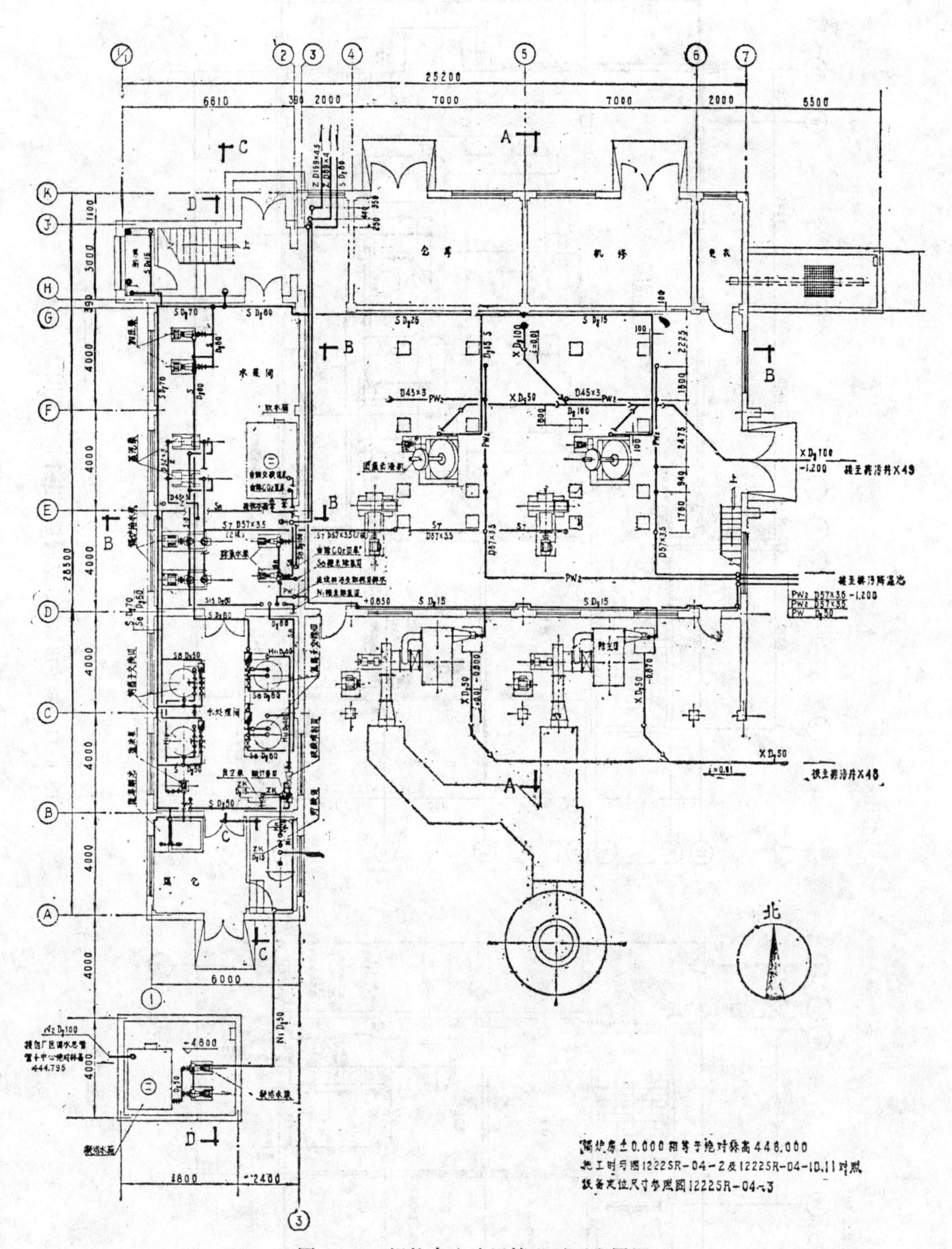

图 6-10 锅炉房出渣层管道平面布置图

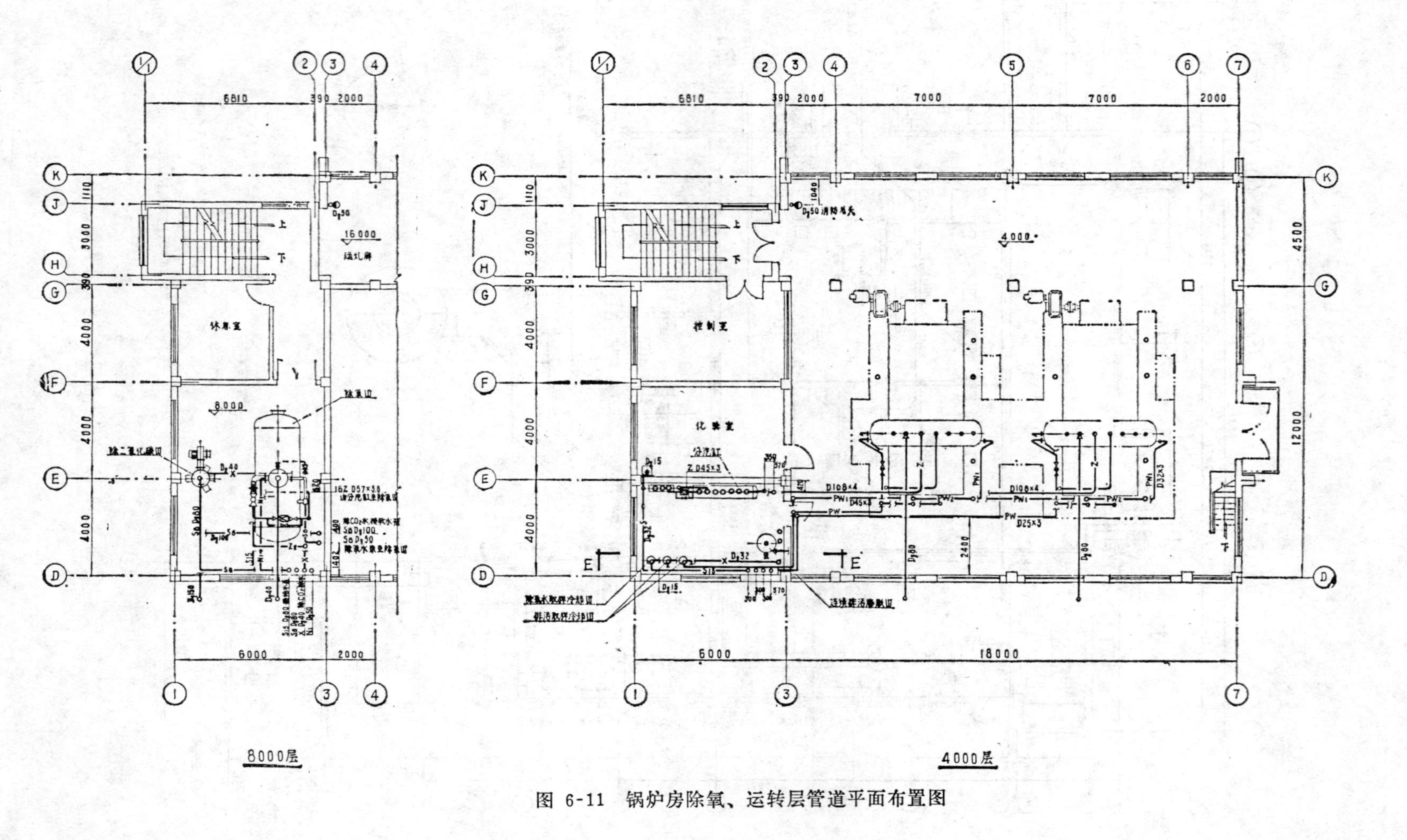

图 6-11　锅炉房除氧、运转层管道平面布置图

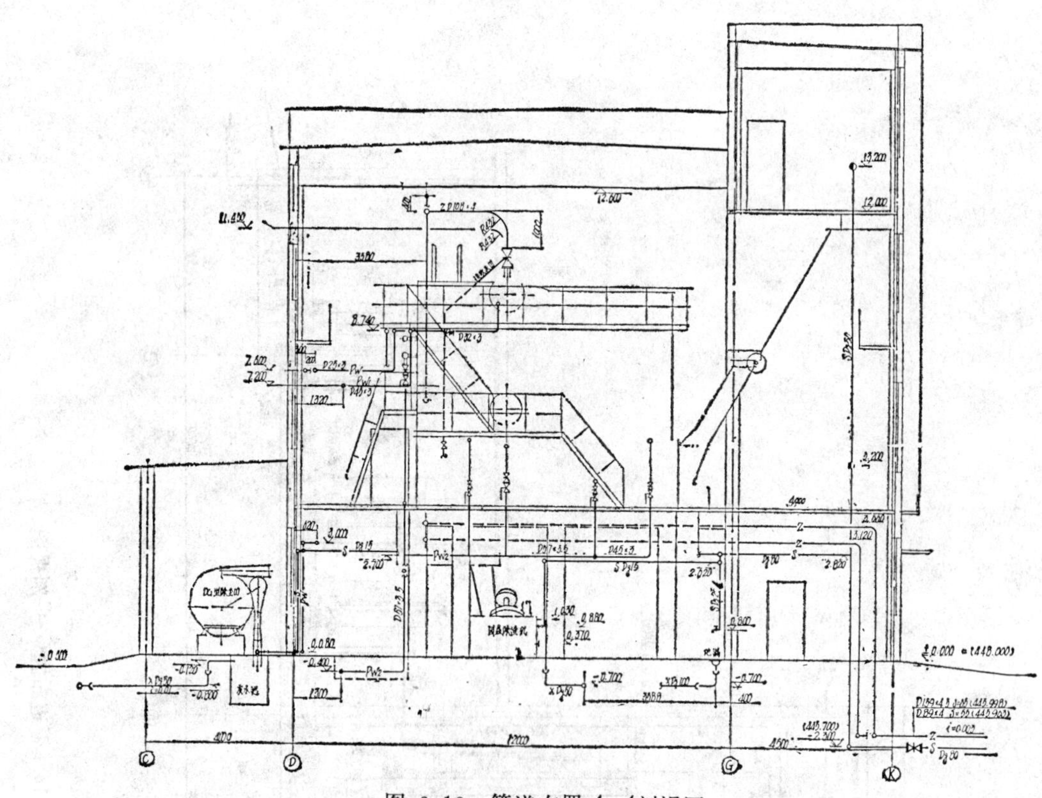

图 6-12　管道布置A-A剖视图

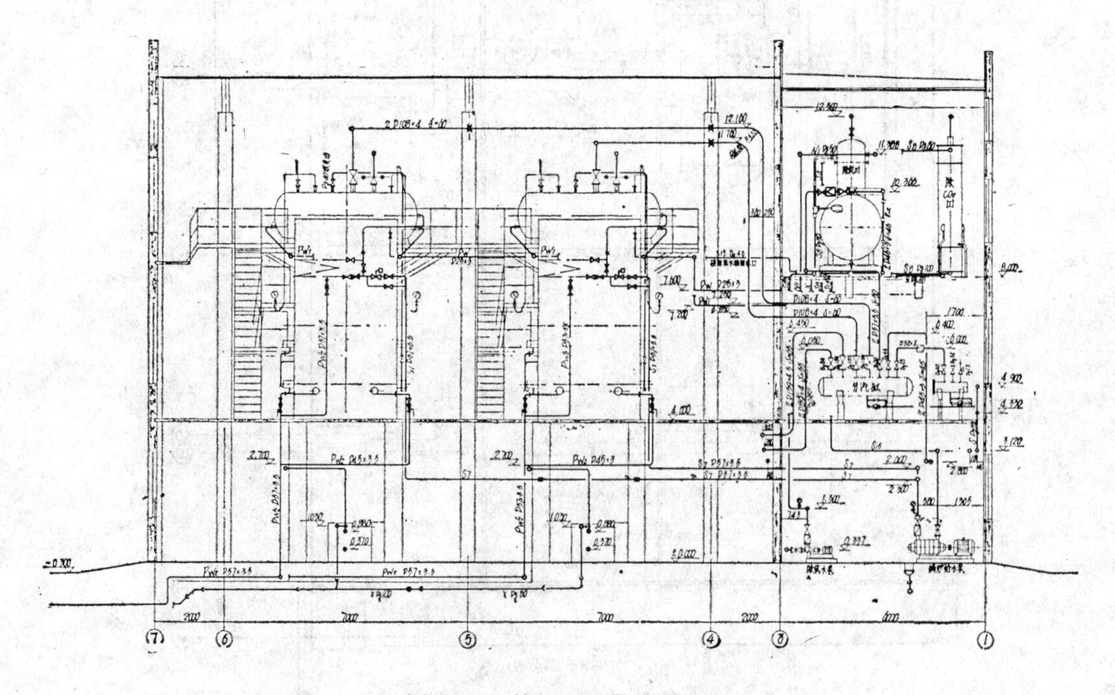

图 6-13　管道布置B-B剖视图

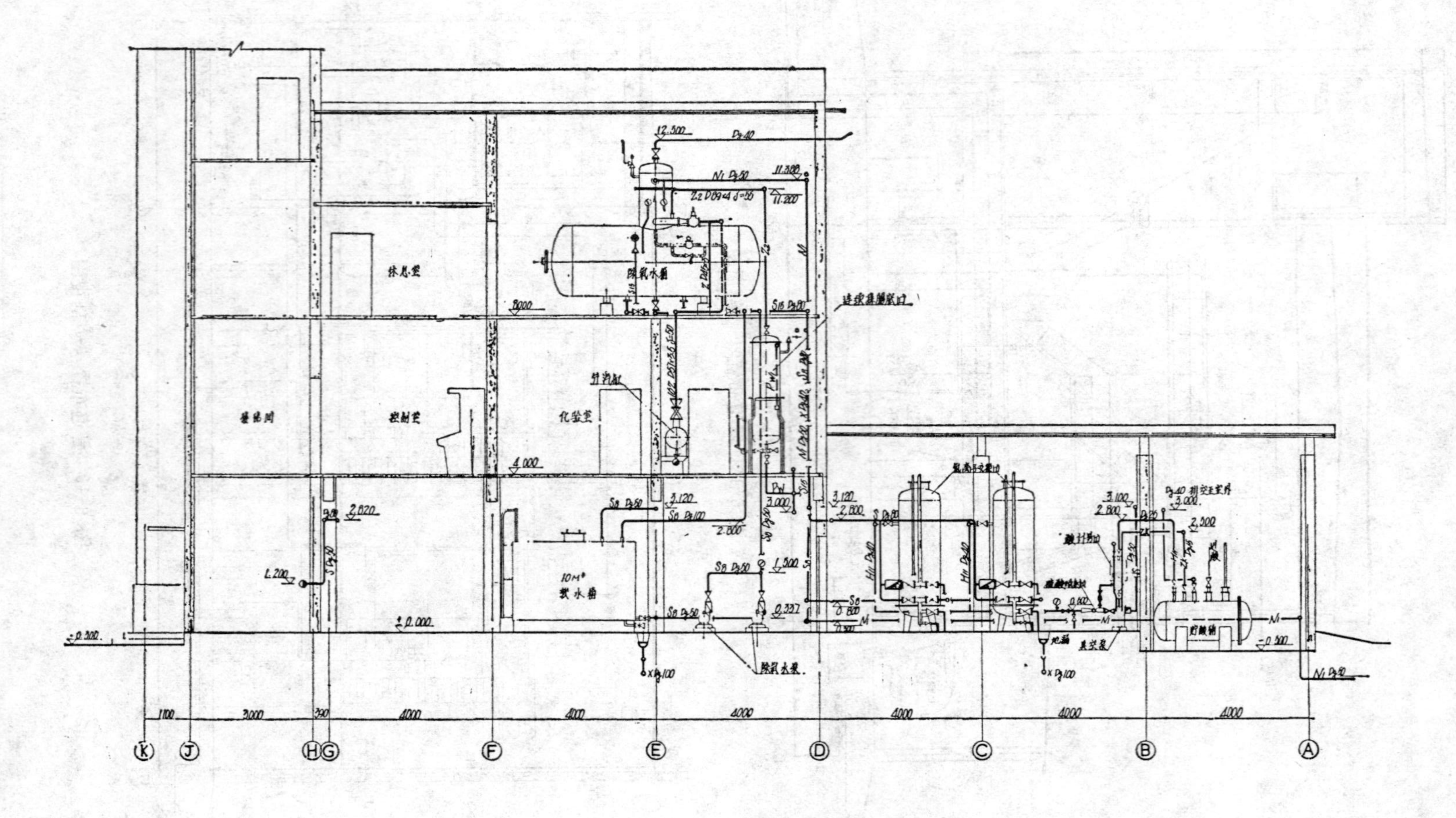

图 6-14 管道布置C-C剖视图

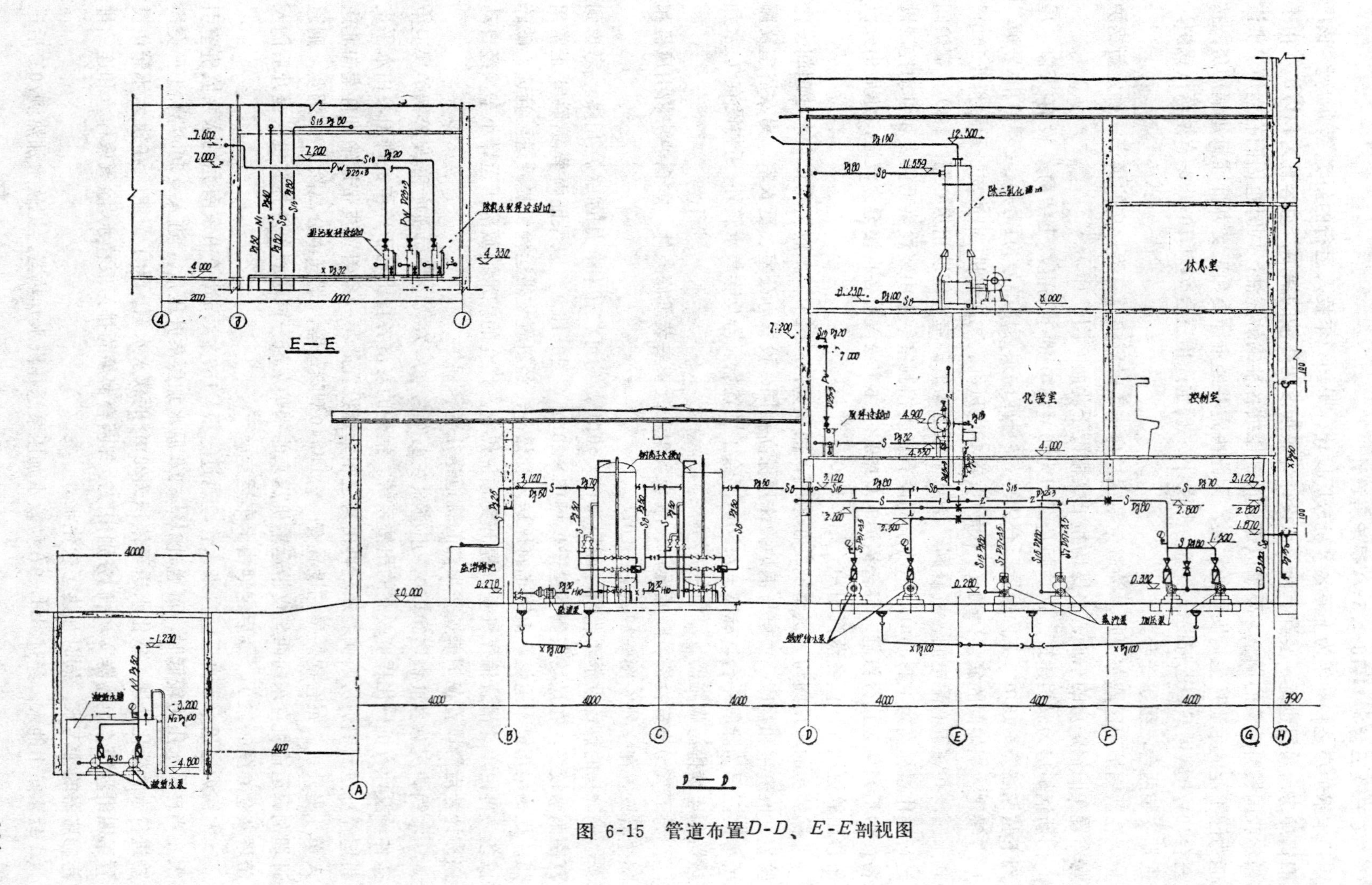

图 6-15　管道布置 D-D、E-E 剖视图

（三）三台SHL10-1.3-A锅炉房设计

本锅炉房是1980年为上海××机床厂设计、于1982年投入运行的新建锅炉房。该厂旧锅炉房为单层建筑，装置有两台原设计烧煤后改为烧油的锅炉，总容量为13t/h。由于当年我国燃料政策的调整，要求以煤代油，压缩各种锅炉烧油；同时也因旧有锅炉房供汽能力已不能满足工厂生产发展的需要，因此决定并经市计委和工交办批准新建锅炉房，按三台10t/h燃煤锅炉进行设计。经初步设计，确定选用三台SHL10-1.3-A型蒸汽锅炉，近期安装两台，缓建一台。

在新锅炉房区域布置时，为避免新锅炉房施工时影响原有锅炉房的供汽，确定新锅炉房布置在旧锅炉房的东面，将煤场和干煤棚设于北面（图6-16）。

新锅炉房为双层建筑。锅炉间是面积为30×18m^2的钢筋混凝土结构，设有天窗，屋架下弦标高为+15m，其内设置三台锅炉，按自西向东顺序编号为1号炉、2号炉和3号炉，后者缓建。锅炉间的底层（±0.00平面）设置有送风机、二次风机、出渣皮带运输机及20m^3软水箱，并布置有配电间、机修间、备品库和运煤值班室等辅助用房（图6-19）。锅炉间运行操作层标高为+4.00m，炉前东侧设有仪表控制室，集中装置热工仪表和自动控制设备；炉后东侧装设分汽缸，每台锅炉的D159×4.5主蒸汽管各自接至分汽缸，尔后由分汽缸接出管道送往厂区各蒸汽用户（图6-18）。

锅炉房的辅助间为三层建筑设在东端，面积为7.5×24m^2。底层布置有水处理间、化验室、值班室和盐库；二层与锅炉操作层标高相同，设置办公室、更衣室、男女浴室及厕所等；三层为除氧平台，标高+7.50m，除了设置除氧器及除氧水箱外，还装设有汽-水加热器和连续排污膨胀器。

为了节约建筑投资、降低噪声、减少灰尘和改善安装维修条件，本锅炉房将引风机和除尘器设置在室外（图6-19、图6-20）。

锅炉房的煤场设于西北角，面积为18×40m^2，约可贮存半个月的锅炉用煤。考虑到江南雨水较多，在煤场东侧搭建干煤棚18×18m^2（图6-16），以保证雨季锅炉房正常用煤。煤场采用铲车运煤，由铲车将煤送入受煤斗，经斜置皮带运输机提升送至筛选、破碎设备，再由单斗滑轨输煤机垂直提升到顶部煤仓。煤仓的煤最后放落于运煤小车，经自动磅称计量后沿设置在炉前煤斗顶部的轨道送往各台锅炉。

本锅炉房总容量将达30t/h，出渣除灰工作繁重，为减轻劳动强度和改善锅炉房卫生条件，设计有机械化程度较高的出渣系统。锅炉的灰渣各自由马丁碎渣机排出，由水平皮带运输机送到锅炉房西侧墙外，再由与之相垂直设置的另一条斜置皮带运输机自南向北送入单斗提升机。每台锅炉尾部设置有一台DG10型除尘器，烟气中分离除下的烟灰，则通过埋刮板运输机自东向西与皮带运输机送来的锅炉灰渣一同送到单斗提升机，提升后倒入渣塔灰仓（图6-16），最后定期由卡车运走。

本锅炉房用水来自厂区自来水管，通过一根D159×4.5管子由东南角的水泵值班室引入。当自来水压力较低时，可通过3BL-9A原水加压泵升压后，进入ϕ2000钠离子交换器进行水的软化处理，软化水送至体积为20m^3的软水水箱。为了节能，在软水水箱中设置了四组盘管（换热器），它们分别用以冷却两台锅炉的排污取样水、除氧取样水和连续排污膨胀器的排污水，同时加热了软化水。

软水箱中的水，经过3BL-9A型软水加压泵送往汽水加热器，把软水加热到70℃后进入除氧器。除氧器设计出力为25t/h，除氧水箱体积为15m³，并预留一台除氧器位置，供3号锅炉安装投运时使用。为保证除氧效果，本设计还设置有一套自动调节装置。当外界负荷变动影响除氧器压力波动时，它能通过浮球带动蒸汽调节阀的阀杆，开大或关小阀门以调节进入除氧器的蒸汽量。

经除氧处理后的105℃除氧水，由给水泵送往每台锅炉。本锅炉房设计安装有三冲量给水调节装置；为使调节阀有良好的调节性能，维持给水压力稳定，在给水母管末端装有回水调节阀，它随锅炉负荷的增大或下降而关小或开大。

水处理间设有盐池和塑料盐液泵。为改善劳动条件，盐库的盐设计由0.5t电动葫芦吊入盐池。再生盐液在盐液池中配制（3～7%）后由盐液泵送往钠离子交换器进行再生，所有盐液管道及其阀门、附件均由塑料制作，以防腐蚀。

为回收排污水的热量，本设计在+7.50m标高的除氧平台上安装一台ϕ700连续排污膨胀器。它产生的二次蒸汽送入除氧器加以利用；下部排出的排污水进入软水箱中的盘管冷却，最后排至室外排污降温池。由锅炉下汽包和各联箱接出的定期排污管，直接通往排污降温池。

三台SHL10-1.3-A锅炉房设备表　　　　表 6-4

图中序号	名　称	型号规格	数量	备注
1	锅炉	SHL10-1.3-A型　蒸发量10t/h　压力1.3MPa	3	缓建一台
2	送风机	G4-73-11　№8D　左90°　风量21100m³/h　风压2090Pa　电动机型号JO_3-160M-4　功率18.5kW　转速1450r/min	3	缓建一台
3	引风机	Y4-73-11　№10D　左180°　风量33100m³/h　风压2050Pa　电动机型号JO_3-180_2M-4　功率30kW　转速1450r/min	3	缓建一台
4	除尘器	DG10型	3	缓建一台
5	二次风机	9-27-101　№4　右90°　风量1790m³/h　风压4020Pa　电动机功率4kW　转速2900r/min	3	缓建一台
6	电动给水泵	$2\frac{1}{2}$GC-6×6型　流量15～20m³/h　扬程1620kPa　电动机型号JO_2-71　功率22kW	3	
7	蒸汽给水泵	QB-7型　流量16t/h　扬程1750kPa	1	
8	钠离子交换器	ϕ2000	2	
9	原水加压泵	3BL-9A型	1	
10	软水加压泵	3BL-9A型	2	
11	塑料盐液泵	102-2型塑料泵　流量6t/h　扬程196kPa　电动机功率1.5kW	1	
12	盐溶液池		1	
13	软水箱	20m³	1	
14	汽-水加热器		2	
15	除氧水箱	15m³	2	一台缓建
16	除氧器	出力25t/h	2	一台缓建
17	连续排污膨胀器	ϕ700	1	
18	马丁碎渣机		3	缓建一台
19	分汽缸	ϕ426×7　l=4070	1	
20	锁气贮灰斗		3	缓建一台
21	电动葫芦		1	
22	砖烟囱	上口内径1600mm　高度45m	1	
23	排污降温池	2500×3000	1	

本锅炉房采用独立式平衡通风系统，送风机装设在锅炉间底层，引风机则与除尘器一起露天布置，采取了良好的防雨措施。根据锅炉房容量，本设计烟囱高度确定为45m，烟囱上口内径为1600mm。

表6-4列出了锅炉房的主要设备、规格及数量。

本设计附图共六张

图6-16　三台SHL10-1.3-A锅炉房区域图；

图6-17　三台SHL10-1.3-A锅炉房热力系统图；

图6-18　三台SHL10-1.3-A锅炉房运行层平面布置图；

图6-19　三台SHL10-1.3-A锅炉房底层平面布置图；

图6-20　锅炉房Ⅰ-Ⅰ剖视图；

图6-21　锅炉房Ⅱ-Ⅱ剖视图

（四）两台SHL20-1.3/350-A锅炉房设计

本锅炉房系浙江某印染厂为发展涤棉染色、印花生产进行全厂性改造而新建的配套项目之一。锅炉房容量为40t/h，考虑到供应该厂的煤种和该厂规划在近期内将配置小型发电设备，实现热电联产以使热能按品位合理利用的要求，本设计选用SHL20-1.3/350-A型蒸汽锅炉两台。同时，在锅炉房内配置两套减温装置，调节过热蒸汽温度以满足近期各生产车间用汽参数的要求；在小型发电设备投运后，则可作为发电装置检修时的备用调温设备。减温装置的进口汽温为350℃，减温后汽温为200℃。

在该厂的总体布置上，本锅炉房为一独立区域，位于厂外，供汽管跨越公路进入厂区。除锅炉房本体建筑外，还有煤场、干煤棚、沉灰池、配电间以及利用旧有建筑改建的部分生活设施和仪表修理间等（图6-22）。这样布置有利全厂的安全和环境保护。

为改善劳动条件，并结合当地潮湿多雨等具体情况，本锅炉房设置干煤棚贮煤，采用铲车和皮带输送机将煤运至锅炉房内。燃煤先经固定筛筛选，大块煤由颚式破碎机破碎后一并落入多斗提升机的进料口，经提升送达标高为+15.50m的运煤廊后，再经水平皮带输送，由单侧犁式卸料机卸落于炉前钢制煤仓。每台锅炉的炉前煤仓贮量约为50t。在多斗提升机检修或发生故障时，本设计另设置单轨电动葫芦吊煤罐，以作备用输煤设备。

本锅炉房容量较大，设计采用机械出渣系统：灰渣经马丁出渣机、水平皮带运输机和单斗提升机送至室外渣塔存放，定期由卡车运出厂区。渣塔总容量约136m³，节约了渣场用地。

根据原水水质分析资料，总硬度为2.6me/L，总碱度为1.1me/L，溶解固形物为395.6mg/L，故本设计选用单级逆流再生钠离子交换系统进行软化处理。为减少锅炉房自耗蒸汽，锅炉给水采用真空除氧装置进行除氧；在水温为60～65℃和真空度保持在610～572mm汞柱的条件下，除氧后的给水含氧量小于0.05mg/L。为保持锅水有一定数量的磷酸根，本锅炉房还设置有磷酸盐加药器。

锅炉的通风，本设计采用独立式平衡通风系统，送、引风机和除尘装置按单台锅炉选配。供燃料燃烧需用的空气经空气预热器预热；烟气则经除尘装置、引风机、水平砖砌烟道和上口直径为1.7m，高为45m的砖砌烟囱排入大气。

在三废处理和综合利用方面，本设计为配合印染车间对有色印染污水和碱性污水的处理，采用沉降室和麻石水膜式除尘器，以碱性污水作为除尘的喷淋用水，经与烟气中的二

锅炉房主要设备明细表 表 6-5

图中序号	名称	型号及规格	数量	备注
1	锅炉	SHL20-1.3/350-A	2	上海锅炉厂制造
2	送风机	G4-73-11 №9D左90° $Q=24700\sim32900m^3/h$ $H=2670\sim2520Pa$ $N=30kW$	2	
3	引风机	Y4-73-11 №12D左0° $Q=64200m^3/h$ $H=2940Pa$ $N=100kW$	2	
4	二次风机	9-27-101 №5A左90° $Q=4140\sim4830m^3/h$ $H=6350Pa$ $N=17kW$	2	
5	固定式皮带输送机		1	
6	单斗提升机		1	
7	多斗提升机		1	
8	水膜式除尘器		2	
9	砖砌沉降室	1240×1240mm	2	
10	马丁出渣机		2	
12	钠离子交换器	ϕ1500	3	
13	锅炉给水泵	4GC-8×4 $Q=30m^3/h$ $H=1720kPa$ $N=40kW$	2	
14	蒸汽给水泵	QB-9 $Q=22.5\sim44m^3/h$ $H=1750kPa$	2	
15	减温给水泵	$1\frac{1}{2}$GC-5×7	2	
16	原水加压泵	2BA-6 $Q=20m^3/h$ $H=305kPa$ $N=4kW$	2	
17	除氧泵	3BA-9 $Q=30m^3/h$ $H=355kPa$ $N=7.5kW$	2	
18	盐液泵	101型塑料泵	2	
19	给水箱	体积$20m^3$	2	
20	真空除氧器	20t/h	2	
21	减温装置		2	
22	软水箱	体积$10m^3$	1	
23	单轨电动葫芦	2t $N=3kW$	1	
25	定期排污扩容器	ϕ800	1	
26	分汽缸	ϕ400 $L=3640mm$	1	
27	连续排污扩容器	ϕ650	1	
29	磷酸盐加药器	JL40/60	1	
30	砖烟囱	ϕ1700 $H=45m$	1	
32	淋水盘式热交换器	ϕ200 $H=800mm$	2	
33	灰浆泵	2BA-6	2	
36	移动式空气压缩机	V-0.42/7型	1	
37	贮气罐	$0.5m^3$	1	
39	电磁分离器	CFL-60型悬挂式	1	
40	移动式皮带机		1	
42	颚式破碎机	PE系列 250×400 $V=5\sim20t/h$	1	
43	卷扬机	JTK-1型 1t	1	

氧化硫等酸性物质中和后排入沉灰池。沉灰池的污水由灰浆泵送至该厂污水处理站集中处理；沉淀下来的灰则定期清除，可作砖瓦厂的原料。此外，本设计还利用渣塔作印染车间有色污水的脱色与粗滤装置，过滤后的污水由沉降池排至污水处理站作进一步处理。如此，既提高了生产污水的处理效果，又减少了环境污染，同时，也避免了湿式除尘装置的裸露金属、引风机和排水管道的严重腐蚀。

锅炉房的仪表和电气、自动调节设备的控制均集中布置在运转层前端的控制室内，包括三冲量水位自动调节系统、给水及蒸汽流量自动记录指示、送引风机远距离控制和一些安全运行所必需的热工仪表等。

总的说来，本锅炉房的区域布置较为紧凑、合理，建筑面积1652m^2，占地面积仅685m^2。锅炉房为预制混凝土框架结构，屋架下弦标高为21.00m，运转层标高为4.50m，除氧层标高为7.50m。本锅炉房总投资216万元，其中设备、自控仪表和安装费用为120万元，土建投资57万元。

锅炉房主要设备明细表见表6-5。

本设计附图共二张：

图6-22　两台SHL20-1.3/350-A锅炉房区域布置图及底层平面布置图；

图6-23　锅炉房运转、除氧、运煤层平面布置及Ⅰ-Ⅰ、Ⅱ-Ⅱ剖视图。

附　录

单 位 换 算 表　　表 1

压 力 的 单 位 换 算

名　　称	帕斯卡Pa (N/m^2)	巴bar ($10N/cm^2$)	工程气压at (kgf/cm^2)	毫米水柱 (mmH_2O)	标准气压atm (760mmHg)	毛 Torr (mmHg)
帕斯卡	1	10^{-5}	1.0197×10^{-5}	0.10197	9.8692×10^{-6}	7.5006×10^{-3}
巴	10^5	1	1.0197	10197.2	0.9869	750.062
工程气压	9.8067×10^4	0.98067	1	10^4	0.9678	735.559
毫米水柱	9.8067	9.8067×10^{-5}	1.0000×10^{-4}	1	9.6784×10^{-5}	7.3556×10^{-2}
标准气压	101325	1.0133	1.0332	10332.3	1	760
毛	133.332	1.3333×10^{-3}	1.3595×10^{-3}	13.595	1.3158×10^{-3}	1

注：$1N=1kgfm/s^2$；$1kgf=9.8N$；英制压力单位采用磅力/英寸^2(bf/in^2)，$1bf/in^2=6894.7Pa$。

功、能和热量的单位换算

名　　称	千　焦 (kJ)	千　卡 (kcal)	公斤力米 (kgf m)	千瓦时 (kW h)	马力时 (HP h)	英热单位 (Btu)
千　焦	1	0.2388	101.972	0.2772×10^{-3}	3.7777×10^{-4}	0.9478
千　卡	4.1868	1	426.94	1.163×10^{-3}	1.581×10^{-3}	3.9682
公斤力 米	9.807×10^{-3}	2.342×10^{-3}	1	2.724×10^{-6}	3.703×10^{-6}	9.295×10^{-3}
千瓦 时	3600.65	860	3.6717×10^5	1	1.3596	3412.14
马力 时	2648.28	632.53	270052.36	0.7355	1	2509.63
英热单位	1.0551	0.2520	107.5862	2.9307×10^{-4}	3.985×10^{-4}	1

注：$1erg=1dyn\ cm=10^{-7}J$；$1J=1N\ m=1W\ s$。

功 率 的 单 位 换 算

单 位 名 称	瓦；焦耳/秒 (W)	千卡/时 (kcal/h)	公斤力 米/秒 (kgf m/s)	马　　力 (HP)	英热单位/时 (Btu/h)
瓦	1	0.86	0.1019	1.35×10^{-3}	3.389
千卡/时	1.163	1	0.1185	1.58×10^{-3}	3.968
公斤力 米/秒	9.807	8.43	1	0.0133	33.39
马　力	735.3	632.25	75	1	2511
英热单位/时	0.2931	0.252	0.02986	3.98×10^{-4}	1

注：$1erg/s=10^{-7}W$。

饱和水与水蒸汽特性表（按压力排列）①②　　表 2

p (bar)	t (°C)	v' (m³/kg)	v'' (m³/kg)	ρ'' (kg/m³)	i' (kJ/kg)	i'' (kJ/kg)	r (kJ/kg)	s' (kJ/kgK)	s'' (kJ/kgK)
0.10	45.833	0.0010102	14.67	0.06814	191.83	2584.8	2392.9	0.6493	8.1511
0.20	60.086	0.0010172	7.650	0.1307	251.45	2609.9	2358.4	0.8321	7.9094
0.40	75.886	0.0010265	3.993	0.2504	317.65	2636.9	2319.2	1.0261	7.6709
0.60	85.954	0.0010333	2.732	0.3661	359.93	2653.6	2293.6	1.1454	7.5327
0.80	93.512	0.0010387	2.087	0.4792	391.72	2665.8	2274.0	1.2330	7.4352
1.0	99.632	0.0010434	1.694	0.5904	417.51	2675.4	2257.9	1.3027	7.3598
2.0	120.23	0.0010608	0.8854	1.129	504.70	2706.3	2201.6	1.5301	7.1268
3.0	133.54	0.0010735	0.6065	1.651	561.43	2724.7	2163.2	1.6716	6.9909
4.0	143.62	0.0010839	0.4622	2.163	604.67	2737.6	2133.0	1.7764	6.8943
5.0	151.84	0.0010928	0.3747	2.669	640.12	2747.5	2107.4	1.8604	6.8192
6.0	158.84	0.0011009	0.3155	3.170	670.42	2755.5	2085.0	1.9308	6.7575
7.0	164.96	0.0011082	0.2727	3.667	697.06	2762.0	2064.9	1.9918	6.7052
8.0	170.41	0.0011150	0.2403	4.162	720.94	2767.5	2046.5	2.0457	6.6596
9.0	175.36	0.0011213	0.2148	4.655	742.64	2772.1	2029.5	2.0941	6.6192
10.0	179.88	0.0011274	0.1943	5.147	762.61	2776.2	2013.6	2.1382	6.5828
11.0	184.07	0.0011331	0.1774	5.637	781.13	2779.7	1998.5	2.1786	6.5497
12.0	187.96	0.0011386	0.1632	6.127	798.43	2782.7	1984.3	2.2161	6.5194
13.0	191.61	0.0011438	0.1511	6.617	814.70	2785.4	1970.7	2.2510	6.4913
14.0	195.04	0.0011489	0.1407	7.106	830.08	2787.8	1957.7	2.2837	6.4651
15.0	198.29	0.0011539	0.1317	7.596	844.67	2789.9	1945.2	2.3145	6.4406
16.0	201.37	0.0011586	0.1237	8.085	858.56	2791.7	1933.2	2.3436	6.4175
17.0	204.31	0.0011633	0.1166	8.575	871.84	2793.4	1921.5	2.3713	6.3957
18.0	207.11	0.0011678	0.1103	9.065	884.58	2794.8	1910.3	2.3976	6.3751
19.0	209.80	0.0011723	0.1047	9.555	896.81	2796.1	1899.3	2.4228	6.3554
20.0	212.37	0.0011766	0.09954	10.05	908.59	2797.2	1888.6	2.4469	6.3367
21.0	214.85	0.0011809	0.09489	10.54	919.96	2798.2	1878.2	2.4700	6.3187
22.0	217.24	0.0011850	0.09065	11.03	930.95	2799.1	1868.1	2.4922	6.3015
23.0	219.55	0.0011892	0.08677	11.52	941.60	2799.8	1858.2	2.5136	6.2849
24.0	221.78	0.0011932	0.08320	12.02	951.93	2800.4	1848.5	2.5343	6.2690
25.0	223.94	0.0011972	0.07991	12.51	961.96	2800.9	1839.0	2.5543	6.2536
26.0	226.04	0.0012011	0.07686	13.01	971.72	2801.4	1829.6	2.5736	6.2387
27.0	228.07	0.0012050	0.07402	13.51	981.22	2801.7	1820.5	2.5924	6.2244
28.0	230.05	0.0012088	0.07139	14.01	990.48	2802.0	1811.5	2.6106	6.2104

① 摘自《国际单位制的水和水蒸汽性质》[西德]E.斯米特，V.格里古尔著，赵兆颐译　水利电力出版社 1983年，下表同。

② 临界常数：压力221.20bar，温度374.15°C，比容0.00317m³/kg，焓2107.4kJ/kg，比熵4.4429kJ/kgK。

过热蒸汽特性表（按压力排列）①　　表 3

p (bar)		t (°C) 240	260	280	300	320	340	360	380	400	420
8.0	v	0.2869	0.2995	0.3119	0.3241	0.3363	0.3483	0.3603	0.3723	0.3842	0.3960
	i	2928.6	2972.1	3014.9	3057.3	3099.4	3141.4	3183.4	3225.4	3267.5	3309.7
	s	6.9976	7.0807	7.1595	7.2348	7.3070	7.3767	7.4441	7.5094	7.5729	7.6347
9.0	v	0.2539	0.2653	0.2764	0.2874	0.2983	0.3090	0.3197	0.3304	0.3410	0.3516
	i	2924.6	2968.7	3012.0	3054.7	3097.1	3139.4	3181.6	3223.7	3266.0	3308.3
	s	6.9373	7.0215	7.1012	7.1771	7.2499	7.3199	7.3876	7.4532	7.5169	7.5788

续表

p (bar)		t (℃)									
		240	260	280	300	320	340	360	380	400	420
10.0	v	0.2276	0.2379	0.2480	0.2580	0.2678	0.2776	0.2873	0.2969	0.3065	0.3160
	i	2920.6	2965.2	3009.0	3052.1	3094.9	3137.4	3179.7	3222.0	3264.4	3306.9
	s	6.8825	6.9680	7.0485	7.1251	7.1984	7.2689	7.3368	7.4027	7.4665	7.5287
11.0	v	0.2060	0.2155	0.2248	0.2339	0.2429	0.2518	0.2607	0.2695	0.2782	0.2870
	i	2916.4	2961.8	3006.0	3049.6	3092.6	3135.3	3177.9	3220.3	3262.9	3305.4
	s	6.8323	6.9109	7.0005	7.0778	7.1516	7.2224	7.2907	7.3568	7.4209	7.4832
12.0	v	0.1879	0.1968	0.2054	0.2139	0.2222	0.2304	0.2386	0.2467	0.2547	0.2627
	i	2912.2	2958.2	3003.0	3046.9	3090.3	3133.2	3176.0	3218.7	3261.3	3304.0
	s	6.7858	6.8738	6.9562	7.0342	7.1085	7.1798	7.2484	7.3147	7.3790	7.4415
13.0	v	0.1727	0.1810	0.1890	0.1969	0.2046	0.2123	0.2198	0.2273	0.2348	0.2422
	i	2908.0	2954.7	3000.0	3044.3	3088.0	3131.2	3174.1	3217.0	3259.7	3302.5
	s	6.7424	6.8316	6.9151	6.9938	7.0687	7.1404	7.2093	7.2759	7.3404	7.4031
14.0	v	0.1596	0.1674	0.1749	0.1823	0.1896	0.1967	0.2038	0.2108	0.2177	0.2246
	i	2903.6	2251.0	2996.9	3041.6	3085.6	3129.1	3172.3	3215.3	3258.2	3301.1
	s	6.7016	6.7922	6.8766	6.9561	7.0315	7.1036	7.1729	7.2398	7.3045	7.3673
15.0	v	0.1483	0.1556	0.1628	0.1697	0.1765	0.1832	0.1898	0.1964	0.2029	0.2094
	i	2899.2	2947.3	2993.7	3038.9	3083.3	3127.0	3170.4	3213.5	3256.6	3299.7
	s	6.6630	6.7550	6.8405	6.9207	6.9967	7.0693	7.1389	7.2060	7.2709	7.3340
16.0	v	0.1383	0.1453	0.1521	0.1587	0.1651	0.1714	0.1777	0.1838	0.1900	0.1961
	i	2894.7	2943.6	2990.6	3036.2	3080.9	3124.9	3168.5	3211.8	3255.0	3298.2
	s	6.6263	6.7198	6.8063	6.8873	6.9639	7.0369	7.1069	7.1743	7.2394	7.3026
24.0	v	0.08839	0.09367	9.09863	0.10336	0.10793	0.11237	0.11672	0.12100	0.12522	0.12940
	i	2855.7	2911.6	2963.8	3013.4	3061.1	3107.5	3153.0	3197.8	3242.3	3286.5
	s	6.3788	6.4857	6.5818	6.6699	6.7517	6.8286	6.9016	6.9714	7.0384	7.1031
25.0	v	0.08436	0.08951	0.09433	0.09893	0.10335	0.10764	0.11184	0.11597	0.12004	0.12407
	i	2850.5	2907.4	2960.3	3010.4	3058.6	3105.3	3151.0	3196.1	3240.7	3285.0
	s	6.3517	6.4605	6.5580	6.6470	6.7296	6.8071	6.8804	6.9505	7.0178	7.0827
26.0	v	0.08064	0.08567	0.09037	0.09483	0.09912	0.10328	0.10734	0.11133	0.11526	0.11914
	i	2845.2	2903.0	2956.7	3007.4	3056.0	3103.0	3149.0	3194.3	3239.0	3283.5
	s	6.3253	6.4360	6.5348	6.6249	6.7082	6.7862	6.8600	6.9304	6.9979	7.0630
27.0	v	0.07718	0.08211	0.08670	0.09104	0.09520	0.09923	0.10317	0.10703	0.11083	0.11458
	i	2839.7	2898.7	2953.1	3004.4	3053.4	3100.8	3147.0	3192.5	3237.4	3282.0
	s	6.2993	6.4120	6.5123	6.6034	6.6874	6.7660	6.8402	6.9109	6.9787	7.0440
28.0	v	0.07397	0.07644	0.08328	0.08751	0.09156	0.09548	0.09929	0.10303	0.10671	0.11035
	i	2834.2	2894.2	2949.5	3001.3	3050.8	3098.5	3145.0	3190.7	3235.8	3280.5
	s	6.2738	6.3886	6.4903	6.5824	6.6672	6.7464	6.8210	6.8921	6.9601	7.0256

① 表中v、i和s的单位同表2。

水的比容和焓 **表 4**

t (°C)		p (bar) 1	5	10	20	30	40	50
0	v	0.0010002	0.0010000	0.0009997	0.0009992	0.0009987	0.0009982	0.0009977
	i	0.1	0.5	1.0	2.0	3.0	4.0	5.1
20	v	0.0010017	0.0010015	0.0010013	0.0010008	0.0010004	0.0009999	0.0009995
	i	84.0	84.3	84.8	85.7	86.7	87.6	88.6
40	v	0.0010078	0.0010076	0.0010074	0.0010069	0.0010065	0.0010060	0.0010056
	i	167.5	167.9	168.3	169.2	170.1	171.0	171.9
60	v	0.0010171	0.0010169	0.0010167	0.0010162	0.0010158	0.0010153	0.0010149
	i	251.2	251.5	251.9	252.7	253.6	254.4	255.3
80	v	0.0010292	0.0010290	0.0010287	0.0010282	0.0010278	0.0010273	0.0010268
	i	335.0	335.3	335.7	336.5	337.3	338.1	338.8
100	v	1.696	0.0010435	0.0010432	0.0010427	0.0010422	0.0010417	0.0010412
	i	2676.2	419.4	419.7	420.5	421.2	422.0	422.7
120	v	1.793	0.0010605	0.0010602	0.0010596	0.0010590	0.0010584	0.0010579
	i	2716.5	503.9	504.3	505.0	505.7	506.4	507.1
140	v	1.889	0.0010800	0.0010796	0.0010790	0.0010783	0.0010777	0.0010771
	i	2756.4	589.2	589.5	590.2	590.8	591.5	592.1
160	v	1.984	0.3835	0.0011019	0.0011012	0.0011005	0.0010997	0.0010990
	i	2796.2	2766.4	675.7	676.3	676.9	677.5	678.1
180	v	2.078	0.4045	0.1944	0.0011267	0.0011258	0.0011249	0.0011241
	i	2835.8	2811.4	2776.5	763.6	764.1	764.2	765.2
200	v	2.172	0.4250	0.2059	0.0011560	0.0011550	0.0011540	0.0011530
	i	2875.4	2855.1	2826.8	852.6	853.0	853.4	853.8

各类管道的规定代号① **表 5**

代号	名称	代号	名称	代号	名称
S	上水管（不分类型的）	XH_8	循环冷水管（自流）	R_6	采暖温水回水管
S_1	生产上水管	XH_9	循环冷水管（压力）	N_1	凝结水管
S_2	生活上水管	H_{10}	盐液管	Y_1	原油管
S_8	软化水管	R	热水管（不分类型的）	Y_6	柴油管
S_9	冲洗水管	R_1	生产热水管(循环自流)	Y_9	重油管
X	下水管（不分类型的）	R_2	生产热水管(循环压力)	YS_1	压缩空气管
X_1	生产下水管（自流）	R_3	生活热水管	YS_2	加热压缩空气管
X_3	生活下水管（自流）	R_4	热水回水管	Z	蒸汽管（不分类型的）
X_{11}	地下排水管	R_5	采暖温水送水管	ZK_1	高压真空管
X_{12}	排水暗沟	N_2	凝结回水管（自流）	ZK_2	低压真空管
X_{13}	排水明沟	N_3	凝结回水管（压力）		

① 为了区别各类管道，在画图时管线中间须注明规定代号，详见GB140—59。

蒸汽、水及压缩空气管道推荐流速 表 6

工作介质	管道种类	流速(m/s)	工作介质	管道种类	流速(m/s)
过热蒸汽	$D_g>200$ $D_g=200\sim100$ $D_g<100$	40～60 30～50 20～40	锅炉给水	水泵吸水管 离心泵出水管 往复泵出水管 给水总管	0.5～1.0 2～3 1～3 1.5～3
饱和蒸汽	$D_g>200$ $D_g=200\sim100$ $D_g<100$	30～40 25～35 15～30	凝结水	凝结水泵吸水管 凝结水泵出水管 自流凝结水管	0.5～1.0 1～2 <0.5
二次蒸汽	利用的二次蒸汽管 不利用的二次蒸汽管	15～30 60	上水	上水管、冲洗水管（压力） 软化水管、反洗水管（压力） 反洗水管（自流）、溢流水管	1.5～3 1.5～3 0.5～1
废汽	利用的锻锤废汽管 不利用的锻锤废汽管	20～40 60	盐液	盐液管	1～2
乏汽	从压力容器中排出 从无压力容器中排出 从安全阀排出	80 15～30 200～400	冷却水	冷水管 热水管（压力式）	1.5～2.5 1～1.5
热网循环水	供回水管（外网）	0.5～3	压缩空气	$P<1$MPa（表压）	8～12

常用钢管规格及质量表 表 7

无缝钢管（热轧）YB231-70						镀锌焊接钢管（普通）GB3091-82				
外径(mm)	壁厚(mm)	理论质量(kg/m)	外径(mm)	壁厚(mm)	理论质量(kg/m)	公称直径(mm)	公称直径(in)	外径(mm)	壁厚(mm)	理论质量(kg/m)
32	3	2.15	89	4	8.38	15	1½	21.3	2.75	1.26
38	3	2.59	108	4	10.26	20	3/4	26.8	2.75	1.63
45	3	3.11		5	12.70	25	1	33.5	3.25	2.42
50	3	3.48	133	4.5	14.26	32	1 1/4	42.3	3.25	3.13
	3.5	4.01	159	4.5	17.15	40	1½	48.0	3.50	3.84
57	3	4.00		6.0	22.64	50	2	60.0	3.50	4.88
	3.5	4.62	219	6	31.52	65	2½	75.5	3.75	6.64
63.5	3.5	5.18		8	41.63	80	3	88.5	4.00	8.34
	4	5.87	273	8	52.28	100	4	114.0	4.00	10.85
76	3.5	6.26		10	64.86	125	5	140.0	4.50	15.04
	4	7.10	325	10	77.68	150	6	165.0	4.50	17.81

蒸汽往复泵性能表 **表 8**

型号	流量 (m³/h)	扬程 (kPa)	往复次数 (r/min)	连接管管径(mm) 进汽	排汽	进水	出水	外形尺寸 L×B×H(mm)
2QS-3.5/17	1.3～3.5	1716	42～116	9.5	13	32	25	670×245×320
2QS-4.8/17	3.2～4.8		37～53	20	25	50	40	873×350×530
2QS-6/17	4～6		44～77	20	25	50	40	873×350×530
2QS-9/17	5～9		44～77	20	25	50	40	873×350×530
2QS-15/17	7～15		24～46	50	65	75	50	1476×590×690
2QS-21/17	14～21		30～44	50	65	100	75	1476×590×740
2QS-29/17	19～29		40～60	50	65	100	75	1476×590×740
2QS-53/17	25～53		26～58	50	65	125	100	1780×585×765
QB-3	3～6	1716	38～70	15	20	50	40	880×318×448
QB-4	5～11.5		30～64	20	32	65	40	1003×388×467
QB-5	6～16.5		30～60	25	32	80	50	1124×406×528
QB-6	11～20.5		30～50	40	50	100	80	1273×406×672
QB-7	16.5～29.5		30～50	40	50	100	80	1273×460×672
QB-9	22.5～44		26～45	50	65	125	100	1515×652×787
QB-11	38～65		24～40	50	65	150	100	1763×742×835

注：1.2QS型蒸汽往复泵，输送介质的最高温度为105℃。

2.QB型蒸汽往复泵的水缸活塞环只适用于水温不超过60℃，否则需更换活塞环。

102型离心塑料泵性能表 **表 9**

型号	流量 (m³/h)	扬程 (kPa)	转速 (r/min)	电动机功率 (kW)	进口管径 (mm)	出口管径 (mm)	外形尺寸 L×B×H(mm)
101	28 39 46 52	343 294 245 98	2900	7.7	80	50	792×319×472
102-3	6 11 14	196 167 137	2900	1.7	40	32	560×272×365

注：此泵系单吸单级硬聚氯乙烯塑料离心泵，主要用于输送酸、碱等腐蚀性液体，使用温度范围在0～40℃。

电动离心水泵性能表 **表 10**

型号	流量 (m³/h)	扬程 (kPa)	转速 (r/min)	电动机型号	电动机功率 (kW)	进口管径 (mm)	出口管径 (mm)	外形尺寸 L×B×H(mm)
IS 50-32-125①	12.5	196	2900	Y90L-2	1.5	50	32	920×390×337
IS 50-32-160	12.5	314	2900	Y100L-2	3	50	30	920×390×412
IS 50-32-200	12.5	490	2900	$Y132S_1$-2	5.5	50	30	1150×450×468
IS 65-50-160	25	314	2900	$Y132S_1$-2	5.5	65	50	1150×450×468
IS 65-40-200	25	490	2900	$Y132S_2$-2	7.5	65	40	1150×450×468
IS 80-65-160	50	314	2900	$Y132S_2$-2	7.5	80	65	1150×450×468
IS 80-50-200	50	490	2900	$Y160M_1$-2	11	80	50	1300×490×525
IS 100-80-160	100	314	2900	$Y160M_2$-2	15	100	80	1300×540×545
IS 100-65-200	100	490	2900	Y180M-2	22	100	65	1390×540×590

续表

型号	流量 (m^3/h)	扬程 (kPa)	转速 (r/min)	电动机型号	电动机功率 (kW)	进口管径 (mm)	出口管径 (mm)	外形尺寸 L×B×H (mm)
50R-40[2]	14.4	392	2960	$Y132S_1$-2	5.5	50	40	1133×510×570
65R-40	28.8	387	2960	$Y132S_2$-2	7.5	65	50	1230×510×584
80R-38	54	373	2960	$Y160M_1$-2	11	80	65	1513×494×720
100R-37	100.8	358	2960	Y160L-2	18.5	100	80	1403×545×640
150R-35	190.8	340	1480	Y200L-4	30	150	125	1686×530×650
200R-45	280	441	1480	Y250M-4	55	200	150	1908×670×950
200R-29	280	279	1480	Y225S-4	37	200	150	1865×665×950
250R-40	450	387	1480	Y280S-4	75	250	200	2250×740×1140
$1\frac{1}{2}$GC-5×5		1128						1206×373×360
-5×6	6	1353	2950	$Y132S_2$-2	7.5	D_g50	D_g40	1256×373×360
-5×7		1579						1306×373×360
2GC-5×5		1569		$Y160M_2$-2	15			1525×440×490
-5×6	10	1883	2950	Y160L-2	18.5	D_g50	D_g50	1630×440×490
-5×7		2197		Y160L-2	18.5			1690×440×490
$2\frac{1}{2}$GC-6×2		608～530		$Y132S_2$-2	7.5			1220×435×480
-6×3		912～794		$Y160M_1$-2	11			1405×440×490
-6×4	15～20	1216～1059	2950	$Y160M_2$-2	15	D_g65	D_g65	1465×440×490
-6×5		1520～1324		Y160L-2	18.5			1570×440×490
-6×6		1824～1589		Y180M-2	22			1655×470×490
-6×7		2128～1853		$Y200L_1$-2	30			1820×515×520
$2\frac{1}{2}$GC-3.5×7	10～20	3295～2746	2950	Y225M-2	40	D_g65	D_g50	2030×555×615
6sh-9[1]	130 180 220	510 451 373	2950	JO2-82-2	40	D_g150	D_g100	1620×450×710
6sh-9A	122 162 198	333 441 539	2950	JO2-72-2	30	D_g150	D_g100	1485×450×680
2.5N3×2[2]	8～12	515～495		JO2-41-2	5.5	65	50	929×390×443
3N6	16.5～30	608～567	2950	JO2-52-2	13	80	50	1063×430×455
3N6×2	18～34	1285～1177		JO2-71-2	22	80	50	1303×585×555

① IS型单吸单级离心泵系按照国际标准(ISO2858)设计的，它替代BA、B型泵是一种节能新产品；sh型泵是双吸单级离心泵。这两种泵输送液体最高温度不超过80℃。

② R型热水循环泵用于输送250℃或230℃以下不含颗粒的高压热水；N型泵为冷凝水泵，可输送温度低于120℃的液体。

锅炉风机性能表　　表 11

型号机号	转速 (r/min)	全压 (Pa)	流量 (m^3/h)	电动机型号	电动机功率 (kW)	外形尺寸 L×B×H (mm)	参考价格 (元)
4-72-11							
2.8A	2900	951～588	1330～2450	Y90S-2-B35	1.5	504×452×560	200
3.2A	1450	313～199	991～1910	Y90S-4-B35	1.1	560×515×636	200
	2900	1245～784	1975～3640	Y90L-2-B35	2.2		
3.6A	1450	402～274	1470～2710	Y90S-4-B35	1.1	612×579×712	240
	2900	1618～1068	2930～5408	Y100L-2-B35	3		
4A	2900	2000～1314	4020～7420	Y132S-2-B35	5.5	688×644×789	300
5A	2900	3177～2628	7950～14720	Y160M$_2$-2-B35	13～15	866×804×979	400
G4-73-11							
8D	1450	2069～1922	16900～25200	Y180M-4	18.5	1756×1318×1659	2800
	1450	1794～1461	27400～31500	Y180L-4	22		
9D	1450	2618～2471	24000～32900	Y200L-4	30	1847×1482×1851	3150
	1450	2432～1853	15900～29700	Y225M-4	45		
10D	1450	3236～2294	33100～61600	Y250M-4	55	1948×1648×2043	3400
	960	1422～1010	21800～47600	Y200L$_1$-6	18.5		
G9-35-11							
6D	1450	1912～1990	3710～10220	Y160M-4	4～11	1388×905×1003	3580
	960	833～872	2460～6750	Y132M$_1$-9	3～4		
8D	960	1490～1539	5310～16000	Y180L-6	7.5～15	1511×1206×1324	3580
	730	863～892	4430～12200	Y160M$_1$-8			3960
				Y160L-8	4～7.5		
10D	960	2324～2412	11350～31250	Y200L$_1$-6			
				Y280S-6	17～45	1939×1507×1650	3960
	730	1353～1451	8650～23800	Y160L-8			
				Y225S-8	7.5～18.5		
Y5-47							
4C	2900	1451～990	2750～5060	Y100L-2	3	811×605×739	1040
	3300	1873～1284	3130～5750	Y112M-2	4		
5C	2620	1843～1265	4840～8900	Y132S$_1$-2	5.5	870×750×912	1160
	2900	2265～1549	5360～9870	Y132S$_2$-2	7.5		
6C	2620	2657～1824	8370～15410	Y160M$_2$-2	15	975×896×1086	1370
	2850	3148～2147	9110～16760	Y160L-2	18.5		
	1820	2530～1726	13780～25360	Y180L-4	22		
8C	1820	2528～1726	13780～25360	Y180L-4	22	1701×1022×1485	2400
	1980	2991～2049	15000～27600	Y200L-4	30		
9C	1820	3197～2189	19640～36140	Y225S-4	37	1791×1324×1760	3150
12D	1450	2609～2471	37100～68250	Y280S-4	75	2192×1765×2268	5100
Y4-73-11							
8D	1450	1284～912	16900～31500	Y225M-4	45	1756×1318×1659	3000
9D	1450	1618～1569	24000～44200	Y160L-6	11	1847×1482×1851	3400
				Y180L-6	15		
	960	706～500	15900～29700	Y160M$_2$-8	5.5		
10D	1450	2010～1422	33100～61600	Y225M-4	45	1948×1648×2043	3700
	960	882～853	28100～29900	Y160L-6	11		
	960	813～627	32600～40700	Y180L-6	15		
	730	509～362	16600～31000	Y160M$_2$-8	5.5		
11D	1450	2432～2402	43900～54700	Y250M-4	55	2272×1810×2240	4500
	1450	2343～1716	60100～81800	Y280S-4	75		
12D	1450	2883～2039	57200～10700	JO$_2$-92-4	100	2382×1974×2437	5100
Y9-35-11							
8D	960	921～961	5810～16000	Y132M$_1$-6	4～11	1511×1206×1324	3580
				Y160L-6			
	730	539～558	4430～12200	Y160M$_1$-8	4～5.5		
				Y160M$_2$-8			
10D	960	1451～1500	11350～31250	Y160L-6	11～30	1939×1507×1650	3960
				Y225M-6			
	730	843～872	8650～23800	Y160M$_2$-8	5.5～15		
				Y200L-8			
12D	960	2079～2167	19620～53940	Y225M-6	30～75	1887×1807×1970	5360
				Y315S-6			
	730	1206～1245	14920～41030	Y180L-8	11～37		
				Y280S-8			

逆流再生钠离子交换器（S_{51}）技术参数 表 12

规格	出力 (t/h)	交换剂层高度 (mm)	压脂层高度 (mm)	工作压力 (MPa)	工作温度 (℃)	外形尺寸 $D\times H$ (mm)	净重 (kg)	参考价格 (元)
φ500	2.9	1500				512×3260	770	4560
φ750	6.6	1500				762×3450	900	6600
φ1000	11.8	2000	200	≤0.6	5～30	1012×3950	1000	9000
φ1500	26.5	2500				1516×4960	2300	12600
φ2000	47.1	2500				2016×5190	3470	17280
φ2500	73.6	2500				2520×5250	5710	24000

大气热力喷雾式除氧器技术参数 表 13

生产厂图号	出力 (t/h)	水箱体积 (m^3)	工作压力 (MPa)	工作温度 (℃)	喷嘴进口压力 (MPa)	出水含氧量 (mg/L)	外形尺寸 $L\times B\times H$ (mm)	净重 (kg)	参考价格 (万元)
F111-0	6	4			0.2		4800×1280×3450	1295	
S0402-0-0	10	5			0.15～0.2		3892×1811×3437	2030	1.9
S0403-0-0	20	10	0.02	104		≤0.05	5220×2095×3819	2970	2.2
S0405-0-0	40	20			0.2		5870×3760×5426	7170	3.6
S0407-0-0	70	35					9221×3801×5731	9700	4.2
S09·10·03	40	20			0.15～0.2	≤0.015	5870×3760×5426	8110	5.4
S0906·1005	75	30	0.32	145	0.38	≤0.01	9341×2800×7179	13255	7.8

排污扩容器技术参数 表 14

名称	规格 (mm)	型号	工作压力 (MPa)	体积 (m^3)	外形尺寸 $D\times H$ (mm)	净重 (kg)
连续排污	φ670		0.2	0.75	686×3110	610
扩容器	φ800	S06	≤0.7	1.50	816×4140	1178
	φ1200		0.7	3.00		
	φ1500		0.7	5.50	1520×4000	2319
定期排污	φ900			0.8	916×2100	524
扩容器	φ1500			3.5	1516×2850	1108
	φ2000	S08	≤0.15	7.5		
	φ2000			12.0	φ2020×4900	2093

取样冷却器技术参数 表 15

型号规格	工作压力 (MPa)	工作温度 (°C)	冷却面积 (m^2)	外形尺寸 $D\times H$ (mm)	净重 (kg)	参考价格 (元)
ϕ254	2.5	225	0.38	254×721	28	400
ϕ273	3.9	450	0.45	273×745	40	800
ϕ290	<2.5	<220	0.62 0.49 0.36	290×1200	76	850
SH159-0①	2.5	250	0.36	159×1200	37.6	500
SH254-0	2.5	250	0.36	254×789	49	500
H273-0	3.9	450	0.81	273×1112	99	650
H325-0	3.9	450	0.90	325×1165	157	800

① 表12～15中除图号F111-0为武汉锅炉辅机厂产品和SH、H型冷却取样器为杭州锅炉辅机厂产品外，其余均为无锡锅炉厂的产品。

分汽缸技术参数 表 16

型号	工作压力 (MPa)	容积 (m^3)	接管阀座(公称直径)(mm)						压力表接管 (mm)	疏水阀座	阀座间距 (mm)						总长度 (mm)
			d_1	d_2	d_3	d_4	d_5	d_6			L_1	L_2	L_3	L_4	L_5	L_6	
D219×6	0.8	0.04	50	40	40	40					190	220	220		200		1345
D273×6	0.8	0.06	50	40	40	40			D32 ×3.5	25	190	220	220		200		1361
D299×8	1.3	0.11	80	50	50	50	50				232	296	296	232	181		1782
D325×10	1.3	0.12	100	50	50	50	50				232	334	334	232	181		1870
GFG219-1-2A			25	32	50	50	50	40	D_g15	40	230	235	245	255	255	250	1995
273-2-2A	1.3		25	32	40	65	65	50		50	140	235	240	250	305	270	2166
377-4-2A			25	40	50	100	100	80		50	140	240	250	340	440	405	2760
FQ13-500																	
FQ13-100		0.45	100	阀座6个							230	310	372	372	270	232	1646
FQ13-125	1.3	0.66	125	阀座8个					D_g15	40	235	440	490	450	360	335	2760
FQ13-150		0.95	150	阀座9个							230	540	436	436	372	306	4250
FQ25-500																	
FQ25-150	2.5	0.82	150	阀座8个					D_g15	40	230	400	440	490	590	486	3445

管壳式热交换器技术参数 表 17

名称	标准图号	规格	工作压力 (MPa)	有效长度 (m)	管径 (mm)	管数	传热面积 (m²)	外形尺寸 $D_g \times L$ (mm)
汽-水热交换器	N107-1	D_g400二回程	0.6	1.2～2.6	25×2.5	2×22	3.73～8.07	400×(1882～3282)
	N107-2	D_g500二回程		1.6～3.0		2×35	7.90～14.90	500×(2343～3743)
	N107-3	D_g650四回程		1.8～3.2		4×28	14.20～25.33	650×(2632～4032)
	N107-4	D_g800四回程		1.8～3.2		4×45	23.00～40.85	800×(2671～4071)
水-水热交换器	N107-5	D_g200	0.6	2.2～3.6	25×2.5	2×19	5.90～9.64	200×(2869～4269)
	N107-6	D_g300				2×37	11.50～18.85	300×(3155×4555)
	N107-7	D_g350				2×48	14.90～24.40	350×(3205～4605)
	N107-8	D_g400				2×65	20.20～33.10	400×(3245～4645)

SS型螺旋板热交换器技术参数 表 18

型号	换热量 Q 4.18×10^4 (kJ/h)	计算换热面积 F (m²)	通道间距 b_1 (mm)	通道间距 b_2 (mm)	一次水180→130℃ 流量 V_1 (m³/h)	一次水180→130℃ 压力降 ΔP_1 (MPa)	二次水75→95℃ 流量 V_2 (m³/h)	二次水75→95℃ 压力降 ΔP_2 (MPa)	板宽 B (mm)	设备直径 D (mm)	接管直径 d_g (mm)	设备重量 G (kg)
SS50-10	50	15.5	10	14	10.4	0.016	20.0	0.028	400	1000	80	1180
SS75-10	75	24.3	10	14	15.6	0.016	31.0	0.028	600	1000	100	1420
SS100-10	100	34.0	10	14	20.7	0.016	41.2	0.031	800	1050	100	1870
SS150-10	150	49.2	10	14	31.1	0.026	62.0	0.046	1000	1100	125	2820
SS200-10	200	68.9	14	20	41.5	0.027	83.0	0.048	1000	1480	150	4550
SS250-10	250	88.9	14	20	51.9	0.032	103	0.055	1200	1500	150	4700

注：SS型热交换器工作压力有1、1.6MPa两种，表中所列为1MPa；1.6MPa的热交换器型号以SS××-16表示，除设备重量，技术参数与表中相同。

碳钢I型不可拆式螺旋板热交换器技术参数 表 19

型号	公称换热面积 (m²)	计算换热面积 (m²)	通道间距 (mm)	流速1m/s处理量 (m³/h)	接管公称直径 (mm)	设备板宽 (mm)	设备直径 (mm)	设备重量(kg) I6T	设备重量(kg) I16T	设备重量(kg) I25T
I6, I16, I25T6-0.4/500-6	6	6.5	6	8.2	50	400	500	280	280	315
I6, I16, I25T8-0.4/600-6	8	8.7	6	8.2	50	400	600	370	430	460
I6, I16, I25T10-0.6/500-6	10	9.9	6	12.5	70	600	500	335	395	430
I6, I16, I25T15-0.6/700-10	15	13.3	10	20.9	80	600	700	575	680	745
I6, I16, I25T20-0.8/700-10	20	18.3	10	28.1	80	800	700	735	870	955
I6, I16, I25T25-0.8/800-10	25	23.1	10	28.1	100	800	800	935	1020	1205
I6, I16, I25T30-1.0/800-10	30	29.0	10	35.3	100	1000	800	1190	1470	1485
I6, I16, I25T40-0.8/1200-14	40	42.3	14	39.3	100	800	1200	1845	2110	2380
I6, I16, I25T50-1.0/1200-14	50	53.2	14	49.4	125	1000	1200	2490	2595	2875
I6, I16, I25T60-0.8/1400-14	60	60.7	14	39.3	100	800	1400	2595	2850	—
I6, I16, I25T80-1.0/1600-18	80	82.0	18	63.5	150	1000	1600	3580	4205	—
I6, I16, I25T100-1.0/1600-18	100	98.8	18	49.4	125	1000	1600	4040	4585	—

注：I6T型、I16T型及I25T型螺旋板热交换器工作压力分别为0.6、1.6及2.5MPa，通道间距有6、10、14和18多种规格，系苏州化工机械厂产品。

换热设备的放热系数和传热系数概略值 表 20

放热系数 α (W/m²·℃)		传热系数 K (W/m²·℃)	
加热或冷却水时	200～12000	气体-气体	20～35
加热或冷却过热蒸汽时	20～120	水-水	900～1800
加热或冷却空气时	1～60	水-蒸汽凝结	3000
加热或冷却油类时	60～1800	气体-蒸汽(肋片热交换器，蒸汽在管内)	30～300
水沸腾时	600～5000	气体-水(肋片热交换器，水在管内)	30～60
蒸汽膜状凝结时	4500～18000	水-油类	100～350
蒸汽珠状凝结时	45000～140000	水-煤油	350
有机物的蒸汽凝结时	600～2300	水-氨	850～1400

常用热电偶分度(自由端温度为0°C)和热电阻分度 表 21

铂铑-铂LB-3		镍铬-镍铝EU-2		镍铬-考铜EA-2		WZB型铂热电阻 $R_0=46\Omega$，B_{A1}	
工作端温度(℃)	绝对毫伏	工作端温度(℃)	绝对毫伏	工作端温度(℃)	绝对毫伏	温度(℃)	电阻值(Ω)
600	5.222	300	12.21	+0	0.00	+0	46.00
620	5.427	320	13.04	20	1.31	10	47.82
640	5.633	340	13.87	40	2.66	20	49.64
660	5.839	360	14.72	60	4.05	30	51.45
680	6.046	380	15.56	80	5.48	40	53.26
700	6.256	400	16.40	100	6.95	50	55.06
720	6.466	420	17.25	110	7.69	60	56.86
740	6.677	440	18.09	120	8.43	70	58.65
760	6.891	460	18.94	130	9.18	80	60.43
780	7.105	480	19.79	140	9.93	90	62.21
800	7.322	500	20.65	150	10.69	100	63.99
820	7.539	520	21.50	160	11.46	110	65.76
840	7.757	540	22.35	170	12.24	120	67.52
860	7.978	560	23.21	180	13.03	130	69.28
880	8.199	580	24.05	190	13.84	140	71.03
900	8.421	600	24.90	200	14.66	150	72.78
920	8.646	620	25.75	210	15.48	160	74.52
940	8.871	640	26.60	220	16.30	170	76.26
960	9.098	660	27.45	230	17.12	180	77.99
980	9.326	680	28.29	240	17.95	190	79.71
1000	9.556	700	29.13	250	18.76	200	81.43
1020	9.787	720	29.97	260	19.59	210	83.15
1040	10.019	740	30.81	270	20.42	220	84.86
1060	10.252	760	31.64	280	21.24	230	86.56
1080	10.488	780	32.46	290	22.07	240	88.26
1100	10.723	800	33.29	300	22.90	250	89.96
1120	10.961	820	34.10	310	23.74	260	91.64
1140	11.198	840	34.91	320	24.59	270	93.33
1160	11.437	860	35.72	330	25.44	280	95.00
1180	11.676	880	36.53	340	26.30	290	96.68
1200	11.915	900	37.33	350	27.15	300	98.34
1220	12.155	920	38.13	360	28.01	310	100.01
1240	12.395	940	38.93	370	28.88	320	101.66
1260	12.636	960	39.72	380	29.75	330	103.31
1280	12.875	980	40.49	390	30.61	340	104.96
1300	13.116	1000	41.27	400	31.48	350	106.60

工业锅炉设计用代表性煤种的理论空气量和燃烧产物体积

在$\alpha=1$、0°C和760mmHg下（m^3/kg） 表 22

类别		名称	V^0_K	V_{RO_2}	$V^0_{N_2}$	$V^0_{H_2O}$	V^0_y
石煤、煤矸石	Ⅰ类	湖南株洲煤矸石	1.505	0.287	1.191	0.278	1.756
	Ⅱ类	安徽淮北煤矸石	1.854	0.369	1.468	0.236	2.073
	Ⅲ类	浙江安仁石煤	2.685	0.548	2.144	0.163	2.855
褐煤		黑龙江扎赉诺尔	3.362	0.649	2.660	0.743	4.052
无烟煤	Ⅰ类	京西安家滩	5.025	1.027	39.72	0.267	5.266
	Ⅱ类	福建天湖山	6.893	1.385	5.447	0.365	7.197
	Ⅲ类	山西阳泉三矿	6.447	1.229	5.101	0.496	6.826
贫煤		四川芙蓉	5.570	1.047	4.407	0.465	5.919
烟煤	Ⅰ类	吉林通化	3.857	0.772	3.051	0.432	4.255
	Ⅱ类	山东良庄	4.810	0.882	3.807	0.529	5.218
	Ⅲ类	安徽淮南	5.891	1.075	4.661	0.627	6.363

注：工业锅炉设计用代表性煤种的元素成分见教材表2-6。

利用工业分析结果计算煤的低位发热量

表 23

煤种或矿区	经验公式与系数
无烟煤	$Q^y_{dw}=K_0-360W^y-385A^y-100V^y$ kJ/kg 式中 K_0——系数，可按H^r、矿区或$V^r_{洗}$查得。

可燃基氢H^r与系数K_0。

H^r%	≤0.6	>0.6～1.2	>1.2～1.5	>1.5～2.0	>2.0～2.5	>2.5～3.0	>3.0～3.5	>3.5～4.1
K_0	32238	33076	33704	34332	34750	34960	35378	35797

我国主要无烟煤矿区的系数K_0

矿区	京西	阳泉	焦作	晋城	芙蓉山	卫东
K_0	33494	35797	35169	35169	35588	35588

利用重液洗后的挥发分$V^r_{洗}$与系数K_0

$V^r_{洗}$ %	≤3	>3～5.5	>5.5～8	>8
K_0	34332	34750	35169	35588

注：计算值与实测值之差大部分在420J/g以下，最大不超过545J/g。

续表

煤种或矿区	经验公式与系数

烟煤

$$Q^f_{dw} = 419K_1 - (K_1 + 25(W^f + A^f) - 13V^f - [167W^f]^* \text{kJ/kg}$$

式中　K_1——系数，可按V^r及其焦渣特征查出；

＊只有当煤的V^r＜35%，且W^f＞3%时，计算才减去此项。

烟煤的系数K_1

V^r(%) ＼ 焦渣特征	1	2	3	4	5～6	7	8
＞10～13.5	351.7	351.7	353.8	353.8	353.8	353.8	不出现
＞13.5～17	337.0	349.6	353.8	355.9	355.9	355.9	355.9
＞17～20	334.9	434.3	349.6	351.7	355.9	355.9	355.9
＞20～23	328.7	339.1	345.4	347.5	351.7	355.9	358.0
＞23～29	320.3	328.7	339.1	343.3	349.6	353.8	355.9
＞29～32	320.3	326.6	334.9	339.1	345.4	351.7	353.8
＞32～35	305.6	324.5	330.8	334.9	341.2	347.5	349.6
＞35～38	305.6	320.3	328.7	332.9	339.1	345.4	347.5
＞38～42	305.6	316.1	326.6	330.8	334.9	343.3	345.4
＞42	303.5	311.9	320.3	324.5	332.9	339.1	343.3

注：计算值与实测值之差大部分在420J/g以下，一般不会超过628J/kg。

褐煤

$$Q^f_{dw} = 419K_2 - (K_2 + 25)(W^f + A^f) - V^f \quad \text{kJ/kg}$$

式中　K_2——系数，可按V^r或矿区查得。

褐煤的V^r与系数K_2

V^r(%)	＞38～45	＞45～49	＞49～56	＞56～62	＞62
K_2	286.8	280.5	272.1	263.8	257.5

我国若干褐煤矿区的K_2值

矿区	扎赉诺尔	义马	平庄	舒兰
K_2	272.1	286.8	286.8	272.1

注：计算与实测之差大部分＜420J/g，高者≯840J/g。

矿区

$$Q^f_{dw} = K - aW^f - bA^f$$

式中　K、a、b——常数，其值随矿区的不同而异，可由下表查得。

几个矿区的煤的K、a、b值

矿区	K	a	b	煤牌号
京西	33076	335	385	无烟煤
阳泉	34876	335	377	无烟煤
大同	33159	419	377	弱粘煤
焦作、晋城	34541	335	385	无烟煤
义马	28847	318	293	褐煤
卫东	34960	335	402	褐煤
平庄元宝山	28470	314	310	褐煤
平庄其它矿	28470	314	318	褐煤
舒兰	26377	293	276	褐煤
芙蓉山	34960	335	385	无烟煤

注：计算与实测之差，大部分＜420J/g，最大的不超过840J/g。

说明：1.工业分析结果，系按国标GB212—77技术条件测定而得。

2.对无烟煤和褐煤，按矿区查出的系数K_0、K_2要比按H^r、V^r查出的K_0、K_2更为精确。

3.从分析基换算到应用基低位发热量，可由下式计算：

$$Q^y_{dw} = (Q^f_{dw} + 25W^f)\frac{100 - W^y}{100 - W^f} - 25W^y \text{ kJ/kg}$$

4.上述经验公式由来和适用条件，详见《煤的发热量和计算公式》煤炭科学研究院 煤化学研究所煤质组编 煤炭工业出版社 1979。

热水锅炉技术性能汇总表

表 24

序号	项目		单位						
1	锅炉型号			QXW0.7-0.7/95/70-AⅡ	KZW1.4-0.7/95/70-AⅡ	KZL2.8-1.0/115/70-AⅢ	RSL7-1.3/150/90-P	DHL14-1.3/130/80-A	DHL29-1.6/150/90-AⅡ
2	锅炉制造厂			沈阳市锅炉厂	承德锅炉厂	上海工业锅炉厂	西安锅炉厂	杭州锅炉厂	无锡锅炉厂
3	额定供热量		MW	0.7	1.4	2.8	7	14	29
4	设计工作压力		MPa	0.7	0.7	1.0	1.3	1.3	1.6
5	供水温度		°C	95	95	115	150	130	150
6	回水温度		°C	70	70	70	90	80	90
7	循环水量		t/h	30			100	237.7	410.5
8	排烟温度		°C	220	275	180		180	170
9	设计效率		%	75	74	80	75.88	76.44	80.3
10	适用煤种			Ⅱ类烟煤	Ⅱ类烟煤	Ⅲ类烟煤	铜川贫煤	烟　煤	Ⅱ类烟煤
11	炉排有效面积		m²	1.9	2.5	4.55	12.6	20.2	32.4
12	外形尺寸(长×宽×高)		m	3.7×1.3×2.8	5.3×2.7×3.8	7×4.9×4.8	8.8×5.6×5.8	13×8.1×17.4	14.1×10.6×20.7
13	送风机	型　号		4—72—11, 3.2A	4-72-11, 3.6A	4-72-11, 4A	9-35-11,10D	G4-73-11, 9D	本体受热面224.1m²
14		风　量	m³/h	1975～3640	2930～5408	4040～7460	17050	27000	一级省煤器234.1m²
15		风　压	Pa	1245～784	1650～1090	2040～1290	2560	2670	二级省煤器500.3m²
16		电机型号功率	kW	Y90L-2-B35,2.2	Y100L-2, 3	$Y132S_1$-2,5.5	$Y200L_2$-6, 22	JO_3-180M-4,30	空气预热器754.7m²
17	引风机	型　号		Y5-47-11, 4C	Y5-47, 5C	Y9-35-1, 8#	Y5-47, 9C	Y-47, 12D	热空气温度153°C
18		风　量	m³/h	3130～5750	5360～9870	15371	30040	63800	本体水阻力0.043MPa
19		风　压	Pa	1870～1284	2280～1560	2340	2520	2900	烟气阻力848Pa
20		电机型号，功率	kW	Y112M-2, 4	$Y132S_2$-2, 7.5	Y180M-4, 18.5	Y225M-4,45	Y280S-4,75	空气阻力1338Pa
21	除尘器			XPW-1	XZD/G-2	XZD/G-ϕ1150	XZD/G-10	XLP/G-20	
22	参考价格		万元			7.3	17.5	30	46

序号	项目	单位				
1	锅炉型号		KZL2-0.8-A	KZL4-1.3-AⅡ	SZW4-1.3-AⅠ	SZL6-1.3-P
2	锅炉制造厂		上海工业锅炉厂	上海工业锅炉厂	广西梧州锅炉厂	西安锅炉厂
3	额定蒸发量	t/h	2	4	4	6
4	工作压力	MPa	0.8	1.3	1.3	1.3
5	蒸汽温度	℃	174.5	194	194	194
6	给水温度	℃	20	20	20	60
7	排烟温度	℃	261	180		180
8	受热面积 辐射	m^2	56.4	127	20	204.3
9	受热面积 对流	m^2			103	
10	受热面积 省煤器	m^2	—	34.75	93	87.2
11	受热面积 空气预热器	m^2	—	—	—	—
12	炉排有效面积	m^2	3	6	7.14	7.2
13	设计效率	%	78	80	68	74
14	设计燃料		烟煤	Ⅱ类烟煤	Ⅰ类烟煤	铜川贫煤
15	应用基低位发热量	kJ/kg	≥18840	≥20900		19470
16	最大运输重量	t	18.8	29.8	6.2	
17	锅炉外形尺寸（长×宽×高）	m	5.5×2.5×4.7	9×4.35×4.9	5.24×4.3×6.5	
18	引风机 型号		Y4-67-12,5#	GY4-1	Y5-47-11,6C	Y5-73-11,9C
19	引风机 风量	m^3/h	9000	14000	8370～15400	18600
20	引风机 风压	Pa	1618	3000	2700～1860	3030
21	引风机 电机 型号		Y132S_2-2	Y4TY180L-8/4	Y162L-2	Y200L_1-2
22	引风机 电机 功率	kW	7.5	3.4/20	18.5	30
23	引风机 电机 转速	r/min	2900	750/1500	2900	2950
24	送风机 型号		T4-72#3.5A	GG4-1,4.5#	4-72-11,4	G4-72-11,6D
25	送风机 风量	m^3/h	2720～5150	7000	6420	11800
26	送风机 风压	Pa	1530～960	2000	2500	2140
27	送风机 电机 型号		Y90L-2	J_4TS140S-4/2	Y123S-2B35	Y160M_1-2
28	送风机 电机 功率	kW	2.2	1.4/7	7.5	10
29	送风机 电机 转速	r/min	2840	1450/300	2900	2930
30	给水设备 蒸汽泵 型号			QB-3	2QS-9/7	ZQS15/17
31	给水设备 蒸汽泵 流量	m^3/h		4～6	5～9	7～15
32	给水设备 蒸汽泵 扬程(压力)	kPa		1600	1750	1750
33	给水设备 电动泵 型号		1W2.4-10.5	$1\frac{1}{2}$GC-7	$1\frac{1}{2}$GC-5×7	2GC-5×6
34	给水设备 电动泵 流量	m^3/h	2.4	6	6	10
35	给水设备 电动泵 扬程	kPa	1030	1600	1610	1920
36	给水设备 电动泵 电机 型号		Y100L-2	JO_3-112L-2	Y132S_2-2	Y180M-2
37	给水设备 电动泵 电机 功率	kW	3	7.5	7.5	22
38	给水设备 电动泵 电机 转速	r/min	2900	2900	2950	2940
39	除尘器型号		PW-2	XZD/Gφ1150	SG-4	XZD
40	主汽管直径	mm	76	108	108	108
41	参考价格本体(成套)	万元	≈5(7.4)	6.5(9.2)	4.6(7.2)	9.95(12.79)

性 能 汇 总 表 表 25

SZW6-1.3-A	SHL10-2.5/400-AⅡ	SZL10-1.3-P	SHL20-1.3/350-A	AZD20-1.3-A	SHF20-2.5/400-A
江西锅炉厂	无锡锅炉厂	西安锅炉厂	杭州锅炉厂	济南锅炉厂	江西锅炉厂
6	10	10	20	20	20
1.3	2.5	1.3	1.3	1.3	2.5
194	400	194	350	194	400
20	104	60	105	60	105
180	160	160	185		
177	282.42	34	379.8	342.4	402.7
	过热器90.5	265	过热器58		过热器136.6
—	59	70	268	223	200
102	166.8	—	350	285	—
9	15	10.4	20.4	11	6.75
>75	78.67	76	78	82.3	
良庄烟煤	Ⅱ类烟煤	贫 烟	Ⅱ类烟煤	淮南Ⅱ号烟煤	Ⅰ类烟煤
17690		>18840	17690	1923	12560
金属总重23.46	金属总重105	7.3	金属总重126.2	金属总重74	
	12×7×10	10.3×5.5×5.9	14.5×7.8×11.3	10×4.7×9.7	14×7×15
Y5-47-11,8C	Y5-47-11,9C	Y4-73-11,9C	Y5-47-11,12D	Y5-47-11,12D	Y4-73-11,12D
22000	31420	37241	63800	60000	78200
2200	2760	2550	2930	3000	2840
		Y250M-4		Y280S-4	
22	40	55	75	75	75
		1450		1480	
9-35-11,8D	G4-73-11,8D	G4-73-11,9D	G4-73-11,9D	G4-73-11,9D	5-29-01,7D
11630	19000	29000	27000	32900	2台13000~14000
1670	2110	2670	2670	2520	8000
		Y200L_1-2		Y200L-4	
10	15	30	30	30	40
		2950		1470	
QB-4	2QSL-14/20	2QS-21/17	2QS-29/17	2QS-21/17	
5~11.5	20	14~21	19~29	14~21	
1600	2000	1700	1700	1700	
2GC-5×5	2½GC-6×8	2½GC-6	2½GC-3.5×7	65DG-50×7	4GC-8×8
10	20	15	20	25	30
1600	2160	1550	2800	3640	3440
		Y180M-2		Y250M-2	
18.5	30	22	40	55	75
		2940		2970	
		DG10	XLP/G-20	XLP/G-20	
	105	159	200	219	200
11			29.9	19	22

图书在版编目（CIP）数据

锅炉习题实验及课程设计/同济大学等编．—2版．
北京：中国建筑工业出版社，2005
高等学校试用教材
ISBN 978-7-112-00996-1

Ⅰ．锅...　Ⅱ．同...　Ⅲ．锅炉-高等学校-教学参
考资料　Ⅳ．TK22

中国版本图书馆CIP数据核字（2005）第114893号

本书为高等学校供热通风与空调工程专业《锅炉及锅炉房设备》课程辅助教材的第二版。全书的取材和深度紧密配合教学的实际需要，共分六篇：习题及复习思考题、实验指示书、锅炉的热力计算及通风计算、课程设计指导书、锅炉房课程设计示例和工业锅炉房设计及布置。

锅炉的热力及通风计算是以SHL10-1.3/350-W型锅炉为对象。课程设计示例中包括了蒸汽、热水的各种锅炉房。书末还提供了四个已投运的工业锅炉房设计布置实例。

本书也可供函授教学使用及其他有关专业师生和工程技术人员参考。

高等学校试用教材
锅炉习题实验及课程设计
（第二版）
同济大学等院校　编
*
中国建筑工业出版社出版、发行（北京西郊百万庄）
各地新华书店、建筑书店经销
化学工业出版社印刷厂印刷
*
开本：787×1092毫米　1/16　印张：16¼　插页：5　字数：394千字
1990年6月第二版　2011年8月第十二次印刷
定价：**26.00**元
ISBN 978-7-112-00996-1
（20314）

版权所有　翻印必究
如有印装质量问题，可寄本社退换
（邮政编码　100037）